W0261042

PROTOPLASMATOLOGIA

HANDBUCH DER PROTOPLASMAFORSCHUNG

BEGRÜNDET VON

L. V. HEILBRUNN · F. WEBER
PHILADELPHIA GRAZ

HERAUSGEGEBEN VON

M. ALFERT · H. BAUER · C. V. HARDING · W. SANDRITTER · P. SITTE
BERKELEY TÜBINGEN ROCHESTER GIESSEN HEIDELBERG

MITHERAUSGEBER

J. BRACHET-BRUXELLES · H. G. CALLAN-ST. ANDREWS · R. COLLANDER-HELSINKI
K. DAN-TOKYO · E. FAURÉ-FREMIET-PARIS · A. FREY-WYSSLING-ZÜRICH
L. GEITLER-WIEN · K. HÖFLER-WIEN · M. H. JACOBS-PHILADELPHIA
N. KAMIYA-OSAKA · W. MENKE-KÖLN · A. MONROY-PALERMO
A. PISCHINGER-WIEN · J. RUNNSTRÖM-STOCKHOLM

BAND II

CYTOPLASMA

B

CHEMIE

2 b ε

DIE NUKLEINSÄUREN DES CYTOPLASMAS

1966

SPRINGER-VERLAG

WIEN · NEW YORK

DIE NUKLEINSÄUREN DES CYTOPLASMAS

VON

G. KIEFER und W. SANDRITTER
GIESSEN

MIT 96 TEXTABBILDUNGEN

1966
SPRINGER-VERLAG
WIEN · NEW YORK

ISBN-13: 978-3-211-80780-4 e-ISBN-13: 978-3-7091-5568-4
DOI: 10.1007/978-3-7091-5568-4

LIBRARY OF CONGRESS CATALOG CARD NUMBER: 55-880

TITEL-NR. 8696

Protoplasmatologia
II. Cytoplasma
B. Chemie
2. Spezielle Cytochemie und Histochemie
b) Organische Verbindungen
ε) Die Nukleinsäuren des Cytoplasmas

Die Nukleinsäuren des Cytoplasmas

Von

G. KIEFER UND W. SANDRITTER

Pathologisches Institut der Justus Liebig-Universität Gießen

Mit 96 Textabbildungen

Inhaltsübersicht

1.1. Einleitung[1, 2]

Die Erkenntnis der zentralen Stellung der Nukleinsäuren im Bereich des Lebendigen ist im wesentlichen der wissenschaftlichen Arbeit der letzten beiden Jahrzehnte entsprungen. In diesem Zeitraum ist eine Steigerung des Interesses an den Nukleinsäuren festzustellen, die gleichermaßen Ursache der immensen Wissensfülle wie auch andererseits Folge dieser Erkenntnisse ist.[3]

Das Standardwerk LEVENES aus dem Jahre 1931 enthält kaum 900 zitierte Arbeiten und hat damit den gesamten Wissensstand der Zeit über die Chemie der Nukleinsäuren und ihrer Komponenten erfaßt. Allein für das Jahr 1962 verzeichnet dagegen eine Bibliographie, herausgegeben von SCHARFFENBERG und BELTZ, die sich im wesentlichen auf 90 internationale periodische Publikationsorgane stützt, 3033 Arbeiten aus dem Gebiet der Nukleinsäureforschung.

LEVENE und BASS (1931) konnten sich auf zwei ältere Monographien stützen. Heute müssen wir mit einigen Dutzend zusammenfassender Darstellungen über verschiedene Aspekte der Nukleinsäureforschung rechnen. Diese Zahlen dokumentieren nicht nur den ungeheuren Wissensstand und das Interesse an der Erforschung der Nukleinsäuren, sie zeigen ebenso, daß es ein nutzloses Unterfangen wäre, in einem Artikel über „Nukleinsäuren des Cytoplasmas" eine vollständige Erfassung der vorhandenen Literatur anzustreben. Eine Auswahl ist daher nicht nur geraten, sondern geradezu erforderlich. Daß die Verfasser dabei die Akzente ihrem persönlichen Arbeitsgebiet entsprechend gesetzt haben, ist unvermeidlich.

1.2. Die geschichtliche Entwicklung

Die Entdeckung der Nukleinsäuren verdanken wir FRIEDRICH MIESCHER (s. SANDRITTER und LANGE 1964). Das unterschiedliche färberische Verhalten von Zellkern und Cytoplasma führte ihn dazu, vermutlich auch angeregt durch seinen Onkel, den Anatomen HIS, chemische Unterschiede zwischen Kern und Plasma zu suchen. Ihm gelang schließlich die Isolierung eines

[1] Die erwähnten eigenen Untersuchungen sind von der Deutschen Forschungsgemeinschaft unterstützt worden.

[2] Die Autoren danken Frl. A. FALLS, Frl. U. DÖRRIEN und Herrn M. HESSE für ihre sorgfältige Mithilfe bei der Vorbereitung des Manuskriptes und der Abbildungen, besonders aber Frau Dr. R. KIEFER, die wesentlich an der Abfassung des Textes beteiligt war und die die undankbare Aufgabe der Literaturbeschaffung übernommen hatte.

[3] Im Text verwendete Abkürzungen: DNS = Desoxyribonukleinsäure; RNS = Ribonukleinsäure; m-RNS = messenger-RNS = informational-RNS; t-RNS = transfer-RNS = adaptor-RNS = lösliche RNS (l-RNS) = soluble-RNS (s-RNS); r-RNS = Ribosomen-RNS; NS = Nukleinsäure; A = Adenin, G = Guanosin, T = Thymin, C = Cytosin, U = Uracil; AMP = Adenosinmonophosphat; ADP = Adenosindiphosphat; ATP = Adenosintriphosphat (entsprechende Abkürzungen wurden für die anderen Basen benutzt); DNase = Desoxyribonuklease; RNase = Ribonuklease; TMV = Tabakmosaikvirus; AS = Aminosäure; -pXpYpZ- = Stück einer Polynukleotidkette mit den Basen X, Y, Z. p nach der Base bedeutet, daß das Phosphat mit dem Kohlenstoffatom 3 (bzw. 2) des Zuckers verestert ist; p vor der Base bedeutet Veresterung mit C_5.

Stoffes aus Eiterzellen, den er „Nuklein“ nannte. 1869 teilte er seine Befunde seinem Lehrer, dem Tübinger Biochemiker HOPPE-SEYLER, mit. Erst nachdem dieser die Arbeiten Mieschers durch zwei Mitarbeiter hatte prüfen lassen, konnte er sich zur Veröffentlichung in der von ihm gegründeten Zeitschrift entschließen (MIESCHER 1871). MIESCHER hat dann in Basel an Lachssperma weitergearbeitet, wobei ihm auch die Entdeckung der Protamine gelang (MIESCHER 1897). Der Name „Nukleinsäure“ wurde von ALTMANN (1889) eingeführt, dem es gelungen war, die Proteinbeimengungen der „Nukleine“ weitgehend zu entfernen. In den nächsten Jahren brachten besonders die Arbeiten von KOSSEL weitere Aufklärung über einzelne Bausteine der Nukleinsäuren (KOSSEL 1891). Bis zur Jahrhundertwende wurde dann besonders an einer Verbesserung der Isolierungsmethoden gearbeitet. Im darauffolgenden Jahrzehnt konnte das Vorkommen der häufigsten Purin- und Pyrimidinbasen in Nukleinsäuren aus Kalbsthymus („Thymonukleinsäure“) und aus Hefe („Hefenukleinsäure“) nachgewiesen werden (vgl. LEVENE 1909). Die Identifizierung der Kohlenhydratkomponenten bereitete große Schwierigkeiten und gelang verhältnismäßig spät (D-Ribose: LEVENE und JACOBS 1909, D-Desoxyribose: LEVENE und Mitarb. 1930). Von da an wurden die beiden Typen der Nukleinsäuren nach ihren Kohlenhydratkomponenten bezeichnet: Ribonukleinsäure (RNS) und Desoxyribonukleinsäure (DNS). Schließlich konnte auch die Verknüpfung der einzelnen Bestandteile untereinander aufgeklärt werden (LEVENE 1921, FEULGEN 1923). Als es dann JONES und PERKINS (1924) und JORPES (1928) gelang, die Kohlenhydratkomponente in dem von HAMMARSTEN (1894) beschriebenen „β-Pancreasnucleoprotein“ zu identifizieren, war damit die Ribose als Bestandteil sowohl pflanzlicher wie tierischer Nukleinsäuren erkannt. Den direkten Nachweis von Desoxyribonukleinsäure in pflanzlichen Zellkernen verdanken wir FEULGEN und ROSSENBECK (1924) und BEHRENS (1938).

Die Biochemie hatte demnach bis Anfang der dreißiger Jahre die wesentlichen Befunde über Aufbau und Vorkommen der Nukleinsäure erarbeitet, wenn auch über die Anordnung der Basen („Tetranukleotidtheorie“) und über die Molekülgröße noch falsche Vorstellungen bestanden. In den darauffolgenden zwei Jahrzehnten wurden keine wesentlichen neuen Erkenntnisse auf diesem Gebiet erzielt. Erst nachdem neuere, vor allem physikalische Methoden, zur Verfügung standen, konnte von der biochemischen Seite her die Aufklärung der Nukleinsäuren weiter vorangetrieben werden, besonders nachdem die Fortschritte der Morphologie und Genetik neue Gesichtspunkte und Fragestellungen gebracht hatten.

Die Ansicht, daß bestimmten histologischen Färbungen die Anwesenheit von Nukleinsäuren zugrundeliegt, äußerte zum ersten Male FLEMMING (1882). Er hielt sein „Chromatin“ für weitgehend identisch mit MIESCHERS „Nuklein“. Mit der Einführung der Anilinfarben, die besonders mit dem Namen PAUL EHRLICH verbunden ist, waren der histologischen Färbetechnik neue Hilfsmittel in die Hand gegeben. In dem heftig und polemisch geführten Streit um die physikalischen und chemischen Grundlagen der histologischen Färbungen wurde von vielen namhaften Untersuchern eine salzartige Bindung der basischen Farbstoffe an die Phosphatgruppen der Nukleinsäuren vertreten (Galeotti 1898, Pappenheim 1899, 1901, Michaelis 1901). Die Bedeutung der Dissoziation von Farbstoffbase und Nukleoprotein für die Anfärbung der Zellkerne konnte Bethe (1905) nachweisen, nachdem Fischer (1899) gezeigt hatte, daß Nukleinsäure acidophob ist, während eine Mischung von Nukleinsäure und Albumin sowohl basische wie auch saure Farbstoffe aufzunehmen in der Lage ist.

Mit diesen Erkenntnissen war die Möglichkeit gegeben, die Nukleinsäuren innerhalb der Zelle im Mikroskop nachzuweisen. Die Anwendung basischer Farbstoffe fand einen Höhepunkt in der Kombination der Methylgrün-Pyronin-Färbung (Pappenheim 1901, Unna 1902) mit einer Ribonukleaseextraktion (Kunitz 1940) durch Brachet (1940 a), der auf diese Weise RNS und DNS nebeneinander im mikroskopischen Schnitt nachweisen konnte. Für die selektive Darstellung der DNS aber sollte die „Nuklealreaktion“ Robert Feulgens eine überragende Bedeutung bekommen. Neben diesen Möglichkeiten machte Caspersson (1936) sich die UV-Absorption der Nukleobasen (Dhéré 1906, Schrötter 1906) für den Nachweis der Nukleinsäuren mit der von ihm entwickelten mikrospektrographischen Methode zunutze. Die von der Histochemie mit diesen Methoden erarbeiteten Erkenntnisse über das Vorkommen und die dynamischen Veränderungen der Nukleinsäuren innerhalb der Zelle führten schließlich zu den ersten fundierten Theorien über die biologische Bedeutung der Ribonukleinsäure (Caspersson 1941, Brachet 1941). Biochemische Bestimmungen der RNS-Menge in verschiedenen Organen und verschiedenen Funktionszuständen der Zelle konnten die histochemischen Befunde bestätigen und weiter ausbauen (vgl. Davidson 1947).

Mit der Entwicklung der Mikrobiologie wurde es möglich, die Proteinsynthese und ihre Verknüpfung mit der Ribonukleinsäurefunktion in einfachen Systemen zu bearbeiten und schließlich in den wesentlichsten Punkten aufzuklären. 1954 fanden Gale und Folkes, daß homogenisierte Bakterien Aminosäuren in Polypeptide einbauen können, solange RNS anwesend ist. Daß der Einbau von Aminosäuren in Proteine vor allem an die Mikrosomen geknüpft ist, konnten Borsook und Mitarb. (1950) und Hultin (1950) zeigen. Gereinigte Mikrosomen-Fraktionen erwiesen sich dann als ideale Systeme zum Studium des biochemischen Ablaufs der Proteinsynthese. Es zeigte sich bald, daß neben der RNS der Mikrosomen (Ribosomen) noch zwei andere RNS-Formen für die Proteinsynthese notwendig waren: eine, die die genetische Information von der DNS des Zellkernes übernimmt und die Aminosäuresequenz der Proteine bestimmt (Volkin und Astrachan 1956) und die daher den Namen „messenger“-RNS erhielt, und die „acceptor“- oder „transfer“-RNS, an die die freien aktivierten Aminosäuren gebunden werden, und die sie an den Ort der Proteinsynthese transportiert. An Ribosomenpräparationen, die neben „transfer“-RNS und Energie liefernden Systemen noch künstlich synthetisierte „messenger“-RNS mit bekannter Nukleobasenzusammensetzung enthielten, ließen sich die Zusammenhänge zwischen der Aufeinanderfolge (Sequenz) der Basen und der der Aminosäuren des synthetisierten Polypeptids aufklären, d. h. der „genetische Code“ entschlüsseln (vgl. Nirenberg 1963, Ochoa 1963). In jüngster Zeit hat die Biochemie insofern Anschluß an die Morphologie gefunden, als es sich gezeigt hat, daß die Funktionseinheit nicht das einzelne Ribosom ist, sondern daß mehrere Ribosomen durch „messenger"-RNS in Aggregaten (Polysomen, Ergosomen) zusammengehalten werden (HUXLEY und ZUBAY 1960, NOLL, STAEHELIN und WETTSTEIN 1963) und damit der molekulare Bereich überschritten wird.

Die Aufklärung der biologischen Funktion der Nukleinsäuren bei der Proteinsynthese ist das Ergebnis der Zusammenarbeit vieler wissenschaftlicher Disziplinen. Umgekehrt hat bereits jetzt die allgemeine Theorie der Proteinsynthese einen Einfluß auf die spezielle Arbeitsweise und Fragestellung der Spezialgebiete genommen und wird es wahrscheinlich in noch größerem Maße in der Zukunft tun. Vor allem harren der komplizierte Ablauf der Eiweißsynthese in der intakten, höher spezialisierten Zelle und die Regulation der Genwirkung noch ihrer Lösung.

2. Der chemische Aufbau der RNS

2.1. Primärstruktur

Die Ribonukleinsäure ist von ihrem Aufbau her als Polynukleotid aufzufassen, d. h. sie besteht aus einer großen Zahl von Einzelbausteinen, die sich in ihrer Konstitution prinzipiell gleichen. Die Bauelemente, die Nukleotide,

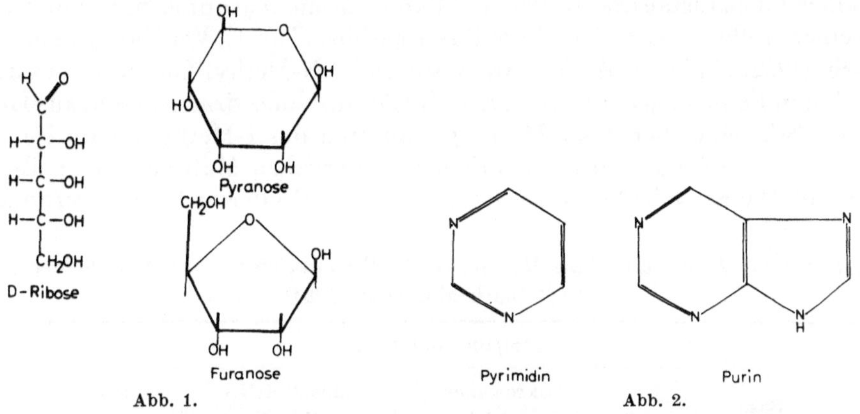

Abb. 1. Strukturformeln der D-Ribose. Aldehyd-, Pyranose- und Furanose-Form.
Abb. 2. Strukturformel (Grundgerüst) einer Purin- und einer Pyrimidinbase.

setzen sich wieder aus drei kleineren Komponenten zusammen, nämlich Phosphorsäure, einem Kohlenhydrat und einer Stickstoff-haltigen heterocyklischen Base (Nukleobase). In einem RNS-Molekül können einige Dutzend bis mehrere Tausend Nukleotide zu kettenförmigen Makromolekülen verbunden sein. Das Molekulargewicht schwankt deswegen zwischen 2×10^4 bis 3×10^6.

2.1.1. Die Kohlenhydratkomponente

Das für die RNS typische Kohlenhydrat ist die D-Ribose (LEVENE und JACOBS 1909), ein Zucker mit fünf Kohlenstoffatomen (Pentose, „Pentosenukleinsäure"). Die Ribose (Abb. 1) liegt im allgemeinen in der Pyranose-

Form, in den Nukleotiden und den Nukleinsäuren dagegen in der Furanoseform vor, und zwar in der β-Konfiguration (BROWN und TODD 1952). HALL (1963 b) hat Nukleoside mit 2′-O-Methylribose als Zuckerkomponente aus der löslichen RNS von *Escherichia coli* und Kalbsleber sowie aus der Mikrosomen-RNS von Schafsleber und Hefe isoliert.

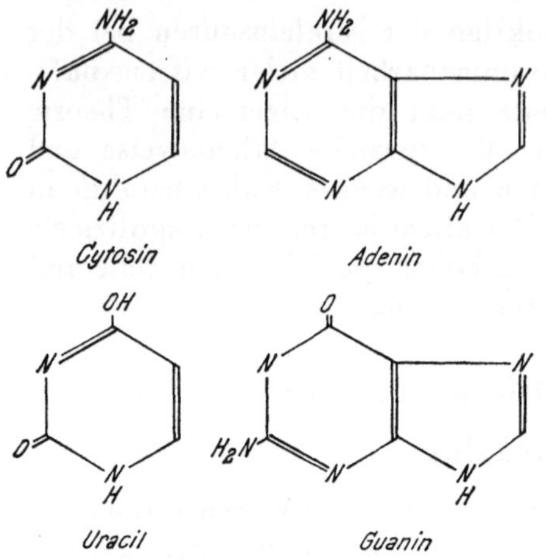

Abb. 3. Strukturformeln der häufigsten Basen.

2.1.2. Die Basen

Das zweite Bauelement der Nukleotide sind die Basen. Sie leiten sich von zwei verschiedenen Grundkörpern ab (Abb. 2). Dementsprechend bezeichnet man sie als Purin- oder Pyrimidinbasen. Eine Substitution am Ring führt zu verschiedenen Derivaten. Davon kommen in der Ribonukleinsäure in größeren Mengen vor: Adenin und Guanin als Purin-, Uracil und Cytosin als Pyrimidinabkömmlinge (Abb. 3). Die Verbesserung der analytischen Methoden, vor allem Ionenaustauschersäulen und Papierchromatographie, hat zum Nachweis einer größeren Anzahl anderer Basen geführt (Tab. 1). Von BRAWERMAN und Mitarb. (1962) sind 6-N-Methyl-Adenosin und 2-N-Methyl-Guanosin aus dem Flagellaten *Euglena gracilis*, von DUNN (1963) aus einer *Brassica*-Art, aus Hefe und aus Schweineleber das 7-Methylguanin und das 1-Methyladenin isoliert worden. In verschiedenem pflanzlichen und tierischen Material haben BERGQUIST und MATTHEWS (1962) eine ganze Reihe methylierter Purine gefunden.

Tab. 1. *Seltene Basen und ihre Häufigkeit in Ribonukleinsäure verschiedener Herkunft* (nach MICHELSON 1963).

	Mol/100 Mol Uracil		
Base	Mikrosomen Rattenleber	„lösl.“ RNS *E. coli*	Adenocarcinom der Mamma
Pseudouridin	7,5	25	—
5-Methylcytosin	0,4	10	—
1-Methylcytosin 6-Methylcytosin	0,5	8,1	4,20
6-Dimethylaminopurin	0,1	0,1	1,16
1-Methylguanin	0,1	3,3	1,03
2-Methylamino-6-Hydroxypurin	0,1	2,3	12,40
2-Dimethylamino-6-Hydroxypurin	0,1	3,0	3,20

2.1.3. Die Verknüpfung der einzelnen Bausteine

Das Kohlenstoffatom 1 der Ribose ist glykosidisch mit einer der Nukleobasen verknüpft, und zwar mit dem Stickstoffatom 9 der Purine oder dem Stickstoffatom 3 der Pyrimidine. Die auf diese Weise entstehenden Verbindungen sind die Nukleoside (Levene und Jacobs 1909). Den Basen entsprechend kennt man das Adenosin, Guanosin, Uridin und Cytidin. Daneben findet man in manchen Objekten in größeren Mengen das Pseudouridin (Tab. 1), das 5-β-D-Ribofuranosyluracil, bei dem keine N-glykosidische Bindung vorliegt, sondern die Ribose an das Kohlenstoffatom 5 des Uracils gebunden ist (Cohn 1959, Cohn und Michelson 1962) (Abb. 4). Die Verbindungen von Nukleosiden und Phosphorsäure heißen entsprechend der von Levene und Jacobs (1909) eingeführten Nomenklatur Nukleotide. Die Phosphorsäure ist mit einer Hydroxylgruppe des Zuckers verestert. Dafür stehen die OH-Gruppen an C_2, C_3 und C_5 zur Verfügung, dementsprechend spricht man von 2'-, 3'- und 5'-Nukleotiden. Gleichzeitig ist damit die Möglichkeit gegeben, über eine Phosphorsäure-diester-Brücke zwei Nukleotide miteinander zu verbinden. In den natürlich vorkommenden Nukleinsäuren liegen lange Ketten auf diese Weise verbundener Nukleotide vor (Levene und Bass 1931):

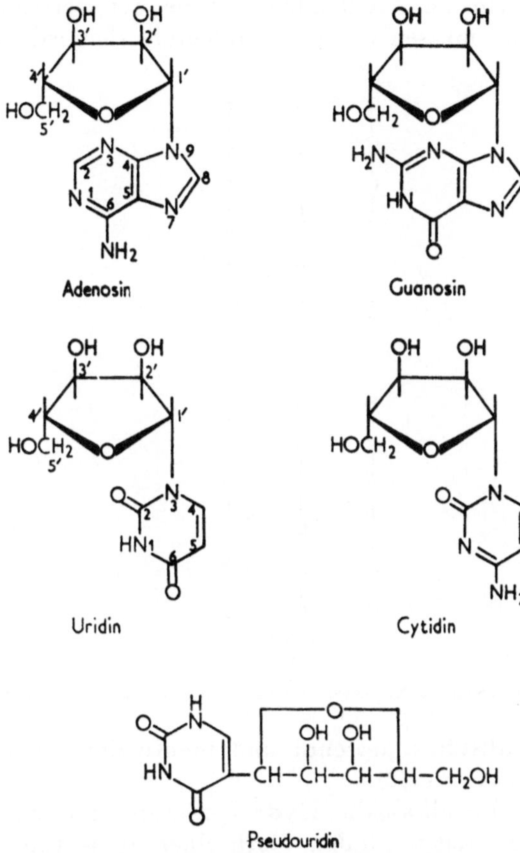

Abb. 4. Strukturformeln der häufigsten Nukleoside.

```
|
Base—Zucker—Phosphat
              |
        Base—Zucker—Phosphat
                      |
                Base—Zucker—Phosphat
                              |
```

In den Nukleinsäuren spielen sekundäre und tertiäre Phosphationisationen nur eine sehr untergeordnete Rolle (Levene und Simms 1926, vgl. auch

POLLMANN und SCHRAMM 1961), so daß man annehmen muß, daß die Verknüpfung der Nukleotide über Phosphor-diester erfolgt. Wegen der drei an jedem Ribose-Rest zur Verfügung stehenden OH-Gruppen ergeben sich folgende Verknüpfungsmöglichkeiten: Theoretisch sind 2′-3′-, 2′-5′- und 3′-5′-Bindungen möglich sowie alternierend 2′-2′-, 3′-3′- und 5′-5′-Bindungen (Abb. 5).

Um zu entscheiden, welche der verschiedenen Möglichkeiten realisiert sind, müssen die Polynukleotide chemisch oder enzymatisch abgebaut, die

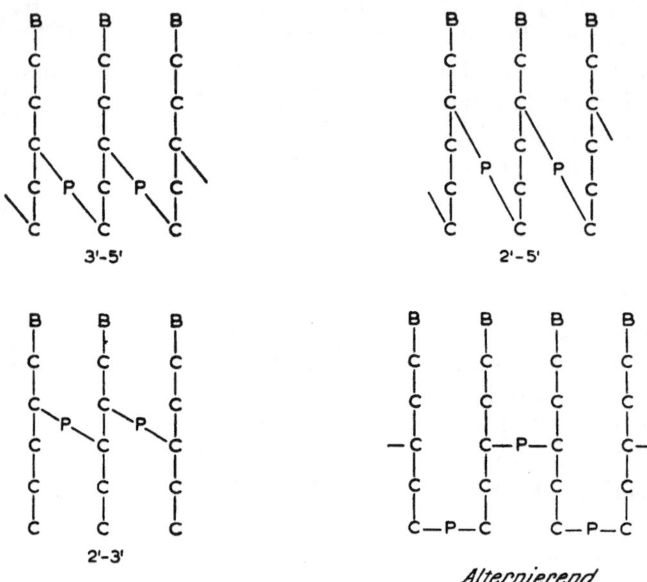

Abb. 5. Mögliche Nukleotidverknüpfungen in der Ribonukleinsäure. B = Base. (Nach STEINER und BEERS 1961.)

Bruchstücke getrennt und identifiziert werden (SCHMIDT und Mitarb. 1947, GULLAND 1947).

Die alkalische Hydrolyse unter milden Bedingungen führte zu ersten wichtigen Befunden. Nach einer Reihe von früheren Arbeiten (u. a. CARTER und COHN 1949, MARKHAM und SMITH 1951, WHITFIELD und Mitarb. 1953) konnten BROWN und TODD (1953) die Lage der Bindungsstellen an der Ribose im wesentlichen aufklären. Da Ester von Nukleosid-5′-Phosphaten gegenüber Alkali stabil sind, kann in den Nukleinsäuren keine 5′-5′-Diesterbindung vorliegen. Bei der alkalischen Hydrolyse treten in gleicher Menge 2′- und 3′-Phosphate auf, da intermediär ein cyklisches 2′-3′-Phosphat auftritt und dann eine der Esterbindungen aufgeht. Cyklische 2′-3′-Phosphate sind von MARKHAM und SMITH (1952) isoliert worden.

Wenn eine 2′-3′- oder alternierend 2′-2′- und 3′-3′-Bindung vorläge, könnte nur schrittweise von einem Ende her durch Alkali abgebaut werden. Es treten aber zwischendurch Oligonukleotide auf, die demnach die Möglichkeit einer Spaltung im Inneren der Kette anzeigen. So bleiben als letzte Möglichkeit die 2′-5′- und die 3′-5′-Bindung übrig. Da eine Entscheidung durch alkalischen Abbau wegen des intermediären cyklischen Phosphates nicht möglich ist, konnten erst Versuche mit Enzymen weiterführen. Man hat Enzyme zur Verfügung, die die Polynukleotidkette an definierten Stellen spalten (Übersicht bei STEINER und BEERS 1961 und bei DEKKER 1960) (Abb. 6).

In neuerer Zeit hat die RNase T_1 aus Taka-Diastase eine größere Bedeutung für die Aufklärung der Basensequenz gefunden (s. Kap. 2.2.2.1.). Sie spaltet den Substituenten am 3'-Phosphat des Guanylrestes ab, zeigt daher eine Spezifität für eine einzelne Base („monobase specific": SATO und EGAMI 1957).

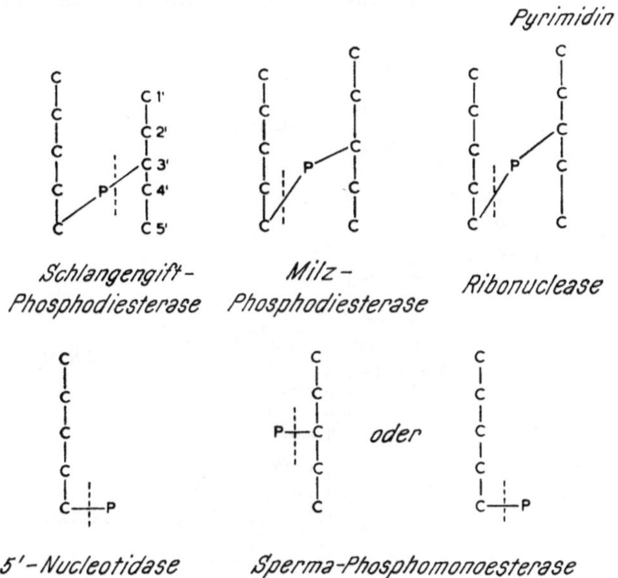

Abb. 6. Spezifität verschiedener Phosphoesterasen. Die gestrichelten Linien kennzeichnen den Angriffspunkt des Enzyms. P ist der Phosphatrest. (Nach STEINER und BEERS 1961.)

Bei der Spaltung mit der Ribonuklease des Pankreas tritt anscheinend ebenfalls ein intermediäres 2'—3'-Phosphat auf (MARKHAM und SMITH 1952), nicht dagegen bei der Milz-Phosphodiesterase. Bei der Hydrolyse mit diesem Ferment findet man ausschließlich Nukleosid-3'-Phosphate. Daher muß die Phosphodiesterbrücke zwischen C_3 und C_5 der Ribose liegen (VOLKIN und COHN 1952, HEPPEL und MARKHAM 1953, LITT und INGRAM 1964) (Abb. 7). COHN und VOLKIN (1953) fanden, daß Phosphodiesterase aus Schlangengift RNS in 5'-Mononukleotide abbaut, ein weiterer Beweis, daß 3'-5'-Bindungen in der RNS die dominierende Rolle spielen.

Es sind auch andere Bindungsmöglichkeiten, vor allem Verzweigungen in Ribonukleinsäure nicht ganz auszuschließen. Eine Verzweigung der Kette könnte durch dreifach verestertes Phosphat oder dreifach veresterte Ribose zustandekommen. In jedem Falle würde eine Verzweigung zu einer Vermehrung der sekundären Phosphationisationen führen. Ältere Untersuchungen (z. B. FLETCHER und Mitarb. 1944) stehen hier im Gegensatz zu jüngeren. Nach den Ergebnissen von COX und Mitarb. (1956) könnte höchstens eine Verzweigung auf 300 Nukleotide entfallen. Das Auftreten RNase-resistenter Restmengen („resistant core"; ZAMENHOFF und CHARGAFF 1949) beim enzymatischen Abbau (Kerr und Mitarb. 1949) wird von Magasanik und Chargaff (1951) auf mögliche Verzweigungen im Polynukleotidmolekül zurückgeführt. Vignais (1953 a, b) hält außer Diesterbrücken noch andere Verknüpfungen (Phosphat-Enol oder Pyrophosphat) für möglich, die gegen RNase resistent sein sollen. Nach den Untersuchungen von Markham und Smith (1952) sind ein hoher Anteil der beim enzymatischen Abbau auftretenden Oligonukleotide nicht gegen reines Wasser dialysabel und wurden damit zum „resistant core" gerechnet. Da außerdem die Tri- und Tetranukleotide unverzweigt sind, können diese Argumente schwerlich für eine

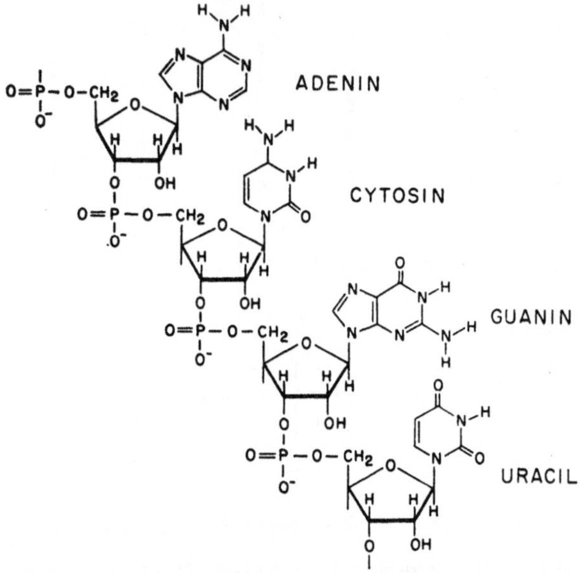

Abb. 7. Teil einer Polynukleotid-Kette.

Verzweigung in der RNS-Kette sprechen. In Viskositäts- und Sedimentationsuntersuchungen verhält sich die RNS aus Tabakmosaikvirus (TMV) wie lange Fadenmoleküle. Auch im Elektronenmikroskop sieht man lange unverzweigte Fäden (Schuster und Mitarb. 1956).

Damit spricht alles dafür, daß in der Ribonukleinsäure unverzweigte Polynukleotidketten mit 3'-5'-Phosphodiesterbindungen vorliegen.

2.2. Basenzusammensetzung und Sekundärstruktur

2.2.1. RNS der Ribosomen

2.2.1.1. Basenzusammensetzung

Über die Molekülgröße der Ribonukleinsäure haben sich die Vorstellungen im Laufe der Zeit stark geändert. Ursprünglich diskutierte man, ob die Nukleinsäuren nur aus je einem der vier Nukleotide beständen (Levene und Bass 1931, „Tetranukleotid"). Die ersten Versuche, durch Diffusionsmessungen das Molekulargewicht zu bestimmen (Myrbäck und Jorpes 1935), führten zu sehr niedrigen Werten ($1{,}3 \times 10^3$) und schienen das Vorkommen von Tetranukleotiden zu bestätigen. Da es bald gelang, höhere Molekulargewichte nachzuweisen (vgl. LORING 1944), mußte die Tetranukleotidtheorie zumindest in dieser Form aufgegeben werden. Man nahm dann für Nukleinsäuren Vielfache dieser Tetranukleotideinheiten an, bis die Untersuchungen CHARGAFFS (1950) zumindest für die DNS eine andere Basenzusammensetzung und damit einen anderen Aufbau ergaben. Neuere Bestimmungen des Molekulargewichtes ribosomaler RNS ergaben für Rattenleber $2,64 \times 10^5$ (GRINNAN und MOSHER 1951), für *E. coli* $5,6 \times 10^5$ (SPAHR und TISSIÈRES 1959). KURLAND (1960) fand in *E. coli* zwei Zustandsformen der ribosomalen RNS, denen Molekulargewichte von $5,6 \times 10^5$ und $1,1 \times 10^5$ entsprechen (vgl. auch HUPPERT und PELMONT 1962, LINDIGKEIT und COUTELLE 1962, HUNT 1963 und WANG 1963 a).

Tab. 2. *Basenverhältnis in verschiedenen Mäuseorganen.* A = 1,00 (nach KIT 1960).

	molares Basenverhältnis			
Gewebe	A	G	C	U
Gesamt-RNS				
Lunge	1,00	2,07	1,93	1,06
Leber	1,00	2,01	1,97	1,05
Niere	1,00	2,06	1,94	1,24
Milz	1,00	2,19	2,05	1,16
Ribosomen-RNS				
Milz	1,00	2,14	2,01	1,03

Die älteren Bestimmungen der Basenzusammensetzung der Ribonukleinsäure sind von MAGASANIK (1955) zusammengestellt worden. Es handelt sich dabei um Analysen der Gesamtnukleinsäure eines Organs oder Zelltyps. Da aber die Ribosomen-RNS den weitaus größten Teil der Gesamt-RNS einer Zelle ausmacht (vgl. KJELDGAARD und Mitarb. 1963), geben diese Daten trotzdem ein gutes Bild der Häufigkeit der einzelnen Basen in der Nukleinsäure der Ribosomen. Untersuchungen an der Leber verschiedener Tierspezies zeigen, daß zwar Unterschiede in dem molaren Verhältnis der Nukleotide zueinander bestehen, daß diese Unterschiede aber relativ gering sind. Das Verhältnis der Purin- zu den Pyrimidinbasen wechselt zwischen 0,98 und 1,2. Die Basenzusammensetzung verschiedener Organe der gleichen Tierart weist demgegenüber größere Unterschiede auf. Das Verhältnis G/A ist in der Leber 1,8, im Pankreas 3,5, in der Milz 2,0 und im Thymus 2,4 (Kalb). Ein Vergleich der Basenverhältnisse in verschiedenen Zellbestandteilen von Ratten- und Kaninchenleber zeigt im Zellsaft, in den Mikrosomen und den Mitochondrien ein Purin/Pyrimidin-Verhältnis von 1—1,1, während in den Zellkernen dieses Verhältnis kleiner ist (0,66—0,98). Wegen methodischer Schwierigkeiten konnten diese Zahlen noch nicht als endgültig angesehen werden. Die Einwirkung von RNase während des Isolierungsprozesses führt zu einem stärkeren Verlust von Pyrimidinnukleotiden (MAGASANIK 1955), so daß relativ viel Guanylsäure gefunden wurde. Aus Hefe wurde eine RNS isoliert, deren Guanylsäure-Gehalt nicht so hoch war: A: 0,249, G: 0,283, C: 0,214 und U: 0,254 (LORING und Mitarb. 1952).

Neuere Untersuchungen an phenolextrahierter RNS haben gezeigt, daß der hohe G-C-Gehalt vieler RNS-Typen offenbar dem richtigen Verhältnis der Basen in der nativen RNS entspricht (Kit 1960). Die Basenzusammensetzung der RNS aus isolierten Ribosomen weicht nicht signifikant von der der Gesamt-RNS ab (Tab. 2).

Tab. 3. *Basenzusammensetzung (in mol) von r-RNS verschiedener Herkunft. Gesamtmenge = 1,00.*

	molares Basenverhältnis				
Herkunft	A	G	C	U	Autor[1]
Ratte, Leber	0,209	0,270	0,271	0,230	1
Kaninchen, Reticulocyten	0,186	0,345	0,287	0,184	2
Schaf, Reticulocyten (Hb. II)[2]	0,188	0,310	0,322	0,180	2
Schaf, Reticulocyten (Hb. I)[2]	0,178	0,327	0,302	0,193	2
Schaf, Reticulocyten (Hb. I)[2]	0,180	0,344	0,303	0,173	2
Erbse, Stengel	0,243	0,314	0,223	0,220	2
Spinat, Chloroplasten	0,253	0,312	0,221	0,205	3
Zwiebel, Blätter	0,240	0,316	0,205	0,241	4
Euglena gracilis	0,232	0,293	0,263	0,201	6
Bacterium cereus	0,253	0,317	0,219	0,211	5
Bacterium subtilis	0,246	0,322	0,228	0,204	5
Escherichia coli	0,238	0,325	0,229	0,208	5
S. marcescens	0,239	0,321	0,220	0,220	5
A. faecalis	0,244	0,320	0,219	0,217	5
Sarcina lutea	0,215	0,342	0,226	0,217	5

[1] Autoren: 1 Goswami und Mitarb. (1962), 2 Wallace und Ts'o (1961), 3 Lyttleton (1962), 4 Ehring (1962), 5 Miura (1962), 6 Brawerman (1962).

[2] Reticulocyten, die verschiedenartige Haemoglobine synthetisieren.

Aus Tab. 3 geht hervor, daß der molare Anteil von G, in manchen Fällen auch von C, auch in der isolierten r-RNS besonders hoch ist.

Einzelne Fraktionen uneinheitlicher RNS unterscheiden sich in ihrer Basenzusammensetzung und lassen sich daher wegen des unterschiedlichen Lösungsverhaltens von adeninreichen und adeninarmen Molekülen durch Gegenstromverteilung trennen (Kirby 1962 b, Kirby und Mitarb. 1962).

Man hat sich lange Zeit bemüht, Gesetzmäßigkeiten der Basenzusammensetzung zu finden. Besonders interessierte dabei, ob es Beziehungen zwischen der DNS und der RNS gibt. Die von Belozersky und Spirin (1960) zusammengestellten Daten von Mikroorganismen zeigen, daß nur eine sehr geringe Korrelation zwischen dem Quotienten (G + C)/(A + T) der DNS und dem entsprechenden Quotienten (G + C)/(A + U) der RNS bei ein und derselben Spezies vorliegt. Diese Erfahrungen konnten in neueren Untersuchungen an isolierter r-RNS bestätigt werden (MIURA 1962). Bakterien mit hohem (G + C)/(A + T)-Quotienten der DNS haben auch einen leicht erhöhten (G + C)/(A + U)-Quotienten der RNS (Abb. 8).

Aus allen diesen Untersuchungen geht hervor, daß die r-RNS in den verschiedensten Organismen eine recht einheitliche Zusammensetzung zeigt, jedenfalls weniger starke Unterschiede aufweist als die DNS (ARONSON 1963). Auch bei unterschiedlichen Funktionszuständen der Zelle bleibt die Basenzusammensetzung die gleiche (CROSBIE und Mitarb. 1953, HENNEY und STORCK 1963). Die Frage nach den Beziehungen der Basenverhältnisse von DNS und r-RNS wurde gelöst, als YANKOFSKY und SPIEGELMAN (1962 a, b) nachweisen konnten, daß bestimmte Stellen in der DNS von *Pseudomonas* eine Basensequenz aufweisen, die der r-RNS komplementär ist. Sie konnten zeigen, daß ribosomale RNS mit 0,1 bis 0,2% der Gesamt-DNS eine Doppelspirale mit Basenpaaren entsprechend der WATSON-CRICK-Theorie (1953) zu bilden vermag. Die in solchen Hybrid-Molekülen gebundene RNS hat die gleiche Basenzusammensetzung wie die ribosomale RNS, zeigt aber keine Beziehung zur Basenhäufigkeit in der Gesamt-DNS. Daraus geht hervor, daß alle Versuche, Gesamt-RNS und Gesamt-DNS miteinander zu vergleichen, zu keinem Ergebnis führen konnten, da sie von ganz falschen Voraussetzungen ausgingen. YANKOFSKY und SPIEGELMAN (1963 a, b) konnten außerdem nachweisen, daß die RNS aus 16-S- und aus 23-S-Untereinheiten der Ribosomen (s. Kap. 3.2.1) an zwei verschiedenen Stellen der DNS gebunden wird. Möglicherweise enthalten die Bindungsstellen für r-RNS in der DNS von *E. coli* und von Kalbsthymus teilweise identische Basensequenzen, da r-RNS von *E. coli* an Kalbsthymus-DNS gebunden werden kann, wenn auch nicht in der festen, RNase-resistenten Form wie an homologe DNS (s. SPIEGELMAN 1964).

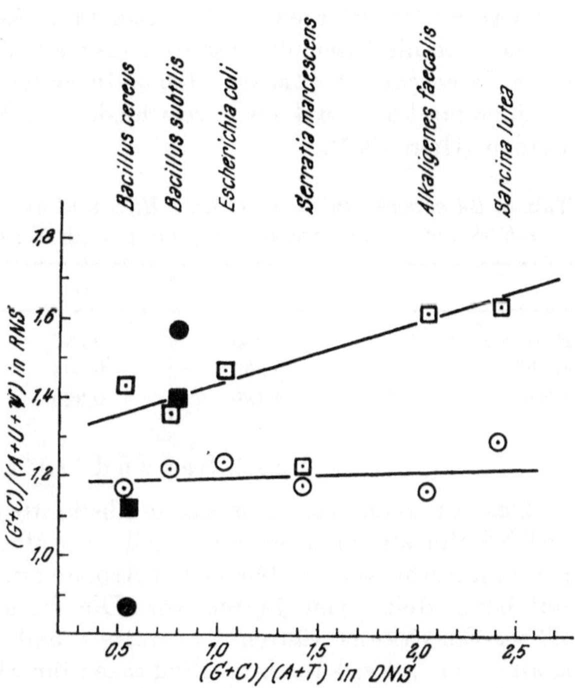

Abb. 8. Korrelation der Basenzusammensetzung von DNS und RNS bei verschiedenen Bakterien. ⊙ = Ribosomen-RNS, ⊡ = lösliche RNS, ▨ = Ribosomen-RNS aus Hefe, ▧ = lösliche RNS aus Hefe, ● = Ribosomen-RNS aus Rattenleber, ■ = lösliche RNS aus Rattenleber. (Nach MIURA 1962.)

Über die eigentliche Aufeinanderfolge der Basen, die Basensequenz, in einer Polynukleotidkette aus Ribosomen ist fast nichts bekannt. Aus Untersuchungen von Volkin und Cohn (1953) geht hervor, daß 20—40% der Pyrimidinnukleotide in Serien von drei oder mehr nebeneinander liegen, ebenso 65% der Purine. Bei der enzymatischen Hydrolyse von r-RNS von *E. coli* und verwandten Bakterien entstehen Oligonukleotide mit gleicher Basensequenz in ganz ähnlichen Mengen, was auf eine vergleichbare Basensequenz in der intakten r-RNS hindeutet. Andererseits unterscheiden sich anscheinend die Ribonukleinsäuren aus 50-S- und 30-S-Partikeln hinsichtlich ihrer Basensequenz (Aronson 1963). In ersten Ansätzen zu einer Sequenzbestimmung konnten 4 bis 6 verschiedene endständige Sequenzen gefunden werden (Hunt 1963).

Tab. 4. *Basenverhältnisse in DNS, r-RNS und zur Hybridbildung mit DNS fähiger r-RNS von Pseudomonas aeruginosa* (nach Yankofsky und Spiegelman 1962 a).

	A	G	C	U (T)
Hybrid-RNS	0,256	0,335	0,202	0,207
r-RNS	0,268	0,303	0,224	0,207
DNS	0,180	0,320	0,320	0,180

2.2.1.2. Sekundärstruktur

Das Auftreten von geordneten Abschnitten und sekundären Bindungen im RNS-Molekül kann mit einer Reihe von Methoden und Versuchsanordnungen untersucht werden. Die ersten Arbeiten in dieser Richtung liegen bereits seit einer Reihe von Jahren vor. Die Volumzunahme des Moleküls bei RNase-Einwirkung führen Chantrenne und Mitarb. (1947) auf das Aufspalten von „physikalischen“ Bindungen innerhalb des Moleküls zurück. Aus dem Verhalten der RNS gegenüber Alkali und RNase schloß Vignais (1953 c) auf das Vorhandensein von Wasserstoffbrücken. Thomas (1953) diskutiert solche Bindungen zwischen zwei benachbarten Basen und nimmt an, daß sich die sekundäre Molekülstruktur und ihre labilen Bindungen in Abhängigkeit vom Funktionszustand der Zelle ändert (Thomas 1952). Regelmäßigkeiten in der Struktur von RNS fanden Rich und Watson (1954) durch Röntgenbeugungsbilder.

Besonders eingehende Untersuchungen über die Molekülform haben Doty und seine Mitarbeiter gemacht (vgl. Doty 1961). Bei geringer Ionenstärke liegt die Polynukleotidkette in expandiertem, flexiblem Zustand vor, bei mittlerer Ionenstärke (0,1—1,0 M NaCl) dagegen als kontrahiertes, kompaktes Knäuel mit relativ niedriger innerer Viskosität und relativ hoher Sedimentationskonstante. Mit der Änderung der Molekülform ändern sich gleichzeitig eine Reihe von physikalischen Größen: Sedimentationskoeffizient und spezifische optische Drehung nehmen mit sinkender Ionenstärke ab (Cox und Littauer 1962, Akinrimisi und Mitarb. 1963), Viskosität und Absorption dagegen zu (Abb. 9). Die Abnahme der Viskosität ist viel größer als bei einem einfachen Polyelektrolyten zu erwarten ist, d. h. die Zugabe von Salz führt zu einer anomal starken Kontraktion des Moleküls. Damit wird wahrscheinlich, daß in der kompakten Form zusätzliche Bindungen innerhalb des Moleküls bestehen. Die Abnahme der UV-Absorption (Hypochromasie) und das Auftreten einer optischen Drehung in der kompakten Molekülform zeigen, daß die Bewegungsfreiheit der Basen durch eine neu gebildete Ordnung im Molekül eingeschränkt ist. Es liegt nahe, an die Ausbildung einer Doppelstrang-Struktur mit einer Basenpaarung entsprechend

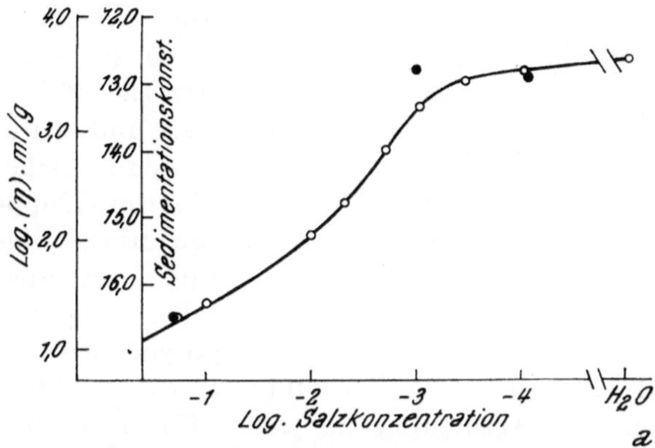

Abb. 9*a*. Einfluß der Ionenstärke auf das physikalische Verhalten von Ribonukleinsäure bei 25° C. ○ = Viskosität (η), ● = Sedimentationskonstante $S°_{20}$. (Nach COX und LITTAUER 1962.)

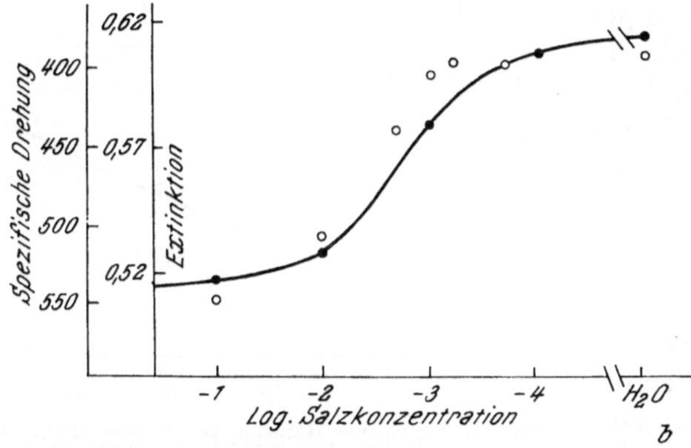

Abb. 9*b*. Einfluß der Ionenstärke auf das physikalische Verhalten der Ribonukleinsäure bei 25° C. ● = Extinktion bei λ 256 nm, ○ = spezifische optische Drehung. (Nach COX und LITTAUER 1962.)

der WATSON-CRICK-Vorstellung zu denken, die nicht nur für G + C und A + T, sondern auch für A + U möglich ist (Abb. 10). Die für die DNS angenommenen Atomabstände müßten geringfügig geändert werden (FULLER 1961). Tatsächlich sind Wasserstoffbrücken maßgeblich an der Ausbildung der Sekundärstruktur beteiligt, wenn sie auch vielleicht nicht die einzigen stabilisierenden Kräfte sind (SZER und Mitarb. 1963). Zugabe von Harnstoff, einem H-Brücken-Spalter, erhöht die UV-Absorption einer RNS-Lösung (Abb. 11) (STOCKX 1963). Die Abhängigkeit der Molekülform von der Ionenstärke läßt sich auch im elektronenmikroskopischen Bild sichtbar machen (Abb. 12). In wäßriger Lösung liegen lange Fäden, in verdünnter Salzlösung geknäuelte Moleküle vor (KISSELEV und Mitarb. 1961). Ein Übergang vom stärker geordneten in einen weniger geordneten Molekülzustand („helix-coil-transition") läßt sich auch beim Übergang von neutralem pH zu sauren oder alkalischen pH-Werten und bei höheren Temperaturen beobachten. Bei der Titration von pH 7 aus in den sauren Bereich nimmt die UV-Absorption der NS-Lösung zu (COX 1962, 1963 a, b), bei der Rücktitration geht die Absorption wieder auf ihren alten Wert zurück. DOTY (1961) (s. auch MILLAR und STEINER 1963, STOCKX 1963, SZER und Mitarb. 1963) hat an synthetischen Polynukleotiden mit Doppel-Helix-Konfiguration diese Vorgänge näher untersucht. Eine Doppelhelix, deren eine Kette aus Polyadenylsäure, die andere aus Polyuridylsäure besteht, verliert ihre geordnete Struktur bei 60°. Gleichzeitig steigt die Absorption an (Abb. 13). Eine prinzipiell ähnliche Erscheinung findet man bei der RNS des Tabakmosaikvirus (TMV), aber die Absorptionsänderung erfolgt in einem breiten Temperaturbereich (Abb. 13). Da man weiß, daß auf Grund der Basenzusammensetzung nur maximal 90% aller Basen WATSON-CRICK-Paare bilden können und außerdem eine G-C-Bindung erst bei einer höheren Temperatur gesprengt wird als eine A-U-Bindung, kann man errechnen, wie der Verlauf der Absorptionszunahme mit der Temperatur für eine Nukleinsäure der Basenzusammensetzung des TMV sein müßte, wenn diese Nukleinsäure in vollständiger Doppelstrangstruktur vorliegt (Abb. 13, ausgezogene Linie). Der unterschiedliche Verlauf dieser hypothetischen und der experimentellen Kurve zeigt, daß in der TMV-RNS nur ein Teil der Basen in Paarung und H-Brücken-Bindung vorhanden ist. DOTY hat auf diese Weise errechnet, daß bei 20° C und 0,15 M K+ etwa 65% des TMV-RNS-Moleküls in Helixform vorliegen. Alle bisher untersuchten RNS-Arten zeigten eine Paarung von 40—70% der Basen in kurzen Regionen mit unvollkommen ausgebildeter Helixstruktur (Abb. 14).

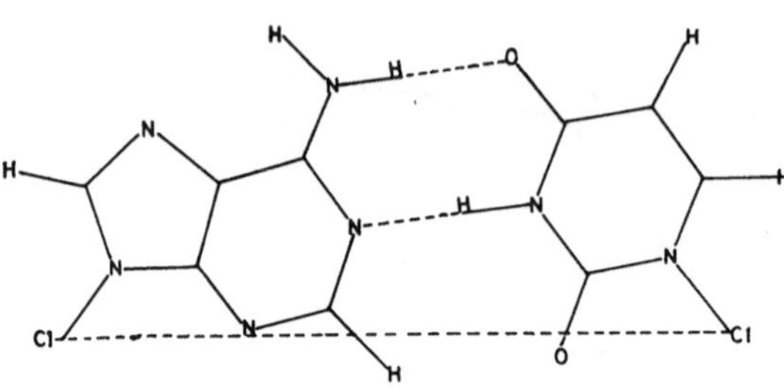

Abb. 10. Basenpaar (A-U) in der Ribonukleinsäure.

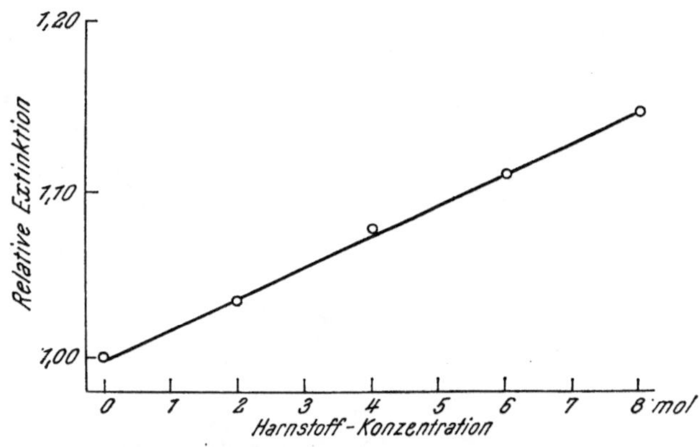

Abb. 11. Einfluß von Harnstoff verschiedener Konzentration auf die Extinktion einer RNS-Lösung bei 258 nm und 25° C. (Nach COX und LITTAUER 1962.)

Daß ein Teil des Moleküls in Doppelhelix-Konfiguration vorliegt, zeigen auch Röntgenbeugungsbilder von r-RNS (Rich und Watson 1954, Wilkins 1963). Die Röntgenaufnahmen beweisen, daß die beiden Polynukleotid-

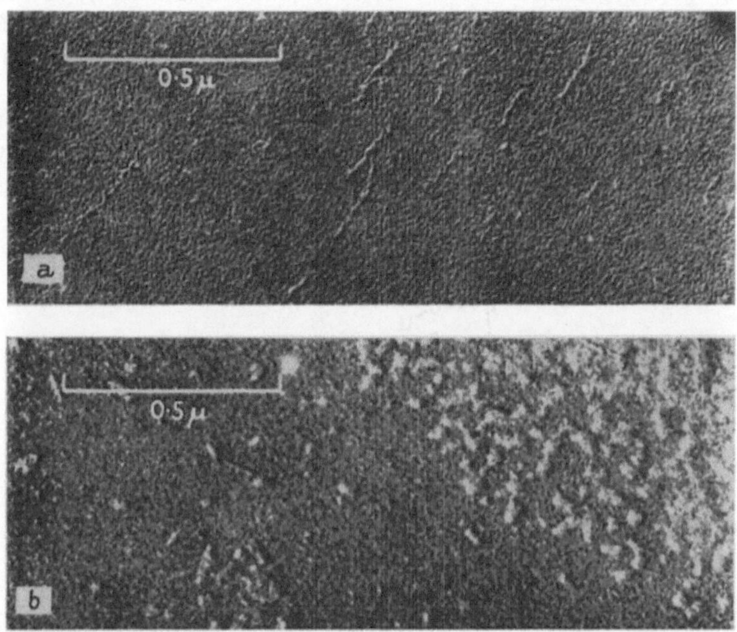

Abb. 12. Elektronenmikroskopische Aufnahmen von ribosomaler RNS aus *Escherichia coli*. *a*) aus wäßriger Lösung gesprüht und luftgetrocknet. Pt-Bedampfung im Winkel 8 : 1, *b*) aus 0,1 M Ammoniumacetat-Lösung gesprüht und luftgetrocknet. Pt-Bedampfung im Winkel 10 : 1. (Nach Littauer 1961.)

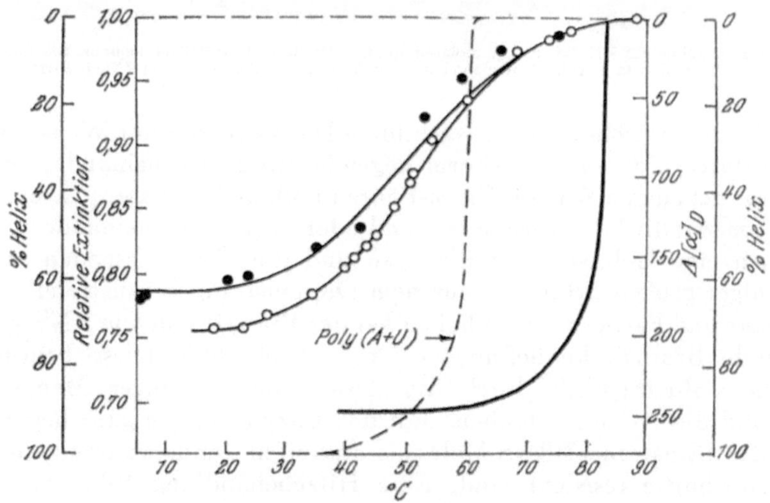

Abb. 13. Änderungen der Extinktion bei 260 nm mit der Temperatur. ●——● RNS aus Tabakmosaikvirus (TMV), -------- Doppelstrang aus synthetischer Polyadenylsäure und Polyuridylsäure (Poly [A + U]), ——— Poly (A + U) korrigiert für die Basenzusammensetzung der TMV-RNS (siehe Text), ○——○ Rotationsdispersion. (Nach Doty 1961.)

ketten antiparallel laufen, d. h. in einer Kette folgen — Ribose-C_3-P-C_5-Ribose-C_3-P-C_5-Ribose-C_3 — usw., in der anderen Kette — Ribose-C_5-P-C_3-Ribose-

C_5-P-C_3-Ribose-C_5 —, wie das auch von der DNS bekannt ist. Im Gegensatz zur DNS liegen aber nicht zwei getrennte Stränge vor. Wahrscheinlich ist der eine Strang umgebogen und um sich selbst gewunden (Abb. 14), obwohl auch Assoziationen von RNS-Molekülen beobachtet wurden (Schuster und Mitarb. 1956). Die undeutliche Ausbildung der Beugungsbilder der RNS ist nicht notwendigerweise eine Folge der unregelmäßigen Ausbildung der Helix-Struktur an sich, sondern kann vielmehr ebenso auf eine unvollkommene Kristallstruktur des verwendeten RNS-Präparates zurückgeführt werden (Spencer und Mitarb. 1962). Aus den Röntgenbeugungsbildern läßt sich nicht

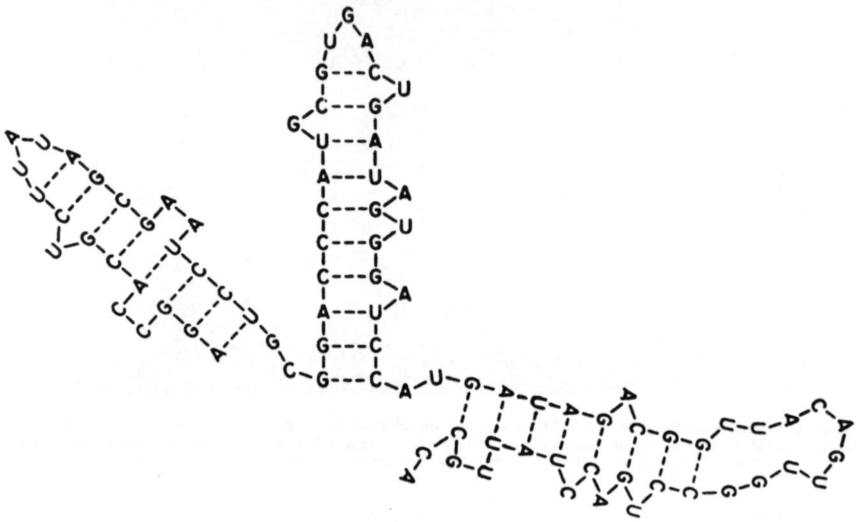

Abb. 14. Anordnung einer RNS-Kette aus äquimolaren Mengen der Basen in zufälliger Sequenz. Die Regionen mit gepaarten Basen sind in Wirklichkeit nicht eben, sondern in Helixkonfiguration. (Nach Doty 1961.)

entscheiden, ob a) vollständig ausgebildete Helixstrecken mit Watson-Crick-Paarung durch nicht in Helix-Form liegende Strecken voneinander getrennt sind, ob b) neben den Watson-Crick-Paaren noch andere Basenpaare mit nur einer Wasserstoffbrücke vorhanden sind oder ob c) alle zueinander passenden Basen eine Helixstruktur erzeugen und die nicht passenden in mehr oder weniger großen Schlingen aus dem Doppelstrang heraustreten.

Huppert und Pelmont (1962) haben bei der Präparation von RNS spontan auftretende Bruchstücke definierter Größe beobachtet. Diese Bruchstücke entstehen wahrscheinlich durch die Anwesenheit geringer Mengen von RNase, und die Autoren glauben, daß das Enzym nur an ganz bestimmten Stellen des (Einstrang-?)RNS-Moleküls angreifen kann, während die Doppelhelixabschnitte resistent sind. Eine Hitzebehandlung führt zu Bruchstücken von statistisch verteilter Größe (Lindigkeit und Coutelle 1962).

Die Existenz von H-Brücken im RNS-Molekül läßt sich auch im Infrarot-Spektrum nachweisen. Eine Absorptionsbande zwischen $\upsilon = 1650$ und $1700\ cm^{-1}$, die durch die Verzerrung der Doppelbindung in den Basen als Folge der H-Brückenbildung entsteht, verschwindet nach dem Erhitzen oder Formamidbehandlung der Nukleinsäure (Kyogoku und Mitarb. 1961).

Die Festigkeit der Sekundärstruktur der RNS zeigt die gleiche Abhängigkeit von der Basenzusammensetzung wie bei der DNS. Bei G + C-reicher Nukleinsäure bricht die Sekundärstruktur erst bei höheren Temperaturen zusammen; sie hat einen höheren „Schmelzpunkt". RNS aus Erbsenstengeln (53% G + C) schmilzt bei 66° C, RNS aus Schafsreticulocyten (63—64% G + C) erst bei 69° C, wie das Ansteigen der UV-Absorption zeigt (Wallace und Ts'o 1961).

Mit den theoretischen physikalisch-chemischen Grundlagen der „helix-coil-transition" sowie der Interpretation der beobachteten Phänomene haben sich DeVoe und Tinoco (1962 a, b) und Kallenbach und Mitarb. (1963) beschäftigt. Die Untersuchungen Spirins (1963) und seiner Schule lassen eine definierte Anordnung der Helixanteile, eine Tertiärstruktur also, möglich erscheinen.

2.2.2. Transfer-RNS

2.2.2.1. Basenzusammensetzung

Die t-RNS einer Zelle ist nicht einheitlich. Jede Aminosäure (AS) wird durch ein besonderes t-RNS-Molekül transportiert, das sich von dem RNS-Molekül für eine andere AS unterscheidet (vgl. Zamecnik und Mitarb. 1961). Offenbar gibt es aber für eine AS sogar einige, voneinander verschiedene, spezifische t-RNS-Moleküle (Bennett und Mitarb. 1963, v. Ehrenstein und Dais 1963), so daß wir in der Zelle mit einer großen Anzahl (etwa 40—60) verschiedener t-RNS-Molekülsorten rechnen müssen (s. Kap. 3.3.2.). Eine biologisch sinnvolle Bestimmung der Basenzusammensetzung und -sequenz ist daher nur an isolierten, einheitlichen, nur für jeweils eine AS spezifischen Fraktionen möglich. Eine solche Fraktionierung ist auf verschiedene Weise versucht worden: Säulenchromatographie an methyliertem Albumin (Sueoka und Yamana 1962), Gegenstromverteilung (Wiesmeyer und Mitarb. 1962, Apgar und Mitarb. 1962, Brown und Mitarb. 1963) oder andere Verfahren mit teilweiser spezieller Vorbehandlung der RNS (Brown 1963, kurze Übersicht bei Zachau 1963 a, b). Auf diese Weise konnte eine Reihe von spezifischen t-RNS-Typen relativ rein gewonnen werden (Tada und Mitarb. 1962, Apgar und Mitarb. 1962, Stephenson und Zamecnik 1962, Coronado und Mitarb. 1963). Die noch unvollkommene Reinigungstechnik und vor allem die geringen Mengen so isolierter AS-spezifischer t-RNS haben bislang eine komplette Basensequenzanalyse unmöglich gemacht [4]. Vorläufig ist nur die Häufigkeit einiger Oligonukleotide bekannt, die etwas über Nachbarschaftsbeziehungen aussagen kann (McCully und Cantoni 1962 c, Doctor und Connelly 1963, Madison und Mitarb. 1963, Rushiky 1962, Tener und Mitarb. 1963, Zachau 1963) (s. unten).

Näher bekannt ist die Häufigkeit bestimmter Oligonukleotide (bis zu neun Nukleotiden) am -pCpCpA-Ende (s. unten) des Moleküls (Lagerkvist und Berg 1962). Insgesamt konnten elf verschiedene Sequenzen (unterschiedlicher Länge) identifiziert werden, die in etwa 80% der Gesamt-t-RNS vor-

[4] Inzwischen ist die Basensequenz einer Alaninspezifischen t-RNS aufgeklärt worden (Holley u. Mitarb. 1965).

kommen. Damit ist eine ausreichend große Heterogenität nachgewiesen, um eine große Zahl unterschiedlicher AS-spezifischer t-RNS-Moleküle annehmen zu können. Die Aufeinanderfolge der Basen ist durchaus nicht statistisch. Die vierte Base nach C-C-A ist in fast 70% aller Moleküle A, in 24% G. U kommt nur zu 7% und C in weniger als 2% aller Fälle vor. Mit den gleichen Methoden konnte nachgewiesen werden, daß die Isoleucin-spezifische t-RNS am Ende die Sequenz -pGpCpUpCpApCpCpA trägt, während für die Leucin-spezifische t-RNS auch hier (vgl. Kap. 3.3.2.) zwei unterschiedliche Moleküle mit den Sequenzen -pGpCpApCpCpA bzw. -pGpUpApCpCpA gefunden wurden (BERG und Mitarb. 1962, SMITH und HERBERT 1963).

Tab. 5. *Molare Basenzusammensetzung löslicher RNS verschiedener Herkunft.*

Basen	Kaninchen-leber a	Weizen-körner e	Hefe a	*Euglena* b	*E. coli* a	*E. coli* c	*E. coli* d
A	0,166	0,228	0,193	0,182	0,179	0,204	0,205
G	0,313	0,316	0,263	0,310	0,295	0,310	0,332
C	0,278	0,239	0,248	0,289	0,294	0,286	0,298
U	0,159	0,192	0,192	0,166	0,155	0,188	0,165
Pseudo-U	0,0435	0,026	0,046	0,031	0,024	0,012	
Methyl-A	0,0063		0,0047	0,011	0,0022		
Methyl-G	0,023		0,0224	0,01	0,012		

Autoren: a CANTONI und Mitarb. 1962, b BRAWERMAN und Mitarb. 1962, c MIURA 1962 (dort weitere Daten über verschiedene Bakterienarten), d MIDGLEY 1962, e GLITZ und DEKKER 1963.

Die vollständige Aufklärung der Sequenz wäre mit Hilfe von vier verschiedenen „mono-base"-spezifischen Ribonukleasen möglich (s. Kap. 2.1.3.). Die enzymatische Spaltung führt zu Nukleotiden, deren Basenfolge sich mit der von solchen Nukleotiden überlappt, die aus der Spaltung mit einem anderen Enzym resultieren. Das Problem ist schwieriger zu lösen als bei Proteinen, da bei den Nukleinsäuren nur relativ kurze, aber zahlreiche Bruchstücke entstehen (RICE und BOCK 1963). Größere Bruchstücke sind zu erwarten, wenn man durch geeignete chemische Umwandlung bestimmte Angriffspunkte gegen das Enzym resistent macht (VERWOERD und ZILLIG 1963). Die Basenhäufigkeit ist nur für einige AS-spezifische t-RNS-Arten bekannt (APGAR und Mitarb. 1962, STAEHELIN und Mitarb. 1962).

Bei der Analyse der Basenhäufigkeit der unfraktionierten Gesamt-t-RNS sind im wesentlichen zwei Tatsachen bemerkenswert. Auffallend ist einmal der relativ hohe Anteil an seltenen Nukleotiden; neben Pseudouridylsäure vor allem solche mit methylierten Basen (s. Kap. 2.1.2. BERGQUIST und MATTHEWS 1962, BRAWERMAN und Mitarb. 1962, CANTONI und Mitarb. 1962, DUNN 1963, HALL 1963 a, STAEHELIN 1963). Die enzymatische Methylierung findet möglicherweise auf dem Polynukleotid-Niveau statt und zeigt eine gewisse Spezies-Spezifität (GOLD und Mitarb. 1963, BOREK und Mitarb. 1962).

Außerdem konnte in der löslichen RNS von Rattenleber und menschlicher Niere überraschenderweise Thymidin nachgewiesen werden (Price und Mitarb. 1963). Der Gehalt an seltenen Basen ist vielleicht für die einzelnen Aminosäurespezifischen t-RNS-Typen charakteristisch (Cantoni und Mitarb. 1963, Matthews 1963). Zum anderen ist bemerkenswert, daß das Verhältnis der 6-Aminogruppen zu 6-Ketogruppen nahe bei 1 liegt (Tab. 5). Das legt den Gedanken an eine Doppelhelixstruktur des überwiegenden Teils des Moleküls mit einem Rest ungepaarter Basen nahe.

Eine nähere Analyse von enzymatisch erzeugten Oligonukleotiden hat ergeben, daß die Basensequenz in der t-RNS nicht zufällig ist, daß man daher mit spezifischen Sequenzen rechnen muß (McCully und Cantoni 1962 a, b, Brown 1963, Staehelin 1963). Die methylierten Basen sind vornehmlich im mittleren Teil des Moleküls gefunden worden (Nihei und Cantoni 1962). Enzymatische Spaltprodukte sind bei verwandten Bakterienarten ähnlich und gleich häufig, dagegen findet man Unterschiede zwischen nicht verwandten Bakterien (Aronson 1963). Schon seit einiger Zeit weiß man, daß ein Teil der Nukleotide in der t-RNS ausgetauscht werden kann (Hoagland 1960, Daniel und Littauer 1963, Smellie 1963). In diesem enzymatisch gesteuerten Prozeß können Cytidintriphosphat und vor allem Adenosintriphosphat in die Nukleinsäure eingebaut werden, und zwar, wie sich zeigte, an das eine Ende der Nukleotidkette. Bei diesem Prozeß wird anorganisches Diphosphat frei. Ein Überschuß von Diphosphat in der Lösung kehrt die Reaktion um, so daß Adenyl- und Cytidylsäure (als Triphosphat) abgespalten werden. Dieser ganze Vorgang beruht darauf, daß sich die verschiedenen Aminosäurespezifischen t-RNS-Moleküle in ihrer Basenzusammensetzung und -sequenz unterscheiden, daß sie aber alle die gleiche Endgruppensequenz -pCpCpA besitzen. Diese Endgruppe wird nicht in die Helixstruktur des übrigen Moleküls einbezogen (s. Kap. 2.2.2.2.). Wahrscheinlich ist deshalb der Austausch dieser drei Endglieder möglich.

2.2.2.2. Sekundärstruktur

Die t-RNS hat ein relativ geringes Molekulargewicht. Die Angaben schwanken zwischen 18 000 und 50 000 und sind stark von der verwendeten Präparation und Methode abhängig. Die am häufigsten gefundenen Werte liegen bei etwa 25 000 (*E. coli*, Tissières 1959); das entspricht etwa 75 Nukleotiden. t-RNS aus Rattenleber hat ein Mol.-Gew. von 27 000 (Takanami und Mitarb. 1961), die aus Kaninchenleber ein Mol.-Gew. von 23 300 und eine Kettenlänge von 61 bis 68 Nukleotiden (Luborsky und Cantoni 1962, Cantoni und Mitarb. 1962). Der Sedimentationskoeffizient ist 4 S.

Physikalische Eigenschaften der t-RNS lassen eine ausgeprägte Sekundärstruktur des Moleküls erkennen (Tissières 1959, Doty 1961, Littauer 1961, McCully und Cantoni 1962 c, Ascoli und Mitarb. 1963). Beim Erhitzen zeigt t-RNS in einem relativ engen Temperaturbereich einen stark hyperchromen Effekt (ca. 30%) und eine entsprechende Änderung der spezifischen Drehung (Littauer 1961). Auf die Beteiligung von H-Brücken weisen die Einwirkungen von Harnstoff (Takanami und Mitarb. 1961) und Formaldehyd hin (Tissières 1959, Zubay und Marciello 1963). Durch alle diese Behandlungen sinkt das Mol.-Gew. nicht, d. h. das 4-S-Partikel mit dem Mol.-Gew. 25000 stellt ein einziges, durch Covalenzbindungen zusammengehaltenes Molekül dar und die H-Brücken liegen intramolekular. Auch die Resistenz gegenüber Ribonukleasen verschiedener Herkunft, besonders in Anwesenheit von stabilisierendem Mg^{2+}, läßt sich durch Annahme einer stark aus-

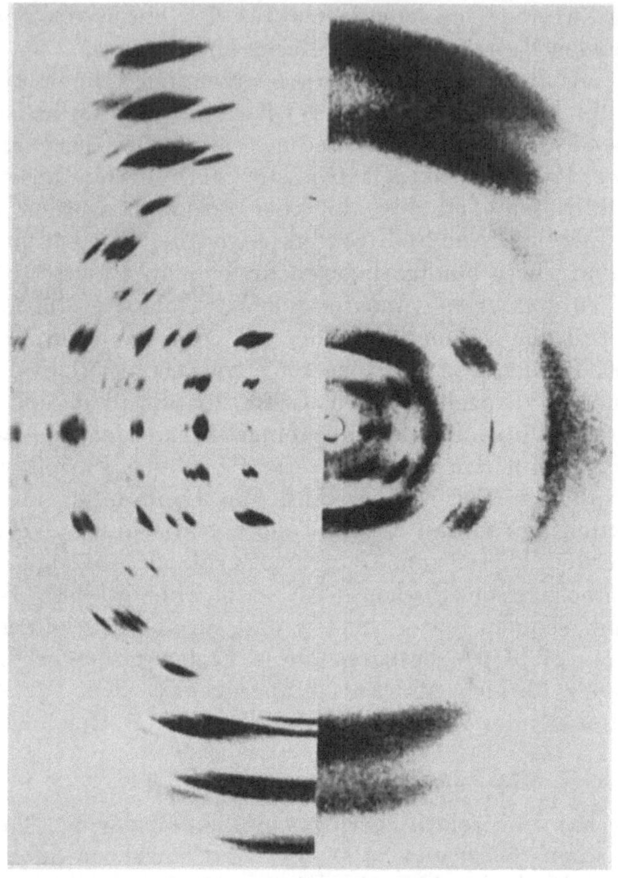

Abb. 15. Röntgenbeugungsbilder von DNS in der A-Konfiguration (links) und t-RNS (rechts). (Nach WILKINS 1963.)

gebildeten Sekundärstruktur erklären (CANTONI und Mitarb. 1962, NISHIMURA und NOVELLI 1963).

Röntgenbeugungsbilder haben den hohen Grad der Helixkonfiguration im t-RNS-Molekül bestätigt (FULLER 1961, SPENCER und Mitarb. 1962, TOMITA und RICH 1964). Das Molekül ist ungefähr 100 Å lang und enthält etwa 3½ Windungen. Die Nukleotide sind entlang der Helixachse ca. 2,5 Å voneinander entfernt, die Ebene der Basenpaare gegenüber der Längsachse um etwa 70° geneigt. Damit entsprechen die Abmessungen denen in der A-Konfiguration der DNS (Abb. 15). Die 2'-Hydroxylgruppe der Ribose findet in dem Modell Platz und bildet H-Brücken, entweder zum Ring-Sauerstoff der benachbarten Ribose oder zu einem Sauerstoff-Atom der

Phosphatgruppe. Da eine Doppelhelix von einem einzigen Molekül gebildet wird, muß die Nukleotidkette umbiegen (FRESCO und Mitarb. 1960). Besonders klare Röntgenbeugungsbilder, die im Prinzip mit denen der t-RNS übereinstimmen, gibt wegen der größeren und einheitlicheren Moleküle kristallisierte RNS aus Reovirus (LANGRIDGE und GOMATOS 1963). Wenn es

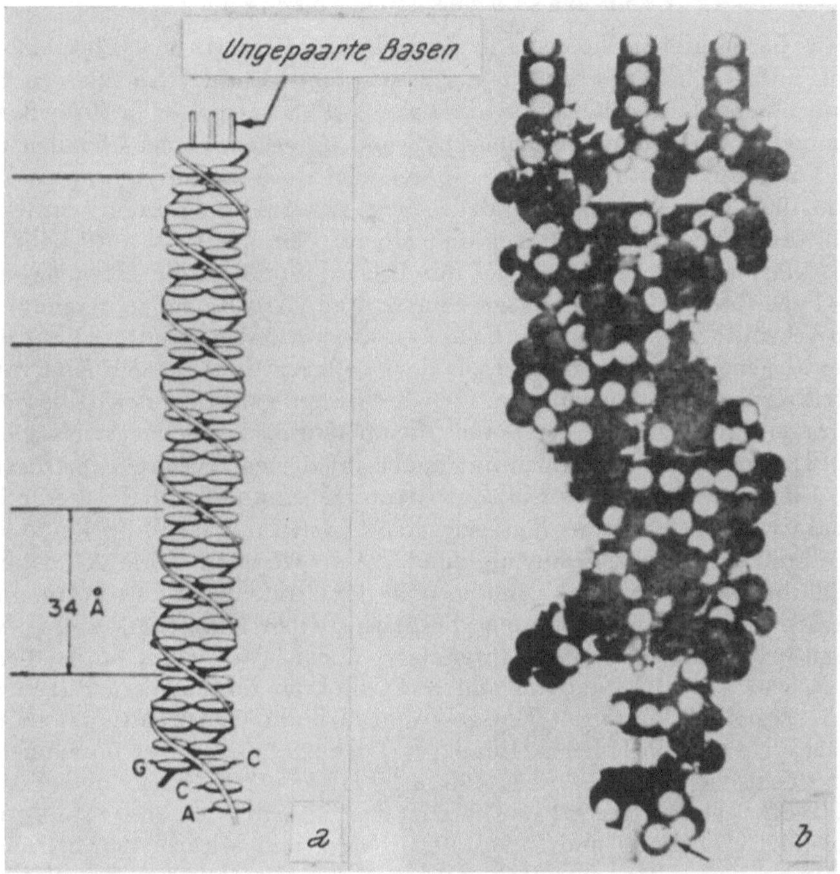

Abb. 16. *a*) Schematische Darstellung eines t-RNS-Moleküls, *b*) Raumfüllendes Modell eines t-RNS-Moleküls. In Wirklichkeit sind nicht nur eine, sondern drei Windungen vorhanden. Der Pfeil bezeichnet die Stelle, an der die Aminosäure angeheftet wird. (Nach ZUBAY 1963.)

gelänge, größere Kristalle aus einer einheitlichen t-RNS zu erhalten, wäre es möglich, aus den Röntgenbeugungsbildern die Basensequenz zu ermitteln (WILKINS 1963). Aus den Ergebnissen der Basenanalyse und den Röntgenuntersuchungen hat man ein recht deutliches Bild des Molekülaufbaus der t-RNS gewonnen (Abb. 16).

Danach bildet die Polynukleotidkette eine einzige Doppelhelix, wobei die überwiegende Zahl der Basen in Paarung vorliegt. Lediglich an der Umbiegestelle bleiben drei Basen ungepaart (vgl. dagegen die Ergebnisse bei partiellem Abbau mit RNase, der nicht, wie man erwarten sollte, die ungepaarten Basen freisetzt [LITT und INGRAM 1964]). Wahrscheinlich kommt diesen drei Nukleotiden eine wesentliche Bedeutung als „Anticodon" zu (vgl. Kap. 3.3.4.). Ungepaart sind ebenfalls die beiden letzten Nukleotide -pCpA an einem Ende, die für alle t-RNS-Typen identisch sind (Kap. 2.2.2.1.).

2.2.3. Messenger-RNS

2.2.3.1. Basenzusammensetzung

1956 beobachteten VOLKIN und ASTRACHAN, daß nach der Infektion von *E. coli* mit T_2-Phagen die RNS-Synthese sofort bis auf einen kleinen Rest blockiert wird. Die weiterhin synthetisierte RNS entspricht in ihrer Basenzusammensetzung der der Phagen-DNS und unterliegt einem schnellen Umsatz. Diese Beobachtung konnte später mehrfach bestätigt werden (vgl. VOLKIN 1962, LIPMANN 1963). Die Bedeutung dieser RNS-Fraktion wurde von der theoretischen Genetik (JACOB und MONOD 1961 a, b, 1963) aufgehellt, die zur Erklärung von Befunden bei der Enzyminduktion die Existenz eines RNS-Typs forderte, der die Basensequenz (und Basenzusammensetzung) der entsprechenden DNS und eine hohe Umsatzrate haben mußte. Diese RNS sollte die genetische Information aus dem Zellkern (bzw. seinem Äquivalent bei Bakterien oder Phagen) zum Ort der Proteinsynthese, den Ribosomen, übertragen („messenger" JACOB und MONOD 1961 a, b). Der Nachweis solcher m-RNS gelang dann auch in nicht Phagen-infizierten Bakterien (SPIEGELMAN 1961, TAKAI und Mitarb. 1962 a). Zur Identifizierung der m-RNS diente ihre radioaktive Markierung in Kurzzeitversuchen („pulse labelling") und ihre DNS-ähnliche Basenzusammensetzung. Als weiteres Charakteristikum wurde die Fähigkeit zur Stimulierung der Proteinsynthese in *in vitro*-Systemen herangezogen. Nachdem die prinzipiellen Verhältnisse bei (DNS)-Phagen-infizierten Bakterien aufgeklärt waren (vgl. GROS und Mitarb. 1961 a), wurde m-RNS auch in anderen Objekten gefunden: in Pilzen und Hefen (YCAS und VINCENT 1960, GROSS und MITCHISON 1962, WAINWRIGHT und MCFARLANE 1962), in höheren Pflanzen (LOENING 1962) sowie in Säugetierzellen (GEORGIEV und MANTIEVA 1962 a, b, HIATT 1962, MUNRO und KORNER 1962, 1964, SCHOLTISSEK 1962 a, COOLSMA und Mitarb. 1963, BRAWERMAN und Mitarb. 1963, DEBELLIS und MARKS 1963, HOYER und Mitarb. 1963 b, KORNER und MUNRO 1963 a, MCARDLE 1963, SCHERRER und Mitarb. 1963). Die Nukleinsäure von RNS-Viren wirkt offenbar direkt als „messenger" (TSUGITA und Mitarb. 1962, VALENTINE und ZINDER 1963, WARNER J. R. und Mitarb 1963 a).

Die bei der Basenanalyse meist angewandte Methode besteht darin, das zu untersuchende Objekt kurzfristig radioaktivem ^{32}P auszusetzen und sofort die Radioaktivität der einzelnen Nukleotide aus der isolierten und hydrolysierten RNS zu bestimmen (Tab. 6). Die m-RNS unterscheidet sich in ihrer Basenzusammensetzung wesentlich von der übrigen, vor allem ribosomalen RNS, die durch ihren hohen Gehalt an G und C charakterisiert ist (s. Kap. 2.2.1.1.).

Besonders elegant läßt sich die Übereinstimmung nicht nur der Basenzusammensetzung, sondern vor allem auch der Basensequenz zwischen m-RNS und der entsprechenden DNS durch die Fähigkeit der beiden Nukleinsäuren zur Hybridbildung demonstrieren (vgl. Kap. 2.2.1.1.) (GEIDU-

SCHEK und Mitarb. 1961, SPIEGELMAN 1961, 1964). Diese Fähigkeit kann auch zur Abtrennung der m-RNS von der übrigen RNS durch Chromatographie an Säulen mit DNS-Zellulose oder DNS-Agar benutzt werden (BAUTZ 1962, BAUTZ und HALL 1962 a, b, BOLTON und MCCARTHY 1962, BRAWERMAN 1963 b, HOYER und Mitarb. 1963 a, b, MCCARTHY und BOLTON 1963, NYGAARD und HALL 1963). Auf diese Weise ließ sich zeigen, daß an Leber-DNS 13,3% der

Tab. 6. *Basenzusammensetzung von DNS und DNS-ähnlicher RNS (D-RNS) bzw. „pulse"-markierter RNS verschiedener Herkunft.*

Herkunft	D-RNS				DNS				Autor
	A	G	C	U	A	G	C	T	
T_2-Phage (in *E. coli*)	31	20	17	31	32	17	18	32	b
E. coli	24,1	27,7	24,7	23,5	24	26	26	24	a
E. coli	25,1	27,1	24,1	23,7	24	26	26	24	b
E. coli	24,6	25,1	24,8	25,5	24	26	26	24	c
Ps. aeruginosa	21,3	29,5	29,0	20,2	18	32	32	18	a
Ps. aeruginosa 10—12-S-Fraktion	20,9	29,8	30,3	19,0	18	32	32	18	a
B. megat.	27,9	23,4	19,7	29,0	31	19	19	31	a
Neurospora	21,4	25,7	27,3	25,7	23	27	27	23	i
Erbse, Sämlinge	31,4	20,7	21,3	26,6	31,6	20,6	29,6	28,2	d
Rattenleber	25,5	26,3	26,3	21,6	28,6	21,4	21,5	28,4	e
Rattenleber	27,2	20,4	23,6	28,8	28,7	21,4	21,5	28,4	f
Rattenleber (Kern-RNS)	23	30	27	20	29	21	21	28	h
HeLa-Z. 16 S	23,2	25,2	28,0	23,2	29,1	22,0	21,4	27,5	g
Ehrlich-Ascites	29,3	22,0	22,0	26,7					f

Autoren: a SPIEGELMAN (1961), b GROS und Mitarb. (1961 a), c TAKAI und Mitarb. (1962 a), d LOENING (1962), e BRAWERMAN und Mitarb. (1963), f GEORGIEV und MANTIEVA (1962 a, b), g SCHERRER und Mitarb. (1963), h REINER und Mitarb. (1963), i WAINWRIGHT und MCFARLANE (1962).

„pulse"-markierten Leber-m-RNS, aber nur 4,9% an Kalbsthymus-DNS und gar keine RNS an *E. coli*-DNS gebunden werden (HOYER und Mitarb. 1963 b). Durch eine sinnreiche Versuchsanordnung konnten ATTARDI und Mitarb. (1962) das Vorkommen einer *messenger*-RNS für die induktive Bildung des Galactosidase-Systems von *E. coli* mit Hilfe der Hybridbildung nachweisen. BAUTZ und HALL (1962 a) konnten mit dieser Technik die wahrscheinlich für die r II-Region des T_4-Phagen spezifische m-RNS isolieren.

2.2.3.2. Molekülgröße und -struktur

Da die m-RNS nur in kleinen Mengen in der Zelle vorkommt (z. B. etwa 1% der Gesamt-RNS in Bakterien, MCCARTHY 1962 a, b, in der Rattenleber weniger als 5%, SCHOLTISSEK 1962 a), liegen bis jetzt nur wenige Untersuchungen an isolierten Präparationen vor. Im Saccharose-Dichtegradienten findet man die Fraktionen mit der „pulse-markierten" RNS zwischen der löslichen (t-)RNS und den 16-S-Partikeln der Ribosomen (GROS und Mitarb. 1961 a, b, LEVINTHAL und Mitarb. 1962, BELJANSKI und Mitarb. 1963). Der Sedimentationskoeffizient wird mit 14 S (GROS und Mitarb. 1961, MCCARTHY 1962 a, b) oder 8 S (ATTARDI und Mitarb. 1962, GROS und Mitarb. 1961, WAINWRIGHT und MCFARLANE 1962, nach Phenolbehandlung) angegeben. Eine Nukleinsäure mit dem gleichen Sedimentationsverhalten wie m-RNS wurde in Sporen von *B. subtilis* gefunden (BALASSA 1963). Wesentlich größere Sedimentationskonstanten (23—28 S) sind von CHENG (1962), OTAKA und Mitarb. (1962 a), SAGIK und Mitarb. (1962) und HARRIS (1962) gefunden worden. Die m-RNS-Fraktion ist aber nicht einheitlich, sondern besteht aus einem Gemisch von sehr vielen unterschiedlichen Komponenten, die durch Zentrifugation (GROS und Mitarb. 1961, MONIER und Mitarb. 1962) oder Säulenchromatographie (WAINWRIGHT und MCFARLANE 1962) z. T. getrennt werden können. Bei der T_2-Phagen-Infektion konnten KHESIN und SHEMIAKIN (1962) einen früh und einen später auftretenden *messenger* unterscheiden. Eine deutliche Trennung in 4 verschiedene Molekülgrößen konnten ISHIHAMA und Mitarb. (1962) bei der „pulse"-markierten, DNS-ähnlichen RNS von *E. coli* beobachten. Nur die größten Moleküle (23—30 S) konnten an Ribosomen gebunden werden. Eine genauere Analyse kann durch eine unspezifische Komplexbindung der m-RNS an r-RNS verhindert bzw. verfälscht werden (ASANO 1963).

Sowohl künstlich synthetisierte komplementäre RNS (GEIDUSCHEK und Mitarb. 1962) wie auch isolierter Phagen-*messenger* (BAUTZ 1963) zeigen ein physikalisch-chemisches Verhalten, das auf das Vorhandensein einer Sekundärstruktur schließen läßt. Beim *messenger* des T_4-Phagen beträgt der Helix-Anteil des Moleküls 42%. SINGER und Mitarb. (1963) haben gezeigt, daß mit zunehmend stärkerer Ausbildung einer Sekundärstruktur die Fähigkeit eines Polynukleotids zur Stimulation der Polypeptidsynthese abnimmt. Die Autoren diskutieren die Frage, ob vielleicht den Doppelhelixstellen eine besondere Funktion, etwa als Anfangs- oder Endstellen eines genetischen Codeabschnittes, zukommt.

3. Stoffwechsel und Funktion der Ribonukleinsäure

3.1. Biosynthese der RNS

Hier soll nur auf die Bildung der Polynukleotide aus Mononukleotiden eingegangen werden (zur Biosynthese der Basen, der Ribose und der Nukleotide bzw. der Nukleosidmono-, di- und -triphosphate s. GLOCK 1955, REICHARD 1955, SCHLENK 1955, BUCHANAN 1960, CROSBIE 1960, MICHELSON 1963).

Es sind insgesamt drei Enzyme bzw. Enzymsysteme bekannt, die in der Lage sind, RNS zu synthetisieren.

1. Die Polynukleotidphosphorylase (GRUNBERG-MANAGO und OCHOA 1955) vermag aus Nukleotiddiphosphaten Polynukleotide unter Abspaltung von anorganischem Phosphat zu bilden.

2. Die RNS-Polymerase (Hurwitz und Mitarb. 1961, Weiss und Nakamoto 1961 a, b, c) synthetisiert RNS aus Nukleotidtriphosphaten bei Anwesenheit von DNS.

3. Enzyme, die zur Synthese von RNS als *„primer“* auch RNS benötigen (Reddi 1961) oder die vorliegende Nukleotidkette verlängern können (s. Kap. 2.2.2.1.). Der Begriff des *„primer“* wird in der Literatur in zwei unterschiedlichen Bedeutungen verwendet. Obwohl ursprünglich ganz allgemein der „Starter“ eines Enzymprozesses gemeint war, ist durch weitere Aufklärung der Vorgänge klar geworden, daß nicht in allen Fällen der *primer* die gleiche Funktion ausübt. Bei manchen Syntheseprozessen, z. B. der Polynukleotidphosphorylase, wird eine Polynukleotidkette einfach verlängert, und auch relativ kleine Oligonukleotide können die Synthese stark beschleunigen. In anderen Fällen, beispielsweise bei der DNS- und der RNS-Polymerase, wird entlang einer Polynukleotidkette eine zweite Kette synthetisiert, wobei die Basenfolge der zweiten Kette in gesetzmäßiger Weise von der der ersten abhängt.

3.1.1. Polynukleotidphosphorylase

Die Polynukleotidphosphorylase (vgl. Grunberg-Manago 1963) synthetisiert Polynukleotide nach der allgemeinen Formel:

$$n\,NPP \underset{}{\overset{Mg^{++}}{\rightleftharpoons}} (NP)_n + n\,P_i$$

wobei N ein Nukleosid, P Phosphat und P_i anorganisches Phosphat ist. Das Enzym ist bis jetzt nur bei Mikroorganismen gefunden worden, wobei geringe Unterschiede in den Eigenschaften bei verschiedenen Bakterienarten nachgewiesen werden konnten (Mandal 1962). In Säugergewebe ist das Enzym noch nicht eindeutig nachgewiesen (Smellie 1963). Aus HeLa-Zellen konnte allerdings eine Enzymaktivität gewonnen werden, die Poly-U aus UDP synthetisierte (Wacker und Mitarb. 1962). Dieses Enzym ist aktiver als entsprechende Bakterienpräparationen (Wacker, persönliche Mitteilung).

Das pH-Optimum unterscheidet sich bei den aus verschiedenen Objekten isolierten Enzymen geringfügig und ist außerdem von den Inkubationsbedingungen abhängig. Es liegt im allgemeinen zwischen 7,5 und 9. Mg^{++}-Ionen sind für alle Reaktionen des Enzyms unbedingt erforderlich.

Neben den vier natürlicherweise vorkommenden Nukleosiddiphosphaten ADP, GDP, CDP und UDP können auch noch Inosindiphosphat sowie eine ganze Reihe Diphosphate von Basenanalogen eingebaut werden, u. a. konnte Poly-Pseudouridylsäure synthetisiert werden (Sasse und Mitarb. 1963). Die zu Polynukleotiden führende Reaktion kann auch in der umgekehrten Richtung von dem Enzym katalysiert werden. Auf diese Weise ist eine spezifische Depolymerisierung von RNS zu Dinukleotiden oder Dinukleosidmonophosphat (Phosphorolyse) möglich. Eine Kombination der Vor- und Rückreaktion führt vermutlich zu einer Übertragung von Mono- und Polynukleotiden von einer Polynukleotidkette auf die andere („Transnukleotidase"-Wirkung, SINGER und Mitarb. 1960). Daneben wird noch eine dritte Reaktion von der Polynukleotidphosphorylase katalysiert: der Austausch von anorganischem Phosphat mit Nukleosiddiphosphaten.

Die Polynukleotidsynthese mit diesem Enzym beginnt erst nach einer kurzen Latenzphase. Diese Phase verschwindet, wenn man Polynukleotide zum Inkubationsmedium zusetzt. Außerdem wird die Reaktion dadurch wesentlich beschleunigt. Homopolymere können den Einbau solcher Basen verhindern, mit denen sie eine Doppelstrang-Paarung eingehen können (HEPPEL 1963).

Aus Versuchen mit Oligonukleotiden kann man schließen, daß der *primer* eine nicht veresterte OH-Gruppe am endständigen Ribosyl-C_3- tragen muß, und daß an dieser Stelle die Veresterung mit dem anzuhängenden Nukleotid erfolgt. Die von jedem Nukleotidtyp eingebaute Menge ist nicht von dem verwendeten *primer* abhängig. Es gibt demnach auch keine Beziehung in der Basenzusammensetzung von *primer* und enzymatischem Produkt. Die Zusammensetzung des synthetisierten Produktes richtet sich vor allem nach den relativen Konzentrationen der im Reaktionsgemisch vorliegenden Nukleosiddiphosphate. Die Häufigkeit der Basen im synthetisierten Polynukleotid ist allerdings nicht der relativen Konzentration der entsprechenden Nukleosiddiphosphate proportional. So werden U und C häufiger eingebaut als A, G wieder häufiger als U und C. Für die Synthese ist nicht die Anwesenheit aller vier Nukleosiddiphosphate nötig, so daß es möglich ist, Polynukleotide aus drei, zwei oder nur einem Nukleotid (Homopolymer, z. B. Poly A, Poly U usw.) mit der Polynukleotidphosphorylase zu synthetisieren. Die *in vitro* synthetisierten Polynukleotide haben ein Molekulargewicht von 30.000 bis 1.000.000. Sie sind wie die natürliche RNS in 3'-5'-Stellung verknüpft und ergeben mit verschiedenen Nukleasetypen die gleichen Spaltprodukte (Kap. 2.1.3. und Abb. 6).

Die biologische Bedeutung der Polynukleotidphosphorylase ist bis jetzt ungeklärt, zumal sie in höheren Organismen nicht nachgewiesen werden konnte. In Bakterien findet man eine Beziehung zwischen der Enzymaktivität und der Höhe der RNS-Synthese. Ob das Enzym allerdings an der RNS-Synthese beteiligt ist, erscheint fraglich, da es nicht in der Lage ist, eine spezifische Basensequenz zu reproduzieren. Vielleicht kommt der phosphorolytischen Fähigkeit beim schnellen Bakterienwachstum eine größere Bedeutung zu, da m-RNS sehr schnell und selektiv abgebaut werden kann (HARRIS 1962, ANDOH und Mitarb. 1963, SEKIGUCHI und COHEN 1963). Die dabei auftretenden Nukleosiddiphosphate kommen außerdem als Vorläufer der DNS in Betracht (REICHARD und RUTBERG 1960).

Die Polynukleotidphosphorylase hat bei der Erforschung der Struktur und Funktion der Nukleinsäuren eine ausschlaggebende Bedeutung erlangt. Nur mit ihrer Hilfe ist es möglich, Homopolynukleotide oder Polynukleotide mit bestimmten Basenverhältnissen zu synthetisieren. An solchen Polymeren konnten wichtige Fragen der Sekundärstruktur der Nukleinsäuren aufgeklärt werden (Kap. 2.2.1.2.). Ebenso haben sie wesentlich zur bisherigen Aufklärung des genetischen „Codes" beigetragen (Kap. 3.3.5.) (NIRENBERG und MATTHAEI 1961).

3.1.2. DNS-abhängige RNS-Synthese (RNS-Polymerase)

Die RNS-Polymerase (RNS-Nukleotidyltransferase) (Weiss 1962, Hurwitz und August 1963) ist wahrscheinlich das eigentliche RNS-synthetisierende Enzym der lebenden Zelle. Es ist sowohl in Bakterien (Godson und Butler 1962 a, b) als auch in höheren Pflanzen und Tieren vorhanden (Biswas und Abrams 1962, Furth und Loh 1963, Smellie 1963). Auf seine Bedeutung weist bereits seine Verteilung in der Zelle hin. Im Sucrose-Gradienten sedimentiert es zusammen mit der DNS, in Rattenleberpräparationen ist es nur im Zellkern (Weiss 1960), in Pflanzen mit der chromosomalen DNS assoziiert gefunden worden (Huang und Bonner 1962 a).

Die von der RNS-Polymerase katalysierte Reaktion kann in der folgenden Weise formuliert werden:

$$n_1ATP + n_2GTP + n_3CTP + n_4UTP \xrightleftharpoons{Mn^{++}\text{ od. }Mg^{++}}$$
$$AMP_{n_1} - GMP_{n_2} - CMP_{n_3} - UMP_{n_4} + (n_1 + n_2 + n_3 + n_4)\,PP_i$$

Um die maximale Aktivität des Enzyms zu erreichen, müssen im Inkubationsmedium alle vier Nukleosidtriphosphate, DNS und ein zweiwertiges Metall (Mn^{++} oder Mg^{++}) vorhanden sein. Außerdem ist die Anwesenheit eines Sulfhydrylreagenzes, zumindest während der Isolation, notwendig. Das Enzym kann mit p-Chloromercuribenzoat gehemmt werden. Die Reaktion ist reversibel und kann durch 2-Mercaptoäthanol aufgehoben werden (Furth und Mitarb. 1962 a, b).

Das hervorstechendste Charakteristikum der durch RNS-Polymerase synthetisierten RNS ist die Identität ihrer Basenzusammensetzung mit der als *primer* verwendeten DNS, wobei T durch U ersetzt ist (Tab. 7). Bei Verwendung von Desoxythymidylat als *primer* wird Polyadenylsäure, bei Verwendung eines Copolymeren aus Desoxyadenyl- und Desoxythymidylsäure (abwechselnd A-T-A-T-) eine RNS synthetisiert, die nur A und U enthält, und zwar in äquivalenten Mengen.

Die synthetisierte RNS entspricht nicht nur in ihrer Basenzusammensetzung, sondern offensichtlich auch in der Basensequenz dem *primer*. Das mit dem d(A-T)-Copolymeren synthetisierte Ribopolynukleotid ist eine Kette, in der U und A abwechselnd aufeinander folgen.

Bei Verwendung von DNS als *primer* stehen in der resultierenden RNS zwei bestimmte Basen in der gleichen Häufigkeit benachbart wie in der DNS („nearest-neighbor-frequency") (Hurwitz und Mitarb. 1962). Schließlich kann noch gesagt werden, daß die synthetisierte RNS mit ihrer *primer*-DNS ein doppelsträngiges Helixmolekül zu bilden in der Lage ist (Bonner und Mitarb. 1961, Geiduschek und Mitarb. 1961). Diese drei Befunde stützen die Anschauung, daß bei der RNS-Synthese ähnliche Vorgänge ablaufen wie bei der DNS-Reduplikation, wobei auch hier eine Watson-Crick-Basenpaarung eine Rolle spielen könnte (s. Kap. 3.1.4.3.) (Abb. 10). Wie bei der DNS-Polymerisation scheinen ganz geringe Mengen von DNase die RNS-Synthese zu stimulieren, während höhere Enzymkonzentrationen hemmend wirken (Schneider und Nayfeh 1962).

Eine reine H-Bindung reicht nicht aus, um ein einzelnes Nukleotid, das an die wachsende RNS-Kette angebaut werden soll, an seinem gegenüberliegenden Partner festzuhalten. Daher müssen wohl andere zusätzliche Haftpunkte angenommen werden, die das Einzelnukleotid vorübergehend in der richtigen Position fixieren. Vielleicht trägt die Abspaltung des Diphosphates beim Kuppeln zur Stabilisierung der H-Brücken bei (LIPMANN 1963) (Abb. 17).

Trotzdem kann noch nicht eindeutig entschieden werden, ob für die Kopie die Doppelstrang- oder die Einstrang-DNS verwendet wird. Es ist sterisch möglich, an ein Basenpaar der DNS noch eine dritte Base durch H-Brücken zu binden. Dabei kann an ein bestimmtes Basenpaar nur eine der vier Basen angelagert werden. Auf diese Weise wäre die Bildung einer RNS mit definierter Basensequenz an Doppelstrang-DNS möglich (ZUBAY 1962). Im Gegensatz zur DNS-Polymerase-Reaktion, die praktisch nur mit Einstrang-Form als *primer* abläuft, ist die RNS-Synthese sowohl mit nativer als auch mit Hitze-denaturierter, d. h. einsträngiger DNS (BURDON und SMELLIE 1962) und mit der natürlicherweise als Einstrang vorliegenden DNS des Bacteriophagen ØX 174 möglich. Bei Verwendung der DNS von ØX 174 wird eine RNS mit komplementärer Basenzusammensetzung synthetisiert, d. h. die prozentuale dA-Menge der *primer*-DNS entspricht der U-Menge in der RNS usw., entsprechend der WATSON-CRICK-Paarung. Man kann aber auch mit DNS-Polymerase eine Doppelstrang-DNS von ØX 174 synthetisieren. Verwendet man diese als *primer,* so hat die synthetisierte RNS die gleiche Basenzusammensetzung wie der *primer* (CHAMBERLIN und BERG 1962). Damit ist erwiesen, daß in isolierten Systemen beide Stränge von nativer DNS kopiert werden können. Polyamine (Putrescin, Spermin usw.) stimulieren die RNS-Synthese an Doppelstrang-DNS, hemmen aber bei Verwendung von Hitze-denaturiertem *primer* (KRAKOW 1963).

Tab. 7. *Molare Basenverhältnisse von in vitro mit RNS-Polymerase synthetisierter RNS und der jeweils als primer verwendeten DNS* (nach HURWITZ und AUGUST 1963).

primer-DNS	Basenverhältnisse	
	DNS $\frac{A+T}{G+C}$	RNS $\frac{A+U}{G+C}$
Bacteriophage T 5	1,56	1,40
Bacteriophage T 2	1,85	1,75
Bacteriophage λ	1,00	1,00
Bacillus subtilis	1,36	1,30
Escherichia coli	1,00	0,96
Mycobacterium phlei	0,49	0,43
Streptococcus pyrog.	1,97	2,08
Clostridium perfr.	2,24	2,17
Menschl. Knochenmark	1,30	1,30
Kalbsthymus	1,25	1,19

Das Problem ist durch WARNER R. C. und Mitarb. (1963) einer Klärung näher gebracht worden. Offenbar kann die Reaktion in verschiedener Weise ablaufen, je nachdem, ob ein- oder zweisträngiger *primer* verwendet wird. Die RNS-Ausbeute ist fünf- bis sechsmal größer, wenn man Doppelstrang-DNS benutzt. Die synthetisierte RNS ist RNase-empfindlich. Bei Verwendung von Hitze-denaturierter DNS wird wahrscheinlich genauso viel RNS neu gebildet, wie *primer*-DNS vorhanden ist, und die entstandene RNS bildet mit dem *primer* ein Doppelstrang-Hybrid-Molekül, wie aus der RNase-Resistenz solcher RNS (Doerfler und Mitarb. 1962) und dem hyperchromen Effekt beim Erhitzen hervorgeht. Aber auch diese Versuche sagen nichts über den Ablauf des Prozesses in der lebenden Zelle aus.

Mit der RNS-Polymerase können auch Basenanaloge in die RNS eingebaut werden. Dabei kann U durch Pseudo-U, Ribo-T, 5-Fluoro-U und 5-Bromo-U ersetzt werden; Inosin und 6-Aza-G können anstelle von G, 5-Bromo-C anstelle von C eingebaut werden, Aza-U und Xanthin werden dagegen nicht eingebaut (Kahan und Hurwitz 1962). Aus diesen Untersuchungen geht hervor, daß die Möglichkeit zur Ausbildung spezifischer H-Brücken zwischen den Basenanalogen und den komplementären Basen in der *primer*-DNS für den Einbau in die RNS entscheidend ist.

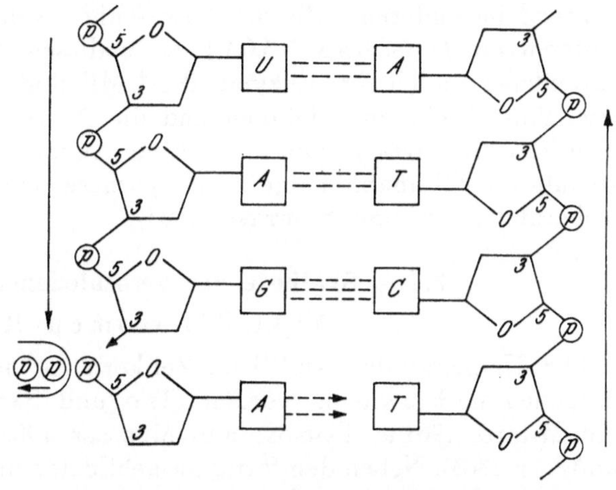

Abb. 17. Schema der DNS-abhängigen RNS-Synthese. (Nach Lipmann 1963.) Rechts die DNS-Kette, links die wachsende RNS-Kette. Die Abbildung soll gleichzeitig darstellen, daß die H-Brücken zwischen A und T nicht stark genug sind, das anzubauende Nukleotid festzuhalten.

3.1.3. Andere RNS-synthetisierende Systeme

Es sind eine ganze Reihe von Enzymsystemen beschrieben worden, bei denen nicht DNS als *primer* nötig ist. Diese Systeme inkorporieren in den allermeisten Fällen nur ein oder zwei Nukleotide, nie alle vier (vgl. Smellie 1963). Eine Ausnahme stellt ein Enzym aus Spinatchloroplasten dar, das bei Anwesenheit von RNS (TMV-RNS) als *primer* alle vier Nukleotide (als Triphosphate) einzubauen vermag (Reddi 1961). Im Unterschied zur Polynukleotidpolymerase ist die Anwesenheit der vier Nukleotide und der *primer*-RNS essentiell. Interessant ist auch, daß die RNS mit Protein verknüpft sein muß, um ihre Funktion auszuüben. Ob und in welcher Weise das synthetisierte Polynukleotid mit dem *primer* verknüpft ist, ist nicht bekannt. Die biologische Bedeutung dieses Enzyms ist unklar. Es könnte eine Rolle bei der Vermehrung von RNS-Viren spielen, da bei der Synthese der RNS des TMV keine Beteiligung von DNS nachgewiesen werden konnte (Reddi und Arjaneyalu 1963), so daß hier eine Informationsübertragung RNS ⟶ RNS vorliegen würde.

Ein ähnliches Enzym kommt in Ascites-Tumorzellen vor (Burdon und Smellie 1961). Hier werden ebenfalls alle vier Nukleotide in eine Polynukleotidkette eingebaut, die die Verlängerung zugesetzter mikrosomaler RNS darstellt. In *Azotobacter vinelandii* existiert ein Enzym, das bei Anwesenheit von t-RNS Ribonukleotide von den entsprechenden Triphosphaten in RNS einbauen kann (Majumdar und Burma 1963).

Enzyme, die nur ein oder zwei Nukleotide in vorhandene RNS-Moleküle einbauen können, spielen eine wichtige Rolle bei der Synthese der t-RNS (vgl. Kap. 3.1.4.2.). Daneben gibt es eine große Fülle von Polynukleotid-synthetisierenden Enzymen mit anderen Eigenschaften. RNS aus der Chorionallantois-Membran des Hühnerembryos stimuliert die Bildung von Poly A aus ATP (Venkataraman 1962, Venkataraman und Mahler 1963). Die RNS-Kette wird dabei wahrscheinlich durch das Poly A verlängert. In diesem System fungiert Poly A und Poly U als besonders guter *primer*. Burdon (1963 a, b, Burdon und Mitarb. 1963) beschreibt zwei Enzymsysteme in Landschütz-Ascitestumorzellen, die Poly A und Poly U aus den Triphosphaten synthetisieren können. Das eine Enzym braucht keinen *primer*, während im anderen Falle die Anwesenheit von (Einstrang-)DNS nötig ist. Actinomycin D (s. Kap. 3.3.6.1.) ist in diesem Falle ohne Einfluß. In der Rattenleber finden sich Enzyme, die UMP und AMP in RNS oder Poly U bzw. Poly A einbauen können und die Anwesenheit von Mn^{++} und Mg^{++} erfordern (Klemperer 1963 a, b). Eine Actinomycin-resistente, also wahrscheinlich DNS-unabhängige RNS-Synthese wurde in Fibroblastenkulturen beobachtet (Paul und Struthers 1963).

3.1.4. Synthese der verschiedenen RNS-Typen

3.1.4.1. Ribosomen-RNS

Der Ursprung der r-RNS im Zellkern ist mehrfach durch verschiedene Methoden nachgewiesen worden (Ts'o und Sato 1959, Perry 1962, Perry und Mitarb. 1961 a, Tamaoki und Mueller 1962, Barr und Butler 1963 b, McArdle 1963). Neben den fertig ausgebildeten und funktionstüchtigen Ribosomen des Zellkernes findet man hochmolekulare RNS-Fraktionen, die als Vorläufer der cytoplasmatischen r-RNS angesehen werden können (Levy und Lynt 1963, Sporn und Dingman 1963). Die Synthese erfolgt an bestimmten Genorten, wie die Beobachtung zeigt (Yankofsky und Spiegelman 1963 a, b), daß r-RNS mit einem Teil der DNS Hybridmoleküle zu bilden vermag. Im isolierten nukleolo-chromosomalen Apparat ist eine RNS-Fraktion enthalten, die in der Basenzusammensetzung der r-RNS gleicht (Georgiev und Mantieva 1962 a, b). Die Synthese der r-RNS erfolgt vermutlich in Form von Vorstufen, die sich ansammeln, wenn man die Proteinsynthese und damit die Ausbildung vollständiger Ribosomen hemmt (s. Kap. 3.2.4.) (Roberts und Mitarb. 1963). Eine vom Zellkern unabhängige Bildung von Ribosomen konnte im Cytoplasma kernloser *Acetabularien* beobachtet werden (Webster und Mitarb. 1962). Die Umsatzrate der hochmolekularen r-RNS ist wesentlich geringer als die der m- und t-RNS (Rake und Graham 1962 a, b) (s. Kap. 3.3.3.1.). In einigen Bakterien wird das Ausmaß der r-RNS-Synthese wahrscheinlich von einem speziellen Gen (RC-locus) kontrolliert (Stent und Brenner 1961, Alföldi und Mitarb. 1962).

3.1.4.2. Transfer-RNS

Der wesentliche Syntheseort für die t-RNS ist der Zellkern (Perry 1962). Isolierte Kerne von Erbsensämlingen können eine RNS synthetisieren, die in ihren Eigenschaften der t-RNS gleicht (Chipchase und Birnstiel 1963 a).

Die Synthese dieser RNS, die Aminosäuren zu binden vermag, kann durch Actinomycin gehemmt werden, ist demnach DNS-abhängig (s. Kap. 3.3.6.1.). Dafür spricht auch die Möglichkeit, aus DNS und t-RNS Hybrid-Moleküle herzustellen (GOODMAN und RICH 1962, 1963). Nach MIDGLEY (1963) wird die t-RNS aus einem speziellen Nukleotid-„pool" gebildet, der sich von dem allgemeinen „pool" der Zelle unterscheidet und vornehmlich aus dem Abbau der m-RNS aufgefüllt wird.

Gegen eine ausschließliche Bildung im Zellkern spricht die Beobachtung (SRINIVASAN 1962, ERRERA und Mitarb. 1963), daß das vornehmlich in der t-RNS vorkommende 5-Methylcytosin ebenso schnell im Cytoplasma eingebaut wird wie im Zellkern. MCCULLY und CANTONI (1962 a) halten eine Selbstreduplikation der t-RNS für möglich.

Der Austausch der endständigen Nukleotide (s. Kap. 2.2.2.1.) ist im Cytoplasma möglich (CANELLAKIS und HERBERT 1961, TAMAOKI und MUELLER 1962, DANIEL und LITTAUER 1963). ATP und CTP werden durch zwei verschiedene spezifische Enzyme eingebaut (ANTHONY und Mitarb. 1963, STARR und GOLDTHWAIT 1963). In der intakten Rattenleber wird offenbar nur das endständige A ausgetauscht (SCHOLTISSEK 1962). Die in der t-RNS relativ häufig vorkommenden methylierten Basen (s. Kap. 2.1.2.) entstehen aus den nicht methylierten Analogen, nachdem diese bereits in die Polynukleotidkette eingebaut sind (BOREK und Mitarb. 1962, GOLD und Mitarb. 1963, MANDEL und BOREK 1963 a, SIRLIN und Mitarb. 1963 a, b, SVENSSON und Mitarb. 1963). Beim Fehlen des die Methylgruppe lieferenden Methionins häuft sich t-RNS ohne methylierte Basen an (MANDEL und BOREK 1963 b). Das die Reaktion steuernde Enzym, die „RNS-Methylase" (FLEISSNER und BOREK 1962, 1963) konnte in der intakten Zelle wie auch in zellfreien Systemen von *E. coli* gefunden werden. Das Pseudouridin wird vermutlich auf dem Weg über die Uridinnukleotide synthetisiert (FRÖHOLM 1963, ROBBINS und KINSEY 1963). Die Regulation der Synthese von t-RNS wie auch r-RNS folgt offenbar auch dem „Repressions-Induktions"-Schema von JACOB und MONOD (1961). Im Falle der t-RNS wirkt diese selber als Repressor, aktivierte Aminosäuren als Induktor (KURLAND und MAALØE 1962, MAALØE und KURLAND 1963, vgl. auch NEIDHARDT und FRAENKEL 1961). Es besteht aber auch die Möglichkeit des direkten Einflusses der RNS-Menge auf die Aktivität der Polymerase (TISSIÈRES und Mitarb. 1963).

3.1.4.3. Messenger-RNS

Die DNS-abhängige Synthese und die der DNS entsprechende Basenfolge gehören mit zu der Definition der m-RNS (Kap. 2.2.3.1.) (JACOB und MONOD 1961 a, b). Die m-RNS-Synthese muß demnach unter Bedingungen erfolgen, wie sie durch die RNS-Polymerase (Kap. 3.1.2.) erfüllt werden können.

In welcher Weise die Information, d. h. die Basensequenz von der DNS auf die RNS übertragen wird, ist nicht eindeutig geklärt (DELBRÜCK 1963, SPIEGELMAN 1963). Die beiden DNS-Stränge im WATSON-CRICK-Modell sind völlig gleichwertig, und beide Stränge können auch in eine entsprechende m-RNS-Sequenz umgesetzt werden (CHAMBERLIN und BERG 1962). Das führt aber zu zwei verschiedenen *messenger*-Molekülen. Da es ganz unwahrscheinlich ist, daß diese beiden Moleküle sinnvolle Informationen tragen, d. h. zu funktionierenden spezifischen Proteinen führen (LIPMANN 1963), muß auf irgendeiner Stufe die Eliminierung der „sinnlosen" Sequenz erfolgen, sei es schon bei der RNS-Synthese an der DNS, sei es in einem späteren Stadium. In diesem Zusammenhang ist die Feststellung von WOOD und BERG (1962) von Bedeutung, daß sowohl an nativer Doppelstrang-DNS wie auch an Hitze-denaturierter Einstrang-DNS mit Polymerase eine RNS synthetisiert werden kann, daß aber nur die an Doppelstrang-DNS synthetisierte *messenger*-Funktion ausüben kann. Nur diese RNS stimuliert den Einbau von Aminosäuren in Polypeptide. Diese Befunde sind schwer zu deuten. Die m-RNS stellt sicher kein Doppelhelix-Molekül dar (SINGER und Mitarb. 1963). Dagegen spricht auch die Fähigkeit von Poly U, die Inkorporation von Phenylalanin zu stimulieren, also wie m-RNS zu funktionieren, obwohl es keine WATSON-CRICK-Struktur annehmen kann (NIRENBERG und MATTHAEI 1961). Es ist aber nicht leicht einzusehen, wie sich ein an Einstrang-DNS synthetisierter *messenger* von einem an Zweistrang-DNS gebildeten unterscheiden sollte.

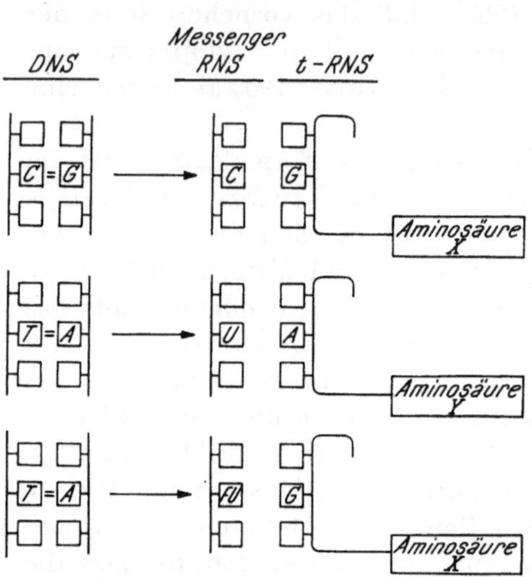

Abb. 18. Mechanismus der Wirkung von 5-Fluoro-U auf einige T 4-Phagen-Mutanten. (Nach CHAMPE und BENZER 1962.) Das Basenpaar GC des normalen (Standard-) Phagen wird als C in der m-RNS übersetzt und bedingt über die t-RNS den Einbau der Aminosäure X. Die Mutante, die aus dem Übergang G-C→A-T entstanden ist, bildet eine m-RNS mit U an der entsprechenden Stelle, das zum Einbau der Aminosäure Y führt. In Anwesenheit von 5-Fluoro-U wird in den *messenger* anstelle von U diese Analoge eingebaut, das sich gelegentlich mit G der t-RNS paaren kann, so daß die Aminosäure X (wie im Standardtyp) eingebaut wird.

Untersuchungen von CHAMPE und BENZER (1962) deuten darauf hin, daß in der intakten Zelle nur die Basensequenz von einem der beiden DNS-Stränge in entsprechende Aminosäurensequenz umgesetzt wird. Den Autoren gelang es, bestimmte T 4-Phagen-Mutanten mit 5-Fluoro-Uracil phänotypisch in den Standardtyp zu verwandeln. Da diese nicht erbliche Veränderung nur in rund der Hälfte der Mutanten auftrat, wird nach der Deutung von CHAMPE und BENZER an jedem DNS-Abschnitt nur ein *messenger* gebildet, der die Basensequenz von einer DNS-Kette hat (Abb. 18). Für die gleiche Ansicht spricht auch, daß die Basenzusammensetzung der m-RNS nicht immer der der DNS entspricht (BAUTZ und HALL 1962).

In jüngster Zeit häufen sich die Beobachtungen, daß in der lebenden Zelle nur ein DNS-Strang transkribiert wird, während im zellfreien System beide DNS-Stränge je ein RNS-Molekül ergeben (HAYASHI und Mitarb. 1963, TOCCHINI-VALENTINI und Mitarb. 1963). Dieser Unterschied beruht wahrscheinlich darauf, daß bei der Isolierung das DNS-Molekül in irgendeiner Weise geschädigt oder zerkleinert wird. Wird die „replikative" DNS-

Doppelstrangform (s. u.) des Phagen ØX 174 in der nativen geschlossenen Ringform isoliert, so wird mit RNS-Polymerase nur ein Strang kopiert. Wird diese Ringform mit Ultraschall gesprengt, so entstehen zwei komplementäre RNS-Moleküle (Hayashi und Mitarb. 1964, s. auch Roth 1964).

Es ist aber nicht entschieden, ob die Information überhaupt von der Einstrang-DNS abgelesen wird, ob also eine Watson-Crick-Paarung eine Rolle spielt. Die von Zubay (1962) entwickelte Hypothese erklärt die Entstehung eines *messenger*-Moleküls an Doppelstrang-DNS durch das Auf-

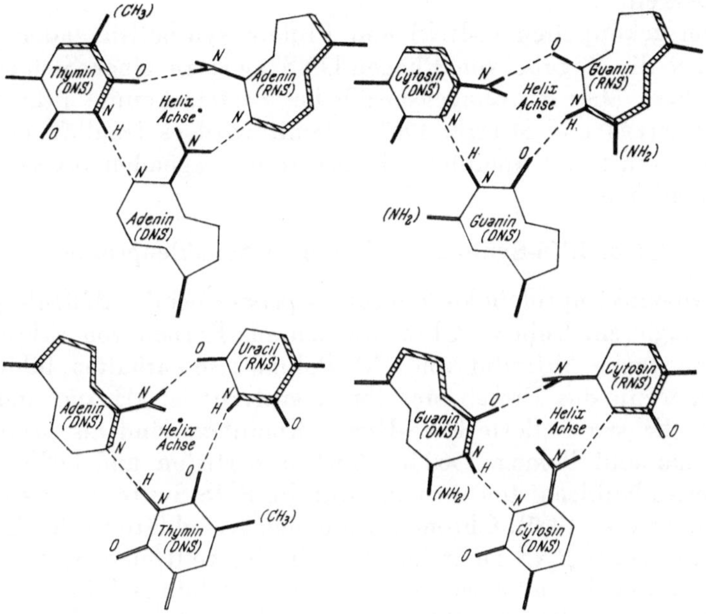

Abb. 19. Anlagerung und H-Brücken-Verknüpfung einer dritten Base an ein Basenpaar der DNS. (Nach Zubay 1962, „Modell B".)

treten von (sterisch möglichen) Dreier-Basengruppen (Abb. 19). [Die Zusammensetzung eines aus *Neurospora* isolierten Hybriden aus zwei DNS- und einem RNS-Faden spricht für eine solche Möglichkeit (Schulman und Bonner 1962). Die Existenz eines solchen „natürlichen" DNS-RNS-Hybriden wird allerdings von Konrad und Stent (1964) angezweifelt.] Das entstehende *messenger*-RNS-Molekül hat dabei die gleiche Basensequenz wie die der einen und eine komplementäre zu der anderen DNS-Kette. Auch bei diesem Modell bleibt die Schwierigkeit, daß zwei *messenger*-Moleküle mit komplementärer Basensequenz gebildet werden können. Die Versuche von Strelzoff und Ryan (1962), Warner R. C. und Mitarb. (1963) und Doerfler und Mitarb. (1962) deuten vielleicht darauf hin, daß in der lebenden Zelle die Bildung des *messenger* an der Zweistrang-DNS erfolgt. Bei Verwendung von Einstrang-*primer* entstehen stabile DNS-RNS-Hybride, aus denen die RNS nicht ohne weiteres freizusetzen ist. Das wäre auch eine Erklärung für die Ergebnisse von Wood und Berg (1962), nach denen an Einstrang-DNS synthetisierte RNS keinen in der Proteinsynthese funktionierenden *messenger* liefert. Der *messenger* wird an der DNS zurückgehalten. In diesem Zusammenhang ist es interessant, daß nach der Infektion mit dem Phagen Ø X 174 intermediär eine Zweistrang-DNS-Form entsteht (SINSHEIMER und Mitarb. 1962). Vielleicht könnte diese „replikative Form" den *primer* für den entsprechenden *messenger* darstellen. Auch beim M 52-Phagen ist eine solche „replikative" doppelsträngige Form gefunden worden (WEISSMANN und BORST 1963, WEISSMANN und Mitarb. 1964). Eine Theorie, wonach nur an einer DNS-Kette ein *messenger* gebildet wird, während die andere Kette eine regulative Funktion auf das Ablösen der gebildeten m-RNS ausübt, wurde von PAIGEN (1962) entwickelt.

In einem gekoppelten m-RNS und Protein synthetisierenden *in vitro*-System führt die Zugabe von Phagen-DNS zwar zu einer Steigerung der Proteinsynthese, aber ein phagenspezifisches Protein konnte nicht gefunden werden (DOERFLER und Mitarb. 1963). Damit wird es fraglich, ob *in vitro* die Synthese eines die komplette Information tragenden *messenger* ohne weiteres möglich ist.

3.1.5. RNS-Synthese an Desoxyribonukleoprotein

Desoxyribonukleoprotein kann nicht als *primer* bei der RNS-Polymerase-Reaktion fungieren. Isolierte Chromosomen aus Kernen von Erbsensämlingen, die eine starke Aktivität von RNS-Polymerase enthalten, bilden 25mal mehr RNS, wenn das Protein aus ihnen entfernt ist (HUANG und BONNER 1962 a). Aus Erbsen isolierte DNS-Histon-Komplexe sind als *primer* ungeeignet (HUANG und BONNER 1962 b). Auch aus Histon und DNS sekundär rekonstruiertes Nukleohiston vermag nicht die RNS-Synthese zu stimulieren (HUANG und BONNER 1963). Chromatin aus den Keimblättern der Erbse vermag eine *messenger*-RNS zu induzieren, die im zellfreien System zur Bildung eines in den Keimblättern vorhandenen Globulins führt. Dieses Globulin fehlt in der übrigen Pflanze, und Chromatin aus Knospen kann normalerweise keine Globulin-spezifische m-RNS bilden. Wird aber aus diesem Chromatin das Histon entfernt, so wird die m-RNS für das Globulin synthetisiert. Man darf daher annehmen, daß außer in den Keimblättern der Genort für „Globulin" durch Histon blockiert ist (BONNER und Mitarb. 1963). Auch in ganzen Zellen führt die Zugabe von Histon zu einer Verminderung der RNS-Synthese, doch sind die Verhältnisse hier so kompliziert, daß keine eindeutigen Schlüsse zu ziehen sind (IRVIN und Mitarb. 1963).

Die Hemmung der RNS-Synthese durch Histon ist an isolierten Thymuszellkernen näher untersucht worden (ALLFREY und Mitarb. 1963). Bereits 4 mg Histon, zu 40 mg Zellkernen zugegeben, hemmt den Einbau von Guanosin und Adenosin in RNS um mehr als 50%. Die hemmende Wirkung der Histone ist nicht spezifisch für die RNS-Synthese, auch andere Prozesse, wie die DNS-Synthese, die ATP-Synthese und der Transport von Aminosäuren in die Kerne hinein, werden stark gehemmt. Bei allen diesen Vorgängen sind argininreiche Histone wirksamer als lysinreiche. Nach dem Entfernen der kerneigenen Proteine aus dem Thymuskern mit Trypsin steigt die RNS-Synthese auf mehr als das dreifache an. Die von Trypsin-behandelten Thymuskernen synthetisierte RNS ist etwas Guanin- und Uracil-reicher als die von unbehandelten Kernen gebildete. Diese neueren Untersuchungen könnten eine vor einiger Zeit geäußerte Theorie (STEDMAN und STEDMAN 1947, 1950) unterstützen, wonach das Histon regulativ in die Realisation der Gene eingreift. Nur ein Teil der in einem Zellkern vorhandenen DNS ist mit Histon verbunden (etwa 80% bei Erbsenembryonen, BONNER und HUANG 1963) und möglicherweise ist der unverbundene, zur RNS-Synthese befähigte Rest mit den genaktiven Abschnitten der Chromosomen identisch (FRENSTER und Mitarb. 1963). Allerdings sind die Histone allein nicht in der Lage, genspezifisch zu wirken, d. h. ganz bestimmte Gene zu blockieren. Dazu ist ihre Mannigfaltigkeit nicht groß genug. Es ist aus theoretischen Gründen unmöglich, daß jedes Gen mit einem spezifischen Histonmolekül gekoppelt ist, da zur Bildung so vieler Polypeptidmoleküle die genetische Information nicht ausreichen würde (BLOCH 1962). Möglicherweise folgt aber die Synthese der Histone nicht dem bei anderen Proteinen bekannten Schema und damit auch nicht dem üblichen Code, so daß vielleicht auf anderem Wege die erforderliche Heterogenität der Histone entsteht (GVOSDEV und PONOMAREVA-STEPNAYA 1963). Experimentelle Beweise für die nicht genspezifische Wirkung sind von BARR und BUTLER (1963 a) erbracht worden. Es wurde der hemmende Einfluß verschiedener chromatographisch getrennter Histonfraktionen auf die RNS-Polymerase-Reaktion untersucht. Obwohl diese Fraktionen jeweils nur 20—40% des Gesamthistons ausmachen und damit auch *in vivo* nur mit einem entsprechenden Anteil der DNS gekoppelt sind, sind alle Fraktionen in der Lage, die RNS-Synthese fast vollständig zu unterbinden. Damit ist gezeigt, daß für die Blockierung eines bestimmten DNS-Abschnittes (oder Genes) nicht ein spezifisch gebautes Histon erforderlich ist. Dafür spricht auch, daß Poly-Lysin die RNS-Synthese im selben Maße hemmt wie Histon. (Bei den Untersuchungen von BARR und BUTLER [1963 a] haben sich im Gegensatz zu den Ergebnissen von ALLFREY und Mitarb. [1963] die lysinreichen Histonfraktionen als die stärkeren Blockierer der RNS-Synthese erwiesen.)

Damit dürfte klar sein, daß die Histone selber nicht die Regulatoren der Genaktivität sind, daß sie aber vielleicht innerhalb eines komplizierten Mechanismus das Werkzeug zur Blockierung bestimmter DNS-Abschnitte darstellen.

3.2. Aufbau und Zusammensetzung der Ribosomen

3.2.1. Partikelgröße und Untereinheiten

Als eigentlicher Ort der Proteinsynthese haben im wesentlichen die Ribosomen zu gelten. Sie stellen die Hauptmasse einer Zellfraktion mit definiertem Sedimentationsverhalten dar, die in der Lage ist, radioaktiv markierte Aminosäuren in Polypeptide einzubauen (LITTLEFIELD und Mitarb. 1955, ZAMECNIK und Mitarb. 1958). Als morphologische Einheiten sind sie bereits länger bekannt, wenn auch ihre Funktion unklar war („Chromidien“, MONNÉ 1946). Durch eine Reihe von Präparationsverfahren (vgl. BONNER 1961, POGO und Mitarb. 1962, PETERMANN und PAVLOVEC 1963 a, b) ist es möglich, die Ribosomen zu isolieren und ihren Aufbau und ihre Funktion zu untersuchen.

Die Größe und das Gewicht des einzelnen Ribosompartikels kann in der Ultrazentrifuge, durch Lichtstreuungsmessungen bzw. im Elektronenmikroskop bestimmt werden (Tab. 8). Die Ribosomen von höheren Pflanzen und Tieren haben kugelige, etwas abgeplattete Gestalt, einen größten Durchmesser von etwa 250 Å und ein Partikelgewicht, das einem Molekulargewicht von etwa 4×10^6 entspricht. Ribosomen von Bakterien scheinen etwas kleiner zu sein. (Auch im Elektronenmikroskop erscheinen Ribosomen von *E. coli* kleiner als die von höheren Pflanzen: BAYLEY 1962).

Tab. 8. *Größe und Molekulargewicht bzw. Sedimentationskonstante von Ribosomen verschiedener Herkunft.*

Herkunft	Molekulargewicht $\times 10^{-6}$	Durchmesser	Autor
E. coli	2,6		a
Hefe	4,6		a
	4,1		a
	4,12	200 Å	e
	3,8		b
Erbsenkeimlinge	4,5		a
Zwiebelblätter	(80 SVEDBERG)		c
Kleeblätter	(83 SVEDBERG)		a
Kaninchen-Reticulocyten	4,0–4,1		a
Rattenleber	3,6		a
Rattenleber	3,6		f
Thymuskerne	(78 SVEDBERG)	200 Å	d
Jensen-Sarkom	(82,5 SVEDBERG)		a

Autoren: a PETERMANN und HAMILTON (1961), b LEDERBERG und MITCHISON (1962), c EHRING (1962), d POGO und Mitarb. (1962), e CHATTERJEE und Mitarb. (1962), f HAMILTON und Mitarb. (1962).

Das unter schonenden Bedingungen isolierte unbeschädigte Ribosomenpartikel hat eine Sedimentationskonstante von 70 bis 80 S (SVEDBERG-Einheit) und wird daher kurz (70 S) 80 S-Partikel genannt. Es zerfällt leicht in zwei definierte Untereinheiten, ein 60 S- und ein 40 S-Partikel, die sich weiter in kleinere Bruchstücke aufspalten. Da die Sedimentationskonstante stark von den Versuchsbedingungen abhängt, unterscheiden sich die Angaben der einzelnen Autoren, und die Identität der beschriebenen Bruchstücke läßt sich nur schwer feststellen. (Über die Abhängigkeit der Sedimentationskonstanten vom Molekulargewicht siehe INOYE und Mitarb. 1963.) Nach BONNER (1961) soll das größere (60 S-) Partikel wieder in ein kleineres (40 S) und zwei noch kleinere (28 S), die einem Sechstel der ursprünglichen Ribosomenmasse entsprechen, zerfallen (vgl. LEDERBERG und MITCHISON 1962, POGO und Mitarb. 1962). Dieser Auffassung ungefähr entsprechende Ribosomenunterfraktionen sind aus verschiedenen Organen isoliert worden (POGO und Mitarb. 1962, Übersicht bei PETERMANN und HAMILTON 1961).

Die Aufspaltung des Ribosoms in Untereinheiten ist von der Mg^{++}-Konzentration abhängig und z. T. reversibel (CHAO 1957, KELLER und Mitarb.

1963, MADISON und DICKMAN 1963 b, MOYER und STORCK 1963, STORCK 1963). Das Magnesium wird von dem Nukleinsäureanteil der Ribosomen gebunden (EDELMANN und Mitarb. 1960). Ist das molare Verhältnis r des gebundenen Magnesiums zum Phosphat der RNS kleiner als 0,21, so liegen bei der r-RNS des Jensensarkoms hauptsächlich 55-S-Partikel vor. Bei $r = 0{,}25$—$0{,}39$ herrscht die 80-S-Form vor und bei größeren Mengen gebundenen Mg^{++} kommt es zu stärkeren Assoziationen, bis schließlich bei $r = 0{,}63$ und darüber kein Ribonukleoprotein mehr in Lösung bleibt. Ein kleiner Teil (5%) der Ribosomen ist gegenüber dieser Dissoziation resistent (LAMFROM und GLOWACKI 1962). Diese Ribosomen sind gleichzeitig besonders aktiv an der Proteinsynthese beteiligt (vgl. Kap. 3.3.3.). Die beiden Untereinheiten werden offenbar nicht nur durch das Mg^{++} miteinander verbunden, da sie sich auch in Anwesenheit von Mg^{++} durch Papain trennen lassen (MORGAN und Mitarb. 1963).

Die 30-S- und 50-S-Partikel von *E. coli* (HOROWITZ und WELLER 1963) ergeben bei Dialyse gegen Mg^{++}-Komplexbildner (EDTA) 19-S- und 35-S-Partikel und zerfallen schließlich in Partikel unterschiedlicher Größe (12—15 S). Bei der Dialyse dieser Präparate gegen 10^{-4} M Mg^{++} entstehen wieder 28-S- und 50-S-Partikel. Der RNS- und Proteingehalt dieser Partikel ist der gleiche wie der der ursprünglichen Ribosomen. Ähnliche Verhältnisse fanden LEDERBERG und MITCHISON (1962) bei den Ribosomen von *Schizosaccharomyces pombe.* MORGAN (1962) beobachtete eine langsame Umwandlung von 60-S- in 50-S-Partikel und hält eine Strukturveränderung als Ursache für möglich. Im Elektronenmikroskop kann man die Aggregation in Abhängigkeit von der Mg^{++}-Konzentration direkt beobachten (WARNER und Mitarb. 1962).

3.2.2. Chemische Komponenten

3.2.2.1. RNS

Gereinigte Ribosomen stellen praktisch Ribonukleoproteine dar. Das UV-Absorptionsspektrum einer Ribosomensuspension läßt die Nukleinsäurekomponente deutlich hervortreten (Abb. 20 und 21). Eine 1%ige Lösung von Rinderpankreasribosomen hat bei 260 nm eine Extinktion von 115; das Verhältnis der Extinktionen 260 nm : 280 nm ist 1,70, das von 260 nm : 235 nm ist 1,36 (KELLER und COHEN 1963).

Der RNS-Gehalt der Ribosomen liegt im allgemeinen zwischen 40 und 60 Gewichtsprozent (Tab. 9). Der Rest ist fast ausschließlich Protein, das salzartig mit der Nukleinsäure verknüpft ist (Ts'o und Mitarb. 1958, DICKMAN und Mitarb. 1962).

Wie die Ribosomen, so zerfällt auch die RNS in Untereinheiten, im wesentlichen in zwei mit den Sedimentationskonstanten 28 S (23 S) und 18 S (16 S) (BONNER 1961, COX und ARNSTEIN 1963, MOYER und STORCK 1963, COHN 1964). Das entspricht Partikelgewichten von $1{,}2 \times 10^6$ und $0{,}6 \times 10^6$ und damit etwa 90% der gesamten in einem Ribosom enthaltenen RNS. Der Rest von 10% hat eine sehr niedrige Sedimentationskonstante und setzt sich wahrscheinlich aus t-RNS und m-RNS, vielleicht auch aus Bruchstücken und Vorstufen der r-RNS zusammen (BONNER 1961, EHRING 1962, HART 1963, HORO-

WITZ und WELLER 1963). Die 18-S- und 28-S-Partikel entstehen unabhängig davon, ob man sie aus 80-S- oder einem Gemisch von 60-S- und 40-S-Ribosomen isoliert. Sie dürften damit den in den beiden Ribosomenteilen vorliegenden RNS-Molekülen entsprechen. Ob es sich hierbei allerdings jeweils um ein einzelnes Molekül mit durchgehend covalenten Bindungen handelt, ist nicht sicher. Zwar zerfallen die 28-S- und 18-S-RNS-Partikel spontan unter verschiedenen Bedingungen weiter in definierte Bruchstücke (vgl.

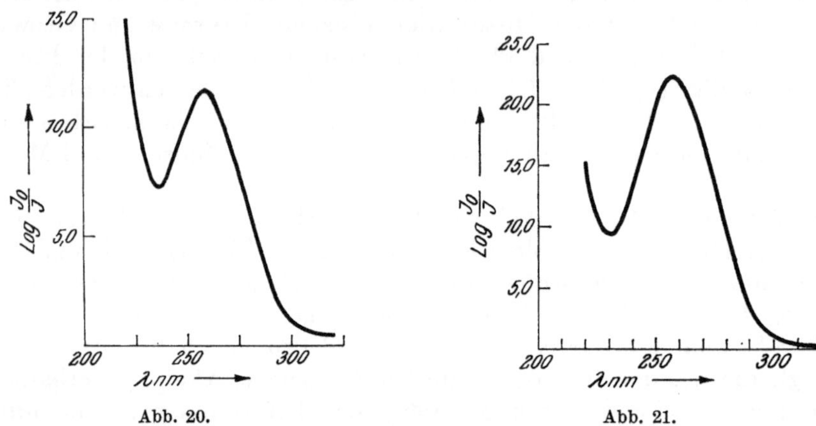

Abb. 20. Abb. 21.

Abb. 20. Absorptionsspektrum einer Ribosomensuspension aus Zwiebelblättern. Konz. 1 mg/1 ml. Schichtdicke 1. (Nach EHRING 1962.)

Abb. 21. Absorptionsspektrum von r-RNS aus Zwiebelblättern. Auf Konz. 1 mg/1 ml berechnet. Schichtdicke 1. (Nach EHRING 1962.)

LINDIGKEIT und COUTELLE 1962), doch ließe sich das auch durch einen enzymatischen Angriff an ganz bestimmten Stellen des Moleküls erklären, durch den die in Helixform vorliegenden Abschnitte freigesetzt werden (HUPPERT

Tab. 9. *RNS- und Proteingehalt von Ribosomen verschiedener Herkunft.*

Herkunft	Partikelgröße (S)	RNS-Geh. %	Protein-Geh. %	Autor
E. coli	30-100	60	40	a
E. coli		61		b
E. coli	25	25	75	c
Schizosaccharomyces (Hefe)	83	41	59	d
Neurospora crassa	81	47	53	i
Zwiebelblätter	79-80	34		e
Kalbsthymuskerne		50		f
Kalbsthymuskerne	78	60		g
Rinderpankreas	80	45-50		h
Kaninchenblinddarm		65		b

Autoren: a MCQUILLEN (1961), b PETERMANN und HAMILTON (1961), c TAKAI und Mitarb. (1962), d LEDERBERG und MITCHISON (1962), e EHRING (1962), f WANG (1962, 1963 a, b), g POGO und Mitarb. (1962), HESS und LAGG (1963), h KELLER und COHEN (1963), KELLER und Mitarb. (1963), MADISON und DICKMAN (1963 a, b), i STORCK (1963).

und PELMONT 1962). RNase ist in Ribosomen immer nachzuweisen (0,8 Gewichtsprozent, ELSON und TAL 1959, MCQUILLEN 1961, KELLER und COHEN 1963). Nach HALL und DOTY (1959) zerfallen sowohl 28-S- wie 18-S-RNS bei Erwärmen auf 85° C in 5 bzw. 10 primäre Einheiten mit dem Molekulargewicht 120 000. Spätere Untersuchungen (LINDIGKEIT und COUTELLE 1962) haben demgegenüber gezeigt, daß Hitzebehandlung zu Bruchstücken ganz unterschiedlicher Größe führt. Beim Lösen in Formamid verliert die RNS ihre Sekundärstruktur und die H-Brücken werden gesprengt. Da hierbei neben anderen Bruchstücken eine Hauptkomponente mit dem Molekulargewicht $2{,}5 \times 10^5$ auftritt, ist angenommen worden, daß vier solcher Einheiten (mit jeweils etwa 1000 Nukleotiden) ein 28-S-RNS-Partikel und zwei ein 16-S-RNS-Partikel aufbauen (HELMKAMP und TS'O 1960, s. auch PETERMANN und PAVLOVEC 1963). Es ist aber nicht ausgeschlossen, daß bei der

Tab. 10. *Basenzusammensetzung der 18-S- und der 28-S-Fraktion der r-RNS von E. coli* (nach MCQUILLEN 1961).

Herkunft	A	G	C	U
18 S-RNS	0,242	0,316	0,236	0,205
28 S-RNS	0,264	0,348	0,205	0,183

Hitze- bzw. Formamidbehandlung doch Covalenzbindungen gespalten werden (MICHELSON 1963, SPIRIN 1963). Wenn Untereinheiten in der r-RNS vorliegen, so sind sie sicher in den 28-S- und 18-S-Partikeln verschieden. WALLACE und TS'O (1959) und SPAHR und TISSIÈRES (1959) fanden die gleiche Basenzusammensetzung in 28-S- und 18-S-RNS, spätere Untersucher (MCQUILLEN 1961, ARONSON 1963) konnten dies jedoch nicht bestätigen (Tab. 10). Geringe Unterschiede ergeben sich auch aus der Arbeit von MIDGLEY (1962).

YANKOFSKY und SPIEGELMAN (1963 a, b) konnten nachweisen, daß der 18-S-RNS ein anderes Cistron entspricht als der 28-S-RNS, und damit gleichzeitig die verschiedene Basensequenz der beiden demonstrieren. Dadurch ist zumindest die Existenz gemeinsamer Untereinheiten ausgeschlossen.

3.2.2.2. Struktur-Protein

Die Aminosäurenzusammensetzung der Ribosomenproteine verschiedener Herkunft ist bemerkenswert ähnlich (TS'O und Mitarb. 1958, EHRING 1962) (Abb. 22). Neuerdings sind allerdings etwas größere Differenzen mitgeteilt worden (HARUNA 1963). Ein hoher Gehalt an Arginin und Lysin stellt das Protein in die Nähe der Histone. Aber auch der Gehalt an Aminodicarbonsäuren ist relativ hoch. Die Aminosäurenzusammensetzung von Ribosomenprotein aus den Zellkernen des Kalbsthymus ist die gleiche (WANG 1962).

Die geringen Mengen aromatischer Aminosäuren schlagen sich auch in der Form der Absorptionskurve des Ribosoms nieder (Abb. 20).

Ein großer Teil der ω-Carboxylgruppen von Asparaginsäure und Glutaminsäure ist amidiert. So kommt es, daß im Ribosomenprotein von

E. coli ein Überschuß von 6,92 basischen Gruppen auf 100 Aminosäurereste besteht, während im gesamten übrigen Protein des Bakteriums (außer Zellmembran) ein Überschuß von 1,33 sauren Gruppen besteht (Spahr 1962). Im Rattenlebermikrosomenprotein herrscht ein Überschuß von 8 bis 10 basischen Gruppen pro 100 Aminosäuren (Crampton und Petermann 1959). In Histonen findet man entsprechende Überschüsse von 13 bis 19 basischen Gruppen (Phillips 1962). Das Ribosomenprotein ist daher bei neutralem pH stark positiv geladen (Ts'o 1962).

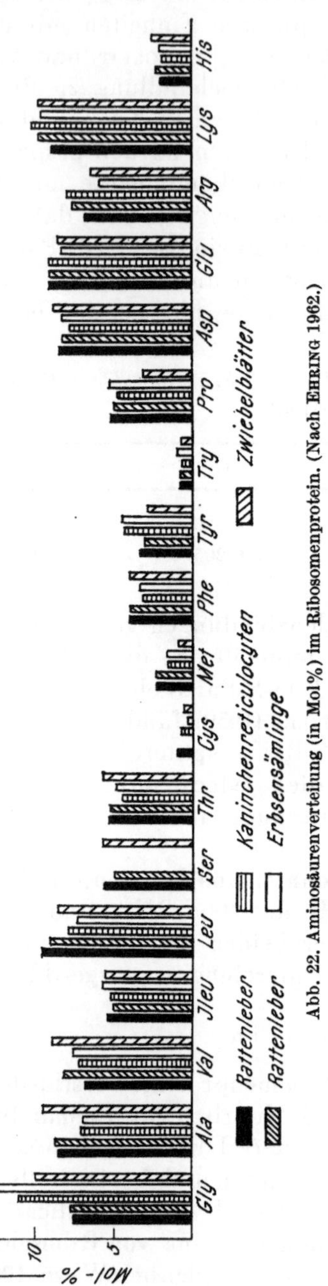

Abb. 22. Aminosäurenverteilung (in Mol%) im Ribosomenprotein. (Nach Ehring 1962.)

Die Proteine aus 50-S- und 33-S-Ribosomen unterscheiden sich geringfügig in ihrer Aminosäurenzusammensetzung, vor allem in der Menge des Histidins, Alanins, Threonins, Arginins und der Glutaminsäure (Spahr 1962) (Tab. 11).

Die Gesamtmasse des Proteins eines Ribosoms ($\sim 2{,}2 \times 10^6$) ist wahrscheinlich auf mehrere Moleküle verteilt. Durch fraktionierte Fällung lassen sich eine ganze Reihe von Proteinen voneinander trennen (Spitnik-Elson 1962). Yin und Bock (1960) erhielten eine stabile Ribosomenproteinpräparation aus Hefe durch Behandlung mit RNase, Harnstoff und Dodecylsulfat. Das mittlere Molekulargewicht in der heterodispersen Lösung war 12×10^3. Es fanden sich darin mehrere N-endständige Aminosäuren. Bei *E. coli* liegen mindestens zwei verschiedene Proteinketten mit den N-endständigen Aminosäuren Methionin und Alanin vor. Die Endgruppenanalyse läßt ein Molekulargewicht von 3×10^4 vermuten (Watson 1960). Im phenolunlöslichen Ribosomenprotein aus Zwiebelblättern kommt im Durchschnitt eine N-endständige Aminogruppe auf 100 Aminosäurereste. Serin stellt in diesem Falle 80—90% der erfaßten endständigen Aminosäurereste (Ehring 1962).

Bei *E. coli* sind Alanin (36—40%), Methionin (45—49%) und eine Reihe anderer als endständige Aminosäure erkannt worden (Waller und Harris 1961).

In den Ribosomen der Rattenleber sind mindestens zwei spezifische Antigene zu finden (D'AMELIO und PERLMANN 1960). Bei *E. coli* gibt es Unterschiede in der Antigen-Ausstattung zwischen einzelnen Ribosomen (SANTER und VERNON 1962). Die Bindungen zwischen RNS und Protein dürften vornehmlich salzartig sein, wie aus dem Verhalten gegenüber verschiedenem pH und veränderter Ionenstärke hervorgeht (PETERMANN und HAMILTON 1961). Daneben dürften auch Wasserstoffbrücken eine Rolle spielen. Harnstoff (ELSON 1958),

Tab. 11. *Aminosäurenzusammensetzung (in mol pro 100 mol bestimmter Aminosäurereste) von 30-S-, 50-S- und 70-S-Ribosomen aus E. coli* (nach SPAHR 1962).

Aminosäure	30 S	50 S	70 S
Lysin	8,59	9,18	9,01
Histidin	2,03	1,74	1,91
Arginin	7,83	6,52	7,30
Asparaginsäure	8,63	8,08	8,30
Glutaminsäure	10,57	9,86	10,08
Glycin	7,94	8,42	8,18
Alanin	10,28	11,54	10,98
Valin	9,24	9,73	9,63
Leucin	7,45	7,48	7,40
Isoleucin	5,76	5,49	5,51
Threonin	4,93	5,32	5,22
Serin	4,47	4,55	4,38
Prolin	3,70	3,63	3,67
Tyrosin	1,89	1,73	1,78
Phenylalanin	2,89	3,11	3,03
Tryptophan	0,81	0,58	0,69
Methionin	2,47	2,55	2,40
Halbes Cystin	0,52	0,49	0,53
Ammoniak	(7,72)	(6,66)	(7,08)
	100,00	100,00	100,00

Phenol (KIRBY 1956) und andere H-Brücken spaltende Substanzen (TASHIRO und Mitarb. 1960) haben einen Einfluß auf die Trennung von RNS und Protein. Auch Komplexbildner trennen zumindest einen Teil der RNS vom Protein der Ribosomen (SIEKEVITZ 1961, DICKMAN und Mitarb. 1962), so daß man an eine stabilisierende Funktion zweiwertiger Ionen (Mg^{++}, OHTAKA und UCHIDA 1963) denken muß.

3.2.2.3. Weitere Bestandteile

RNase wird immer in Ribosomen gefunden (ELSON 1961, MCQUILLEN 1961, KELLER und COHEN 1962, OHTAKA und UCHIDA 1963, vgl. auch MADISON und DICKMAN 1963 b, MARTIN und Mitarb. 1963). WADE und ROBINSON (1963) konnten dagegen keine RNase in den Ribosomen von *Pseudomonas* nachweisen. Möglicherweise ist die gesamte RNase der Zelle in latenter Form in den Ribosomen und hier ausschließlich in den 30-S-Partikeln enthalten. Die RNase ist ein wichtiger funktioneller Bestandteil der Ribosomen (DANNER und MORgan 1963). Blockierung der RNase-Aktivität hemmt auch die Fähigkeit zur Proteinsynthese (Roth 1960 b). Auch andere Enzyme sind in Ribosomen gefunden worden, deren funktionelle Bedeutung an dieser Stelle nicht zu erkennen ist. Wegen der kleinen Mengen kann vermutet werden, daß es sich um sekundäre Anlagerungen oder um frisch synthetisiertes Material handelt (Keller und Mitarb. 1963, Madison und Dickman 1963 a, Übersicht bei Elson 1961, Siekevitz 1961). Das gleiche gilt wohl auch für Antikörper, die in den Ribosomen der Milz und der Lymphknoten sensibilisierter Tiere gefunden werden (Elson 1961, Perlmann und Morgan 1961). Doch könnten Antikörper auch ein integraler Bestandteil der Ribosomen sein, da sie erst nach RNase-Behandlung frei werden (Feldmann und Mitarb. 1960). Eine sekundäre Anlagerung verschiedener Proteine in Mengen bis zu 20% des eigentlichen Strukturproteins ist verschiedentlich beobachtet worden (vgl. Petermann und Hamilton 1961).

Weitere Komponenten in den Ribosomen stellen die Polyamine dar (Colbourn und Herbst 1962). Zillig und Mitarb. (1959) haben 16,5 mg Cadaverin und 8,5 mg Putrescin in 1 g *E.-coli*-Ribosomen gefunden, in Leberribosomen Putrescin und 1,3-Diaminopropan. Von anderer Seite (Spahr 1962) sind etwas andere Zahlen veröffentlicht worden: insgesamt 0,4 Gewichtsprozent Polyamine im molaren Verhältnis Putrescin: Spermidin: Cadaverin = 3 : 2 : 1. Es ist klar, daß Polyamine während der Präparation besonders leicht an die Ribosomen adsorbiert werden können. Sie sind in der Lage, das Mg^{++} aus den Ribosomen zu vertreiben, so daß schließlich auch ein Teil der RNS in Bruchstücken in Lösung geht (Siekevitz 1961, Siekevitz und Palade 1962).

Neben dem Magnesium, das in molaren Mengen von 1 : 2, bezogen auf RNS-Phosphat, gefunden werden kann, sind Chrom, Mangan, Nickel und Eisen nachgewiesen worden (Wacker und Vallee 1959).

3.2.3. Ultrastruktur

Im Elektronenmikroskop erscheint das 50-S-Ribosom als kugelähnliches, schwach asymmetrisches Partikel mit den beiden Durchmessern 160 Å und 130 Å (Hall und Slayter 1959, Huxley und Zubay 1960). Die eine Seite des Partikels ist etwas abgeflacht, und an dieser Stelle erfolgt die Anlagerung des 30-S-Partikels, das selber in seiner Gestalt variabel erscheint, meist länglich ellipsoid mit einer größten Achsenlänge von 150 bis 180 Å. Am 70-S-Partikel sind unter bestimmten Präparationsbedingungen die beiden Untereinheiten zu erkennen (Abb. 23). Die Anfärbung mit Uranylacetat zeigt eine einheitliche Verteilung der RNS im ganzen Ribosom (Huxley und Zubay 1960). Beer und Mitarb. (1960) glauben aus ihren Beobachtungen auf eine zentrale Lagerung der RNS in einem Proteinmantel schließen zu dürfen. Diese Befunde müßten allerdings nochmals überprüft werden, besonders weil aus Untersuchungen mit RNase-Verdauung von Ribosomen auf eine Lage der RNS auf der Oberfläche geschlossen werden kann (Santer 1963).

Die RNS in den Ribosomen zeigt viele gemeinsame physikalisch-chemische Eigenschaften mit der isolierten RNS. Die Höhe des Hyperchromasieeffektes ist in beiden Fällen gleich (Bonhoeffer und Schachmann 1960,

SCHLESSINGER 1960), ebenso die Röntgenbeugungsbilder (ZUBAY und WILKINS 1960, SPENCER und Mitarb. 1962). Auch in den Ribosomen liegen demnach wahrscheinlich 50—150 Å lange Doppelhelix-Abschnitte im RNS-Molekül vor, die mit flexiblen Abschnitten wechseln (TIMASHEFF und Mitarb. 1961, LANGRIDGE und HOLMES 1962). Das Auftreten einer Reflektion bei 45,5 Å deutet nach LANGRIDGE (1963) auf vier oder fünf parallele Doppelhelixstränge der RNS in einem Ribosom hin. Die RNS hat demnach *in situ* eine ausgeprägte Tertiärstruktur, für deren Existenz in Lösung es auch einige Hinweise gibt (SPIRIN 1960, 1963). Ob dem Protein des Ribosoms eine strukturstabilisierende Funktion zukommt, muß noch offen bleiben.

3.2.4. Die Biogenese der Ribosomen

Die Entstehung der Ribosomen ist eingehend von MCCARTHY, BRITTEN und ROBERTS (BRITTEN und Mitarb. 1962, MCCARTHY und Mitarb. 1962) untersucht worden (vgl. ROBERTS und Mitarb. 1963). Danach läßt sich in der Ribosomenfraktion chromatographisch und mit der Ultrazentrifuge eine kleine, heterogene Gruppe (etwa 3% der Gesamt-RNS) finden, die bei ungefähr 14 S (8—20 S) sedimentiert. Diese Partikel sind bei Zugabe von ^{14}C-Uracil innerhalb einer Minute radioaktiv markiert (MCCARTHY und BRITTEN 1962). Nach einigen Minuten findet man die Radioaktivität in Partikeln mit den Sedimentationskonstanten 30 S und 43 S. Fraktionen mit ähnlichen Sedimentationskonstanten (33 S und 45 S) sind in der „pulse“-markierten RNS von HeLa-Zellen gefunden worden (SCHERRER und DARNELL 1962, TAMAOKI und MUELLER 1963). Schließlich verschwindet die 43-S-Fraktion zugunsten der 50-S-Ribosomen-Fraktion. ROBERTS und Mitarb. (1963) haben die 14-S-Partikel „Eosomen“, die 30-S- bzw. 43-S-Partikel „Neosomen“ genannt und betrachten sie als Vorstufen der eigentlichen Ribosomen. Der Aufbau des Ribosomenproteins läßt sich nicht so leicht verfolgen wie der der RNS, da beim Einbau von ^{14}C-Leucin im wesentlichen das nascente Protein an ausgebildeten Ribosomen markiert wird. Immerhin ist sicher, daß der Proteingehalt von Ribosomen und ihren Vorstufen verschieden ist und daß Leucin auch in die 30-S-, 43-S- und 50-S-Partikel eingebaut wird. Daher kann man annehmen, daß das 14-S-Partikel vielleicht gar kein Protein enthält und daß das Protein succesiv an das entstehende Ribosom angebaut wird

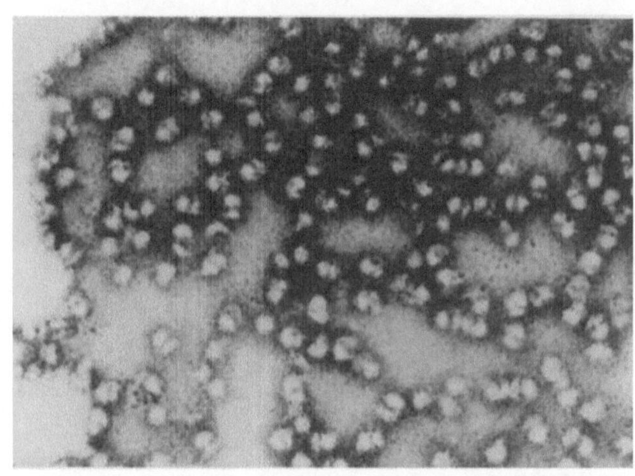

Abb. 23. Präparation von 70-S-Ribosomen im Elektronenmikroskop. Negativfärbung mit Phosphorwolframsäure. Man erkennt die zwei ungleichen Untereinheiten (siehe Text). Manchmal sind zwei 70-S-Ribosomen zu 100-S-Ribosomen vereinigt, wobei die 30-S-Einheiten aneinander liegen. (Nach HUXLEY und ZUBAY 1960.)

(Abb. 24). Die RNS hat ihren Ursprung wahrscheinlich im Zellkern (GEORGIEV und MANTIEVA 1962 a, b, TAMAOKI und MUELLER 1962) und entsteht dort in Zusammenhang mit der DNS (YANKOFSKY und SPIEGELMAN 1963 a, b). Das Protein wird vielleicht erst im Cytoplasma angelagert (ROBERTS und Mitarb. 1963).

Dieses Konzept wird noch modifiziert werden müssen. Wahrscheinlich ist in der 14-S-Fraktion zumindest ein Teil m-RNS enthalten, die ebenfalls sehr rasch markiert wird (PERRY 1963, SCHERRER und Mitarb. 1963). Nach den kinetischen Untersuchungen von ROBERTS und Mitarb. (1963) soll die gesamte 14-S-Fraktion in Ribosomen eingebaut werden. Das führt zu der Schwierigkeit, den Übergang der A-U-reichen m-RNS und 14-S-RNS (MCCARTHY 1962 a) in die GC-reiche r-RNS zu erklären, was nur mit komplizierten Hilfsannahmen möglich ist. Nach SCHERRER und Mitarb. (1963) zerfallen die Ribosomenvorstufen mit DNS-ähnlicher Basenzusammensetzung zuerst in kleinere Bruchstücke, bevor sie endgültig in die Ribosomen eingebaut werden. Eine weitere Modifikation wird durch die Beobachtung nötig werden, daß die Membranfraktion der Mikrosomen (Kap. 4.1.) früher mit ^{32}P markiert wird als die Ribosomen (GOSWAMI und Mitarb. 1962, SUIT 1962) und daß die aus dem Zellkern austretende RNS zuerst in der Membranfraktion zu finden ist (MCARDLE 1963 a, b). Die Membran-RNS unterscheidet sich allerdings in ihrer DNS-ähnlichen Basenzusammensetzung (SUIT 1963), vor allem durch das Fehlen von Pseudouridin, von der r-RNS. Ob sie den unmittelbaren Vorläufer darstellt, bleibt daher fraglich (GOSWAMI und Mitarb. 1962).

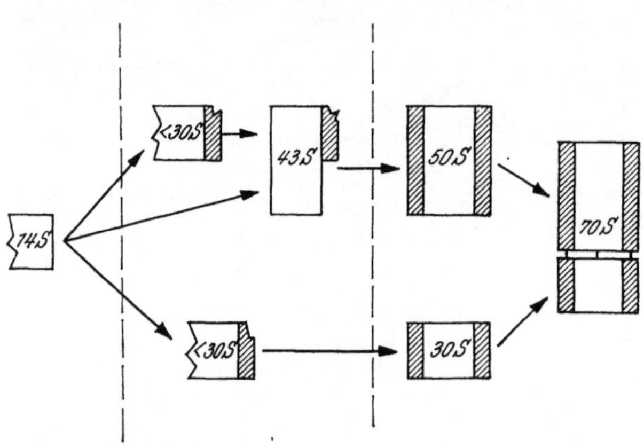

Abb. 24. Schematische Darstellung der Biosynthese von Ribosomen in *E. coli*. (Nach ROBERTS und Mitarb. 1963.) Die offenen und schraffierten Flächen entsprechen den Gewichtsanteilen von RNS bzw. Protein. Die 14-S-Fraktion ist uneinheitlich. Die Partikelgröße streut von 8 bis 20 S.

Im Zellkern existieren komplette funktionstüchtige Ribosomen (POGO und Mitarb. 1962, ALLFREY 1963, WANG 1963 a, b), die vielleicht auch als ganzes Partikel in das Cytoplasma übertreten können (BONNER 1961). Die Entstehung von 28-S- und 18-S-Partikeln wurde in der Alge *Acetabularia* bei fehlendem Zellkern beobachtet (WEBSTER und Mitarb. 1962).

3.3. Biologische Funktion der Ribonukleinsäure

Proteinsynthese

Der Ablauf der Eiweißkörperbildung wird in wesentlichen Punkten von Ribonukleinsäuren bestimmt, wobei die einzelnen Typen (m-RNS, r-RNS und t-RNS) an ganz verschiedenen Stellen eingreifen.

Der Ort, an dem die Polypeptidbildung stattfindet, das „morphologische Substrat“ der Proteinsynthese, sind die Ribosomen. An dieser Stelle laufen verschiedene Prozesse in einem Punkt zusammen. Es dürfte demnach die Hauptaufgabe der Ribosomen sein, die verschiedenen, an der Eiweißsynthese beteiligten Komponenten an bestimmten Stellen zu binden und zu fixieren und in eine geeignete räumliche Zuordnung zueinander zu bringen. Eine dieser Komponenten stellen die t-RNS-Moleküle dar, die die Aminosäuren herantransportieren und festhalten, bis sie an die wachsende Proteinkette gebunden sind. Auch das synthetisierte Eiweißmolekül ist am Ribosom fixiert. Die Anordnung der Aminosäuren einer Polypeptidkette, ihre „Sequenz“, wird durch ein m-RNS-Molekül bestimmt, das ebenfalls am Ribosom gebunden ist. Die Sequenz der Aminosäuren im Polypeptid ist abhängig von der Sequenz der Nukleotide in der m-RNS. Wir wissen, daß drei Nukleotidbasen, ein „Triplett“, die Information für den Einbau einer Aminosäure tragen. Es ist gelungen, für eine ganze Reihe von Aminosäuren die drei Basen des zugehörigen Tripletts zu identifizieren, d. h. den „genetischen Code“ zu entschlüsseln.

Für den gesamten Prozeß der Proteinsynthese sind eine Reihe von Enzymen notwendig. Die „Aktivierung“ der freien Aminosäuren durch ATP und ihre Verknüpfung mit t-RNS erfolgt durch spezifische „Aminoacyl-RNS-Synthetasen“. Bei der Polypeptidbildung an den Ribosomen sind zwei Enzyme („Transferasen“ I und II) und als Energielieferant GTP erforderlich.

3.3.1. Die Aktivierung der freien Aminosäuren

Der erste Schritt zur Bildung der Polypeptide ist die „Aktivierung“ der freien Aminosäuren durch eine energiereiche säureanhydridartige Bindung an AMP (vgl. Hoagland 1960, Berg 1961, Schweet und Bishop 1963). Energie und AMP stammen aus ATP. Bei dieser Reaktion wird Pyrophosphat frei. Die Reaktion wird durch eine Reihe von Enzymen gesteuert, die jeweils eine hohe Spezifität für die zugehörigen Aminosäuren aufweisen. Das Enzym bildet mit dem Aminoacyladenylat einen festen Komplex.

$$\text{Enzym}_1 + R_1\,COOH + PP\!-\!P\!-\!A \rightleftharpoons \text{Enzym}_1\,(R_1\,COO\!-\!P\!-\!A) + PP$$

Die Bildung von Pyrophosphat kann zur Bestimmung der Reaktion verwendet werden, und es ist damit möglich, die Spezifität der einzelnen Enzyme zu testen. In einigen näher untersuchten Fällen hat sich diese Spezifität nicht als absolut, sondern nur als relativ herausgestellt. Das Valin-spezifische Enzym aus *E. coli* bindet Valin 100mal stärker als Threonin, das Isoleucin-spezifische Enzym kann auch Valin binden (Bergmann und Mitarb. 1961).

3.3.2. Verbindung der Aminosäuren mit t-RNS

Die Aktivierung der Aminosäuren ist fest gekoppelt mit der zweiten Reaktion, der Verknüpfung mit der t-RNS. Die enge Beziehung der beiden Reaktionen zeigt sich vornehmlich dadurch, daß sie beide durch die gleichen

Enzyme katalysiert werden, die den Namen „Aminoacyl-RNS-Synthetase" bekommen haben. Die Verknüpfung der Aminosäure mit der t-RNS erfolgt über eine Esterbindung mit dem 2'- oder 3'-Hydroxyl der Ribose des endständigen Adenosins der t-RNS (s. Kap. 2.2.2.1.), wobei AMP frei wird (Zachau und Mitarb. 1958, Frank und Zachau 1963, McLaughlin und Ingram 1963). Die Gleichgewichtskonstanten der Reaktion zeigen die energiereiche Natur der Aminoacyl-RNS-Esterbindung (vgl. Brown 1963, Schweet und Bishop 1963).

A X Y C C A

$Enzym_1$ (R_1COO–P–A) + …X–P–Y–P–C–P–C–P–A ⇌

X Y C C A A

…X–P–Y–P–C–P–C–P–A—$OOCR_1$ + $Enzym_1$ + P–A

Daß sowohl die Aktivierung der Aminosäure wie auch ihre Verknüpfung mit der t-RNS durch das gleiche Enzym katalysiert wird, zeigen verschiedene Beobachtungen.

Es ist bis jetzt noch nicht gelungen, beide Enzymaktivitäten präparativ zu trennen. Bei der Anreicherung einer Aktivität um einen bestimmten Betrag steigt die andere Aktivität im selben Maße (Berg 1961). Gereinigte aktivierende Enzyme übertragen die gleiche Aminosäure, die sie aktivieren, auf t-RNS, andere dagegen kaum oder gar nicht. Fehlt die t-RNS, läuft die Aktivierungsreaktion so lange, bis alle Enzymmoleküle mit Aminoacyl beladen sind. Synthetische Aminoacyl-adenylate können erst an RNS gebunden werden, wenn sie vorher an aktivierende Enzyme gekoppelt sind (Wong und Mitarb. 1959). Beim Fehlen der t-RNS und Anwesenheit von Pyrophosphat erscheinen ATP und die freie Aminosäure (Umkehrung der Aktivierungsreaktion) (Wong und Moldave 1960). Die Spezifität der Enzyme für den zweiten Schritt, die Aminoacyl-Esterbindung, ist größer als im ersten Schritt. Eine Isoleucyl-RNS-Synthetase aus *E. coli* kann zwar auch noch Valin aktivieren, aber nur Isoleucin an RNS kuppeln (Berg 1961). Ähnliche Eigenschaften zeigt auch eine Tryptophanyl-RNS-Synthetase (Wong und Moldave 1960). Neben den natürlichen Aminosäuren können auch eine ganze Reihe von Aminosäureanalogen an RNS gekoppelt werden. In einigen Fällen werden diese Analogen in das zu synthetisierende Protein eingebaut, in anderen Fällen wird die Proteinsynthese blockiert (vgl. Vaughan und Steinberg 1959, Cohen und Gros 1960, Berg 1961).

Die t-RNS-Moleküle weisen eine strenge Aminosäurespezifität auf. Die Bindung einer Aminosäure erfolgt unabhängig von der Anwesenheit anderer, so daß anzunehmen ist, daß jede an einer spezifischen Stelle an die t-RNS gebunden wird. Durch eine Reihe von Trennungsmethoden lassen sich t-RNS-Fraktionen erhalten, die überwiegend oder fast ausschließlich eine einzige Aminosäure binden (vgl. Kap. 2.2.2.). Preiss und Mitarb. (1959) haben Valin an ein Gemisch von t-RNS gebunden und dann mit Perjodat behandelt, wobei die endständigen Ribosehydroxylgruppen, die keine Aminosäure tragen, oxydiert werden. Wurde dann das Valin mit verdünntem Alkali wieder abgespalten und ein Gemisch aller Aminosäuren zugegeben, so konnte nur wieder Valin an die t-RNS gekoppelt werden. Die Aminosäurespezifität einzelner t-RNS-Typen demonstrieren auch die Versuche von Chapeville und Mitarb. (1962). Cystein kann an der t-RNS zu Alanin reduziert werden. Das so entstandene Alanin wird aber an die Stelle eines Cysteins in Protein eingebaut. Wird in diesem Falle ein Protein synthetisierendes System aus Reticulocyten verwendet, so findet man das Alanin in Hämoglobin-Peptiden, die es sonst nicht enthalten (v. Ehrenstein und Mitarb. 1963).

Die natürlich vorkommenden Aminosäuren werden in weniger als einem unter 10 000 Fällen verwechselt (Loftfield 1963, Loftfield und Mitarb. 1963). Alloleucin wird in einem von 20 Fällen mit Leucin und in einem von 300 Fällen mit Valin verwechselt. Die Spezifität der Reaktion gilt offenbar sowohl hinsichtlich der t-RNS wie auch der Aminosäure. Wird die Aminosäure in dem Aminoacyl-t-RNS-Komplex verändert (z. B. Cystein ⟶ Alanin), so ist die Aktivierungsreaktion nicht mehr umkehrbar (Hervé und Chapeville 1963). Für die Erkennung der betreffenden Aminosäure durch die betreffende t-RNS sind die drei ungepaarten „Anti-Codon"-Basen ohne Bedeutung (Yu und Zamecnik 1963 a).

Eine Reihe von Experimenten hat zu dem Ergebnis geführt, daß es für eine Aminosäure nicht nur ein spezifisches t-RNS-Molekül gibt, sondern manchmal mehrere. In der *E. coli* Leucyl-RNS haben mindestens 20% der RNS-Moleküle eine andere Basensequenz als der Rest (Berg und Lagerkvist 1962). Aus der Rattenleber (Doctor und Mitarb. 1961) und aus *E. coli* (Weisblum und Mitarb. 1962) sind zwei unterschiedliche Fraktionen mit Leucinacceptoraktivität bekannt. Drei von v. Ehrenstein und Dais (1963) beschriebene Leucyl-spezifische RNS-Typen unterscheiden sich offenbar in dem nicht-gepaarten Basentriplett. Außerdem sind einige Fälle bekannt geworden, bei denen in *in vitro*-Systemen t-RNS und Aminoacyl-Synthetasen von verschiedenen Spezies stammten, wobei nur ein Teil der t-RNS mit Aminosäuren beladen werden konnte, während bei Verwendung artgleicher Enzyme ein viel größerer Teil der aminosäurespezifischen t-RNS gekoppelt wurde (vgl. Bennett und Mitarb. 1963, Schweet und Bishop 1963, Yamane und Sueoka 1963 a, b). Für die Speziesunterschiede sind vielleicht unterschiedliche Basenzusammensetzung an der Stelle des Moleküls, die die Aminosäure „erkennt", verantwortlich zu machen (Yu und Zamecnik 1963 b). Eine teilweise präparative Isolierung ist bei der Valin- (Moustafa 1963, Lagerkvist und Waldenström 1963), Leucin-, Phenylalanin- (Lagerkvist und Waldenström 1963), Prolin- (Fraser und Klass 1963) und Tyrosin- (Connelly und Faulkner 1962) sowie der Glycin- (Fraser 1962, 1963) und der Arginin-spezifischen (Boman und Boman 1961, Hedgcoth und Mitarb. 1963) Aminoacyl-RNS-Synthetase gelungen.

Aus *Alcaligenes faecalis* ist ein Peptid synthetisierendes System mit völlig anderem Verhalten isoliert worden. Die Aktivierung der Aminosäuren kann mit allen vier Nukleosidtriphosphaten erfolgen, wobei dann Nukleosiddiphosphat und anorganisches Phosphat frei werden. Die Aminosäuren werden an die „pulse"-markierte RNS, d. h. m-RNS und Eosomen-RNS

(s. Kap. 3.2.4.) gebunden, bevor sie in Peptide eingebaut werden (Beljanski und Mitarb. 1963, Beljanski und Beljanski 1963).

Auch bei der durch Poly-U stimulierten Synthese von Polyphenylalanin wird das Phenylalanin zuerst an t-RNS gebunden (Nirenberg und Mitarb. 1962).

Die Bedeutung der Verknüpfung der Aminosäuren mit einer für sie spezifischen RNS liegt darin, daß dieser Komplex in der Lage ist, in Wechselwirkung mit informationsübertragender Nukleinsäure zu treten. Dadurch ist die Möglichkeit gegeben, die in der Nukleotidsequenz von Nukleinsäure gelegene genetische Information in die Aminosäuresequenz von Polypeptiden zu transponieren. Aminosäuren alleine können nicht in eine stereochemisch zu definierende Beziehung zu Polynukleotiden treten. Daher ist von Crick bereits 1958 ein Vermittler („adaptor") postuliert worden, der sowohl mit Aminosäuren als auch mit Nukleinsäuren spezifische Bindungen eingehen kann. Ein solcher „adaptor" ist dann in der t-RNS gefunden worden.

3.3.3. Die Beteiligung der Ribosomen an der Proteinsynthese

3.3.3.1. Bindung der m-RNS an die Ribosomen

Die Realisation der genetischen Information, d. h. die Übertragung der Nukleotidsequenz der DNS in die Aminosäuresequenz der Proteine, muß über einen Überträger der Information gehen, schon allein, um die räumliche Entfernung zwischen der im Zellkern vorhandenen DNS und dem Ort der stärksten Proteinsynthese, dem Cytoplasma, zu überbrücken. Daß die RNS ein solcher Mittler sein könnte, wurde schon nach den ersten Untersuchungen über die Beziehung von Nukleinsäuren und Proteinsynthese vermutet (vgl. Caspersson 1950), zumal die Ribonukleoproteingranula des Cytoplasmas als die Träger der Proteinsynthese erkannt wurden (vgl. Hoagland 1960). Gegen eine Übermittlerfunktion der ribosomalen RNS sprechen aber wichtige Gründe. Einmal ist die Basenzusammensetzung und, soweit bekannt, die Basensequenz der r-RNS sehr einheitlich und variiert, was man von einem Informationsüberträger für sehr unterschiedliche Proteine nicht erwarten sollte, nur sehr wenig bei verschiedenen Organismen und Funktionszuständen (s. Kap. 2.2.1.1.). Zum anderen stellen die Ribosomen wegen ihrer langen Lebensdauer ein sehr träges System dar, das den Anforderungen für eine schnell wechselnde Synthese verschiedener Proteine nicht gewachsen wäre. Obwohl die Ribosomen intakt bestehen bleiben, kann die Proteinsynthese innerhalb kürzester Zeit zum Stillstand kommen, wenn die DNS des Zellkerns (z. B. durch Röntgen-Strahlen) funktionsuntüchtig wird. Die Synthese normalen Proteins wird innerhalb weniger Minuten gestoppt, wenn durch 5-Fluorouracil eine fehlerhafte RNS gebildet wird (Naono und Gros 1960). Diese Überlegungen führten, vor allem auch in Verbindung mit Erscheinungen bei der induktiven Enzymbildung, zur Postulierung eines RNS-Types, der die genetische Information überträgt und die nötige hohe Umsatzrate besitzt („messenger"-RNS, Jacob und Monod 1961 a, b). Eine RNS-Fraktion mit den geforderten Eigenschaften war schon früher bei der Phageninfektion gefunden worden (Volkin und Astrachan 1956), und es konnte nachgewiesen werden, daß sich diese RNS an bereits vor der Phageninfektion vorhandene Ribosomen anheftet (BRENNER und Mitarb. 1961). Auch in nicht infizierten Bakterien fand sich eine RNS mit allen Eigenschaften der m-RNS (DNS-ähnliche Basenzusammensetzung, hohe Umsatzrate, Sedimentationskonstante 14 S) mit 70-S- und 100-S-Ribosomen verknüpft (GROS und Mitarb. 1961 a, b). Die endgültige Bestätigung der Notwendigkeit einer informationsübertragenden RNS brachten die Versuche von NIRENBERG und MATTHAEI (1961). Zellfreie Systeme stellen nach etwa 15 Min. ihre Proteinsynthese ein. Nach Zugabe von RNS (TMV-RNS, Poly-U) kommt die Syn-

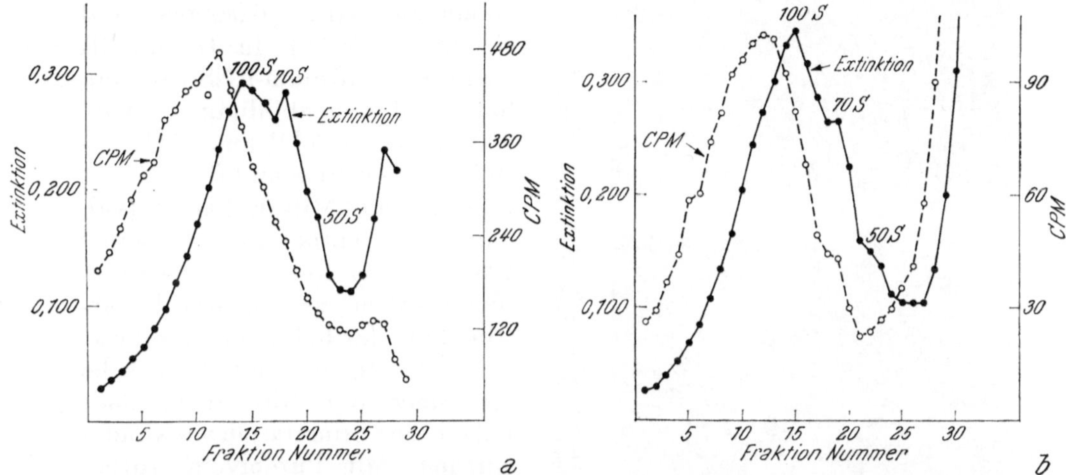

Abb. 25 *a*. Verteilung von C^{14}-markierter m-RNS von T-2-Phagen auf Ribosomenpartikel verschiedener Größe. Abszisse: Fraktionen im Sucrose-Dichtegradienten = Partikelgröße, von rechts nach links zunehmend. 70-S- und 100-S-Partikel. Ordinate rechts: C^{14}-Aktivität in cpm = m-RNS-Menge. Die m-RNS ist vornehmlich mit schweren Ribosomen-Partikeln (100 S) verknüpft.

Abb. 25 *b*. Verteilung von neusynthetisiertem C^{14}-markiertem Protein auf Ribosomenpartikel verschiedener Größe. Abszisse und Ordinate links wie oben. Ordinate rechts: C^{14}-Aktivität in cpm = Proteinsynthese. Die schweren Partikel (100 S) synthetisieren weitaus mehr Protein als die leichteren. Die Intensität der Proteinsynthese folgt der Verteilung der m-RNS. (Nach RISEBROUGH und Mitarb. 1962.)

these wieder in Gang (WARNER J. R. und Mitarb. 1963 a). Nur Ribosomen, die m-RNS tragen, können Protein synthetisieren (RISEBROUGH und Mitarb. 1962) (Abb. 25). Die hohe Umsatzrate der m-RNS macht sie zu einem geeigneten Angriffspunkt zur Regulation der Intensität der Proteinsynthese. Alle Anzeichen sprechen dafür, daß die Regulation der Genaktivität über die Stimulation bzw. Unterdrückung der m-RNS-Bildung erfolgt (JACOB und MONOD 1961 a, b, 1963). Für die Proteinsynthese ist das intakte 70-S-Partikel notwendig, aber es konnte gezeigt werden, daß sowohl das 70-S- wie auch das 30-S-Partikel einen Komplex mit m-RNS bilden kann. Unter den gleichen Bedingungen kann m-RNS nicht an das 50-S-Partikel gebunden werden (OKAMOTO und TAKANAMI 1963). Auch das Vorkommen einer latenten, strukturgebundenen RNase in den 30-S-Partikeln (ELSON 1961), deutet auf eine Beziehung der m-RNS zu dieser Ribosomen-Untereinheit hin. In den Ribosomen der Reticulocyten, in denen die m-RNS keinem Umsatz unterliegt, fehlt diese RNase (ZUBAY 1963). In welcher Weise die m-RNS an das Ribosom gebunden ist, ist noch unklar. In jedem Falle kann wegen der Länge des *messenger* nur ein geringer Bruchteil des Moleküls mit einem Ribosom in Verbindung treten. Bei der Bindung spielt Mg^{++} eine entscheidende Rolle. Sinkt die Mg^{++}-Konzentration auf 10^{-4} mol, dann trennt sich die m-RNS von den Ribosomen. Die Bindung von Poly-U an Ribosomen geht bei 3° C und ohne Anwesenheit eines Energielieferanten (wie ATP oder GTP) sofort vonstatten (HULTIN und PEDERSEN 1963 a, b), während TMV-RNS erst nach einigen Minuten gebunden wird (BARONDES und NIRENBERG 1962 b). In HeLa-Zellextrakten wird die m-RNS-Bindung bzw. „Polysomenbildung" (s. Kap. 3.3.3.2.) durch ATP und GTP gesteigert (GOODMAN und RICH 1963 a, HARDESTY und Mitarb. 1963 b) (vgl. dagegen HULTIN und PEDERSEN 1963 a, b). Im Reticulocyten-Ribosomensystem zeigten sich Unterschiede in der Polypeptidsynthese, je nachdem, ob der natürliche *messenger* der Ribosomen oder Poly-U zur Stimulation verwendet wurden. Mit Puromycin vorbehandelte Ribosomen konnten zwar Polyphenylalanin, aber nicht Hämoglobin synthetisieren. Ob allerdings unterschiedliche Bindungsorte für Poly-U und Reticulocyten-*messenger* vorhanden sind, müßte noch näher untersucht werden (ARLINGHAUS und SCHWEET 1962). (Zur mathematischen Behandlung der Kombinationswahrscheinlichkeit von m-RNS-Molekülen und Ribosomen s. POLLARD 1963).

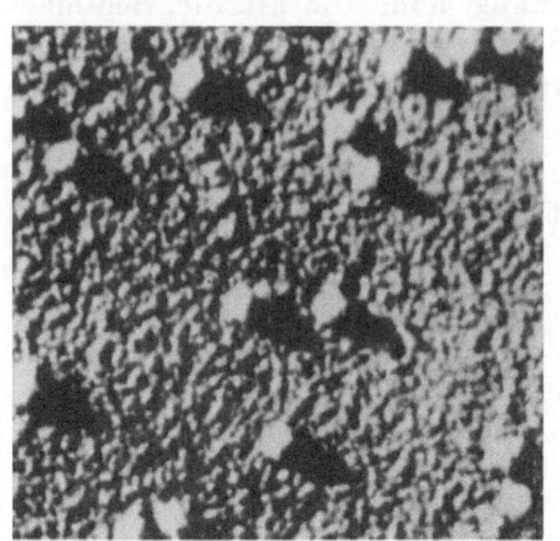

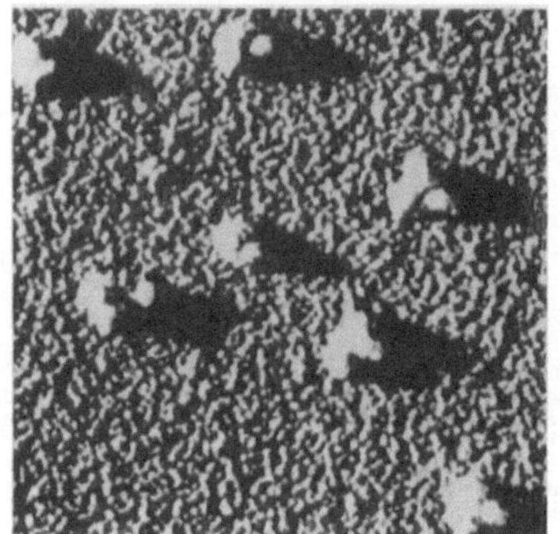

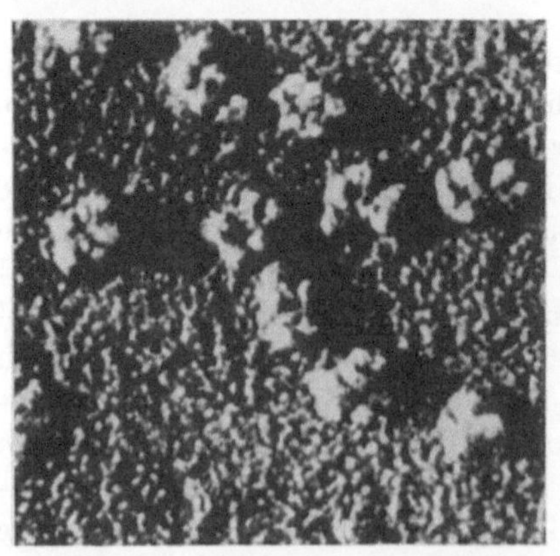

Abb. 26. Elektronenmikroskopische Aufnahmen von Ribosomen aus Kaninchen-Retikulocyten, im Sucrosegradienten aufgetrennt. Links: 170-S-Gipfel, Mitte: 134-S-Gipfel, rechts: 76-S-Gipfel. (Nach J. R. WARNER und Mitarb. 1963 b.)

3.3.3.2. Bildung von Polyribosomen

Bei der Bindung von m-RNS an Ribosomen bleibt es nicht bei den 70-S- und 100-S-Partikeln, sondern es treten schneller sedimentierende Aggregate von mehreren Ribosomen auf (RISEBROUGH und Mitarb. 1962, GIERER 1963 a, GILBERT 1963 a, WETTSTEIN und Mitarb. 1963). Gleichzeitig konnte gezeigt werden, daß diese „Polyribosomen" die einzigen sind, die zur Proteinsynthese befähigt sind (Abb. 25). In manchen Fällen konnte allerdings auch eine Proteinsynthese an 70-S-Partikeln gefunden werden (Haselkorn und Mitarb. 1963, Munro und Mitarb. 1963, Pedersen und Mitarb. 1963, White und Mitarb. 1963, Haselkorn und Fried 1964, Stenzel und Mitarb. 1964). In einer Polyribosomensuspension kommen mehrere 70-S-Partikel auf ein m-RNS-Molekül (Gilbert 1963 a). Die Polyribosomen (Polysomen, Ergosomen) sind sehr empfindlich gegenüber RNase. Das ist besonders deutlich zu sehen bei Verwendung sehr geringer RNase-Konzentrationen (0,25 μg/ml,

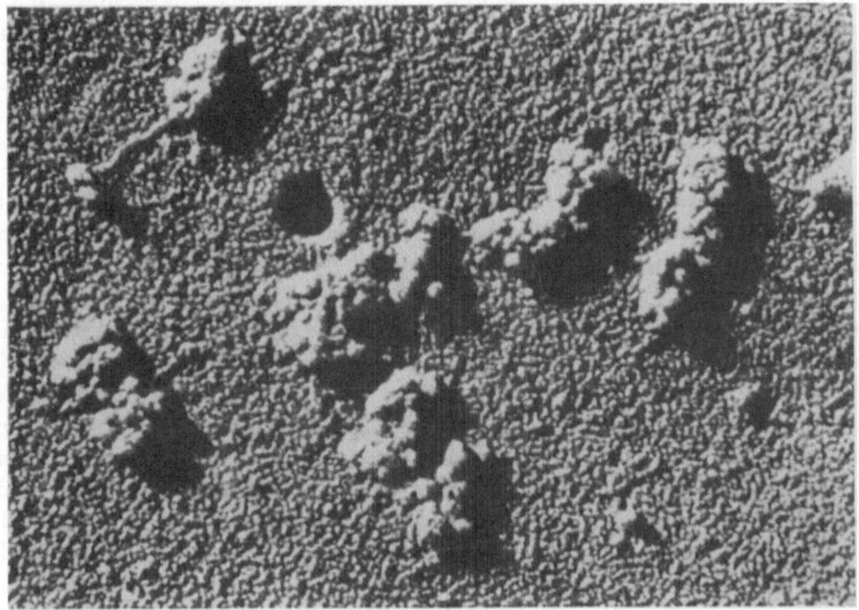

Abb. 27. Polyribosomen mit verbindendem m-RNS-Faden (links oben) aus HeLa-Zellkulturen. (Nach Rich 1963.)

1 Std., 4° C), die die Polyribosomen in ihre 70-S-Partikel zerlegen, die Einzelribosomen dagegen intakt lassen (Warner und Mitarb. 1963 b). Die Zusammenfassung der Ribosomen erfolgt demnach durch RNS, wahrscheinlich durch m-RNS. Tatsächlich haben Allen und Zamecnik (1963) zeigen können, daß Polyribosomen mit natürlichem *messenger* sowohl durch Pankreas- wie auch T_1-RNase desintegriert werden, während durch Poly-U erzeugte Polyribosomen gegenüber T_1-RNase stabiler sind. T_1-RNase kann Poly-U nicht hydrolysieren (vgl. Kap. 2.1.3.). Bei der Behandlung von Polyribosomen mit RNase wird „pulse"-markiertes Material frei (Wettstein und Mitarb. 1962). Bei schonender Behandlung können Polyribosomen direkt aus der Zelle gewonnen werden (Warner und Mitarb. 1963 b) (Abb. 26), und unter günstigen Umständen kann man im elektronenmikroskopischen Bild zwischen den einzelnen Ribosomen einen verbindenden Faden erkennen, dessen Durchmesser von 10 bis 20 Å (Danon und Mitarb. 1961) mit dem eines Polynukleotidfadens übereinstimmt (Abb. 27). Polyribosomen sind außer in *E. coli* und Reticulocyten auch noch in HeLa-Zellen (Penman und Mitarb. 1963, Scharff

und Mitarb. 1963, ZIMMERMANN 1963) und aus dem Herzmuskel (EARL und KORNER 1963) sowie aus Kohlblättern (CLARK und Mitarb. 1963) beschrieben. In Virus-infizierten HeLa-Zellen ist das Virus-spezifische Protein mit den Polyribosomen assoziiert. Auch Ribosomen aus Ehrlich-Ascites-Tumorzellen bilden auf Zugabe von Poly-U Polyribosomen, der Einbau radioaktiv markierter Aminosäuren erfolgt aber im Gegensatz zu allen anderen bekannten Systemen ausschließlich in 70-S-Partikeln (PEDERSEN und Mitarb. 1963). In zellfreien Systemen liegen rund 10—20% der Ribosomen in aggregierter Form vor (RISEBROUGH und Mitarb. 1962), in der intakten Zelle ist der Anteil wesentlich höher und umfaßt in den Reticulocyten etwa 80—90%, in der Rattenleber 60% (JACKSON und Mitarb. 1963) aller Ribosomen (MARKS und Mitarb. 1963, WILLIAMSON und MATHIAS 1963).

3.3.3.3. Amino-acyl-transfer und die beteiligten Enzyme und Co-Faktoren

Zur Übertragung des Aminosäuren-t-RNS-Komplexes auf die Ribosomen sind einige Begleitfaktoren notwendig. Sie sind in rohen Zellextrakten enthalten, und ihre Isolierung bzw. Reinigung ist verschiedentlich versucht worden. Eine genauere Charakterisierung ist aber bis jetzt nicht gelungen (vgl. HOAGLAND 1960, NATHANS und Mitarb. 1962, SCHWEET und BISHOP 1963). Eingehend untersucht wurden in diesem Zusammenhang die Verhältnisse in der Rattenleber (FESSENDEN und MOLDAVE 1962 a). In der löslichen Zellfraktion findet man einen hitzestabilen, nicht dialysablen Faktor, der für die Übertragung der Aminoacyl-RNS in die Mikrosomen notwendig ist. In isolierte, gereinigte Ribosomen können die Aminosäuren hiermit jedoch nicht übertragen werden. Dazu ist ein zweiter Faktor notwendig, der sich in der Membranfraktion der Mikrosomen findet (FESSENDEN und MOLDAVE 1962 b). Bei den beiden Faktoren handelt es sich um Proteine und wahrscheinlich um Enzyme. Sie erhielten den Namen Transferasen I und II (FESSENDEN und Mitarb. 1963 a). Diese Enzyme können unter geeigneten Bedingungen (s. unten) Aminoacyl-RNS auf gereinigte Ribosomen übertragen und in Polypeptide einbauen, besonders gut in Anwesenheit von natürlichen und synthetischen Polyribonukleotiden (als *messenger*) (FESSENDEN und MOLDAVE 1963, FESSENDEN und Mitarb. 1963 a, b). Ähnliche Enzyme sind auch von anderen Autoren beschrieben worden (z. B. LAMFROM und SQUIRES 1962, ARLINGHAUS und Mitarb. 1963, BONT und Mitarb. 1963, VON DER DECKEN 1963 a, KLINK und Mitarb. 1963). Neben diesen Enzymen wird vor allem GTP als Energielieferant benötigt (HOAGLAND 1960, NATHANS und LIPMANN 1961, FLORINI 1964). Das GTP wird während des Aminosäuretransfers zu GDP und GMP abgebaut, und zwar offenbar ein Molekül GTP für jeden übertragenen Aminosäurerest (WEBSTER und WHITMAN 1962). Möglicherweise wird das GTP auch in einem späteren Schritt, nämlich der Peptidverknüpfung, benötigt (SCHWEET und BISHOP 1963). Außerdem ist die Anwesenheit eines SH-Donators (Glutathion) und von Mg^{++}-Ionen (FLORINI 1964) und Co^{++}-Ionen (DEVI und SARKAR 1963) erforderlich.

Die Art der Bindung und auch der Bindungsort der Aminoacyl-t-RNS an die Ribosomen ist nicht bekannt, doch erfolgt eine Bindung eher an Polyribosomen als an Einzelribosomen (CAMMARANO und Mitarb. 1963). Auch nicht mit Aminosäuren beladene t-RNS kann auf Ribosomen übertragen werden. Für die Assoziation ist die endständige -pC-pC-pA-Gruppe der t-RNS notwendig. Doch erfolgt offenbar die Bindung der t-RNS in anderer Weise als die des Aminoacyl-RNS-Komplexes (TAKANAMI 1962 a, TAKANAMI und MIURA 1963). Eine kovalente Bindung und gar ein Einbau des endständigen A der t-RNS in die m-RNS der Ribosomen (BLOEMENDAHL und BOSCH 1962) ist äußerst fraglich, da bei Erniedrigung der Mg^{++}-Konzentration und dadurch verursachtem Zerfall der 70-S- in 50-S- und 30-S-Ribosomen die t-RNS frei wird (TAKANAMI 1962 b, BONT und Mitarb. 1963). Auch hohe Salzkonzentrationen trennen t-RNS vom Ribosom (ELSON 1962).

3.3.3.4. Die Polypeptidverknüpfung

Die Verknüpfung der Aminosäuren zu Polypeptiden erfolgt vom Aminoende her (BISHOP und Mitarb. 1960, DINTZIS 1961, SARGENT und CAMPBELL 1963). Die am Aminoende des Proteins stehende Aminosäure wird als

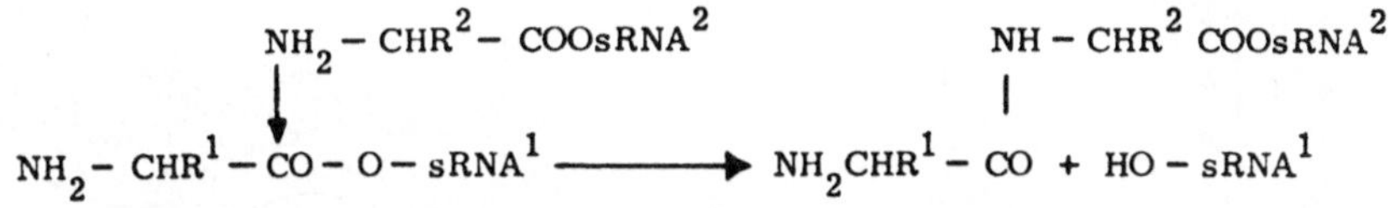

$$NH_2-CHR^2-COOsRNA^2 \qquad\qquad NH-CHR^2\,COOsRNA^2$$

$$NH_2-CHR^1-CO-O-sRNA^1 \longrightarrow NH_2CHR^1-CO + HO-sRNA^1$$

Abb. 28. Schema der Aminosäurenverknüpfung durch C—N-Kondensation an einer aktivierten Carboxylgruppe. (Nach LIPMANN 1963.)

erste an das Ribosom gebunden. An die durch Veresterung mit t-RNS aktivierte Carboxylgruppe dieser Aminosäure erfolgt nun die Bindung der Aminogruppe der zweiten Aminosäure des Polypeptids usw. (Abb. 28). Bei der Bildung der Peptidbindung wird die Esterbindung zur t-RNS gelöst, deren Energie wahrscheinlich zur Peptidverknüpfung beiträgt. An der wachsenden Polypeptidkette ist daher immer t-RNS zu finden (LIPMANN 1963), die hier fester gebunden ist als an eine Aminosäure (GILBERT 1963 b). Es ist noch unklar, wodurch die Ablösung des Proteins vom Ribosom erfolgt. In manchen Fällen ist vielleicht ein spezieller Faktor (K^+, KRUH und Mitarb. 1962 a) oder ein Enzym notwendig (vgl. WEBSTER und LINGREL 1961), in anderen konnte etwas ähnliches nicht nachgewiesen werden (v. EHRENSTEIN und LIPMANN 1961). Die Übertragung des Aminosäurerestes von der Aminoacyl-t-RNS auf die Polypeptidkette ist vom molaren Verhältnis K^+/Na^+ abhängig (LUBIN und ENNIS 1963).

3.3.4. Der Gesamtablauf der Proteinsynthese

Aus den bisher besprochenen Einzelprozessen läßt sich ein Gesamtbild der Proteinsynthese konstruieren, das in seinen Grundzügen der Wirklichkeit entsprechen dürfte, wenn auch eine Reihe von Detailfragen noch der Aufklärung bedürfen (GIERER 1963 b, HULTIN 1963, RICH 1963, WATSON 1963, ZUBAY 1963). Danach stellt das Ribosom eine Art universelle Maschine dar, auf die als auswechselbare Matrize die m-RNS aufgezogen wird. Nach dem in der m-RNS liegenden spezifischen Muster erfolgt die Bildung des zu synthetisierenden Proteins.

Im *messenger*-Molekül muß die Richtung festgelegt sein, in der das „Ablesen" der Information erfolgt. Es ist nicht entschieden, ob das Phosphat- (3'-) oder das Zuckerende (5'-Ende) der Polynukleotidkette in diesem Sinne den „Anfang" des Moleküls darstellt. Experimente mit künstlichen Polynukleotiden als *messenger* sprechen dafür, daß das nicht veresterte 3'-Ende der Anfang des *messenger* ist (WAHBA und Mitarb. 1962). Dieser „Anfang" des *messenger* wird an der dafür vorgesehenen Stelle des Ribosoms gebunden (wahrscheinlich am 30-S-Partikel, vielleicht in der Furche, die durch beide Ribosomen-Untereinheiten gebildet wird). Dabei sind die Basen der

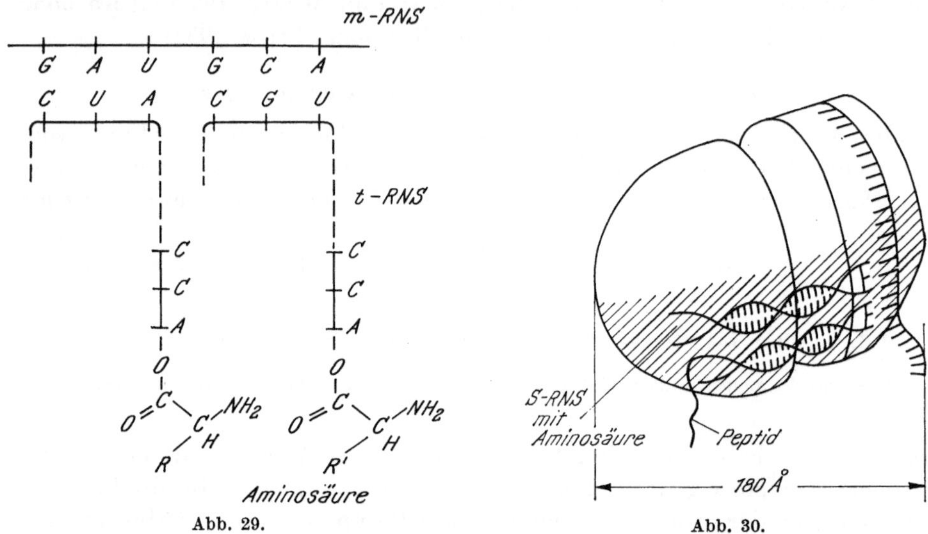

Abb. 29. Abb. 30.

Abb. 29. Schema der Anheftung zweier Aminoacyl-t-RNS-Moleküle an m-RNS durch H-Brücken. (Nach ZUBAY 1963.)

Abb. 30. Schematische Darstellung eines 70-S-Ribosoms mit m-RNS, t-RNS und wachsender Polypeptidkette. (Nach ZUBAY 1963.)

m-RNS frei zugänglich. Eine Gruppe von drei Nukleotiden („Triplett", s. Kap. 3.3.5.) des *messenger* stellt das Codewort für eine Aminosäure dar, d. h. ein Triplett bestimmt, welche Aminosäure in die in Frage kommende Stelle des Eiweißes eingebaut wird. Das geschieht in der Weise, daß an ein Triplett der m-RNS ein t-RNS-Molekül mit seiner spezifischen Aminosäure gebunden wird. Diese Bindung ist nur möglich, wenn das Triplett der unpaaren Basen des t-RNS-Moleküls („Anticodon") (s. Kap. 2.2.2.2.) dem betreffenden Triplett der m-RNS („Codon") komplementär ist und damit eine H-Brückenbildung zwischen m-RNS und t-RNS gestattet (Abb. 29). Daß H-Brücken bei diesem Prozeß eine Rolle spielen, zeigt die Beobachtung, daß synthetische Polynukleotide, die anstelle des U ein 5-Fluoro-U enthalten, aktiv sind, während solche, die N-Methyl-U enthalten, die Proteinsynthese nicht stimulieren können. 5-Fluoro-U kann genau wie U mit A H-Brücken bilden; N-Methyl-U ist dagegen dazu nicht in der Lage (OCHOA 1963). Sind die beiden ersten Tripletts der m-RNS durch die entsprechenden t-RNS-Moleküle besetzt, kommt es zur Peptidverknüpfung der beiden an der t-RNS hängenden Aminosäuren, wobei die t-RNS der ersten Aminosäure abgespalten wird. Jetzt muß der *messenger* mit der t-RNS und dem daranhängenden Dipeptid auf dem Ribosom um ein Codewort, also drei Nukleotide, weiterrücken. Auf diese Weise kann die dritte Aminosäure über ihre t-RNS an *messenger* und Ribosom gebunden und schließlich an das Peptid angehängt werden. Durch solche Einzelschritte kommt es zur Verlängerung der Peptidkette (Abb. 30). Diese relative Bewegung von *messenger* und Ribosom zueinander muß als Konsequenz der Tatsache angesehen werden, daß jedes Ribosom nur ein aktives Zentrum hat (GILBERT 1963 b, HULTIN und PEDERSEN 1963 a, b). Wenn der Anfang des m-RNS-Moleküls ein bestimmtes Stück über das Ribosom hingeglitten ist (150—200 Å, WARNER J. R. und

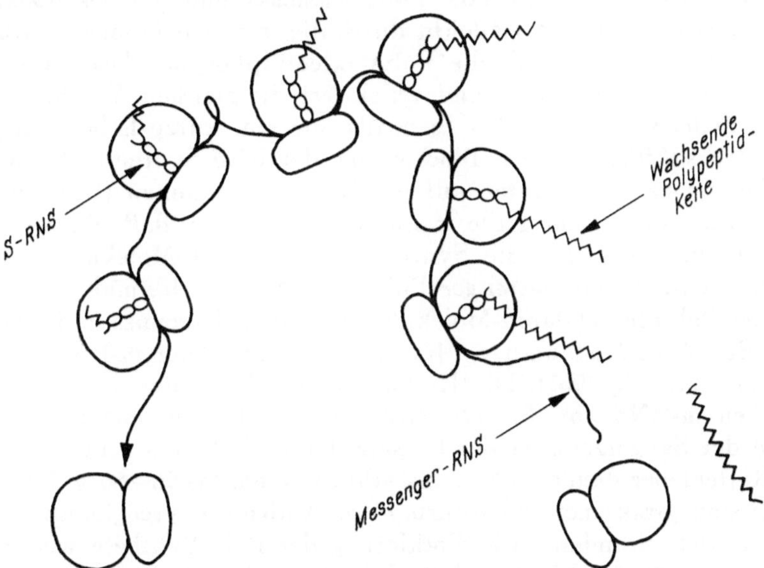

Abb. 31. Schema der Proteinsynthese an Polyribosomen. (In Anlehnung an WATSON 1963.)

Mitarb. 1963 b), kann ein zweites Ribosom angehängt werden, an dem nun auch die Bildung eines Eiweißmoleküls beginnt. Auf diese Weise entstehen die Polyribosomen-Aggregate, in denen alle Einzelribosomen das gleiche Protein synthetisieren. Die Peptidketten an den einzelnen Ribosomen sind unterschiedlich lang (Abb. 31). Die Zahl der Ribosomen in einem Aggregat hängt demnach von der Länge des *messenger*-Moleküls ab. Gleichzeitig ergibt sich daraus, daß die Länge der synthetisierten Polypeptidkette mit der Zahl der Ribosomen eines Aggregates in Beziehung steht, da beide von der Länge des *messenger* abhängen. Daher zeigen Polyribosomen im allgemeinen eine unterschiedliche Zahl von Ribosomen (PENMAN und Mitarb. 1963), während die Polyribosomen der Reticulocyten, die alle das gleiche Protein, nämlich Hämoglobin, synthetisieren, sehr einheitlich sind und fünf bis sechs Ribosomen enthalten (WARNER und Mitarb. 1962). Ist ein Ribosom über die ganze Länge des m-RNS-Moleküls hinweggewandert, löst es sich von dem *messenger*, und gleichzeitig wird das nun vollständige Eiweißmolekül frei. Im *in vitro*-Experiment äußert sich das darin, daß ein Abbau der Polyribosomen zu langsamer sedimentierenden Partikeln erfolgt (HARDESTY und Mitarb. 1963 a). Aus kinetischen Untersuchungen (NOLL und

Mitarb. 1963) geht hervor, daß ein stufenweiser Abbau erfolgt, wobei jedes Mal ein einziges Ribosom frei wird, an dem das synthetisierte Proteinmolekül hängt (bei vielen *in vitro*-Systemen löst sich das Protein nicht vom Ribosom). Das freigewordene Ribosom steht dann für ein anderes m-RNS-Molekül zur Verfügung.

Im zellfreien System nimmt die Menge m-RNS ständig ab, so daß die freien Ribosomen nicht mehr zu Aggregaten zusammengefaßt werden können. Das führt dann zu einem Stillstand der Proteinsynthese. Neu hinzugefügte Polynukleotide können den Einbau von Aminosäuren wieder stimulieren (Nirenberg und Matthaei 1961, Tissières und Watson 1962). Der Abbau der m-RNS erfolgt vielleicht durch die in den Ribosomen enthaltene RNase, vielleicht auch durch die Polynukleotidphosphorylase (Andoh und Mitarb. 1963) (s. Kap. 3.1.1.) und reflektiert die gleichen Verhältnisse der lebenden Zelle, wo die m-RNS ebenfalls nur eine kurze Lebensdauer hat. Im *Bacillus subtilis* ist nach Blockierung der RNS-Synthese die m-RNS-Menge bereits nach 2 Minuten auf die Hälfte abgesunken (Levinthal und Mitarb. 1962). In diesem Falle kann man errechnen, daß ein *messenger*-Molekül 10 bis 20mal für die Synthese eines Protein-Moleküls verwendet wird. Der synthetische *messenger* Poly-U wird etwa dreimal für die Synthese eines Polyphenylalanin-Moleküls verwendet (Barondes und Nirenberg 1962 a). Bei *E. coli* ist nach 8 Minuten die Hälfte der m-RNS abgebaut (Woese und Mitarb. 1963). Die Halbzeit-Lebensdauer der β-Galactosidase-spezifischen m-RNS von *E. coli* wird mit 1,5 Minuten angegeben (Kepes 1963). In der Säugerzelle ist der Umsatz der m-RNS wesentlich langsamer. In der Rattenleber dauert es vier bis acht Stunden, bis 50—80% der m-RNS abgebaut sind (Staehelin und Mitarb. 1963). Auch die Thyreoglobulinsynthese läuft noch viele Stunden nach Blockierung der RNS-Synthese weiter (Seed und Goldberg 1963). Ein Spezialfall liegt in den Reticulocyten vor, wo wegen des Fehlens der DNS keine RNS neu gebildet werden kann. Hier hat die m-RNS offenbar eine sehr lange Lebensdauer (Marks und Mitarb. 1962 a, Lingrel und Borosook 1963, Williamson und Mathias 1963). Interessant ist, daß in den Ribosomen der Reticulocyten die RNase fehlt (Elson 1961), doch läßt sich auch hier eine Korrelation zwischen der Höhe der Hämoglobinsynthese und dem RNS-Abbau finden (Schweiger und Mitarb. 1963). Zugabe von Actinomycin (s. Kap. 3.3.6.1.) zu Reticulocyten hat keinen Einfluß auf die Höhe der Hämoglobinsynthese (Reich und Mitarb. 1962).

Über die Bedeutung der an der Proteinsynthese beteiligten Enzyme (*Transferasen* I und II, s. Kap. 3.3.3.3.) und des GTP existieren nur Hypothesen. Noll und Mitarb. (1963) schlagen einen Mechanismus vor, nach dem die *Transferase* I die t-RNS der letzten Aminosäure an der synthetisierten Polypeptidkette gegen ein Phosphat aus dem GTP austauscht, wobei gleichzeitig die Bewegung des gesamten m-RNS-Polypeptid-Komplexes um ein Triplett weiter erfolgt. Die *Transferase* II soll dann die Peptidverknüpfung mit der nächsten Aminosäure katalysieren. Gegen die Annahme, daß die Peptidverknüpfung an sich die Bewegung des *messenger* bedingt (Gilbert 1963 b), spricht die Beobachtung, daß Puromycin zwar die Polypeptidsynthese völlig blockiert, die Desintegration der Polyribosomen, die eine

Folge der *messenger*-Bewegung ist, aber nicht hemmt (NOLL und Mitarb. 1963). Außerdem wird unter diesen Bedingungen immer noch GTP gespalten (NATHANS und Mitarb. 1962).

In manchen Objekten spielt der Membrananteil der Mikrosomen bei der Proteinsynthese eine Rolle (CAMPBELL 1961, HULTIN und Mitarb. 1961, GOSWAMI und MUNRO 1962, HAUGE und HALVORSON 1962, BARBIERI und DIMARCO 1963). Die Vorstellung, in welcher Weise die Membranen beteiligt sind, gehen über Hypothesen nicht hinaus (HENDLER 1962). Experimentelle Daten sind bis jetzt nur wenige vorhanden (CAMPBELL und COOPER 1963). Unerklärt bleibt auch die Rolle der „pulse"-markierten, in ihrer Basenzusammensetzung der DNS ähnlichen RNS in den Membranen (Kap. 3.2.4.).

Neben den Ribosomen sind noch Mitochondrien (ROODYN und Mitarb. 1961, BRAUN und Mitarb. 1963, PARTHIER 1963, 1964) und Chloroplasten (RHODES und YEMM 1963, PARTHIER 1964) als Orte der Proteinsynthese erkannt worden. Wenn auch die hier ablaufenden Prozesse nicht näher bekannt sind, so scheinen sie sich von den an den Ribosomen ablaufenden zu unterscheiden, da für den Einbau von Aminosäuren in Mitochondrien kein Zellsaft mit aktivierenden Enzymen und t-RNS nötig ist (BRAUN und Mitarb. 1963). Andererseits konnten in Mitochondrien Ribosomen nachgewiesen werden (RENDI 1959), ebenso in Chloroplasten (BRAWERMAN 1963 a, MURAKAMI 1963). Diese Ribosomen können Protein synthetisieren (APP und JAGENDORF 1963, EISENSTADT und BRAWERMAN 1963). Es gibt auch Hinweise dafür, daß die Proteinsynthese in den Mitochondrien in ähnlicher Weise abläuft wie in den cytoplasmatischen Ribosomen (KROON 1963).

Die Bildung kleinerer Polypeptide (MG 1000, z. B. Tyrocidin) erfolgt wahrscheinlich auf einem anderen Weg als die Synthese der Proteine (MACH und Mitarb. 1963).

3.3.5. Der genetische Code

Nachdem erkannt war, daß Nukleinsäuren die Proteinsynthese steuern, wurden viele theoretische Erklärungsversuche unternommen, in welcher Weise die Festlegung der Aminosäurensequenz in den Nukleinsäuren gespeichert sein könnte. Die ersten Versuche dieser Art stammen von GAMOW (1954), aber erst in den letzten Jahren konnte das Problem auch experimentell bearbeitet werden (vgl. LESLIE 1961, LANNI 1962, TAVLITZKI 1962, YČAS 1962, CRICK 1963, GATLIN und DAVIS 1963, JUKES 1963, SPIEGELMAN 1963, WITTMANN 1963).

Im wesentlichen sind es drei Untersuchungsmöglichkeiten, die Aufschlüsse über den genetischen (Aminosäure-)Code geben:

1. Erzeugung künstlicher Mutanten durch chemische Änderung von Nukleobasen und Aufklärung des dadurch verursachten Aminosäureaustausches („amino acid replacement") in dem betreffenden Protein. Solche Versuche sind besonders am TMV gemacht worden (WITTMANN 1961, 1962, TSUGITA und FRÄNKEL-CONRAT 1963) und können Aufschluß über allgemeine Eigenschaften des Codes geben. Doch kann daraus auch die Zusammensetzung von bestimmten Code„wörtern" abgeleitet werden (ZUBAY und QUASTLER 1962, QUASTLER und ZUBAY 1962). Zu ähnlichen Aussagen kann man auch

durch die Analyse natürlicher Mutanten und einander ähnlicher Proteine unterschiedlicher Aminosäurenzusammensetzung, wie z. B. die Hämoglobintypen, kommen (vgl. auch HELINSKI und YANOFSKY 1962, BAGLIONI 1963, GATLIN und DAVIS 1963, HENNING und YANOFSKY 1963, YANOFSKY 1963, YANOFSKY und Mitarb. 1963, 1964).

2. Wenn man annimmt, daß die durch Acridine, besonders Proflavin, erzeugten Mutanten des T 4-Coli-Phagen durch Einführen oder Entfernen eines Nukleotides zustande kommen, kann man durch genetische Analyse der Mutanten ebenfalls einige Eigenschaften des Codes erkennen (CRICK und Mitarb. 1961).

3. Zu einem Protein synthetisierenden zellfreien System kann man als *messenger* synthetische Polynukleotide bekannter Basenzusammensetzung zugeben und die Einbaurate der einzelnen Aminosäuren messen (NIRENBERG und MATTHAEI 1961). Bei bestimmten Annahmen (Triplett-Code, zufallsmäßige Verteilung der Basen in der Nukleotidkette) kann man die Häufigkeit der einzelnen eingebauten Aminosäuren vergleichen. Auf diese Weise kann man bestimmten Aminosäuren bestimmte Basen-Tripletts zuordnen, d. h. man erkennt die Codewörter für die Aminosäuren. Die Reihenfolge der Basen innerhalb eines Wortes läßt sich dadurch nicht feststellen. Diese Arbeiten gehen im wesentlichen auf die Arbeitskreise von OCHOA (1963) und NIRENBERG (1963) zurück.

Nach der am weitesten verbreiteten Ansicht handelt es sich bei dem genetischen Code um einen universalen, stark degenerierten, nicht überlappenden Triplettcode.

Demnach besteht ein den Einbau einer Aminosäure bestimmendes Codewort aus drei Nukleotiden („Triplett"). Da es 20 Aminosäuren, aber nur 4 Basen (A, G, C, U) gibt, kann nicht eine Base allein, sondern nur eine Gruppe von Basen ein Codewort bilden. Bei der Annahme von 2 Basen pro Codewort (Doublett-Code) gibt es nur 16 Kombinationsmöglichkeiten, also nicht für jede Aminosäure eine. Daher müssen mindestens einige Codewörter aus mehr als zwei Nukleotiden bestehen. Bei den Proflavinmutanten kommt es vor, daß das Fehlen oder auch das Einfügen von drei Nukleotiden in nicht zu großer Entfernung voneinander zur Synthese eines funktionstüchtigen Eiweißes führt. Fehlen zwei oder vier Nukleotide, ist dies nicht der Fall. Daher muß ein Codewort aus drei (oder einem ganzzahligen Vielfachen von drei) Nukleotiden bestehen (CRICK und Mitarb. 1961). Daß drei Nukleotide einer Aminosäure entsprechen (Codierungsverhältnis 3 : 1) konnte schließlich experimentell am zellfreien, peptidsynthetisierenden System bewiesen werden (STAEHELIN und Mitarb. 1964).

Die drei Nukleotide eines Tripletts stehen in der Polynukleotidkette benachbart. Das Codewort für die benachbarte Aminosäure bilden die drei nächsten Nukleotide. Dabei sind die Nukleotid-Dreiergruppen voneinander getrennt und besitzen keine gemeinsamen Nukleotide, d. h. das letzte (oder mittlere) Nukleotid eines Tripletts ist nicht das erste (bzw. zweite) des nächsten Tripletts. Der Code ist nicht überlappend. Bei einem überlappenden Code würde die Änderung einer Base zur Veränderung von mindestens zwei (benachbarten) Aminosäuren führen. Verschiedene homologe Proteine (z. B. Hämoglobine) unterscheiden sich oft in nur einer Aminosäure, was bei nicht überlappendem Code leicht, bei überlappendem nur bei komplizierten Hilfsannahmen zu erklären wäre. Bei einem überlappenden Code können nur bestimmte Aminosäuren einander benachbart sein („Restriktion"). Dies stimmt aber nicht mit den bisher bekannten Aminosäuresequenzen von Protein überein.

Bei einer Dreiergruppierung der vier Basen ergeben sich $4^3 = 64$ Kombinationsmöglichkeiten, d. h. Tripletts. Die Frage, ob von diesen 64 Möglichkeiten nur 20 für die Codierung der Aminosäuren verwendet werden und der Rest „sinnlose" Tripletts darstellt, oder ob für eine Aminosäure mehrere Codewörter bestehen, konnte an zellfreien Systemen entschieden werden. Dort wurden für viele Aminosäuren zwei oder drei, in manchen Fällen vier verschiedene Tripletts gefunden (Ochoa 1963). Die Existenz mehrerer t-RNS-Moleküle für die gleiche Aminosäure (vgl. Kap. 3.3.2.) spricht ebenfalls für eine Degeneriertheit des Codes. Ob wirklich alle 64 möglichen Tripletts Aminosäuren codieren, ist nicht bekannt. Die Anzahl „sinnloser" Tripletts ist aber sicher sehr klein (Crick und Mitarb. 1961). Von den 64 möglichen konnten 48 Tripletts einer Aminosäure zugeordnet werden, darunter alle 27 durch die Kombination von A, C und U entstandenen (Wahba und Mitarb. 1963 b). Möglicherweise unterscheiden sich die zu einer Aminosäure gehörenden Codewörter in ihrer Basenzusammensetzung nicht zufällig, sondern in gesetzmäßiger Weise. Der Code wäre dann systematisch oder logisch degeneriert (Woese 1962, Crick 1963).

Die für e i n e Aminosäure geltenden Tripletts haben in vielen Fällen zwei Basen gemeinsam und nur eine dritte ist verschieden (Tab. 12, Wahba und Mitarb. 1963 a, vgl. Jukes 1962).

Die einzelnen Codewörter scheinen bei allen Organismen im wesentlichen gleich zu sein; der Code ist universal. Zellfreie Systeme, deren einzelne Komponenten verschiedener Herkunft sind, sind trotzdem zur Eiweißsynthese befähigt (Arnstein und Mitarb. 1962). Das *E. coli*-System produziert auf Zugabe von TMV-RNS das Hüllprotein des Virus (Tsugita und Mitarb. 1962).

Mäuse-Ascites-Tumorzellen bilden auf Zugabe von m-RNS aus Rinder- oder Rattenleber artspezifische Serumalbumine (von der Decken 1963 b, Zimmermann und Mitarb. 1963) (vgl. dagegen Chatterjee und Williams 1962). Auch die Bildung spezifischer Leberenzyme in verschiedenen Ascites-Tumorzellen auf Zugabe von Leber-RNS konnte nachgewiesen werden (Niu und Mitarb. 1962). Ebenso kann die Bildung verschiedener Globin-Typen in unreifen Erythrocyten durch Zugabe entsprechender RNS induziert werden (Weisgerber 1962). Die bis jetzt entschlüsselten Codewörter in *Alcaligenes faecalis* (Protass und Mitarb. 1964) und *Chlamydomonas* (Weinstein und Mitarb. 1963) sind die gleichen wie in *E. coli.* Daß ganze t-RNS-Moleküle in ihrer Basensequenz und damit wohl auch in ihren drei „Anticodon"-Basen nicht artspezifisch sind, zeigt die Beobachtung, daß t-RNS aus verschiedenen Bakterienspezies mit der gleichen DNS Hybride bilden kann (Goodman und Rich 1963 b). Dagegen reagieren Aminosäure-aktivierende Enzyme von *Neurospora* mit t-RNS von *E. coli* z. T. qualitativ anders als mit eigener t-RNS, so daß hier vielleicht eine Durchbrechung der Universalität des Codes vorliegt (BARNETT und JACOBSON 1964). Für eine Universalität des Codes spricht auch, daß Änderungen des Codes während der Stammesgeschichte eine plötzliche Änderung der Aminosäurenzusammensetzung praktisch aller Proteine zur Folge hätte, eine Konsequenz, die schwer-

Tab. 12. *Code-Tripletts der Aminosäuren* (nach WAHBA und Mitarb. 1963 a, * nach WAHBA und Mitarb. 1963 b).

Code-Tripletts der Aminosäuren			
Amino-säure	U-Tripletts	U-freie Tripletts	Gemeinsame Doubletts
Ala	CUG	CAG, CCG	C . G
Arg	GUC	GAA, GCC	G . C
AspNH	UAA, CUA	CAA	. AA, C . A
Asp	GUA	GCA	G . A
Cys	GUU	. . .	. . .
Glu	AUG	AAG	A . G
GluNH	AUC*	AGG, AAC	. . .
Gly	GUG	GAG, GCG	G . G
His	AUC	ACC	A . C
Ile	UUA, AAU, UAC*	. . .	. . .
Leu	UAU, UUC, UGU, UCC*	. . .	U . U
Lys	AUA	AAA	A . A
Met	UGA	. . .	. . .
Phe	UUU, UUC*	. . .	. . .
Pro	CUC	CCC, CAC	C . C
Ser	CUU, CCU*	ACG	. . .
Thr	UCA	ACA, CGC, CAC*	. CA, C . C
Try	UGG	. . .	. . .
Tyr	AUU	AUC*	AU .
Val	UUG	. . .	. . .

lich mit dem Leben des betreffenden Organismus vereinbar wäre (HINEGARDNER und ENGELBERG 1963).

Die Untersuchungen über die allgemeinen Charakteristika des genetischen Codes wurden ergänzt durch die „Entschlüsselung" vieler Codeworte. Durch Verwendung synthetischer Polynukleotide in zellfreien Systemen konnte den meisten Basenkombinationen die entsprechende Aminosäure zugeordnet werden. Die im wesentlichen durch OCHOA und seine Mitarbeiter erarbeiteten Ergebnisse sind in einer Reihe von Publikationen niedergelegt (s. OCHOA 1963, vgl. auch MAXWELL 1962, NIRENBERG und Mitarb. 1963, MATTHAEI 1963) (s. Tab. 12). Eine experimentelle Festlegung der Nukleotidsequenz innerhalb eines Tripletts gelang bisher nur beim Tyrosin (AUU) (WAHBA und Mitarb. 1962, vgl. JUKES 1962) [5].

[5] Inzwischen ist die Sequenz von mehr als 50 Tripletts bekannt (BRIMACOMBE, R. u. Mitarb., Proc. Nat. Acad. Sci. (Wash.) 54, 954—960, 1965; SÖLL, D. u. Mitarb., Proc. Nat. Acad. Sci. (Wash.) 54, 1378—1386, 1965).

Soweit man aus den künstlichen Mutanten Schlüsse auf die Basenzusammensetzung eines Tripletts ziehen kann, läßt sich eine teilweise recht gute Übereinstimmung der Ergebnisse beider Methoden feststellen (SMITH 1962 a, b, HENDLER 1962). Einige Einwände gegen Methoden und Ergebnisse der Versuche am zellfreien System (BRETSCHER und GRUNBERG-MANAGO 1962, CHARGAFF 1962, GRIFFIN und Mitarb. 1963) konnten später teilweise zurückgewiesen werden (MATTHAEI und Mitarb. 1962, KAZIRO und Mitarb. 1963, WAHBA und Mitarb. 1963 b).

Wegen der experimentellen Beweise für die Code-Theorie und vor allem der noch offenen und zweifelhaften Punkte sei auf WITTMANN (1963) und CRICK (1963) verwiesen. Die noch bestehenden Unklarheiten lassen mehr oder minder große Varianten des hier vorgetragenen Konzeptes zu, und in der Tat sind auch eine Reihe von z. T. stark abweichenden Vorschlägen für einen genetischen Code gemacht worden (MEDVEDEV 1962, ROBERTS 1962 a, b, GATLIN 1963, MATTHEWS 1963).

3.3.6. Spezifische Blockierung der Nukleinsäure- und Eiweißsynthese

Eine Reihe von Antibiotica üben ihre bacteriostatische und cytostatische Wirkung über einen Eingriff in den Nukleinsäure- und Eiweißstoffwechsel aus. Der eigentliche Angriffspunkt kann dabei an sehr verschiedenen Stellen liegen, und es kommt in vielen Fällen zu einer äußerst spezifischen Hemmung eines einzigen Syntheseschrittes. Die Aufdeckung des Wirkungsmechanismus solcher Antibiotica schuf ausgezeichnete Hilfsmittel zum Studium des Ablaufes der Protein- und RNS-Synthese in der lebenden Zelle.

3.3.6.1. Die Actinomycine

Die Actinomycine stellen eine Gruppe nahe verwandter Antibiotica dar. Sie unterscheiden sich untereinander in der Aminosäurenzusammensetzung zweier Peptide, die an einem heterocyklischen Dreiringsystem hängen (Abb. 32). Diese chromophore Gruppe bewirkt ein Lichtabsorptionsmaximum bei 441 nm und gibt den Actinomycinen einen leicht gelblichen Farbton. Die einzelnen Actinomycine werden durch Buchstaben (A, B, C usw.) bezeichnet. Leider ist die Nomenklatur nicht ganz einheitlich. Das am meisten verwendete ist das Actinomycin C_1, das von einigen Autoren auch als Actinomycin D bezeichnet wird (BROCKMANN 1960 a, b sowie andere Arbeiten über Chemie, Pharmakologie und medizinische Anwendung der Actinomycine in: Annals of the New York Academy of Sciences, Vol. 89, Art. 2, S. 283—486, 1960).

Bei der Behandlung lebender Zellen mit Actinomycin kommt es zu einem Stillstand der RNS-Synthese und im Zusammenhang damit zu einem Stillstand der Proteinsynthese (REICH und Mitarb. 1962, KORNER und MUNRO 1963 b). Die DNS-Synthese wird im Vergleich zur RNS-Synthese nur in sehr viel geringerem Maße beeinträchtigt. Die relativ hohe Spezifität zeigt sich auch darin, daß die Vermehrung des DNS-haltigen Poliovirus bereits bei Actinomycinkonzentrationen unterbunden wird, bei denen die Vermehrung des RNS-Mengovirus keine Hemmung zeigt (REICH und Mitarb. 1962). Von der Actinomycin-Blockierung werden alle RNS-Typen betroffen (Acs und Mitarb. 1963), am wenigsten vielleicht die t-RNS (Tamaoki und Mueller 1962), doch konnte festgestellt werden, daß die Anwesenheit von Actinomycin auch keine vollständige Neubildung von t-RNS erlaubt, sondern nur einen Austausch der endständigen Nukleotide (Franklin 1963) (s. Kap. 3.1.4.2.). Damit ist gezeigt, daß nicht der RNS-Stoffwechsel im allgemeinen, sondern in spezifischer Weise die DNS-abhängige RNS-Synthese gestört wird (Harbers und Müller 1962). Dementsprechend haben *in vitro*-Experimente an isolierten Systemen ergeben, daß die RNS-Polymerase-Reaktion (vgl. Kap. 3.1.2.) blockiert wird (Goldberg und Mitarb. 1962, Hurwitz und Mitarb. 1962, Kahan und Mitarb. 1963). Diese Blockierung kann durch Zugabe von DNS aufgehoben werden, wobei hitzedenaturierte DNS wirksamer ist als native (Goldberg und Rabinowitz 1962). In der intakten Zelle ist die Blokkierung der m-RNS der entscheidende Faktor, da er zeitlich als erster zur Wirkung kommt. Daher liegen in Actinomycin-behandelten Zellen die Ribosomen im wesentlichen einzeln und nicht als Polyribosomen vor (Staehelin und Mitarb. 1963). Daneben unterbleibt auch die Bildung funktionsfähiger Ribosomen (Girard und Mitarb. 1964). Die Spezifität für RNS-Polymerase ist nur relativ, denn auch die DNS-Polymerase-Reaktion wird beeinflußt, doch sind hier um Größenordnungen höhere Actinomycin-Konzentrationen notwendig (Strelzoff 1963 b). Demnach liegt der Angriffspunkt offenbar in der in beiden Fällen als *primer* fungierenden DNS (Goldberg und Mitarb. 1963 b). Diese Ansicht wird dadurch unterstützt, daß die Wirkung des Actinomycins umso stärker wird, je höher der Guanin-Gehalt der *primer*-DNS ist (Kahan und Mitarb. 1963, Strelzoff 1963 a, b). So wird eine DNS-abhängige Bildung von Poly A und Poly U von Actinomycin nicht beeinflußt (Hurwitz und Mitarb. 1962), ebenso wird die RNS-Synthese bei Verwendung von Polyribonukleotiden anstelle von Polydesoxyribonukleotiden als *primer* nicht blockiert (Krakow und Ochoa 1963). Demnach ist das Vorhandensein der Desoxyguanosin-Gruppe entscheidend für die biologische Wirkung der Actinomycine (vgl. Hurwitz und August 1963).

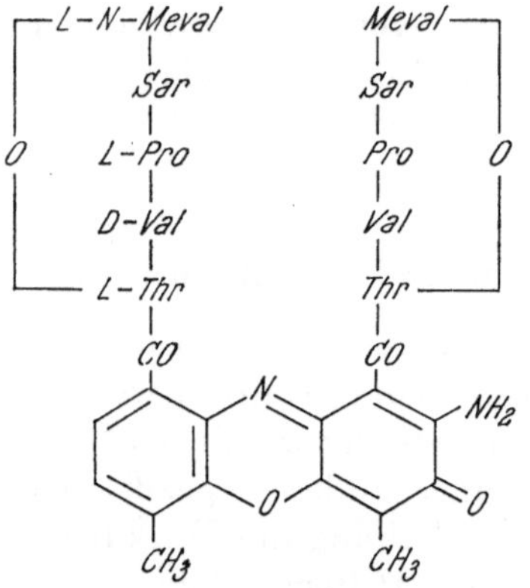

Abb. 32. Strukturformel von Actinomycin D (C_1). Thr = Threonin, Val = Valin, Pro = Prolin, Sar = Sarcosin, Meval = Methylvalin. (Nach Reich und Mitarb. 1962.)

Diese Befunde stehen in Übereinstimmung mit der Beobachtung, daß DNS Actinomycin zu binden vermag, und zwar an die Guanosin-Gruppe (Rauen und Mitarb. 1960, Kersten 1961, Hartmann und Coy 1962, Kersten und Kersten 1962 a, b, Wheeler und Bennett 1962). Auch in der lebenden Zelle wird das Actinomycin an die DNS gebunden (Harbers und Mitarb. 1963). Die Bindung des Actinomycins erfolgt über den Carbonyl-Sauerstoff und den Aminostickstoff des Ringsystems, wahrscheinlich durch H-Brücken zum Guanin und dem Ringsauerstoff der Desoxyribose. Eine zusätzliche elektrostatische Bindung der basischen Peptide an Phosphatgruppen ist ebenfalls denkbar (Abb. 33) (Hamilton und Mitarb. 1963). Nach Reich (1964) erfolgt die Bindung an freies Guanosin in etwas anderer Weise als an DNS. Eine Beziehung zwischen der Fähigkeit, einen Komplex mit DNS zu bilden und der biologischen Aktivität besteht allerdings nicht bei allen Actinomycinen (Müller 1962). Die Gründe für die viel höhere Hemmung der RNS-Polymerase gegenüber der DNS-Polymerase sind nicht genau bekannt. Möglicherweise spielt die Sekundärstruktur der DNS eine Rolle, da die DNS-Polymerase Einstrang-DNS, die RNS-Polymerase vermutlich Zweistrang-DNS als *primer* verwendet und die Bindungsfähigkeit der beiden DNS-Formen für Actinomycin unterschiedlich ist (Hurwitz und Mitarb. 1962, Strelzoff 1963).

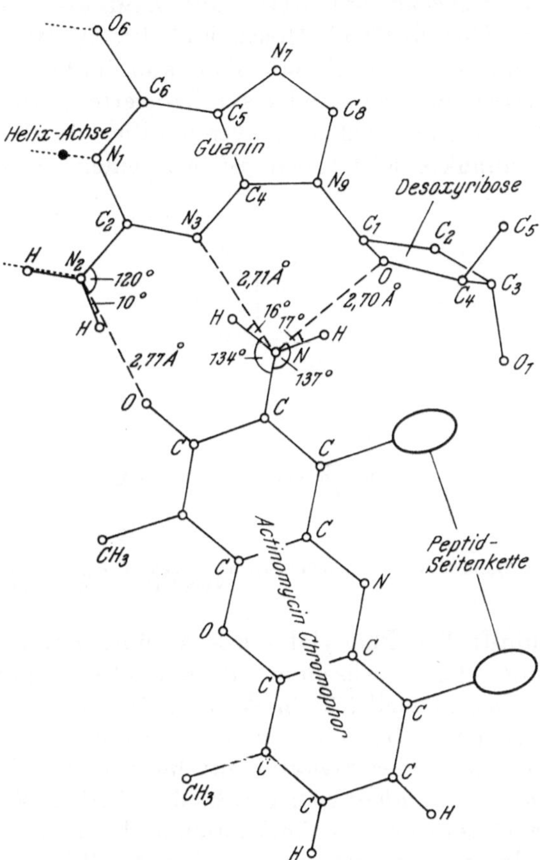

Abb. 33. Bindung des Actinomycins an Guanosin in der DNS. (Nach Hamilton und Mitarb. 1963.)

Die Möglichkeit, die DNS-abhängige RNS-Synthese spezifisch zu blockieren, hat zu einer Flut von Arbeiten mit den verschiedensten Fragestellungen geführt, von denen hier nur einige erwähnt werden können: Enzyminduktion in Bakterien (Nisman und Mitarb. 1963), Virussynthese in pflanzlichen (Sänger und Knight 1963) und tierischen Zellen (Shatkin 1962), Proteinsynthese in Bakterienprotoplasten (Haywood und Sinsheimer 1963, Mach und Tatum 1963), Carcinogenese (Gelboin und Blackburn 1963), tagesrhythmische Prozesse bei dem Dinoflagellaten *Gonyaulax* (Karakashian und Hastings 1962), Hormonwirkung (Thyroidea, Tata 1963), unterschiedliche RNS-Synthese in Nukleolus und Chromatin von Gewebekulturzellen (Perry 1963), Differenzierungsprozesse in Einzelzellen (Davidson und Mitarb. 1963), in der Meeresalge *Acetabularia* (Brachet und Denis 1963, Schweiger und Schweiger 1963), in Seeigeleiern (Gross und Cousineau 1963, Lallier 1963) und Amphibienlarven (Denis 1963, Flickinger 1963) sowie in Pflanzenwurzeln (Bal und Gross 1963).

Eine dem Actinomycin vergleichbare Wirkung hat auch Chromomycin, ein Antibioticum aus einer *Streptomyces*-Spezies (Wakisaka und Mitarb. 1963).

3.3.6.2. Puromycin

Puromycin (Stylomycin) blockiert die Proteinsynthese in der Zelle und in zellfreien Systemen (Yarmolinsky und de la Haba 1959, Nathans und Lipmann 1961). Dabei wird die noch unfertige Polypeptidkette vom Ribosom getrennt und an jeder dieser Ketten hängt ein Puromycin-Molekül (Morris und Schweet 1961, Allen und Zamecnik 1962 a, b, Arlinghaus und Mitarb. 1962, Gilbert 1963 b, Morris und Mitarb. 1963, Nathans 1964). Diese Loslösung bedarf weder ATP noch Überstand, im Gegensatz zum physiologischen Freiwerden des vollständig synthetisierten Proteinmoleküls. Die Wirkung des Puromycins wird z. T. verständlich durch seine Struktur (Abb. 34). Ein Purinnukleosid-Derivat ist mit einem Analogen des Phenylalanins ver-

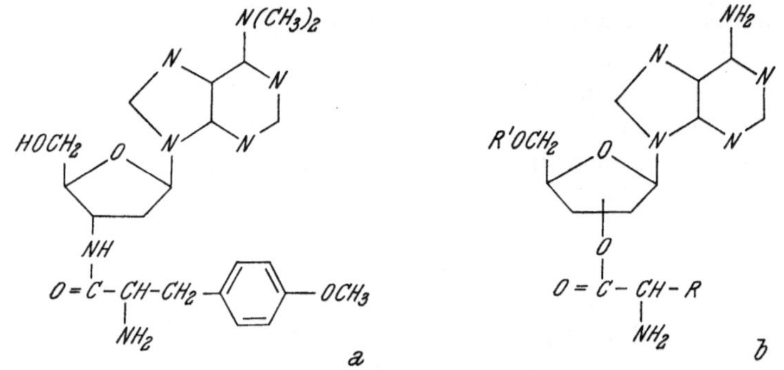

Abb. 34. Strukturformel von Puromycin (*a*) und zum Vergleich das Adenylsäureende eines t-RNS-Moleküls (R) (*b*). (Nach Nathans und Neidle 1963.)

knüpft. Das Phenylalanin kann über eine Peptidbindung an das Carboxylende der wachsenden Proteinkette gebunden werden, während das Nukleosid vielleicht in Wechselwirkung zum Ribosom tritt, in jedem Falle aber den Anbau einer weiteren Aminosäure verhindert (über die Beziehung von chemischer Struktur zur biologischen Wirkung s. Nathans und Neidle 1963). Dies scheint aber nicht die einzige Wirkung des Puromycins zu sein. In Gegenwart des Antibioticums können zwar Vorläufer der ribosomalen RNS synthetisiert werden, aber die Bildung der eigentlichen r-RNS (28-S- und 16-S-Partikel) ist gestört (Holland 1963, Tamaoki und Müller 1963). t-RNS- und m-RNS-Synthese scheinen weniger geschädigt zu sein. Daneben ist auch eine Blockierung der Aminoacyl-t-RNS-Esterbildung beobachtet worden (Nemeth und de la Haba 1962).

Die Wirkung von Puromycin auf *Acetabularia* trifft besonders die Spitze der wachsenden Alge, also die Stelle, an der die Proteinsynthese besonders groß ist (Brachet 1963).

Ein im chemischen Aufbau wie auch in der biologischen Wirkung dem Puromycin ähnliches Antibioticum ist das Gougerotin (Clark und Gunther 1963), möglicherweise auch das Lincomycin (Josten und Allen 1964).

3.3.6.3. Chloramphenicol

Die Wirkung des Chloramphenicols (Chloromycetin) ist in wesentlichen Zügen die gleiche wie die des Puromycins. Dies ist umso eher zu verstehen, als sich die beiden Antibiotica in ihrem chemischen Aufbau ähneln (YARMOLINSKY und DE LA HABA 1959). Eine genaue Aufklärung des Wirkungsmechanismus steht allerdings noch aus. Einen überraschenden Unterschied gegenüber Puromycin zeigt das Chloramphenicol darin, daß es sowohl *in vivo* wie *in vitro* nur auf Bakterien und zellfreie Bakteriensysteme, dagegen nicht auf Säugerzellen wirkt, von toxischen Effekten bei Überdosierungen abgesehen.

Das Chloramphenicol bewirkt einen sofortigen Stillstand jeglicher Proteinsynthese (GALE und FOLKES 1953). Diese Wirkung läßt sich auch am Eiweiß synthetisierenden System aus *E. coli* nachweisen (MATTHAEI und NIRENBERG 1961, NIRENBERG und MATTHAEI 1961), an Systemen aus Säugerzellen dagegen nur bei 1000—10 000mal höheren Konzentrationen (v. EHRENSTEIN und LIPMANN 1961).

Bei Anwesenheit von Chloramphenicol, das an Ribosomen gebunden werden kann (VAZQUEZ 1963), geht die RNS-Synthese unverändert, manchmal sogar in erhöhtem Maße weiter. Offenbar ist aber die Ausbildung vollständiger Ribosomen behindert, und es kommt zu einer Anreicherung der „Chloramphenicol-RNS-Partikel", Ribonukleoproteinpartikel, die in der Zusammensetzung ihrer RNS den unter normalen Bedingungen gebildeten Ribosomen gleichen, vielleicht aber eine andere Proteinkomponente besitzen. Die t-RNS-Synthese wie auch die Bildung von Phagen-*messenger* werden von Chloramphenicol nicht beeinflußt (NEIDHARDT und FRAENKEL 1961, DAGLEY und Mitarb. 1962 a, b, KURLAND und MAALØE 1962, NOMURA und Mitarb. 1962). Nach ARONSON und SPIEGELMAN (1961) könnte die „Chloramphenicol-RNS" eine normale Zwischenstufe in der Bildung der Ribosomen sein. Vielleicht wird aber auch eine RNS mit veränderten Eigenschaften gebildet (YEE und Mitarb. 1962).

Unter besonderen Bedingungen haben WEISGERBER und Mitarb. (1963) auch einen Einfluß des Chloramphenicols auf den *messenger* oder seine Bindung an das Ribosom beim Poly-U-abhängigen Einbau von Phenylalanin in einem Reticulocyten-, also Säuger-System, finden können.

3.3.6.4. Streptomycin

Die antibiotische Wirkung des Streptomycins beruht aller Wahrscheinlichkeit nach auf seinem Eingriff in den Prozeß der Eiweißsynthese. Während die Bildung neuer DNS und RNS nach Streptomycin auf fast gleicher Höhe weiterläuft, kommt es zu einer starken Abnahme der Proteinsynthese. Im Gegensatz zum Chloramphenicol bleiben Größe und Größenverteilung der Ribosomen in der Ultrazentrifuge erhalten (HAHN und Mitarb. 1962). Es kann aber angenommen werden, daß die Ribosomen der eigentliche Angriffspunkt des Streptomycins sind. Für eine Einwirkung auf die Ribosomen sprechen auch die Ergebnisse an zellfreien Systemen (SPEYER und Mitarb. 1962, FLAKS und Mitarb. 1962, FLAKS und WITTING 1963). Der eigentliche Wirkungsmechanismus ist noch unbekannt. Es besteht die Möglichkeit, daß die Bindung des *messenger* an die Ribosomen verhindert wird (SPOTTS und STANIER 1961, FLAKS und Mitarb. 1962). Dies wird allerdings in neuerer Zeit von COX und Mitarb. (1964) bestritten. Vielleicht ist auch die integrierende Funktion des Mg^{++} gestört, wie aus der teilweisen Unterbindung der Streptomycinwirkung durch Polyamine (Spermin, Spermidin, Putrescin) geschlossen werden kann (Feingold und Davis 1962, Mager und Mitarb. 1962). Streptomycin wirkt allerdings nicht als Mg^{++}-Komplexbildner, da die Wirkung des Antibioticums auch durch andere Metalle aufgehoben werden kann, wobei in jedem Falle ein großer Überschuß an Metallionen nötig ist (Zahn 1962).

Eine direkte Wirkung des Streptomycins auf die RNS und deren Synthese (Wolfe und Hahn 1963) ist auch nicht ausgeschlossen. Die geringere biologische Aktivität von Dihydrostreptomycin gegenüber Streptomycin (Moskowitz und Kelker 1963) kann auf die geringere Fähigkeit des Dihydro-Derivates, mit Nukleinsäuren unlösliche Verbindungen zu bilden, zurückgeführt werden (Moskowitz 1963). Direkte Einwirkungen auf Nukleinsäure gehen auch aus anderen Untersuchungen hervor, bei denen die Infektion mit Phagen-Nukleinsäure in Bakterien unterbunden werden konnte (Brock 1962), oder auch aus der mutativen Veränderung von wahrscheinlich nichtchromosomalen Genen durch Streptomycin (Sager 1962). Bei der Wirkung auf Amoeben scheinen zwei Faktoren, ein cytoplasmatischer und ein im Kern lokalisierter, im Spiel zu sein (Cole und Danielli 1963).

Es ist aber nicht ausgeschlossen, daß Streptomycin auf ganz andere Weise wirkt. In manchen Fällen konnte eine Membranveränderung beobachtet werden, die zu einem Nukleotidverlust führen kann (Brock und Brock 1959). Dies trifft allerdings nur für einen Teil der untersuchten Bakterienstämme zu (Gregory und Umbreit 1961, vgl. auch Landman und Burchard 1962).

3.3.6.5. Andere Substanzen

Neben den bisher besprochenen gibt es eine ganze Reihe anderer Substanzen, von denen nachgewiesen ist oder vermutet wird, daß sie die Protein- oder RNS-Synthese in spezifischer Weise blockieren, ohne daß ihr Wirkungsmechanismus näher bekannt ist: z. B. Cycloheximid (Siegel und Sisler 1963), Chlortetracyclin (Franklin 1962), Streptogramin (Vazquez 1962).

Eine besondere experimentelle und z. T. auch praktische Bedeutung hat die Anwendung von Basenanalogen gefunden (vgl. Biesele 1958, Rychlik 1961, Škoda 1961).

4. Die Ultrastruktur der Nukleinsäure enthaltenden Zellbezirke

4.1. Das Ergastoplasma

Bei Zellfraktionierungen durch Zentrifugieren läßt sich nach Abtrennen von größeren Zelltrümmern, Zellkernen und Mitochondrien durch Schwerefelder von mehr als 100 000 xg die „Mikrosomenfraktion" (Claude 1943) isolieren. Diese Fraktion enthält neben Protein und Phospholipoiden bis zu 90% der gesamten im Cytoplasma vorhandenen RNS. In den aus 1 g Leber isolierten „Mikrosomen" findet man 3,09 mg Protein-N, 487 μg Phospholipoid-P und 3,46 mg RNS (Palade und Siekevitz 1956 a). Die als „Mikrosomen" bezeichneten Partikel sind sehr uneinheitlich. Im Elektronenmikroskop erscheinen sie als kurze Membranstücke oder als kleine Bläschen, die von ebensolchen Membranen gebildet werden. Sehr oft sind deutliche Doppelmembranen zu erkennen (Abb. 35) (CHAUVEAU und Mitarb. 1955, KUFF und Mitarb. 1956, PALADE und SIEKEVITZ 1956 a, b). Ein Teil der Membranen ist mit 150—200 Å großen, runden Partikeln besetzt, die man auch frei in der Präparation vorfindet. Durch Desoxycholat lassen sich diese Partikel vom Membrananteil trennen, und es zeigt sich, daß die Phospholipoide und der Großteil der in den „Mikrosomen" vorhandenen Enzyme in den Mem-

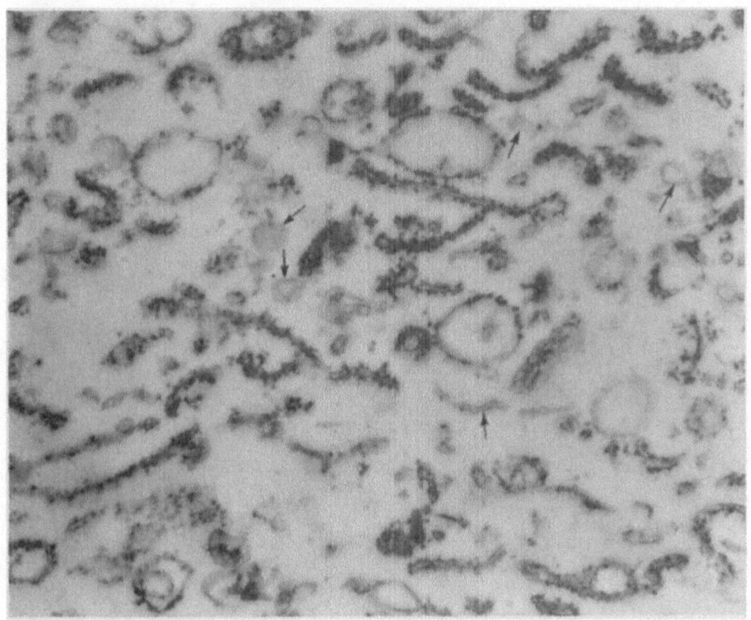

Abb. 35. Elektronenmikroskopische Aufnahme eines Schnittes durch die isolierte Mikrosomenfraktion eines Rattenleberhomogenates. Neben Ribosomen-besetzten Doppelmembranen sind Ribosomen-freie Membranen und Vesikel (Pfeile!) zu sehen. Vergr.: 70 000 ×. (Nach PORTER 1961.)

branen lokalisiert sind, während die RNS in den kleinen, elektronenoptisch dichten Granula (PALADE 1955 a, „Palade-Granula") zu finden ist. Dort macht sie etwa 50% der gesamten Masse aus, der Rest ist im wesentlichen Protein („Ribonukleoprotein-Granula", „Ribosomen", s. Kap. 3.2.3.). Diesen von PALADE und SIEKEVITZ (1956 a, b) erarbeiteten Erkenntnissen widersprechen die Ergebnisse von KUFF und Mitarb. (1956) insofern, als diese Autoren nur etwa 26% der gesamten RNS in der eigentlichen „Mikrosomenfraktion" (Partikelgröße ~ 120 Å) finden konnten. Vielleicht handelt es sich hier um Unterschiede im experimentellen Ansatz (vgl auch CHAUVEAU und Mitarb. 1957, Ts'o und SATO 1959 a, HAUGE und HALVORSON 1962).

Die in der „Mikrosomenfraktion" gefundenen Strukturen sind aus elektronenmikroskopischen Schnittpräparaten schon einige Jahre früher bekannt gewesen (vgl. hierzu WEISS 1953, PALADE 1956, HAGUENAU 1958, FAWCETT 1961, HAGUENAU und HOLLMANN 1961, PORTER 1961 a, WOHLFART-BOTTERMANN 1963). Die Mikrosomenmembranen sind Teile des das ganze Cytoplasma durchziehenden *endoplasmatischen Reticulums* (Abb. 36), eines aus Röhren und

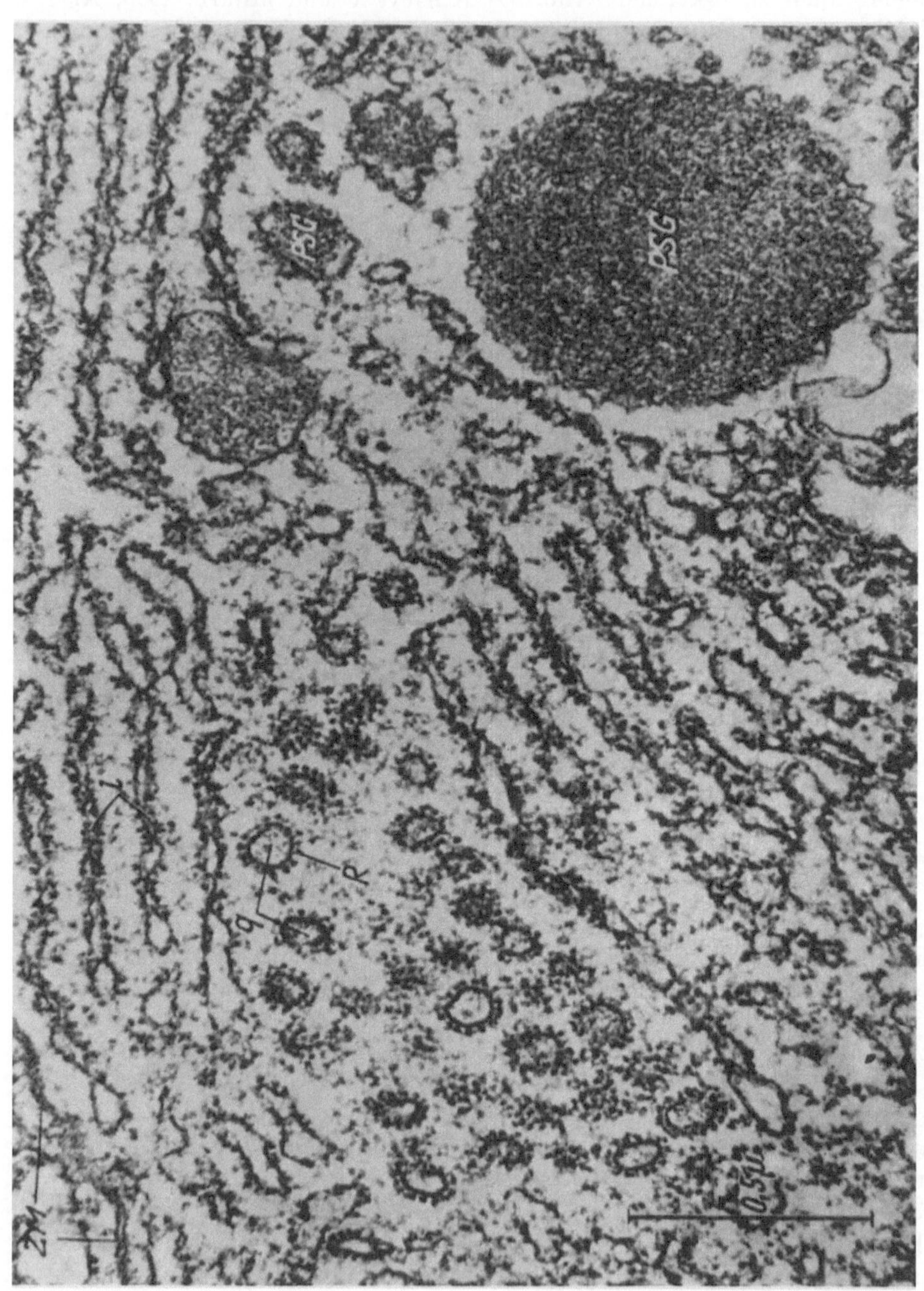

Abb. 38. Ergastoplasma mit Ribosomen (*R*), *l* = schlauchförmige Membranen des Ergastoplasmas im Längsschnitt, *q* = im Querschnitt, *PSG* = Prosekretgranula, *ZM* = Zellmembran. Speicheldrüse von *Myzus persicae* (Blattlaus). Vergr.: 62 000×. (Nach WOHLFARTH-BOTTERMANN 1963.)

Bläschen („Zisternen" und „Vesikel") bestehenden zusammenhängenden Systems, das durch lipoidhaltige Membranen vom übrigen Cytoplasma abgegrenzt ist. Ein endoplasmatisches Reticulum kommt in der Mehrzahl der Zellen, vielleicht sogar in allen Zellen vor (PALADE 1955 b, vgl. auch PORTER und MACHADO 1960, FAWCETT und REVEL 1961, PORTER 1961 b, MOE und BEHNKE 1962, PARKS 1962, REVEL 1962). Die Membranen selbst sind etwa 40 Å dick, die von ihnen eingeschlossenen, elektronenoptisch leeren Räume haben Dimensionen von wenigen nm bis zu 50 nm. Das Hohlraumsystem steht mit der Kernmembran in Verbindung, und man kann diese als einen Teil des endoplasmatischen Reticulums ansehen (WATSON 1955, WHALEY und Mitarb. 1959, WISCHNITZER 1960). Den Membranen des endoplasmatischen Reticulums sitzen an manchen Stellen die Ribosomen auf. Die so entstehende granuläre („rough"-)Form des Reticulums wird als identisch mit dem lichtmikroskopisch definierten Ergastoplasma von GARNIER (vgl. MONNÉ 1946, HAGUENAU 1958) angesehen und ist auch als solches bezeichnet worden (zur Struktur der Ribosomen s. Kap. 3.2.3.) (Der ribosomenbesetzten „rough"-Form des endoplasmatischen Reticulums werden als „smooth"-Form die ribosomenfreien Membranen gegenübergestellt.) Der Anteil des Ergastoplasmas am Zellvolumen ist bei den verschiedenen Zelltypen unterschiedlich groß. Eine besonders starke Ausbildung findet es in den exkretorischen Drüsen, wo die Membransysteme eng aneinanderliegende parallele oder, seltener, konzentrisch angeordnete Stränge bilden können („organisiertes Ergastoplasma", Abb. 37, 38) (HAGUENAU und HOLLMANN 1961). Im Pankreas werden etwa drei Viertel des Volumens der Zelle vom Ergastoplasma eingenommen (PORTER 1961 a).

Nicht alle Ribosomen sind an Membranen gebunden (PALADE 1956, HALLINAN und Mitarb. 1962). Viele können auch frei im Cytoplasma liegen (MARQUARDT 1962, MOVAT und FERNANDO 1962 a, b). Möglicherweise weisen weniger differenzierte Zellen einen größeren Prozentsatz freier Ribosomen auf als spezialisierte. Einen besonders großen Anteil membrangebundener Ribosomen besitzen Zellen, die einen speziellen Eiweißkörper in großen Mengen produzieren, wie z. B. viele sekretorische Drüsen. Zellen, bei denen der Eiweißkörper innerhalb der Zelle verbleibt (Erythroblast, sich entwikkelnde Muskelzelle) enthalten dagegen einen höheren Prozentsatz freier Ribosomen (BIRBECK und MERCER 1961, WILLIAMSON und Mitarb. 1963). Membrangebundene Ribosomen treten in Neuroblasten z. B. erst zu einem Zeitpunkt auf, zu dem sich die spezifischen Funktionen der Nervenzelle entwickeln, während vorher nur freie Ribosomen vorhanden sind (ESCHNER und GLEES 1963). Frei im Cytoplasma und auch im Zellkern liegende Ribosomen sind oft zu Gruppen, Rosetten oder Spiralen angeordnet (Abb. 39) (WATSON 1959, SWIFT 1962 b, BEHNKE 1963, ESCHNER und GLEES 1963, WADDINGTON und PERRY 1963). Ob diesen Gruppen eine funktionelle Bedeutung, etwa im Sinne von Polyribosomen (s. Kap. 3.3.3.2.), zukommt, muß völlig offen bleiben. In manchen Fällen ist die Zahl der Ribosomen in einer solchen Anordnung viel zu groß, um Polyribosomen darstellen zu können.

Zum Schluß muß gesagt werden, daß die Nomenklatur des endoplasmatischen Reticulums und seiner Bestandteile nicht ganz einheitlich angewendet

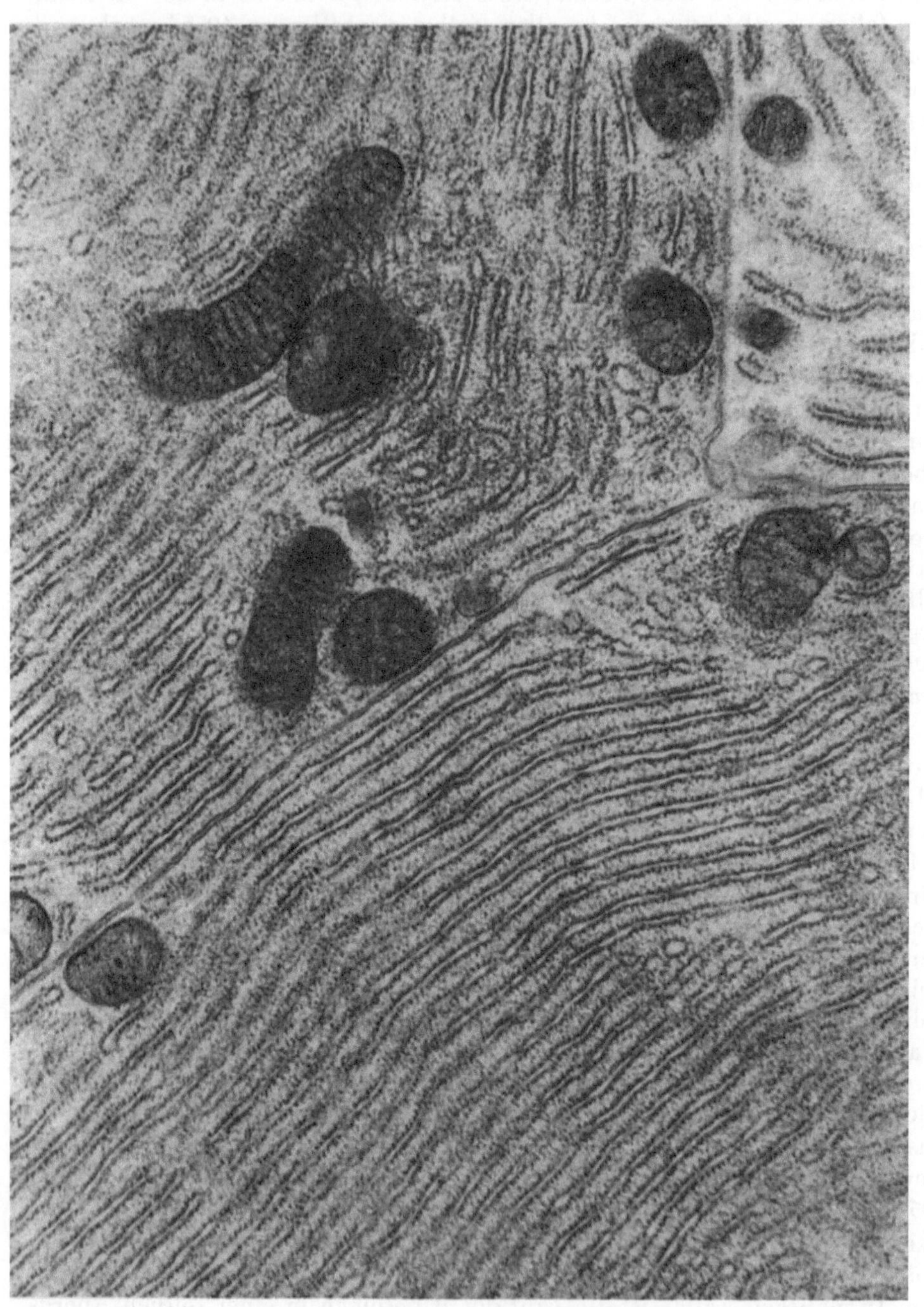

Abb. 37. Parallelanordnung der Ergastoplasmamembranen in Pankreaszellen einer hungernden Fledermaus. Vergr.: 23 000 ×. (Nach Ito 1962.)

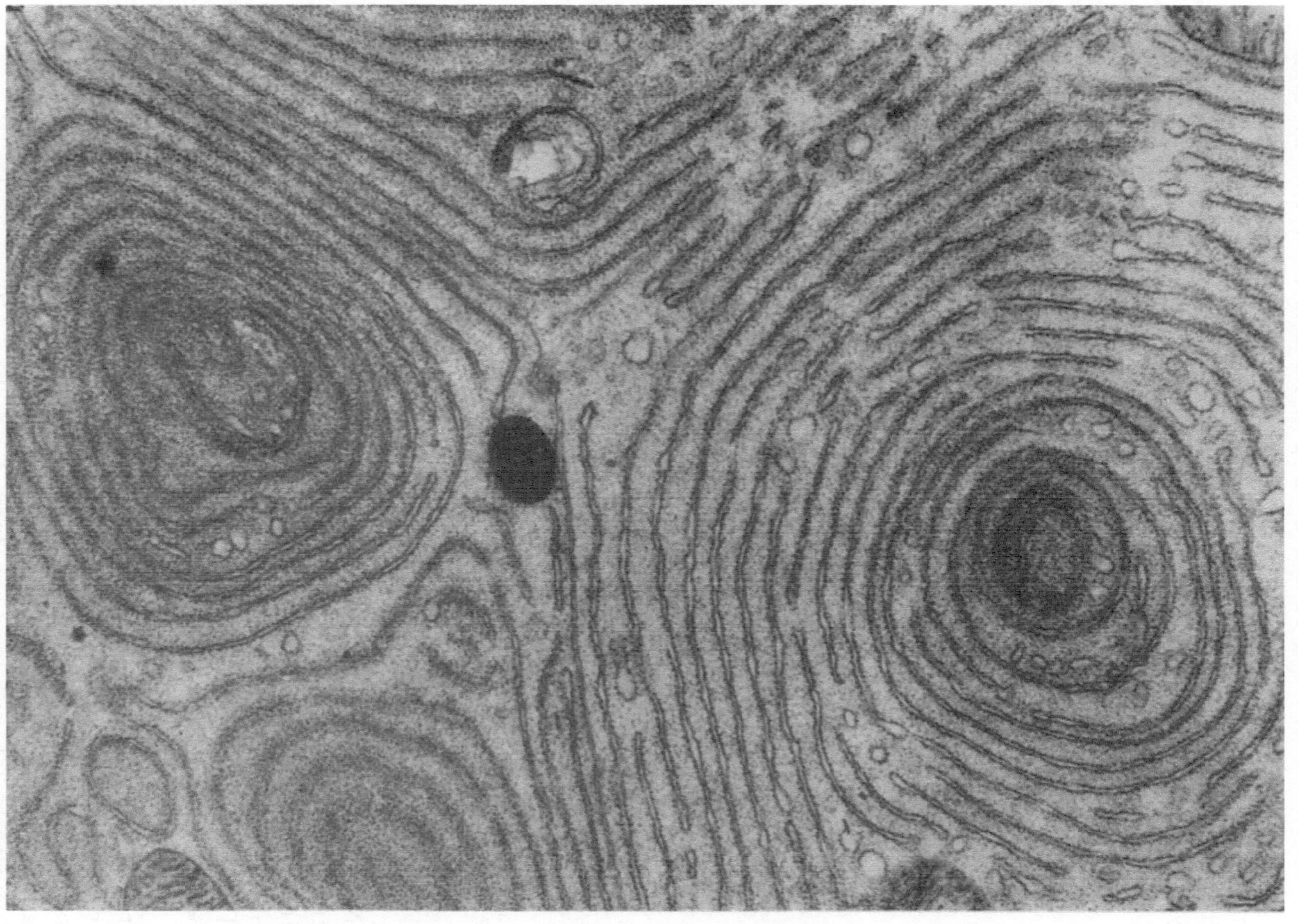

Abb. 38. Konzentrische Anordnung der Ergastoplasmamembranen in Pankreaszellen einer Fledermaus, die 1 Stunde vor der Fixation gefüttert wurde. Vergr.: 22 000 ×. (Nach Ito 1962.)

wird (s. Birbeck und Mercer 1961). Eine recht klare Terminologie ist von Sjöstrand (1956) vorgeschlagen worden. Danach sind „α-Cytomembranen“ die mit Partikeln besetzten Membranen, „β-Cytomembranen“ sind die äußeren Plasmamembranen und ihre Einstülpungen, während mit „γ-Cytomembranen“ die partikelfreien Membranen (hauptsächlich der Golgi-Zone) bezeichnet werden. Diese Terminologie hat sich aber nicht allgemein durchsetzen können.

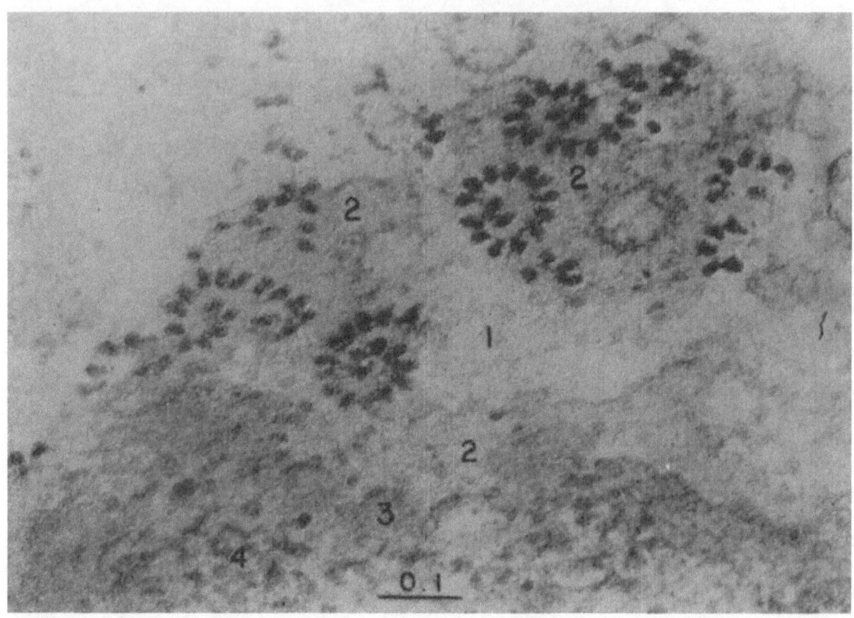

Abb. 39. Spiralige Anordnung freier Ribosomen in einem Leberzellkern der Ratte. (Die Zahlen geben in verschiedenen Höhen getroffene Ausschnitte der Poren der Kernmembran an. Bei 3 ist der Rand der Pore vollständig, bei 2 und 4 nur teilweise getroffen. Bei 1 liegt der Schnitt weiter von der engsten Stelle der Pore entfernt; der Rand ist nur diffus zu sehen.) Vergr.: 160 000 ×. (Nach Watson 1959.)

4.2. Nachweis der Nukleinsäuren im Elektronenmikroskop

Neben den vergleichenden präparativ-biochemischen und elektronenmikroskopischen Untersuchungen spielen auch direkte topochemische Methoden beim Nachweis der Nukleinsäuren in verschiedenen Zellorganellen eine wesentliche Rolle (Swift 1958, 1962 b).

Die oft verwendete Imprägnierung mit Schwermetallionen kann zu einem Nachweis für Nukleinsäuren ausgebaut werden. Analog der Färbung mit basischen Farbstoffen (Kap. 5.3.) können Schwermetall-Kationen an die sauren Gruppen des Gewebes angelagert werden. Bei ausreichend niedrigem pH der „Farblösung“ läßt sich auf diese Weise eine relativ spezifische Darstellung der Nukleinsäure enthaltenden Zellbestandteile erreichen (Zobel und Beer 1961). Der einwandfreie Nachweis der Anwesenheit von Nukleinsäuren läßt sich aber nur durch Kontrollen mit spezifischen Enzym-(RNase-)Extraktionen führen, da die Kationen auch noch an andere Substanzen (Lipoide, saure Mucopolysaccharide) gebunden werden können. Als Metallkationen sind bisher das Uranyl-Ion (Huxley und Zubay 1961, Zobel und BEER 1961, SWIFT 1962 b), dreiwertiges Indium (WATSON und ALDRIDGE 1961, 1964, ALDRIDGE und WATSON 1962) sowie dreiwertiges Eisen (BERNSTEIN 1956) erfolgreich verwendet worden.

Ob es sich bei der Kontrasterhöhung durch Schwermetalle in jedem Fall um eine Bindung an negativ geladene Gruppen des Gewebes handelt, muß bezweifelt werden, da man auch z. B. mit alkalischem Bleihydroxyd eine Darstellung der Nukleinsäure enthaltenden Strukturen erhält (vgl. WATSON 1958, VALENTINE 1958, HUXLEY und ZUBAY 1961). Auch die Indium-Methode (s. oben) könnte auf einem anderen Mechanismus als einer Salzbildung beruhen. Obwohl sie spezifisch für Carboxyl-, Phosphat- und Sulfatgruppen durchgeführt werden kann, geht die „Färbung" aus acetonischer Lösung vonstatten, so daß nicht mit einer Dissoziation der Partner gerechnet werden kann (WATSON und ALDRIDGE 1964). Silber wird von DNS nicht an die Phosphatgruppen, sondern an die Basen gebunden (YAMANE und DAVIDSON 1962 a), vielleicht auch das Uranyl-Ion.

Zur Lokalisierung der RNS tragen auch Vergleiche zwischen licht- und elektronenmikroskopischen Bildern bei. Da die Färbbarkeit mit basischen Farbstoffen im wesentlichen auf der Anwesenheit von Nukleinsäuren beruht (Kap. 5.3.3.), hat die Untersuchung der Ultrastruktur der basophilen Zellelemente wesentliche Bedeutung erlangt. Dabei hat sich gezeigt, daß die Stärke und die im Lichtmikroskop sichtbare Verteilung der Basophilie (soweit sie durch Nukleinsäuren bedingt ist) der Ausbildung des Ergastoplasmas bzw. der Ribosomen sowohl in ihrer Quantität als auch der topographischen Verteilung innerhalb der Zelle (d. h. Anzahl und Dichte der Membranen) entspricht (PORTER 1953, BERNHARD und Mitarb. 1954, vgl. dagegen FINCK 1958). Solche Untersuchungen liegen von den verschiedensten Objekten und Organen vor: Seeigeleier (KUROSOMI und Mitarb. 1958), Rattenspermatiden (CLERMONT 1956), Flußkrebsspermatiden (RUTHMANN 1958), Rattenleber (FINCK 1958), Eier der Muschel *Spisula* (REBHUN 1956), Nervenzellen (HAGUENAU und BERNHARD 1953, DE ROBERTIS 1954), Gewebekulturzellen (PORTER 1954), Nervenzellen (Nissl-Schollen) einer Eidechse (SMITH 1959), Pilz der Gattung *Allomyces* (BLONDEL und TURIAN 1960), Nukleolus von *Chironomus* (MARINOZZI und BERNHARD 1963).

Die Untersuchungen mit RNase-Extraktionen haben widersprechende Resultate ergeben. Es ist sowohl ein Verschwinden der Ribonukleoproteingranula nach RNase (z. B. DALTON und STRIEBICH 1951, SWIFT 1962 b) wie auch ihre Resistenz gegenüber dem Enzym beobachtet worden (DEUTSCH und DUNN 1959, LEDUC und BERNHARD 1961). Unter speziellen Bedingungen kann auch eine Extraktion mit Perchlorsäure zum Nachweis von Nukleinsäuren und sogar zur Unterscheidung von RNS und DNS herangezogen werden (WATSON und ALDRIDGE 1964) (vgl. Kap. 5.6.).

Angesichts der Unsicherheiten der spezifischen Darstellung der Nukleinsäure in elektronenmikroskopischen Präparaten ist die Möglichkeit der Anfärbung mit Gallocyaninchromalaun (FINCK 1958) und Gallocyanin-Indiumalaun (BAHR 1953) interessant, da das Verhalten und die Spezifität des Chromkomplexes des Gallocyanins in der Lichtmikroskopie recht gut bekannt sind (SANDRITTER und Mitarb. 1963) (Kap. 5.3.6.5.).

5. Nachweis der RNS in der Zelle. Histochemie

5.1. Einleitung

Eine Untersuchung der räumlichen Verteilung und der Stoffwechseldynamik der Nukleinsäuren innerhalb bestimmter Gewebs- und Zellbezirke ist nur mit Hilfe histochemischer Methoden möglich. Diese erlauben es darüber hinaus, die Zelle als selbständige Einheit und als Individuum zu behandeln. Gerade das Studium der zeitlichen und räumlichen Veränderungen der Nukleinsäuren mit histochemischen Nachweismethoden führte zu den ersten Erkenntnissen über einen Zusammenhang zwischen der RNS und der Zellaktivität bzw. der Proteinsynthese (vgl. Caspersson 1950, Brachet 1952).

Entsprechend der in den Nukleinsäuren enthaltenen Komponenten bieten sich verschiedene Nachweismöglichkeiten, von denen bis jetzt nur einige praktische Bedeutung erlangt haben.

1. Nukleobasen

Durch ihre Lichtabsorption bei 260—265 nm Wellenlänge läßt sich die Anwesenheit der Purine und Pyrimidine im histologischen Präparat im UV-Mikroskop erkennen (Kap. 5.2.).

2. Zucker

Die Aldehydfunktion der Desoxyribose läßt sich durch spezifische Koppelung mit Farbträgern (meist Schiff'sches Aldehydreagens) nachweisen. Dazu muß die Aldehydgruppe durch hydrolytische Abspaltung der Purine („Apurinsäure") zuerst freigesetzt werden. („Nuclealreaktion nach Feulgen"). Die Ribose gibt wie viele andere Zucker mit bestimmten Fluoronen Kupplungsprodukte, deren Farbton je nach der Konstitution des Zuckers variiert und auf diese Weise z. B. eine Unterscheidung zwischen Ribose und Desoxyribose ermöglicht (Kap. 5.4.).

3. Phosphorsäure

Der durch die Phosphorsäure bedingte Polyanionen-Charakter der Nukleinsäuren ermöglicht eine salzartige Anlagerung von chromophoren Kationen. Hierauf beruhen eine Reihe von histologischen Färbungen, und es ist möglich, durch die Wahl geeigneter Färbebedingungen zu relativ spezifischen Darstellungen der Nukleinsäuren zu kommen (Kap. 5.3.).

Die Nachweise durch UV-Absorption und durch basische Farbstoffe erlauben im allgemeinen keine Unterscheidung zwischen DNS und RNS. Das ist nur durch Reaktionen mit der unterschiedlichen Zuckerkomponente möglich, und die Feulgen-Reaktion hat daher eine große Bedeutung für den qualitativen Nachweis der DNS erlangt. Eine Unterscheidung von DNS und RNS ist weiterhin durch die Extraktion mit spezifischen Enzymen (RNase, DNase) möglich. Solche Extraktionen sind auch als Kontrolle bei kritischen Untersuchungen nötig, da sowohl die UV-Absorption als auch die Bindungsfähigkeit von basischen Farbstoffen nicht allein auf die Nukleinsäuren beschränkt sind.

5.2. Nachweis im ultravioletten Spektralbereich

5.2.1. Die UV-Absorption der Nukleinsäuren

Die UV-Absorption der Nukleinsäuren im hier interessierenden Spektralbereich von 240 bis 300 nm ist durch die konjugierten Doppelbindungen in den heterozyklischen Ringen der Purin- und Pyrimidinbasen bedingt (vgl.

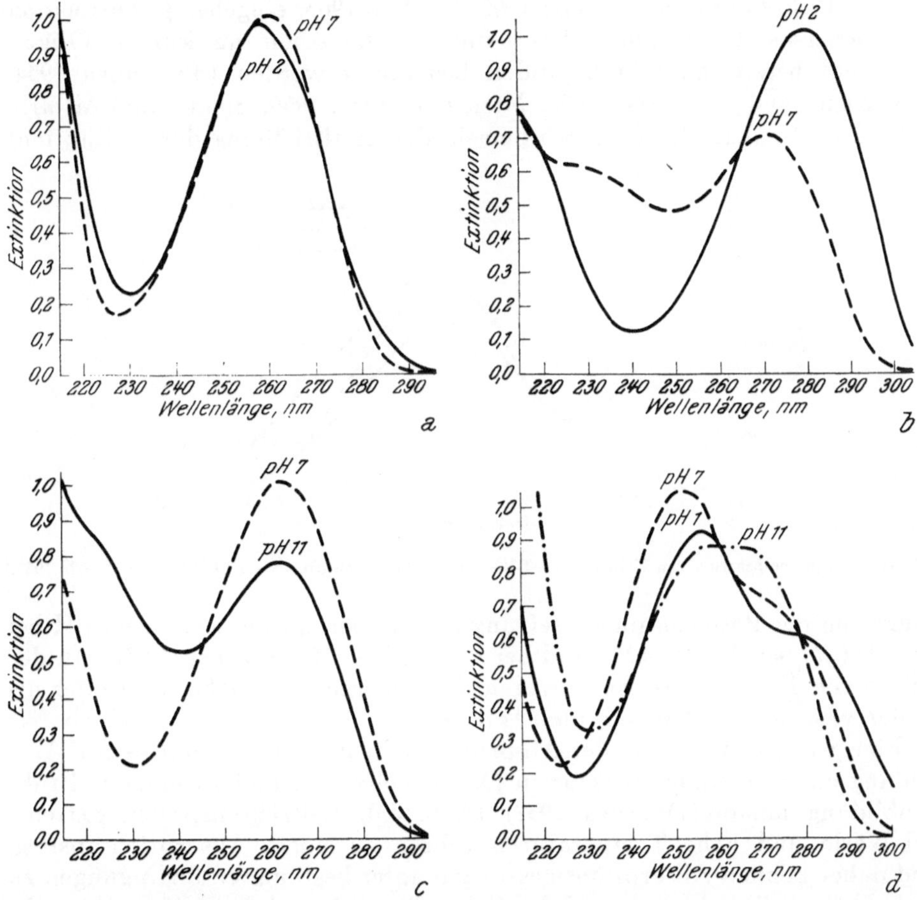

Abb. 40. Relative Absorptionsspektren der 5'-Monophosphate von *a* Adenosin, *b* Cytidin, *c* Uridin, *d* Guanosin. Die molaren Extinktionskoeffizienten bei pH 7 betragen bei AMP (λ = 259 nm) $15{,}4 \times 10^3$; bei CMP (λ = 271 nm) $9{,}0 \times 10^3$; bei UMP (λ = 262 nm) $10{,}0 \times 10^3$ und bei GMP (λ = 253 nm) $13{,}7 \times 10^3$. (Nach Steiner und Beers 1961.)

Caspersson 1950, Beaven und Mitarb. 1955, Sandritter 1958, Shugar 1960). Die Lage der Absorptionsmaxima und auch die Extinktionskoeffizienten sind für die einzelnen Basen und Nukleotide verschieden (s. Abb. 40) (Beaven und Mitarb. 1955). Darüber hinaus verändern sich die Absorptionseigenschaften relativ stark mit den Bedingungen, vor allem mit dem pH und der Ionenstärke der Lösung.

In den Nukleinsäuren ist dagegen die Lage des Absorptionsmaximums und der Verlauf der Absorptionskurve viel weniger variabel (Abb. 41). Die auffallendste Änderung der Nukleinsäureabsorption gegenüber der Absorption der Nukleotide ist die „Hypochromasie“, d. h. die Absorption des Polynukleotids ist geringer als die Summe der Absorptionen der enthaltenen Einzelnukleotide. Bei der hydrolytischen Spaltung in die Nukleotide steigt daher die Absorption an (Hyperchromasie-Effekt) (Abb. 42). Die Hypochromasie der Polynukleotide ist eine Folge der Einschränkung der freien Beweglichkeit der Basen in der Kette (Parallelorientierung der Ringebenen) (LAWLEY 1956, BOLTON und WEISS 1962, DE VOE 1963, eingehende Diskussion bei MICHELSON 1963). Diese Erscheinung kann schon an kurzen Oligo-, manchmal bereits an Dinukleotiden beobachtet werden (SINSHEIMER 1954, DE GARILHE und LASKOWSKI 1956, MICHELSON 1958, 1959, SINGER und Mitarb. 1962). Das Ausmaß des Hyperchromasieeffektes (Erhöhung der Extinktion)

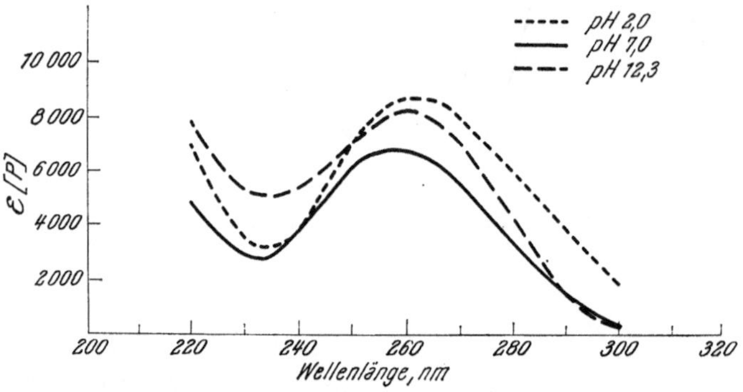

Abb. 41. Absorptionsspektrum von Kalbsthymus-DNS bei verschiedenem pH. (Nach BEAVEN und Mitarb. 1955.)

hängt von der Basenzusammensetzung ab und beträgt bei neutralem pH bei Poly-U 6%, bei Poly-C 40% und bei Poly-A 50—55% (WARNER 1957). In der r-RNS von Erbsen z. B. ist er wegen des höheren G-C-Gehaltes größer als in der vom Schaf (WALLACE und Ts'o 1961).

Eine weitere Abnahme der Absorption tritt dann ein, wenn es zur Ausbildung einer Sekundärstruktur in Doppelhelixform und zu einer H-Brükkenbildung kommt (WARNER 1957) (Abb. 43). H-Brückenspalter, extreme pH-Werte und hohe Temperaturen führen zu einem Absorptionsanstieg, und daher können Absorptionsmessungen unter bestimmten Bedingungen zu Aufschlüssen über das Ausmaß der Sekundärstruktur führen (Cox 1963 a, b) (Abb. 9 b, 11 und 13, Kap. 2.2.1.2.).

Bei der Aufspaltung der hochgeordneten Doppelstrangmoleküle (wie z. B. Poly-A und Poly-U) in die Nukleotide kann die Extinktion auf beinahe das Doppelte ansteigen, wobei die Hälfte des Anstieges durch die Auflösung der Sekundärstruktur und der H-Brücken, der Rest durch die Sprengung der Nukleotidbindung bedingt ist (Abb. 43) (WARNER 1957). In hochpolymeren DNS-Präparationen ist die Hyperchromasie etwas geringer (Extinktionsanstieg 70—80%) als in Homopolymeren (SINSHEIMER und KORNER 1952). Bei der RNS ist wegen der in nur geringem Maße ausgebildeten Sekundärstruktur der Hyperchromasieeffekt noch kleiner (40—60%, s. Kap. 2.2.1.2.).

Die Einflüsse des Proteins in Nukleoproteinkomplexen auf die UV-Absorption sind nicht ganz eindeutig, doch scheint es in den meisten Fällen zu einem Anstieg der Absorption nach Zugabe von Histon zu einer Nukleinsäurelösung zu kommen (vgl. NURNBERGER 1955). Das Ausmaß des Anstieges ist vom quantitativen Verhältnis Nukleinsäure : Histon abhängig, doch besteht kein linearer Zusammenhang (KLAMERTH 1957).

Aus dem eben Gesagten geht hervor, daß der für photometrische Untersuchungen wichtige Extinktionskoeffizient großen Schwankungen unterworfen sein kann. Schon die Definition eines Extinktionskoeffizienten bereitet Schwierigkeiten. Ein molarer Extinktionskoeffizient (ε) kann wegen des

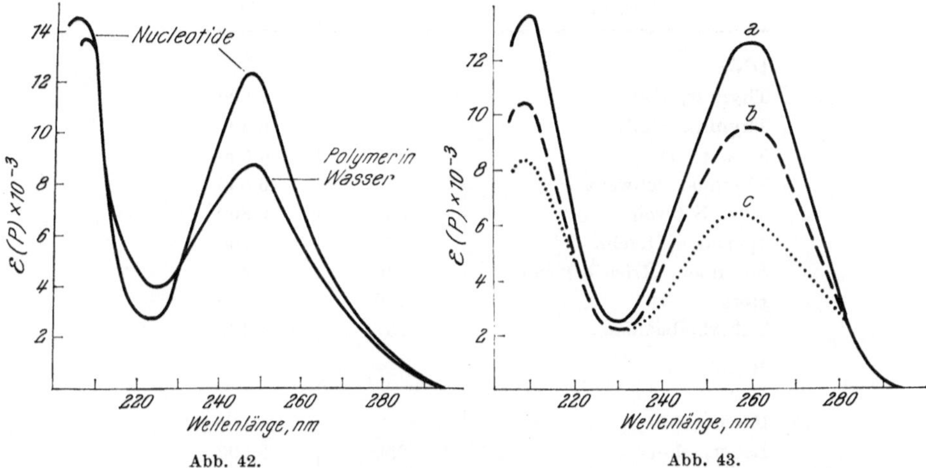

Abb. 42. Abb. 43.

Abb. 42. Absorptionskurven von Poly-Inosin und der Summe der Einzelnukleotide. (Nach WARNER 1957.)

Abb. 43. Absorptionskurve einer Mischung äquimolarer Mengen von Poly A und Poly U. *a* Spektrum der Summe aller enthaltenen Mononukleotide, *b* aus den Einzelabsorptionen von Poly A und Poly U errechnetes Summenspektrum, *c* beobachtetes Spektrum von Poly A und Poly U (Ausbildung einer Doppelhelixstruktur). (Nach WARNER 1957.)

nicht festliegenden Molekulargewichtes nicht bestimmt werden, ein spezieller Extinktionskoeffizient (ε') unterliegt wegen möglicher Verunreinigungen und unbekanntem Wassergehalt der verschiedenen Nukleinsäurepräparationen großen Ungenauigkeiten. Daher folgt man im allgemeinen CHARGAFF und ZAMENHOF (1948) und bezieht die Extinktion bzw. den Extinktionskoeffizienten auf den Phosphorgehalt (ε [P]).

Auf diese Weise hat man sozusagen einen mittleren Extinktionskoeffizienten pro Mol Nukleotid. Die in der Literatur angegebenen, auf P bezogenen Extinktionskoeffizienten (ε [P]) bei 260 nm schwanken für die DNS zwischen 6 bis 8×10^3 und für die RNS zwischen 7 bis 10×10^3 (CHARGAFF 1955, MAGASANIK 1955). Dabei sind die niedrigeren Werte jeweils wahrscheinlicher und die höheren ($> 7{,}2 \times 10^3$) bei der DNS (CHARGAFF 1955) durch eine teilweise Denaturierung aus dem nativen Zustand entstanden (Tab. 13). Wenn man einen Phosphorgehalt von 9,4% bei der RNS annimmt (LESLIE 1955), kommt man zu einem speziellen Extinktionskoeffizienten von etwa 2,2 bis $3{,}0 \times 10^4$. Die von CASPERSSON (1936) angegebenen speziellen Extinktionskoeffizienten bei 260 nm betragen für die DNS $2{,}18 \times 10^4$ und für die

RNS $2{,}24 \times 10^4$. Bei einer Parallelanordnung der Nukleinsäuremoleküle kann es im ganz oder teilweise polarisierten Licht zu einer Verfälschung der Absorptionsmessung kommen (Dichroismus). Eine auf dieser Tatsache fußende Kritik der mikrospektrophotometrischen Methode (Commoner 1949) ist insofern nicht stichhaltig, als eine meßbare Ausrichtung der Fadenmoleküle nur in einigen Spezialfällen (z. B. Spermien) erwartet werden kann (Thorell und Ruch 1951, Ruch 1956).

Tab. 13. *Auf Phosphor bezogene Extinktionskoeffizienten ε[P] von DNS* (Chargaff 1955) *und RNS* (Magasanik 1955).

Herkunft	$\lambda_{max.}$ (nm)	ε [P]
DNS		
Thymus, Kalb	259	6 600
Thymus, Kalb	259	6 400
Milz, Ochse	259	6 500
Thymus, Schwein	259	6 850
Milz, Schwein	260	6 800
Spermien, Lachs	260	6 700
Spermien, *Arbacia lixula*	260	7 300
Hefe	260	6 100
Tuberkelbazillen	257	6 400
Mittelwert		6 650
RNS		
Leber, Maus	260	8 190
Leber, Schwein	260	8 600
Pankreas, Kalb	260	7 750
Hefe	260	10 000
Hefe	260	8 700
Mittelwert		8 648

5.2.2. Andere absorbierende Substanzen in der Zelle

Beim UV-mikroskopischen Nachweis der Nukleinsäuren innerhalb der Zelle kommen noch eine Reihe von komplizierenden Faktoren hinzu. Einer der wesentlichsten ist die UV-Absorption anderer in der Zelle vorhandener Substanzen, wobei in erster Linie die Proteine zu nennen sind (Wetlaufer 1962).

Die Absorption der Eiweiße in dem in Frage kommenden Absorptionsbereich von 250 bis 300 nm ist durch aromatische Aminosäuren, hauptsächlich Tyrosin und Tryptophan, bedingt (Abb. 44). Die Lage des Absorptionsmaximums ist nicht nur im freien Tyrosin und Tryptophan von dem umgebenden Milieu abhängig. Auch die Absorptionskurve des Proteins ändert sich mit wechselnder Aminosäurenzusammensetzung und wechselnder Wasserstoffionenkonzentration (Abb. 44 und 45) (eingehende Diskussion der Proteinabsorption s. Sandritter 1957). Die Absorptionsbande des Eiweißes ist so breit, daß auch noch bei 260 nm ziemlich stark absorbiert wird, so daß man im Gewebe immer eine durch die Proteinabsorption überlagerte

Nukleinsäureabsorptionskurve erhält (Abb. 46). Die Lichtabsorption der übrigen in der Zelle in nennenswerter Menge vorkommenden Substanzen, wie Kohlehydrate und Fette, erreicht erst unterhalb von 240 nm spürbare

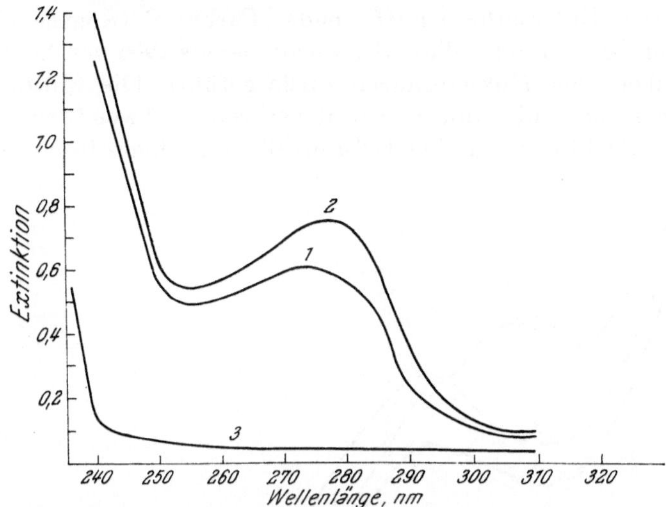

Abb. 44. Absorptionskurve von (1) Histon (Kalbsthymus) 0,15%, pH 6, (2) Serumalbumin 0,1%, pH 6, (3) Clupein 0,037%. (Nach SANDRITTER 1958.)

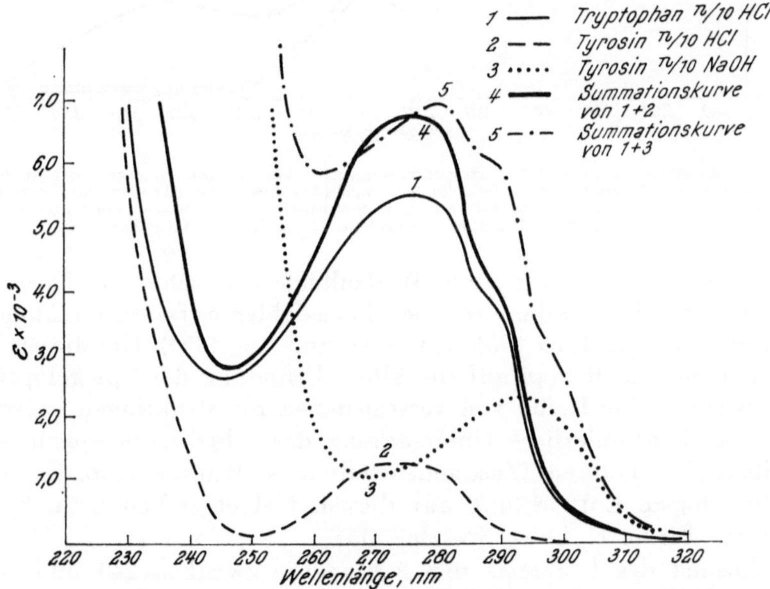

Abb. 45. Absorptionskurven von Tyrosin und Tryptophan. (Nach SANDRITTER 1958.)

Ausmaße. Dagegen können Steroide und eine Reihe von Pigmenten zwischen 260 und 280 nm absorbieren. Die Konzentration anderer absorbierender Zellkomponenten, wie z. B. der Hämin-Atmungspigmente, ist im allgemeinen so gering, daß deren Absorption keine wesentliche Rolle spielt (vgl. SANDRITTER 1958).

5.2.3. UV-Mikroskopie

Die UV-Mikroskopie wollte sich ursprünglich das durch die geringere Wellenlänge erreichbare höhere Auflösungsvermögen zunutze machen. Die schon den ersten Untersuchern auffallende „Färbung" (Köhler 1904), d. h. die Absorption bestimmter Zellareale, wurde bereits 1906 von Schrötter auf die Anwesenheit von Nukleinsäuren zurückgeführt. Die Mikroskopie im ultravioletten Licht fand dann eine weit verbreitete Awendung (vgl. Sandritter 1958). Als Optik standen UV-durchlässige Quarzlinsensysteme zur

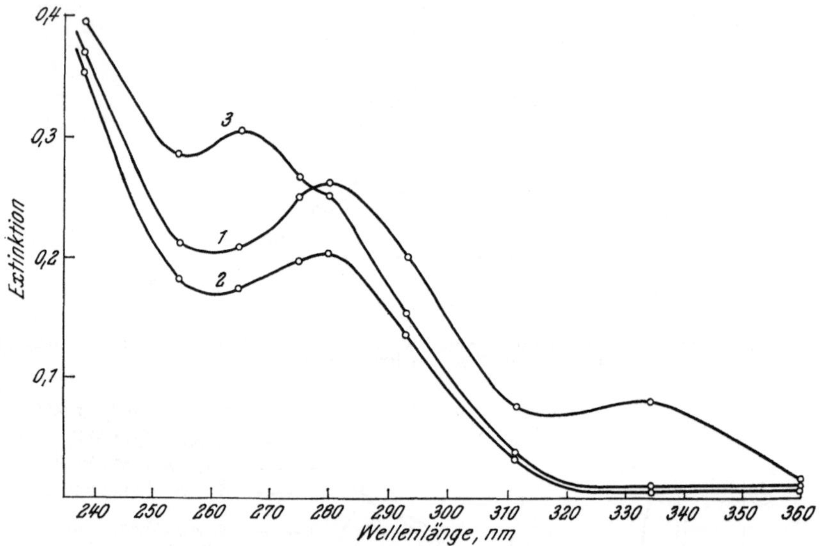

Abb. 46. Wiedergabe einiger typischer UV-mikrospektrographischer Absorptionskurven, gemessen in der Schilddrüse der Ratte nach Gefriertrocknung. (1) Schilddrüsenkolloid (Absorption durch Protein und Thyreoglobulin), (2) Cytoplasma einer parafollikulären Zelle (typische Proteinabsorption), (3) Cytoplasma einer Follikelzelle (Absorption durch Nukleinsäure und Protein). (Nach Sandritter 1958.)

Verfügung, die für eine bestimmte Wellenlänge eine sehr gute Korrektion, für den übrigen Spektralbereich aber Focusfehler aufwiesen („Monochromate", Köhler und v. Rohr 1904, vgl. King und Roe 1953). Um diesen Nachteil auszugleichen, griff man auf die ältere Erfindung der Spiegeloptik zurück. Es wurden eine Reihe von verschiedenen Konstruktionen entwickelt, die nun eine kontinuierliche Untersuchung der Objekte in einem weiten Spektralbereich erlaubten (Zusammenstellung s. Walker 1956, Sandritter 1958). Die jüngste Entwicklung auf diesem Gebiet stellen u. a. Spiegelobjektive der Firma E. Leitz, Wetzlar, dar.

Eine Lösung des Problems der Achromasie zwischen 240 und 700 nm gelang schließlich auch durch Refraktionsoptiken („Ultrafluare" 100×, n. A. 1,25; 32×, n. A. 0,40; Fa. C. Zeiss, Oberkochen) (s. Trapp 1960).

Das Einstellen des Objektes für die Photographie geschieht mit einem Fluoreszenzokular („Köhler-Sucher"). Heute ermöglichen leistungsstarke und hochauflösende Bildwandler („Imageconverter") auch eine direkte Beobachtung und Untersuchung des Objektes, wie z. B. im UV-Mikroskop der Fa. E. Leitz, Wetzlar, das einen Bildwandler der Fa. RCA enthält.

Als Lichtquelle hat Köhler (1904) eine Cadmium-Funkenstrecke benutzt, die wegen ihrer hohen Intensität die Photographie und Beobachtung des Objektes mit dem „Köhler-Sucher" gestattet. Die Cadmium-Funkenstrecke gibt ein Linienspektrum, so daß die Untersuchung nur bei ganz bestimmten Wellenlängen möglich ist. Durch Wahl eines anderen Elektrodenmaterials lassen sich auch andere Wellenlängen verwenden. Ebenfalls ein Linienspektrum haben die vielfach verwendeten Quecksilberdampflampen, die sich wegen ihrer guten zeitlichen und örtlichen Brennkonstanz sehr gut für photometrische Zwecke verwenden lassen. Für die kontinuierliche Untersuchung von Absorptionsspektren sind sie aber weniger geeignet. Ein kontinuierliches Emissionsspektrum besitzen dagegen Gasentladungslampen. Die gut zu stabilisierenden Wasserstofflampen haben für die Zwecke der UV-Mikroskopie und Mikrophotometrie eine zu geringe Intensität, doch lassen sich Spezialentwicklungen mit Wasserkühlung oder Lampen mit Deuterium-Füllung in Mikrospektrographen verwenden (z. B. Wasserstofflampe WHS 200 im Mikrospektrographen von Fa. E. Leitz, Wetzlar). Eine höhere Lichtausbeute haben die Xenonlampen, die aber leider nicht ganz gleichmäßig brennen. Die Brennkonstanz moderner Xenonlampen ist jedoch immerhin so groß, daß sie in Mikrospektrographen oder Mikrophotometern mit einem Referenzstrahl benützt werden können (z. B. die Lampe XBO 450 W von Osram im UMSP von C. Zeiss, Oberkochen).

5.2.4. UV-Mikrospektrophotometrie

Wegen der Überlagerung der Absorptionen verschiedener in der Zelle vorhandener Komponenten kann das Vorhandensein einer Absorption bei einer bestimmten Wellenlänge noch nicht als Beweis für die Anwesenheit einer bestimmten Substanz gelten. Für den Nachweis der Nukleinsäuren (und der Proteine) in der Zelle ist daher die durchgehende Aufnahme einer Absorptionskurve zwischen 250 und 320 nm erforderlich, die dann auf die sie zusammensetzenden Teilkomponenten analysiert werden muß. Diese mikrophotometrische Methode geht in ihren wesentlichen Grundzügen, in ihrer theoretischen Fundierung und in ihrer praktischen Durchführung auf die bahnbrechenden Arbeiten Casperssons (1936, 1950) zurück.

5.2.4.1. Meßbedingungen

Die mikrophotometrische Methodik unterliegt dem Einfluß einer Reihe von Fehlerquellen. Diese lassen sich zum größten Teil durch die Wahl geeigneter Meßbedingungen eliminieren bzw. sehr klein halten (Caspersson 1936, Nurnberger 1955, Walker 1956, 1958, Sandritter 1958, vgl. auch Acta histochemica, Suppl. VI).

Die numerische Apertur (n. A.) der Objektive sollte möglichst groß gewählt werden. Da bei der Mikrophotometrie nicht das Objekt direkt, sondern das vom optischen System entworfene Bild des Objektes photometriert wird, muß gewährleistet sein, daß die Intensitätsverteilung des Lichtes im Bild derjenigen im Objekt entspricht. Die Objektähnlichkeit des Bildes nimmt mit der Zahl der zur Bildentstehung beitragenden Beugungsmaxima zu, so daß mit hochaperturigen Objektiven eine Absorptionsmessung mit hinreichender Genauigkeit möglich ist. Die Intensitätsverteilung in der Bildebene wird dann praktisch nur noch von der Brechungsindexdifferenz zwischen Objektpartikeln und umgebendem Medium beeinflußt. Demgegenüber sollte die n. A. des beleuchtenden Systems (Kondensor) wesentlich kleiner ($^1/_4$ bis $^1/_3$ der Objektivapertur) gehalten werden. Große Kondensoraperturen führen einerseits zu einer Verlängerung des Lichtweges im Objekt und damit zu einer Erhöhung der gemessenen Absorption, andererseits zu einer Überstrahlung des Objektes mit der Folge einer Verminderung der gemessenen Absorption. Eine genaue mathematische Fassung dieses gesamten Problems dürfte für ein mikroskopisches Objekt nicht möglich sein.

Leuchtfeldblende

Innerhalb des optischen Systems darf, z.B. an den Glas-Luft-Grenzflächen, kein Streulicht entstehen. Dieses Licht kann in die Photometerblende gelangen und dort zu einer zu großen Lichtintensität führen. Ein solcher Fehler ist dann besonders groß, wenn ein kleines, stark absorbierendes Objekt in einer schwach absorbierenden Umgebung liegt („Schwarzschild-Villiger-Effekt"). Der Fehler wird klein sein, wenn die beleuchtete Fläche, d. h. die Leuchtfeldblende klein gehalten wird (SANDRITTER und Mitarb. 1959).

Meßblendengröße

Die Absorptionsgesetze über die Beziehungen zwischen Lichtabsorption und Schichtdicke bzw. Konzentration gelten nur bei homogener Verteilung der absorbierenden Substanz. Da in biologischen Objekten die Substanzen sehr unregelmäßig verteilt sind, kann man nur in sehr kleinen Arealen messen, innerhalb derer die Absorption als homogen verteilt angesehen werden kann. Die sinnvolle Größe solcher „Meßpunkte" ist im wesentlichen durch das Auflösungsvermögen des Mikroskopes bestimmt und beträgt in der Praxis im allgemeinen 0,3—1 μm Durchmesser. Damit kann nur eine Objektinhomogenität ausgeglichen werden, die durch relativ große Partikel verursacht ist, d. h. Partikel, die drei- bis viermal größer als die Wellenlänge des verwendeten Lichtes sind. Für solche Partikel gelten die Gesetze der geometrischen Optik. Bei kleineren Partikeln läßt sich auch mit einer sehr hohen numerischen Apertur des Objektives keine objektgetreue Abbildung erzielen, da die Rückwärts- und Seitwärtsstreuung an diesen Partikeln einen großen Teil des einfallenden Lichtes nicht in das Objektiv gelangen läßt.

Dieses Streulicht im Objekt ist die Folge einer Inhomogenität im Brechungsindex und verfälscht die Absorptionsmessung. Da die Höhe des Streulichtes in gesetzmäßiger Weise von der Wellenlänge des Lichtes abhängt („Rayleighsche Beziehung", vereinfacht):

$$E = F \cdot \frac{1}{\lambda^n}$$

E = Streulichtmenge, F = Proportionalitätsfaktor, n = Wellenlängenexponent = 1—4, λ = Wellenlänge.

wäre es theoretisch denkbar, die Höhe des Streulichtes zu ermitteln. Wegen der unzureichenden Definierbarkeit der Partikelgröße würde ein solches Verfahren bestenfalls Annäherungswerte ergeben (vgl. BAMMER 1955). Inwieweit es möglich ist, bei doppellogarithmischer Auftragung der Extinktion und Wellenlänge in einem Absorptionsspektrum durch Extrapolieren aus einem Wellenlängenbereich ohne Absorption in einen Bereich, in dem absorbiert wird, rein empirisch zu einer Streulichtkorrektur zu kommen

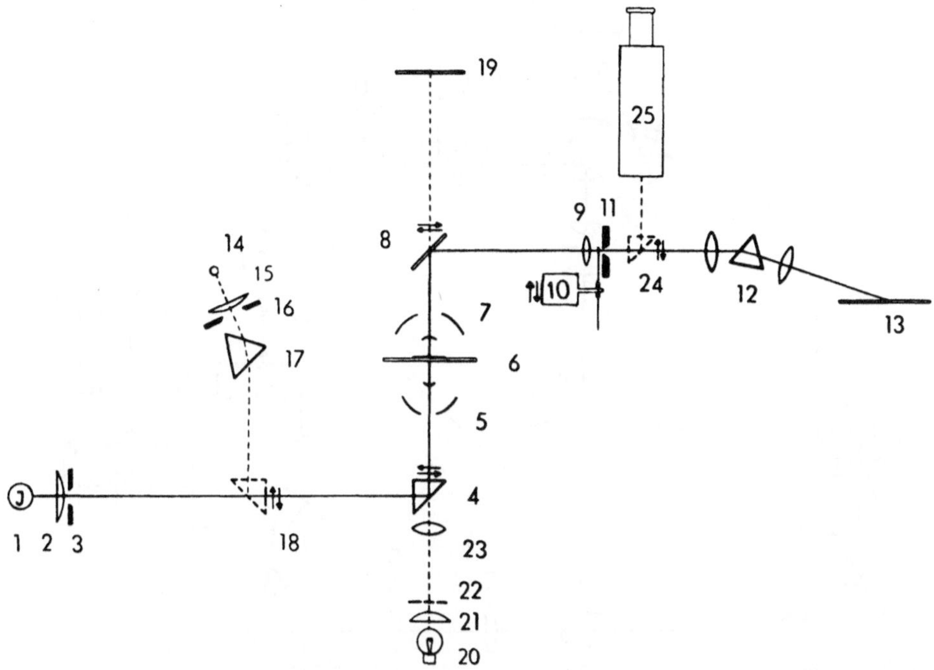

Abb. 47. Schema eines UV-Mikrospektrographen (E. Leitz, Wetzlar). Das Gerät besteht aus einer Vorrichtung für spektralphotometrische Messungen im UV-Bereich (1—13), einem Zusatz für UV-Mikrophotographie bei 254 nm (14—19) und einer Phasenkontrasteinrichtung zur Einstellung des Bildes im sichtbaren Licht (20—25). (Nach RUCH 1958.) *Erklärung der Bauteile*: Wasserstofflampe (1), Kollektor (2), Leuchtfeldblende (Spaltblende) (3), Umlenkprisma (ausschaltbar) (4), Spiegelkondensor (5), Präparat (6), Spiegelobjektiv (7), Umlenkspiegel (ausschaltbar) (8), Linse (9) zur Abbildung der Austrittspupille des Spiegelobjektives (7) in den Spektrographen (12) bzw. in das Phasenkontrastsystem (25), Motor mit Stufensektor (10), Spektrographenspalt (11), in der Bildebene des Spiegelobjektives (7), Optik des Spektrographen (12), Platte des Spektrographen (13), Niederdruck-Quecksilberlampe (14), Kollektor (15), Leuchtfeldblende (Irisblende) (16), Cornu-Prisma (17), Umlenkprisma (ausschaltbar) (18), Filmebene der Kleinbildkamera (19), Glühlampe (20), Kollektor (21), Ringblende (22), Linsensystem (23) zur Abbildung der Ringblende (22) in die Eintrittspupille des Spiegelkondensors (5), Umlenkprisma (ausschaltbar) (24), Phasenkontrastsystem (25).

(WALKER 1958, SCHAUENSTEIN und BAYZER 1955), ist an mikrophotometrischen Objekten leider noch nicht ausreichend bearbeitet. Bei dieser Sachlage verbleibt als einziger Ausweg, durch geeignete Präparation und Einbettung des Objektes das Streulicht möglichst klein zu halten. Nach CASPERSSON (1936) sind hierzu Gefriertrocknung und Einbettung in Glycerin besonders geeignet (s. Kap. 5.2.4.3.)

5.2.4.2. Apparaturen für mikrospektrophotometrische Messungen

Die Lichtmenge hinter einem Objekt kann im wesentlichen auf zwei verschiedene Arten gemessen werden: über die photographische Platte, deren

Schwärzung ausgemessen wird, oder durch photoelektrische Empfänger (für den UV-Bereich meist Photomultiplier), die die sofortige Messung der Lichtmenge auf einem elektrischen Anzeigegerät gestatten.

Die photographischen Verfahren erfordern einen relativ geringen apparativen Aufwand, sind in ihrer Anwendung aber etwas zeitraubender und erreichen nicht die Genauigkeit der photoelektrischen Verfahren (KRUG 1962). Zur Eichung der Photoplatte dient ein Rhodiumstufenkeil oder ein rotieren-

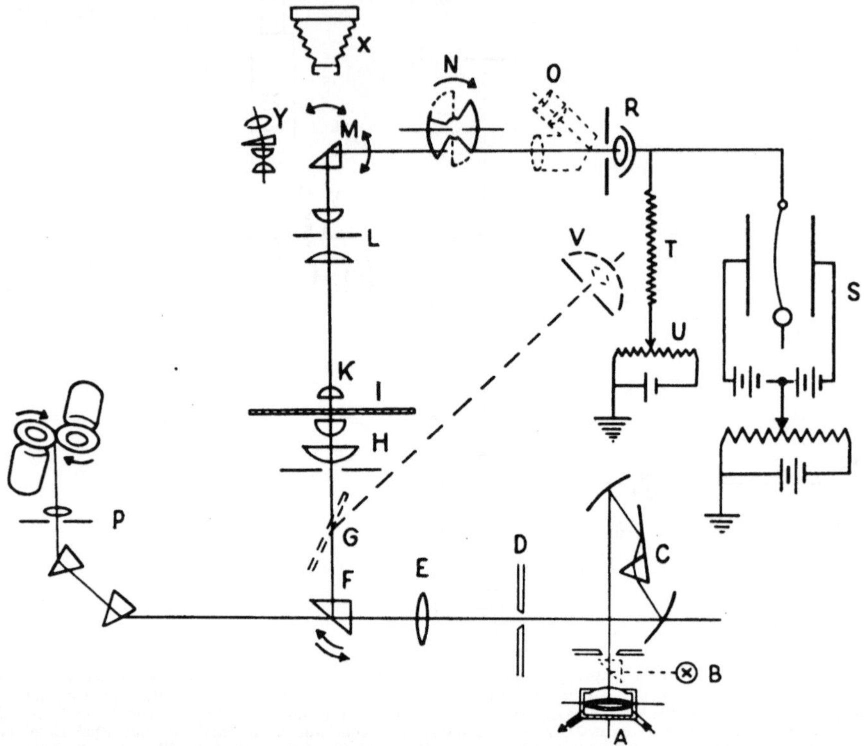

Abb. 48. UV-Mikrospektrophotometer für Punktmessungen. *A* Wassergekühlte Quecksilberhochdrucklampe, *B* Wolframfaden-Lichtquelle, *C* Spiegelmonochromator, *D* Monochromatoraustrittsspalt, *E* Linse, *F* Quarzprisma, *G* Quarzplättchen (Vergleichsstrahl für zweite Photozelle *V*), *H* Kondensor, *I* Objekt, *K* Objektiv, *L* Okular mit Irisblende, *M* ausschwenkbares Prisma, *N* rotierender Sektor, *O* Hilfsfernrohr für Zentrierung, *P* Funkenstrecke (rotierende Elektroden), *R* Photozelle, *S*, *T*, *U* Elektrometer mit Widerstand und Potentiometer, *X* Kamera, *Y* Köhler'scher UV-Sucher. (Nach CASPERSSON 1940b.)

der Stufensektor. Zur Auswertung der Photoplatten ist ein Densitometer erforderlich. Die einfache UV-mikrophotometrische Einrichtung ermöglicht bei Verwendung von monochromatischem Licht die Auswertung der Absorption bei einer Wellenlänge und damit die Mengenbestimmung einer absorbierenden Substanz in einem Gewebs- oder Zellbezirk (s. Kap. 5.7.1.). Die Aufnahme von ganzen Absorptionsspektren ist dagegen sehr umständlich, da eine große Anzahl von Aufnahmen bei verschiedenen Wellenlängen nötig sind. Für diese Zwecke sind daher etwas kompliziertere Anordnungen sinnvoller, bei denen das Objekt mit polychromatischem Licht durchstrahlt und das Bild des Objektes auf den Eingangsspalt eines Spektrographen projiziert wird (RUCH 1960) (Abb. 47). Auf der Photoplatte hinter dem Prisma des Spektrographen können dann die Spektren einer Reihe von Objektpunkten aufgenommen werden. Ein solcher Mikrospektrograph wird von der Fa. E. Leitz, Wetzlar, hergestellt. Durch eine Fernsehkamera anstelle der Photoplatte und entsprechende elektronische Zusatzgeräte läßt sich das Absorptionsspektrum eines Punktes unmittelbar auf einem Kathodenstrahl-Oszillographen sichtbar machen (Loeser und West 1962, Werz 1963 a, b).

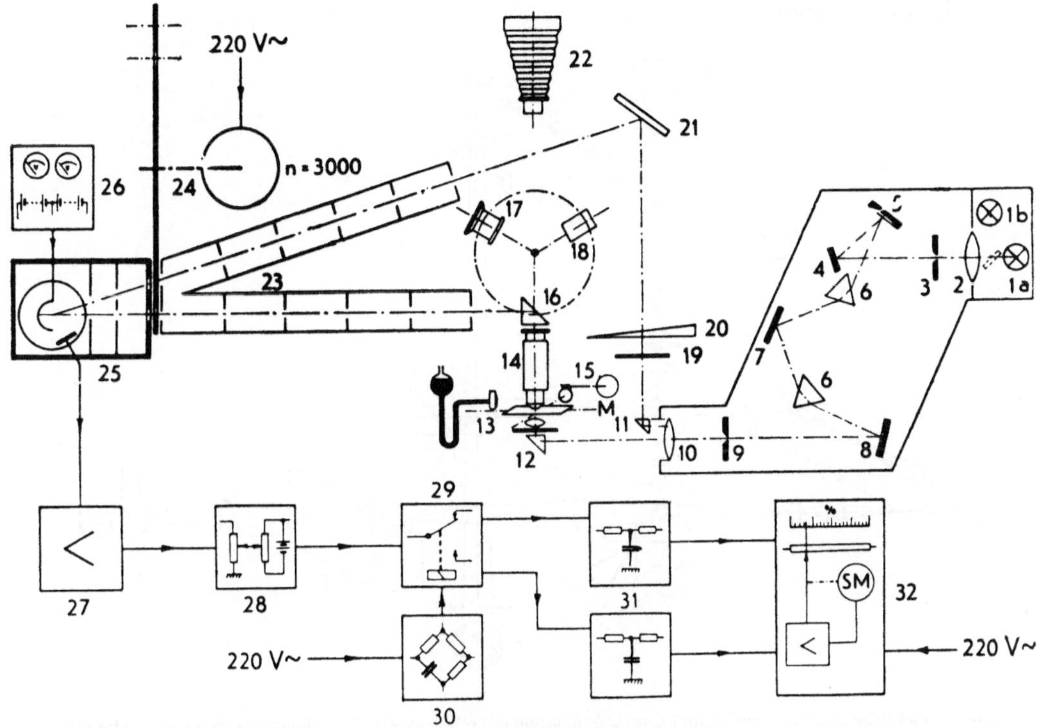

Abb. 49. Automatisch registrierendes UV-Mikrospektrophotometer. Quecksilberlampe (Sp 500 W) (1*a*), Xenonlampe (1*b*), Linse (2) zur Abbildung der Lichtquelle auf den Eingangsspalt des Monochromators (3), Plan- und Hohlspiegel (f = 25 cm) des Monochromators (4 und 5), Quarzprismen auf Wechselschlitten, auswechselbar mit Glasprismen (6), Planspiegel (7), Hohlspiegel (f = 25 cm) (8), Monochromatorausgangsspalt (9), Hilfslinse (10), Prisma für Vergleichsstrahl (11), Fußprisma des Mikroskopes und Kondensor mit Verschluß (12), Objekttisch mit Caspersson'scher Verschiebeeinrichtung (13), Mikroskop (14), Kreuztisch mit Motorantrieb für automatisch registrierende Messungen (15), Projektionsprisma (16), auswechselbar auf Revolver mit Köhler'schem Sucher (17) und Phototubus (18), Verschluß für Vergleichsstrahl (19), Lichtschwächungseinrichtung für Vergleichsstrahl (20), Ablenkspiegel für Vergleichsstrahl (21), Plattenkamera (22), Lichtschutzrohre für Meß- und Vergleichsstrahl (23), rotierender Sektor mit Synchronmotor (24), Photomultiplier (25), Stromversorgungsteil für Photomultiplier (26). Impedanzwandler-Verstärker (27), Kompensator (28), Zerhacker (Vibrator) (29), Phasenbrücke (30), Siebketten (31), Kompensationsschreiber (32) mit (*SM*) Servomotor. (Nach Sandritter 1958.)

Photoelektrische Meßverfahren haben in einer ganzen Reihe von Apparaturen Anwendung gefunden (Sandritter 1958, Walker 1958, Sandritter und Mitarb. in Vorbereitung). Das Grundprinzip dieser Methode ist bereits von Caspersson (s. Caspersson 1950) eingeführt worden. Das Objekt wird mit monochromatischem Licht beleuchtet, aus seinem stark vergrößerten Bild wird durch eine Photometerblende der Meßpunkt (entsprechend 0,3—0,5 μm Durchmesser) ausgeblendet. Hinter der Meßblende befindet sich der Empfänger (Abb. 48). Um die Gesamtabsorption in einem bestimmten Bezirk des Objektes feststellen zu können, muß das ganze Objekt mit dem

Meßpunkt abgesucht werden. Meist wird dabei das Objekt mit Hilfe des Mikroskoptisches mäanderförmig bewegt („Scanning"-Bewegung) (Abb. 61) und dabei laufend die Absorption (oder Extinktion) registriert. Solche Geräte gestatten auch die Registrierung von Absorptionsspektren. Dabei bleibt der Meßpunkt an der zu messenden Stelle stehen und die Wellenlänge wird kontinuierlich geändert (Abb. 49 und 50). Ein kommerzielles Gerät dieses Typs ist das „Universalmikrospektralphotometer" (UMSP) der Fa. C. Zeiss, Oberkochen.

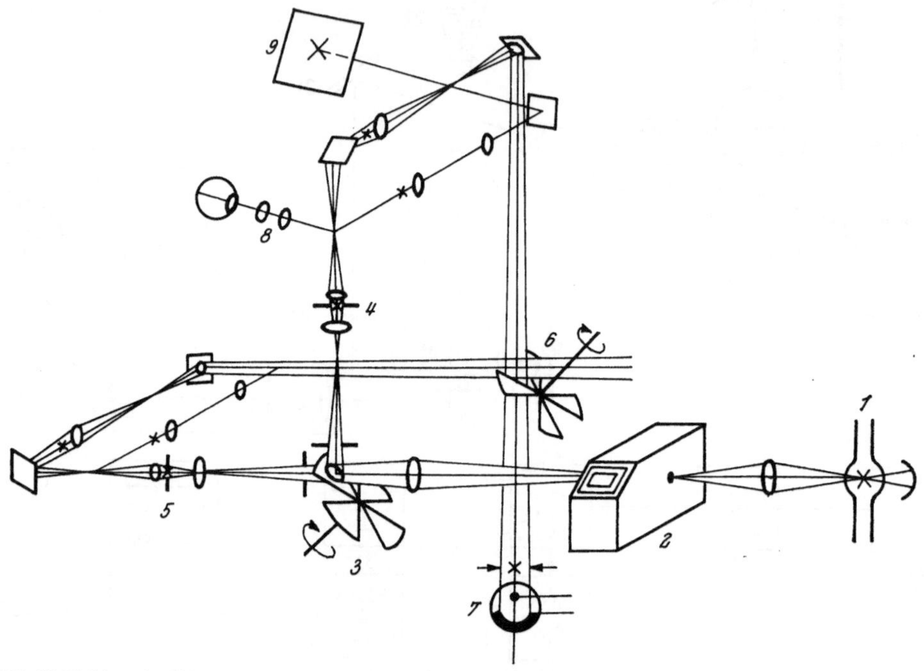

Abb. 50. Lichtweg im Zeiss-Universalmikrospektralphotometer, schematisch. Xenonlampe (1), Monochromator (2), Strahlenteiler (3), Mikroskop, Meßstrahl (4), Mikroskop, Vergleichsstrahl (5), Strahlenvereiniger (6), Photomultiplier (7), seitlicher Einblick (8), Photographiereinrichtung (9). (Nach Hansen 1961.)

5.2.4.3. Vorbereitung des Objektes für die UV-Photometrie

Die wesentliche im Objekt liegende Stör- und Fehlerquelle ist das Auftreten großer Sprünge im Refraktionsindex. Lebende Zellen weisen solche Brechungsindexunterschiede nur in sehr geringem Maße auf (Davies 1954). Erst die Fixierung führt durch Agglutinationen zu Inhomogenitäten. Daher kommt diesem Präparationsschritt wesentliche Bedeutung zu. Die beste und auch von der praktischen Durchführung her gesehen geeignetste Methode ist die von Caspersson (1950) angegebene: Gefriertrocknung des Materials und Einlegen bzw. Eindecken in wasserfreiem Glycerin. Die Gefriertrocknung (s. Neumann 1958) führt nur zu geringgradiger Denaturierung und Aggregation der Proteine, die dann außerdem noch im Glycerin quellen. Auf diese Weise werden sprunghafte Änderungen des Refraktionsindex innerhalb des Objektes und zwischen Objekt und Medium klein gehalten. Einer Veränderung der UV-Absorption unter dem Einfluß des Glycerins (Duggan 1961) ist bis jetzt noch keine Beachtung geschenkt worden. Andere Fixierungen führen zu mehr oder weniger großen Inhomogenitäten, die besonders groß bei Alkohol und alkoholhaltigen Fixierungsmitteln sind (DAVIES 1954). Chemische Fixantien können zu Veränderungen des Absorptionsspektrums von Nukleinsäuren (FRAENKEL-CONRAT 1954, LINDIGKEIT und ECKEL 1962) und Proteinen führen (vgl. NURNBERGER 1955, SANDRITTER 1958). Quecksilber, das in manchen Fixierungsmitteln enthalten ist, kann mit Nukleinsäuren Komplexe bilden und auf diese Weise das Absorptionsmaximum nach 270 nm verschieben (YAMANE und DAVIDSON 1962 b, KATZ 1962, KATZ und SANTILLI 1962). Eine weitere Folge der Fixierung ist der allgemeine Anstieg des Brechungsindexes. Daher sind verschiedene Einbettungsmedien mit einem höheren Brechungsindex als Glycerin ausprobiert worden (SANDRITTER 1958, 1960 b): Chloralhydrat (KÖHLER 1904), Zinkchlorid und Lanthanacetat in Glycerin (RUDKIN und CORLETTE 1956), Butylmethacrylat (SWIFT 1955), Thiodiglykol (WALKER 1958), Methacrylat (JANSEN 1958). Ein anderes Fixierungsartefakt ist der Verlust von Substanzen aus dem Objekt. Unglücklicherweise sind die bis jetzt vorliegenden Untersuchungen nicht ganz eindeutig (SANDRITTER 1958, 1960 a). BRATTGÅRD und HYDÉN (1952), SANDRITTER und HARTLEIB (1955), HARTLEIB und Mitarb. (1956), MERRIAM (1958), STENRAM (1958) und EDSTRÖM und Mitarb. (1961) konnten keinen Nukleinsäure- und Proteinverlust bei Carnoyfixierung und schonender Behandlung finden, während nach HARBERS und NEUMANN (1955) bei zweistündiger Carnoyfixierung die Nukleinsäuremenge, vor allem RNS, um 20% abnimmt. Bei längerer Fixierungsdauer und höherer Temperatur sind die Verluste größer. Eine Abnahme UV-absorbierender Substanzen im Objekt bei der Fixierung beobachteten auch SYLVÉN (1951), DAVIES (1954), NURNBERGER (1955) und LAGERSTEDT (1957), wobei es sich allerdings in erster Linie um freie Nukleotide und nicht um Nukleinsäuren handelt. Nach OSTROWSKI und Mitarb. (1962 a, b) verlieren gefriergetrocknete Objekte (Niere und Leber) bei nachträglicher Behandlung mit wässerigen Medien bis zu einem Drittel ihrer Proteine, während der Verlust nach Formalin- und Carnoyfixierung weniger als 1% beträgt. Das Ausbreiten und Strecken von Paraffinschnitten auf Wasser sollte unterbleiben, da es hierbei zu sehr raschem Nukleinsäure- und Proteinverlust kommen kann (JONSSON und LAGERSTEDT 1957, 1958).

5.2.4.4. Auswertung von Absorptionsspektren

Will man Nukleinsäuren auf Grund ihrer UV-Absorption mikrospektrophotometrisch in der Zelle nachweisen, so erhält man immer Absorptionskurven, die (bei Vernachlässigung der Lichtstreuung) im wesentlichen aus drei Einzelkomponenten zusammengesetzt sind: der Nukleinsäure-, der Tryptophan- und der Tyrosinabsorption. Für den einwandfreien Nachweis von Nukleinsäuren, besonders in Gegenwart größerer Proteinmengen, ist die Aufgliederung der gemessenen Kurve in ihre Einzelkomponenten erforderlich. Dieser Aufgliederung steht die Schwierigkeit im Wege, daß die Lage des Tyrosinabsorptionsmaximums in Abhängigkeit vom Dissoziationsgrad der phenolischen OH-Gruppen zwischen 275 und 295 nm schwanken kann (Abb. 51, Kurve 3 und 4). Eine Methode zur Festlegung des Tyrosinmaximums im konkreten Fall hat Caspersson (1940) angegeben. Die Methode macht sich die Tatsache zunutze, daß die Absorptionskurven des Tryptophans und der Nukleinsäuren zwischen 275 und 295 nm einen praktisch linearen Abfall zeigen. Caspersson konstruiert die erste Ableitung der gemessenen Kurve, indem er an möglichst vielen Punkten die Steigung mißt (tg α) und in einem Koordinatensystem gegen die Wellenlänge aufträgt. Bei dieser Auftragung ist die erste Ableitung der Tryptophan- und Nukleinsäureabsorptionskurve zwischen 275 und 295 nm eine Gerade parallel zur Abszisse. Eine vorhandene Tyrosinabsorption verändert diese Gerade in eine Kurve mit einem Maximum und einem mehr oder minder ausgeprägten Minimum. Der zwischen diesen beiden Extremen liegende Wendepunkt der Kurve gibt die Lage des Tyrosinmaximums in der Absorptionskurve an. Aus

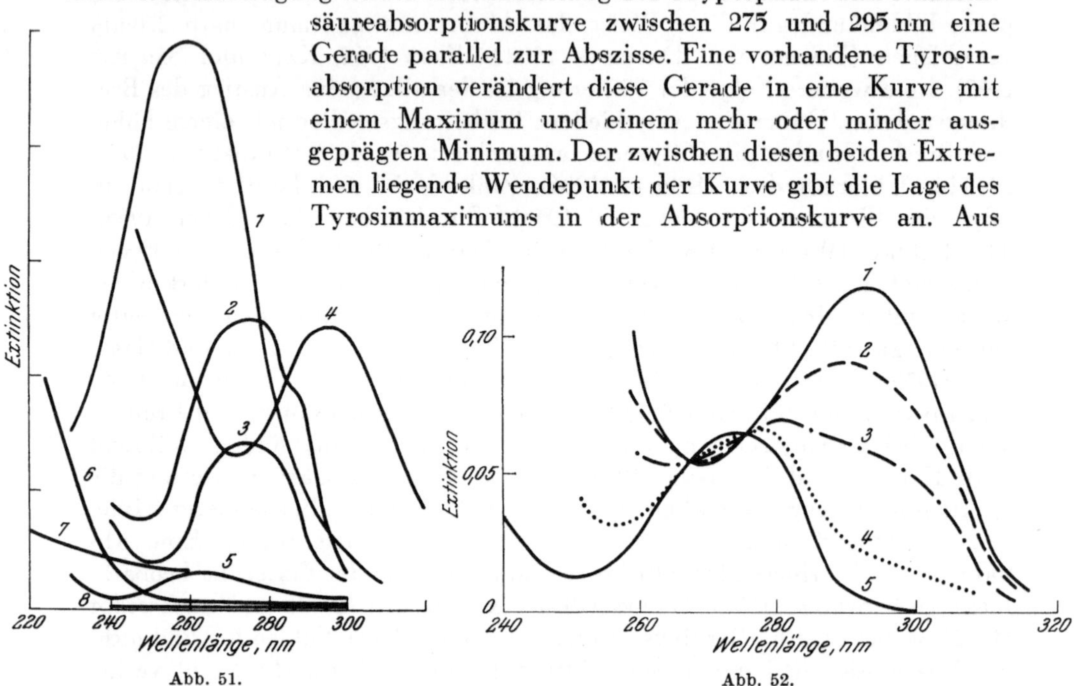

Abb. 51. Schematische Absorptionskurven der wichtigsten, im UV absorbierenden Zellbestandteile. (1) Nukleinsäure, (2) Tryptophan, (3) Tyrosin, sauer, (4) Tyrosin, alkalisch, (5) Phenylalanin, (6) aliphatische Aminosäuren, (7) unspezifische Absorption (Lichtstreuung), (8) Konstanter, unspezifischer Lichtverlust durch Reflektion. (Nach Sandritter 1958.)

Abb. 52. Absorptionsspektren von unterschiedlich stark dissoziiertem Tyrosin. (1) Tyrosin in alkalischer Lösung, 100%ig dissoziiert, erhöhtes Maximum bei $\lambda = 295$ nm, (2) 75%ig dissoziiertes Tyrosin, Maximum etwa bei $\lambda = 290$ nm, (3) 50%ig dissoziiertes Tyrosin (pH 10,3), (4) 15%ig dissoziiertes Tyrosin, (5) Tyrosin undissoziiert in saurer Lösung. (Nach Caspersson 1940c.)

Eichkurven von Tyrosin (Abb. 52) mit verschiedenem Dissoziationsgrad (pH) lassen sich dann der gesamte Verlauf der Tyrosinabsorption rekonstruieren und die Extinktionskoeffizienten für verschiedene Wellenlängen ablesen. Die Tryptophanabsorption ist viel weniger vom pH abhängig und bereitet daher keine besonderen Schwierigkeiten. Das Absorptionsmaximum liegt zwischen 275 und 280 nm. Aus drei Punkten der gemessenen Absorptionskurve kann man die Einzelabsorptionen von Nukleinsäuren, Tyrosin und Tryptophan errechnen bzw. die zugehörigen Absorptionskurven rekonstruieren und auf diese Weise die Anwesenheit von Nukleinsäuren nachweisen (Abb. 53). In vielen Objekten ist aber die Konzentration an Nukleinsäuren so hoch, daß man bei 260 nm ein deutliches Absorptionsmaximum erhält, zumal der spezielle Extinktionskoeffizient der Nukleinsäuren rund 20mal höher ist als der von Proteinen.

Caspersson (1940) war der Ansicht, daß man aus der Lage des Tyrosin-Absorptionsmaximums ersehen kann, ob ein Eiweißkörper vom Histontyp oder ein „höherer" Eiweißkörper vorliegt, bzw. wie groß der Anteil der Histone an der Gesamteiweißabsorption ist, da in den Histonen das Absorptionsmaximum in den längerwelligen Bereich verschoben ist. Diese Anschauung ließ sich aber nicht aufrechterhalten (vgl. Pollister und Ris 1947, Swift 1955).

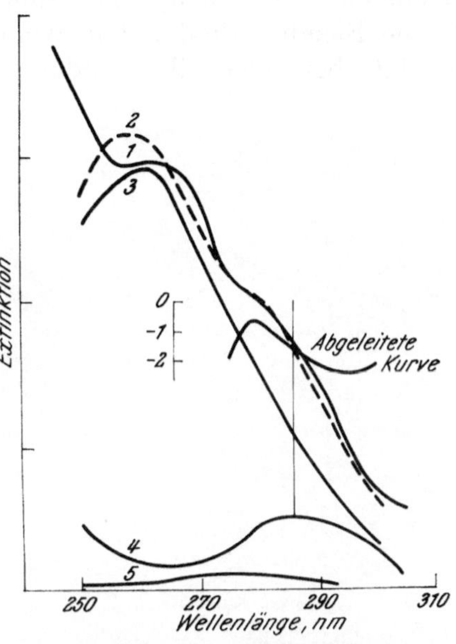

Abb. 53. Beispiel für die Analyse einer Komponentenkurve aus dem heterochromatischen Teil eines Chromosoms von *Drosophila melanogaster* (Taufliege). (1) Meßkurve, (2) Summe der Komponenten, (3) Nukleinsäurekomponente, (4) Tyrosinkomponente, (5) Tryptophankomponente. Ferner ist die Hilfskonstruktion mit abgeleiteter Tyrosinkurve eingezeichnet. Wendepunkt λ = 285 nm. (Nach Caspersson 1940.)

5.2.4.5. UV-„Flying spot"-Mikroskopie

Die Anwendung der „Flying spot"-Mikroskopie im ultravioletten Spektralbereich erfolgte zuerst durch Montgomery und Mitarb. (1956) (s. Montgomery und Bonner 1963). Bei dieser Methode werden als Lichtquelle spezielle Kathodenstrahlröhren (Abtast- oder „scanning"-Röhren) verwendet, bei denen der Kathodenstrahl und damit der Lichtpunkt wie in einer Fernseh-Bildröhre in vielen waagrechten, untereinanderliegenden Zeilen über den Schirm läuft. Durch Verwendung geeigneter phosphoreszierender Materialien läßt sich eine Lichtemission des Röhrenschirmes im ultravioletten Spektralbereich erzielen. Der Bildschirm wird über ein stark verkleinerndes optisches System in die Objektebene abgebildet, so daß auf diese Weise das Objekt mit hoher Geschwindigkeit abgetastet wird („Flying spot"). Das durchfallende Licht trifft auf einen Photomultiplier, und das Signal wird nach entsprechender Umwandlung auf einen Fernsehschirm gegeben. Da die Abtaströhre und die Fernsehröhre synchron laufen, erscheint auf dem Fernsehschirm ein UV-Absorptionsbild des Objektes.

Diese Anordnung ist in besonderem Maße auch zur Beobachtung lebender Objekte geeignet, da die Strahlenbelastung bei photoelektrischen Apparaturen um Zehnerpotenzen geringer gehalten werden kann als bei der Verwendung photographischer Platten (vgl. Davies 1954) oder auch bei Verwendung einer UV-empfindlichen Fernsehkamera hinter dem Objekt, da beim „Flying spot"-Verfahren nur die für die Bildentstehung nötige Energie auf das Objekt trifft.

Für den exakten Nachweis von Nukleinsäuren ist diese Methode nicht geeignet. Die von der Abtaströhre ausgehende Strahlung ist polychromatisch und läßt sich durch Filter oder Monochromatoren nur sehr unvollkommen zerlegen, da dann die Energie zu gering und die Bildqualität sehr bald schlecht wird. Immerhin läßt sich das verwendete Spektralband so eng machen, daß man im wesentlichen eine Nukleinsäureabsorption erhält (Abb. 54). Die Bedeutung der Methode liegt darin, daß man über viele Stunden die Verteilung der UV-absorbierenden Substanzen in der lebenden Zelle verfolgen kann. Eine Modifikation der ursprünglichen „Flying spot"-Methode verwenden FREED und ENGLE (1962, 1963). Sie benutzen als Lichtquelle eine Xenonlampe mit Monochromator, an dessen Ausgang sich eine kleine Blende befindet. Die Abbildung dieser Blende in die Objektebene erfolgt über einen vibrierenden Spiegel, so daß sich der Lichtpunkt in der

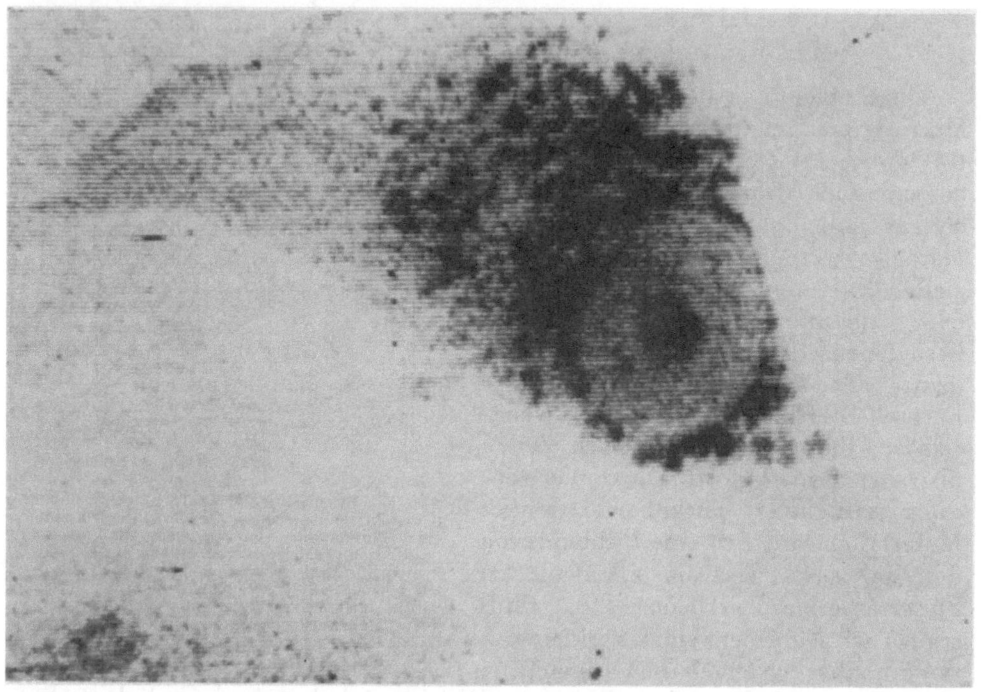

Abb. 54. Ultraviolett-Absorptionsbild im „Flying spot"-Mikroskop (Leberzelle in der Gewebekultur, Stamm „Chang"). (Nach MONTGOMERY und BONNER 1963.)

Objektebene auf einer Geraden hin und her bewegt. Da sich der Spiegel zusätzlich um eine weitere Achse dreht, wird das ganze Gesichtsfeld abgetastet. Der weitere Aufbau der Apparatur ähnelt dem des eigentlichen „Flying spot"-Mikroskopes. Bei einer Synchronisierung von Spiegelbewegung und Fernsehröhre lassen sich Bilder des Objektes erzeugen, die die Absorption in einem engen Spektralbereich widerspiegeln. Außerdem läßt sich diese Apparatur für mikrospektrophotometrische Messungen des Nukleinsäuregehaltes verwenden (s. Kap. 5.7.1.).

5.3. Der Nachweis mit basischen Farbstoffen

5.3.1. Geschichtliche Entwicklung

Die Verwendung basischer Farbstoffe zum gezielten histochemischen Nachweis der Nukleinsäuren erfolgte in größerem Rahmen erst in den Arbeiten BRACHETS (1940a). Doch sind die basischen Farbstoffe als Mittel der allgemeinen histologischen Technik viel älter. PAUL EHRLICH (1879, 1885) hat in seinen frühen Arbeiten die Grundlagen für eine wissenschaftliche Behandlung der Färbetechnik gelegt und darüber hinaus eine Reihe von Begriffen in die histologische Technik eingeführt, wie die der „basischen" und „sauren" Farbstoffe und der „Metachromasie". In der Folgezeit wurden immer mehr Farbstoffe in die histologische Technik eingeführt, unter ihnen auch solche, die als basische Farbstoffe später für den Nachweis der Nukleinsäuren Bedeutung erlangten (Methylenblau, EHRLICH 1881, Methylgrün-Pyronin, PAPPENHEIM 1899, UNNA 1902).

Das erste halbe Jahrhundert der histologischen Färbetechnik (Verwendung von Karmin durch HARTIG 1858, des ersten Anilinfarbstoffes durch BENEKE 1862, vgl. HARMS 1957, SANDRITTER und LANGE 1964) wendete die verschiedenen Farbstoffe empirisch an, um für die morphologische Untersuchung der Objekte möglichst gute Bilder zu erhalten. Erst von der Jahrhundertwende an zeigt sich ein steigendes Interesse an systematischen Untersuchungen über Farbstoffe und den Mechanismus der histologischen Färbungen (MICHAELIS 1901). Die einsetzende Diskussion über eine „chemische" und eine „physikalische" Theorie der Färbung zog sich über drei Jahrzehnte hin (MICHAELIS 1901, UNNA 1921, v. MÖLLENDORFF 1924). Für die basischen Farbstoffe wurde diese Diskussion durch die Untersuchungen PISCHINGERS (1926) im wesentlichen zu einem Abschluß gebracht. Chemische Untersuchungen über das Verhalten von Nukleinsäuren gegenüber basischen Farbstoffen gaben nicht nur Aufschluß über den Aufbau von Nukleinsäuren, sondern trugen auch zum Verständnis des Färbeprozesses bei (FEULGEN 1912, 1913, STEUDEL und OSATO 1923). In den gleichen Zeitraum fallen auch die Untersuchungen einer großen Zahl von „Lackfarbstoffen" durch BECHER (1921). Die der Erscheinung der Metachromasie zugrunde liegenden physikalischen und chemischen Prozesse waren in den Jahren zwischen 1930 und 1950 Gegenstand vieler Arbeiten (z. B. LISON 1935, MICHAELIS 1947, 1950), und die Diskussion über diese Probleme wurde bis in die letzten Jahre hinein noch weitergeführt (SYLVÉN 1954, SINGER 1954, vgl. auch KURNICK 1955 a, SWIFT 1955, COWDEN 1957 b, SANDRITTER 1957, LUMB 1950).

5.3.2. Grundlagen der Färbung mit basischen Farbstoffen

Basische Farbstoffe sind weniger dadurch gekennzeichnet, daß ihre wäßrige Lösung basischen Charakter zeigt. Es kann vorkommen, daß die Reaktion der Lösung ausgesprochen sauer ist, wie z. B. beim Chrysoidin und Neutralrot, wo sie um pH 4 liegt (vgl. HARMS 1957). Das wesentliche Charakteristikum ist, daß die als „basisch" bezeichneten Farbstoffe in wäßrigem Milieu mehr oder weniger stark in Ionen dissoziieren, wobei der färbende Anteil kationisch (+, positiv) geladen ist. (Bei sauren Farbstoffen ist das färbende Ion ein Anion.) Der kationische Charakter der basischen Farbstoffe wird in den meisten Fällen durch eine oder mehrere Aminogruppen bedingt, die außerdem noch alkyliert sein können. Die meisten Farbstoffe sind als Chloride oder Sulfate im Handel, so daß als Gegenionen in wäßriger Lösung Cl^- oder SO_4^{--} auftreten. Ihrer chemischen Konstitution nach gehören die basischen Farbstoffe verschiedenen Stoffklassen an: *Oxazine*

(z. B. Brillantkresylblau, Coelestinblau, Gallaminblau, Gallocyanin, Kresylechtviolett, Nilblau), *Thiazine* (z. B. Thionin, Methylenblau, Toluidinblau), *Triphenylmethanfarbstoffe* (z. B. Fuchsine, Methylviolett, Kristallviolett, Malachitgrün, Methylgrün), *Xanthen-Farbstoffe* (Pyronine) und aus der Acridinreihe einige *Fluorochrome* (Acridinorange, Coriphosphin).

Die kationischen Farbstoffe sind in der Lage, mit anionischen Gruppen des zu färbenden Gewebes salzartige Bindungen einzugehen (KELLEY und MILLER 1935 a, MICHAELIS 1947, 1950, LISON 1953). Als solche anionischen Gruppen kommen in erster Linie die Carboxylgruppe der Aminosäuren bzw. Proteine, die Phosphatgruppe (z. B. in Nukleinsäuren, Phosphoprotei-

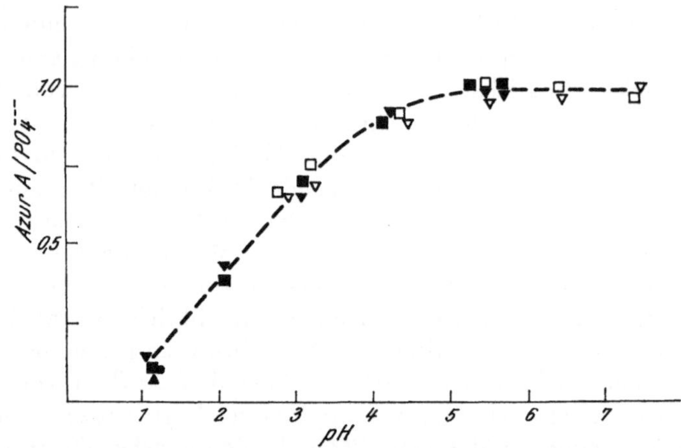

Abb. 55. Einfluß des pH auf die Bindung von Azur A an DNS. Anfangskonzentration von Azur A: $2,5 \times 10^{-4}$ M Puffer: 0,1 M Zitronensäure + 0,2 M Dinatriumphosphat. (Nach KLEIN und SZIRMAI 1962.)

nen) und die Sulfatgruppe (z. B. in Mucopolysacchariden) in Frage (s. Kap. 5.3.3.).

Die entscheidenden Bindungskräfte sind die entgegengesetzten Ladungen von Farbstoff und gefärbtem Substrat (elektrostatische, Coulomb-Kräfte). Neben diesen, wenn auch von untergeordneter Bedeutung für den prinzipiellen Ablauf der Bindung, muß man die Beteiligung schwächerer, über kürzere Entfernung wirksame Bindungen in Betracht ziehen (van der Waals'sche Kräfte, Wasserstoffbrücken usw.) (BAKER 1958, PEARSE 1960).

Diese Vorstellung über den Mechanismus der Anfärbung mit basischen Farbstoffen, der chemisch als doppelte Umsetzung zwischen zwei Salzen verstanden werden kann (z. B. Na-Nukleinat + Farbstoff-Chlorid $\rightleftharpoons$ Farbstoff-Nukleinat + NaCl) war schon den ersten Untersuchern wie EHRLICH, GRIESBACH und UNNA geläufig (s. SANDRITTER und LANGE 1964). Das stärkste Argument für eine solche Auffassung sind die aufgefundenen stöchiometrischen Beziehungen zwischen der Menge des gebundenen Farbstoffes und der Zahl der freien Ladungsgruppen im Substrat. Eine große Zahl von Arbeiten hat solche stöchiometrischen Verhältnisse in *in vitro*-Versuchen mit Eiweißkörpern und sauren Farbstoffen (die analog den basischen Farbstoffen behandelt werden können) nachweisen können (vgl. HARMS 1957, ZEIGER 1938, SINGER 1952). Entsprechende Versuche mit Nukleinsäuren und basischen

Farbstoffen führten in vielen Fällen zum gleichen Resultat, d. h. im Farbstoff-Nukleinsäure-„Salz“ ist das molare Verhältnis von Farbstoff zu Phosphat gleich 1 (Malachitgrün, FEULGEN 1912, Kristallviolett, FEULGEN 1913, KURNICK 1950, Methylgrün, KURNICK 1950, Azur A, SZIRMAI und KLEIN 1960, KLEIN und SZIRMAI 1963, SZIRMAI und VAN DER LINDE 1963, Methylenblau, DEITCH 1964, Toluidinblau, HERRMANN und Mitarb. 1950). Welche Rolle elektrostatische Kräfte bei der Bindung der basischen Farbstoffe spielen, geht weiter aus der pH-Abhängigkeit der Anfärbungsstärke hervor. Dabei zeigt sich, daß die gebundene Farbstoffmenge von der Zahl der negativ geladenen Gruppen im Gewebe (die mit dem pH wechselt) abhängig ist (Abb. 55) (BUNGENBERG DE JONG und BANK 1940) (s. Kap. 5.3.3.). Weitere Beweise für die elektrostatische Natur der wesentlichen Bindungskräfte liefern Versuche mit anderen Kationen (La^{3+}, Th^{4+}, Protamin, Histon), die in Konkurrenz zu den basischen Farbstoffen treten können (vgl. SWIFT 1955).

Einwände gegen eine solche Auffassung von der Natur der Anfärbung mit basischen bzw. sauren Farbstoffen wurden besonders von einer Reihe von Untersuchern gemacht, die die Rolle von „physikalischen“ Kräften und Erscheinungen betonten. Der bekannteste Vertreter, v. MÖLLENDORF, lehnte die Begriffe Basophilie und Acidophilie überhaupt ab (1924) (ausführliche Diskussion bei HARMS 1957). Der heftige Streit um die „physikalische“ und „chemische“ Theorie der Färbung beruhte nicht zuletzt auf einer unterschiedlichen bzw. engen Auslegung der Begriffe der „chemischen“ Bindung. Die auf elektrostatischen Kräften beruhende Ionenbildung ist definitionsgemäß eine chemische Bindung (vgl. PAULING 1960).

5.3.3. Spezifität des Nukleinsäurenachweises mit basischen Farbstoffen

Mit basischen Farbstoffen lassen sich alle negativ geladenen chemischen Gruppen im Gewebe anfärben, so daß der Nukleinsäurenachweis nicht ohne weiteres möglich ist. Die anzufärbenden anionischen Gruppen, in der Hauptsache Carboxyl-, Phosphat- und Sulfatgruppen, unterscheiden sich in ihren Dissoziationskonstanten. Die Dissoziationskonstante (pK) der Carboxylgruppe der Proteine liegt bei 5, die der primären Phosphatgruppe in den Nukleinsäuren etwa bei 2, während das pK der Sulfatgruppen der sauren Mucopolysaccharide noch tiefer liegt (SWIFT 1955). Das bedeutet, daß bei einem pH-Wert unterhalb von 5 die -COOH-Gruppe nicht mehr dissoziiert ist und daher nicht mehr als anionische Ladungsgruppe für die Bindung eines basischen Farbstoffes in Frage kommt. Auf diese Weise ist es möglich, durch Wahl eines geeigneten pH die Mitfärbung der Proteine bei der Darstellung der Nukleinsäuren zu vermeiden. Im allgemeinen nimmt man an, daß bei einem pH unterhalb von 4 die Färbung mit basischen Farbstoffen für Nukleinsäuren spezifisch ist, falls nicht saure Mucopolysaccharide oder Phosphoproteine und Lipoide (z. B. Glycolipoproteine in Lysosomen, KOENIG 1963) in größerer Menge vorhanden sind (BRACHET 1940a, 1953). In vielen Fällen kann man entscheiden, ob die Basophilie durch Mucopolysaccharide oder Nukleinsäuren bedingt ist, da sich die ersteren im allgemeinen metachromatisch färben (s. Kap. 5.3.5.), im Gegensatz zur orthochromatischen Anfärbung der Nukleinsäuren (Kelley und Miller 1935 b, Michaelis 1947, 1950, Kurnick in Diskussion zu Michaelis 1947). Doch gilt dies nur für ganz bestimmte Bedingungen (Lison und Mutsaars 1950, Massart und Mitarb. 1951).

Die genaue Lage des pH-Wertes, bei dem eine maximale und spezifische Anfärbung der Nukleinsäuren erfolgt, variiert in den einzelnen Geweben und ist vor allem von der Art der Fixierung abhängig (Zeiger 1930, Mayersbach 1956). Bei sehr niedrigem pH (1—2) werden auch die Nukleinsäuren nicht mehr angefärbt, sondern nur noch die stärker sauren Sulfatgruppen, d. h. in diesem Bereich ist die elektive Darstellung der Sulfatester in Schleim, Knorpel und Mastzellen z. B. möglich (Lison 1935, vgl. auch Balazs und Szirmai 1958 a, b). Die Beobachtung, daß in mineralsauren Lösungen von basischen Farbstoffen nur Knorpel, nicht aber Zellkerne angefärbt werden, ist schon früher für färberische Zwecke genutzt worden. Eine Darstellung der Kerne ist nur in essigsaurer Lösung oder dergleichen möglich (geschichtlich interessante Einzelheiten s. bei Harms 1957). Bei den Metallkomplexen der Oxazinfarbstoffe (s. Gallocyaninchromalaun, Kap. 5.3.6.5.) liegt das pH-Optimum der Anfärbung wesentlich tiefer.

Demnach ist der spezifische Nachweis der Nukleinsäuren nicht mit basischen Farbstoffen allein möglich, sondern nur in Verbindung mit einer zweiten, unabhängigen Methode (z. B. Autoradiographie oder UV-Photometrie, s. Pollister und Mitarb. 1950, Ficq und Brachet 1956, Jacobson und Mitarb. 1963). Im allgemeinen werden zur Kontrolle Parallelobjekte herangezogen, aus denen die Nukleinsäuren entfernt wurden. Am einwandfreiesten sind Extraktionen mit spezifischen Enzymen (Lipp 1957) (DNase, RNase, Kap. 5.6.3.).

Weiter ist damit zu rechnen, daß der Farbstoff in ganz unspezifischer Weise (vielleicht auf Grund von van der Waalsschen Kräften) im Gewebe festgehalten wird und dadurch eine schwache „Hintergrund"-Färbung hervorruft. Beim Toluidinblau ist eine solche Anfärbung im allgemeinen gering, während sie beim Kristallviolett und beim basischen Fuchsin z. B. recht intensiv ist (Swift 1955).

Bei Färbeversuchen mit abgestuften pH-Reihen macht sich der Nachteil vieler Pufferlösungen bemerkbar, daß sie nur in einem engen pH-Bereich ausreichend gut wirken. So ist die Pufferkapazität von einfachem Azetatpuffer und Veronal-azetatpuffer nach *Michaelis* gerade in dem für den Nukleinsäurenachweis wichtigen Bereich unterhalb von pH 4 unzureichend. Daher ist speziell für histochemische Zwecke ein Ameisensäure-Azetatpuffer vorgeschlagen worden, der zwischen pH 3 und pH 5 gut puffert und sich auch noch bis pH 2,5 bzw. 5,5 verwenden läßt (Lewis 1962).

Da die anionischen Gruppen des Gewebes (-COO$^+$, PO_4^{+++} und SO_4^{++}) bei einer Methylierung mit saurem Methanol verschieden schnell reagieren, lassen sie sich auf diese Weise vielleicht durch anschließende Färbung mit basischen Farbstoffen unterscheiden (Fisher und Lillie 1954).

5.3.4. Einflüsse auf die Färbung mit basischen Farbstoffen

5.3.4.1. Ionenstärke der Farblösung

In der Farblösung vorhandene Kationen können mit dem basischen Farbstoff in Konkurrenz treten und dadurch die Menge des gebundenen Farbstoffes vermindern (BUNGENBERG DE JONG und BANK 1940, DI MARCO und BORETTI 1950). Daher zeigt die Farbintensität des gefärbten Objektes eine starke Abhängigkeit von der Ionenstärke der Farblösung (z. B. in gepufferten Lösungen) (Abb. 56) (KLOTZ und URQUHART 1949).

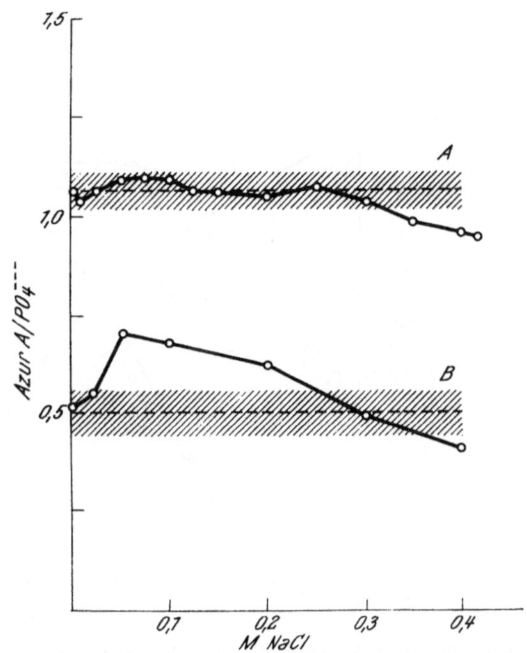

Abb. 56. Einfluß von NaCl verschiedener Konzentration auf die Bindung von Azur A an DNS (Kurve A) und Desoxyribonukleoprotein (Kurve B). Anfangskonzentration Azur A: $2{,}4 \times 10^{-4}$ M. Schräg schattiertes Gebiet entspricht der Standardabweichung des Mittelwertes der Kontrolle (gestrichelte Linie). (Nach KLEIN und SZIRMAI 1962.)

Die Stärke, mit der der Farbstoff verdrängt wird, nimmt mit der Wertigkeit des Kations zu und ist z. B. für Mg^{++} größer als für Ca^{++}. Im schwach sauren Bereich ist der Einfluß der konkurrierenden Kationen geringer als im neutralen (DI MARCO und BORETTI 1950).

Besonders starke Konkurrenten der basischen Farbstoffe sind einige große anorganische Kationen wie das La^{3+} und das Th^{4+} (KURNICK und MIRSKY 1950). Auch für eine Reihe von organischen Kationen ist eine Konkurrenz mit den basischen Farbstoffen um die Phosphatgruppen der Nukleinsäuren gefunden worden, so für das Spermin und das Streptomycin (DI MARCO und BORETTI 1950, MASSART 1951).

Nach ANDERSON (1961) hängt die Konkurrenz anderer Kationen auch von der Natur des zu färbenden Substrates ab, so daß es gelingt, durch geeignete Wahl der Salzkonzentration in der Farblösung Nukleinsäuren auch in Anwesenheit von sauren Mucopolysacchariden selektiv anzufärben.

5.3.4.2. Begleitproteine

Nukleinsäuren liegen nicht frei in der Zelle vor, sondern in salzartiger Bindung mit bestimmten, meist basischen, Proteinen (Protamine, Histone oder ähnliche, vgl. Kap. 3.2.2.2.) als Nukleoproteine. Im nativen Zustand sind alle Phosphatgruppen durch basische Gruppen der Proteine besetzt und gegenüber einer Anfärbung blockiert (ALFERT 1952). Erst nach dem Tod der Zelle und der damit einhergehenden teilweisen Denaturierung lassen sich die basophilen Strukturen anfärben (vgl. GÖSSNER 1949). Postmortale autolytische Prozesse führen zu einer Veränderung der Nukleoproteine, die in einer gesteigerten Basophilie sich äußern (POLLISTER und Mitarb. 1952, HIMES und Mitarb. 1954). Der Einfluß der Proteine auf die Bindung basischer Farbstoffe läßt sich auch *in vitro* demonstrieren. Azur A verbindet sich mit isolierter DNS in einem molaren Verhältnis DNS-Phosphor: Azur A = 1 : 0,5 (KLEIN und SZIRMAI 1963). Aus Abb. 57 geht nicht nur hervor, daß die gebundene Farbstoffmenge durch zugesetztes Eiweiß verringert wird, sondern

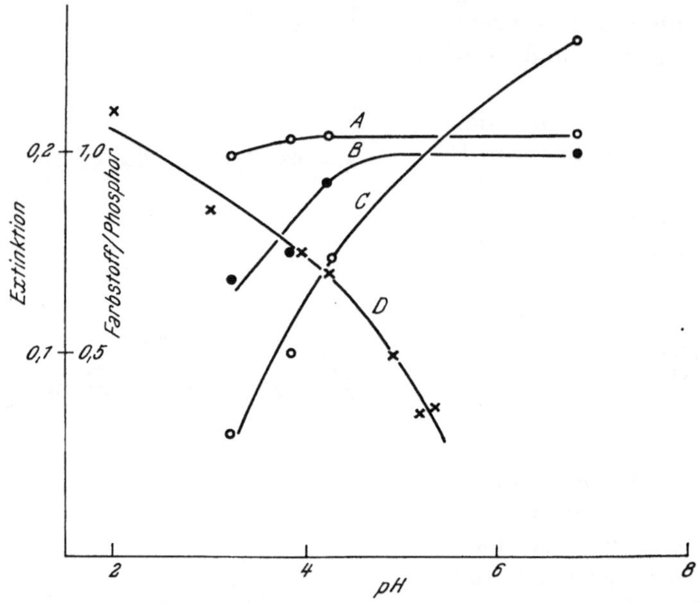

Abb. 57. Einfluß von Proteinen auf die Bindung von basischen Farbstoffen an NS bei verschiedenen pH-Werten. *A* Farbstoff/Phosphorverhältnis in einem Präzipitat aus 1 ml einer 0,1%igen Lösung von RNS + 9 ml einer 10^{-3} M Toluidinblaulösung. *B* Das Gleiche + 0,1% Fibrinogen. *C* Farbstoff/Phosphorverhältnis im Muskel eines 17 Tage alten Rattenembryo, gefärbt mit 10^{-3} M Toluidinblau. *D* Bindung von Orange G (10^{-5} M) an Fibrinfilme. Zunahme der Bindung bei abnehmendem pH infolge zunehmender Ladung der basischen Proteingruppen. (Nach SWIFT 1955.)

auch, daß das Ausmaß des Proteineinflusses pH-abhängig ist. Bei niedrigem pH ist es größer als im neutralen Bereich, da die Dissoziation der basischen Gruppen mit abnehmendem pH zunimmt. Dies ist sehr wahrscheinlich der Grund, weswegen die Basophilie mikroskopischer Objekte unterhalb von pH 4 so schnell abnimmt (HERRMANN und Mitarb. 1950). Das pH, bei dem die Anfärbbarkeit verschwindet, ist nicht bei allen Objekten gleich und hängt vielleicht auch von der Natur der vorhandenen Proteine ab (SINGER 1954). Am mikroskopischen Präparat läßt sich die Basophilie durch Einstellen in eine Proteinlösung völlig vernichten (KURNICK und MIRSKY 1950, FRENCH und BENDITT 1952). Andererseits kann man die Basophilie erheblich steigern, indem man die Proteine oder ihre basischen Gruppen entfernt (KURNICK 1950, MIRSKY und RIS 1951, KAMAHORA und Mitarb. 1963) (Abb. 58). Es genügt bereits eine Behandlung (z. B. mit Salzlösungen), die die Trennung von Nukleinsäure und Begleitprotein fördert (Tab. 14) (JOBST und SANDRITTER 1961, KLEIN und SZIRMAI 1963). Eine Steigerung erfährt die Basophilie ebenfalls durch Entfernen oder Blockierung der Aminogruppen der Proteine z. B. durch Acetylierung oder Oxydation (ALFERT 1952) oder Behandlung mit Chloramin-T (MONNÉ und SLAUTTERBACK 1951). Von Bedeutung ist nicht nur der im nativen Zustand in den Nukleoproteinen enthaltene Eiweißanteil; in den Zellkernen können auch Nichthistonproteine die Basophilie schwächen, so daß sich Kerne mit einem hohen Nichthistonanteil weniger stark mit basischen Farbstoffen anfärben lassen als solche mit geringerem Proteingehalt (MIRSKY und RIS 1951, KAMAHORA und Mitarb. 1953).

Über die Rolle der einzelnen Proteinkomponenten (Ribosomenprotein und außerhalb der Ribosomen vorhandenes Protein) bei der Basophilie des Cytoplasmas ist dagegen nichts bekannt.

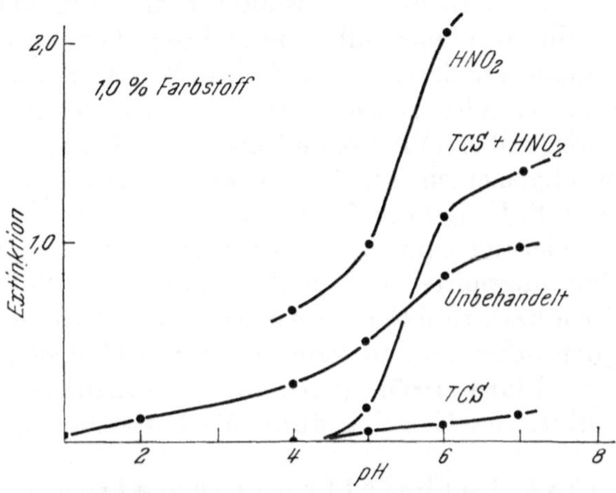

Abb. 58. Einfluß von pH und ionisierenden Gruppen auf die Bindung von Azur B in Leberschnitten. Die Schnitte wurden mit Trichloressigsäure (TCS) (Nukleinsäureextraktion) und HNO_2 (Oxydative Desaminierung) behandelt. (Nach SWIFT 1955.)

5.3.4.3. Fixierung

Bei der großen Bedeutung, die der Art und auch dem Zustand der anwesenden Proteine bei der Färbung der Nukleinsäuren mit basischen Farbstoffen zukommt, muß auch der Fixierung des Gewebes besondere Aufmerksamkeit geschenkt werden. Im nativen Gewebe ist die Basophilie im allgemeinen gering (JOBST und SANDRITTER 1961), ebenso nach Gefriertrocknung (BRACHET 1953). Erst nach der Fixierung steigt infolge der Freisetzung der Phosphatgruppen die Menge des gebundenen Farbstoffes an (MICHAELIS 1947, JOBST und SANDRITTER 1961) (Tab. 14). Formalin reagiert einer-

Tab. 14. *Ergebnis cytophotometrischer Messungen von Kalbsthymuszellen nach verschiedener Vorbehandlung und Färbung mit Toluidinblau bzw. Gallocyaninchromalaun.* λnm = Wellenlänge; AE = Arbeitseinheiten (relativer Farbstoffgehalt); σ = Standardabweichung (nach JOBST und SANDRITTER 1961).

Vorbehandlung	λnm	AE	σ
	Toluidinblau		
Unbehandelt – nativ	600	3,1	1,15
2,5 % NaCl – nativ	560	6,5	2,34
Formalinfixation	550	11,4	2,34
Alkoholfixation (pH 4)	555	14,0	1,96
	Gallocyaninchromalaun		
Unbehandelt – nativ	570	8,4	1,83
2,5 % NaCl – nativ	570	10,3	1,91
Formalinfixation	570	15,7	2,47
Alkoholfixation	570	14,1	3,00

seits mit Aminogruppen des Eiweißes und vernichtet auf diese Weise einen Teil der positiven Gegenionen der Nukleinsäuren (s. Pearse 1960, Wolman 1955, Harms 1957), scheint aber andererseits die Proteine derart zu fällen, daß den Farbstoffen der Zutritt zu den Nukleinsäuren teilweise verwehrt wird, da z. B. nach Alkoholfixierung und Fixierung nach Carnoy die Menge des gebundenen basischen Farbstoffes im allgemeinen größer ist als nach Formolfixierung (Sandritter und Mitarb. 1963). Auch die Sprengung von Wasserstoffbrücken der Nukleinsäuren kann zu einer verminderten Bindung von basischen Farbstoffen führen (Semmel und Huppert 1963). Schwermetalle, wie Quecksilber und Chrom, können mit Carboxyl- und Phosphatgruppen reagieren und auf diese Weise die Ladungsverhältnisse im Gewebe stark verändern, ebenso aber auch die molekulare Konfiguration der Nukleinsäuren selber (Yamane und Davidson 1962 a, b). Aus diesen Gründen werden im allgemeinen für den Nukleinsäurenachweis einfache Fixierungsmittel wie z. B. Essigsäure-Alkohol oder Gefriertrocknung mit anschließender Alkoholfixierung empfohlen (Swift 1955). Der Vorteil Essigsäure enthaltender Fixierungsmittel liegt in ihrer Fähigkeit, Nukleoproteine besonders gut zu fällen bzw. zu fixieren (Wolman 1955), doch muß man auf kurze Fixierungszeiten achten, damit keine zu starke Hydrolyse eintreten kann (Sandritter und Mitarb. 1963). (Über die Verschiebung des mittleren isoelektrischen Punktes des Gewebes durch die Fixierung, s. Mayersbach 1956).

5.3.4.4. Farbstoffkonzentration und Differenzierung

Die Dissoziationskonstanten der Nukleinsäure-Farbstoffsalze sind im allgemeinen relativ groß, so daß eine starke Abhängigkeit der gebundenen Farbstoffmenge von der Konzentration des Farbstoffes in der Lösung besteht. Erst oberhalb einer gewissen Grenzkonzentration steigt die Farbintensität des Gewebes nicht mehr weiter an, und man kann annehmen, daß dann alle verfügbaren freien Phosphatgruppen besetzt sind (Steudel und Osato 1923, Klein und Szirmai 1963). Die Labilität der Farbstoff-Nukleinsäurebindung macht eine Differenzierung, d. h. die Entfernung des im Gewebe vorhandenen Farbstoffes schwierig und problematisch. Liegt das pH der Differenzierungslösung unter dem der Farblösung, wird ein Teil des an die Nukleinsäure gebundenen Farbstoffes entfernt, liegt das pH höher, besteht die Gefahr, daß Farbstoff an Carboxylgruppen gebunden wird. Aus diesen Gründen sollten die pH-Werte von Farblösung und Differenzierungslösung gleich sein. Aber auch dann wird wegen der starken Verdünnung ein Teil des spezifisch gebundenen Farbstoffes aus dem Gewebe entfernt werden. Die Menge des entfernten Farbstoffes sowie die Schnelligkeit, mit der das Herauslösen erfolgt, hängen von den Dissoziationskonstanten des Farbstoff-Nukleinsäure-Komplexes ab und dürfte für die einzelnen Farbstoffe etwas verschieden sein. Es ist fraglich, ob man unter solchen Umständen überhaupt von einer „Differenzierung“ sprechen kann (Swift 1955).

Verschiedentlich ist Alkohol zur Differenzierung vorgeschlagen worden in der Annahme, daß der ungebundene Farbstoff selektiv entfernt werden kann (Michaelis 1947). Der Erfolg dieser Prozedur ist aber ganz von der Löslichkeit des betreffenden Farbstoffes in Alkohol abhängig. Gut lösliche

Farbstoffe können auf diese Weise vollständig aus dem Gewebe entfernt werden. Daher sind auch noch höhere Alkohole mit schwächerem Lösungsvermögen verwendet worden, wie z. B. tertiärer Butylalkohol für das Azur B (Flax und Himes 1952). In jedem Falle wird man eine (willkürlich) festgelegte Differenzierungszeit einhalten müssen, um reproduzierbare Resultate zu erhalten („kontrolliertes Entfärben").

Unter Umständen kann man auf eine Differenzierung überhaupt verzichten und das Objekt von der Farbstofflösung direkt über Terpineol eindekken. Ein geringer Rest im Gewebe zurückbleibenden Farbstoffes spielt für die Beurteilung des Objektes praktisch keine Rolle, da die Farbstoffkonzentration an spezifischen Bindungsorten rund 1 bis 2 Zehnerpotenzen höher liegt als in den meisten verwendeten Farbstofflösungen. Im Gewebe vorhandener, nicht gebundener Farbstoff wird daher in den meisten Fällen überhaupt nicht sichtbar sein.

5.3.5. Metachromasie

Die Erscheinung, daß ein Farbstoff histologische Strukturen in einem anderen Farbton als dem, den er selbst in wäßriger Lösung zeigt, anfärbt, wurde bereits von Ehrlich (1879) *Metachromasie* genannt. Änderungen der Farbe, die durch pH-Verschiebungen verursacht werden oder durch den Einfluß des Lösungsmittels entstehen, sollten nicht unter diesem Begriff eingeordnet werden (vgl. Scheibe und Zanker 1958 und anschließende Diskussion von Wolman). Die ersten experimentell fundierten Ansichten über die der Metachromasie zugrunde liegenden physikalisch-chemischen Prozesse entwickelte Lison (1935) (s. auch Lison 1953).

Die Verschiebung des Absorptionsmaximums der Farbstoffe (meist nach kürzeren Wellenlängen hin: „positive Metachromasie") wird durch eine Aggregation der Farbstoffionen hervorgerufen (Michaelis 1947, Sylvén 1954, Schubert und Hamerman 1956, Kelly 1956, Harms 1957, Scheibe und Zanker 1958, s. auch V. Symposium für Histochemie, Kiel, 1957, Acta histochemica, Suppl. I). Eine solche Aggregatbildung tritt bereits in wäßrigen Lösungen in Abhängigkeit von der Konzentration des Farbstoffes auf. Spektrophotometrisch lassen sich dabei drei Absorptionsbanden, die α-, β- und γ-Bande, unterscheiden (Scheibe 1938, Haugen und Hardwick 1963). Die α-Bande tritt nur in sehr verdünnten Lösungen (meist $< 10^{-5}$ mol) auf, die beiden anderen in stärker konzentrierten. Die γ-Bande erweist sich bei näherer Untersuchung als eine Serie von Einzelbanden (Abb. 59). Die α-Bande wird dem monomeren, die β-Bande dem dimeren und die γ-Bande den höheren Aggregaten (Micellen) zugewiesen (Michaelis 1947). Die gleiche Aggregatbildung läßt sich in Lösung auch durch sog. „chromotrope" Substanzen hervorrufen. Chromotrop wirken hochmolekulare Stoffe mit mehrfachen positiven oder negativen Ladungsgruppen. Bei basischen Farbstoffen können polyvalente Anionen (Chondroitinsulfat, Heparin, Nukleinsäuren, Pektine u. ä.) auch Oligo- und Polyphosphate (Matsuhashi und Kumagai 1963, Ebel und Muller 1958) diesen Effekt hervorrufen. Die durch Chromotrope hervorgerufene Bande der höher aggregierten Farbstoffmicellen liegt bei kürzeren Wellenlängen als die in konzentrierten Lösungen vorhandene γ-Bande, weswegen Michaelis (1950) hierfür die Bezeichnung μ-Bande einführte. Die Wirkung der chromotropen Substanzen beruht auf der Erzeugung lokaler Konzentrationserhöhungen, so daß die an das Polyanion gebundenen Farbstoffmoleküle miteinander in Wechselwirkung treten können. Voraussetzung ist eine genügend hohe Ladungsdichte, d. h. die negativ geladenen Gruppen dürfen nicht zu weit voneinander entfernt sein (im allgemeinen ~5 Å). Wenn man so die Wirkung der chromotropen Substanzen als „Konzentrierungseffekt" deutet, ist leicht verständlich, daß alle Fak-

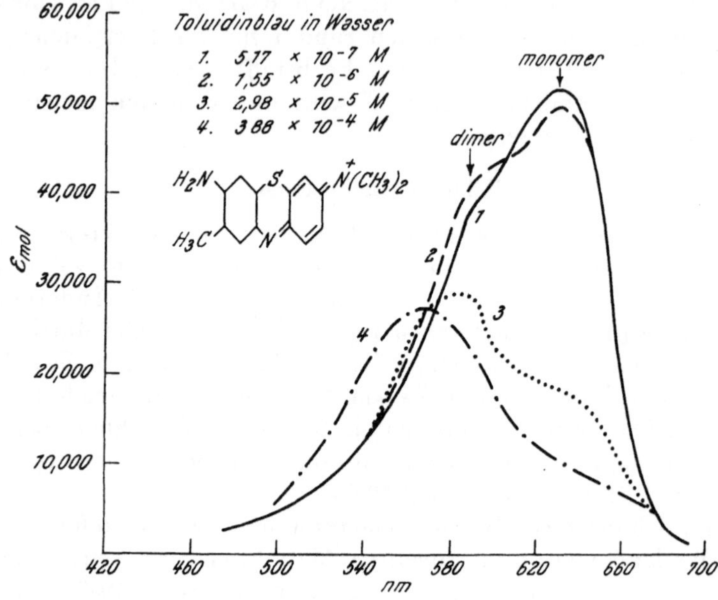

Abb. 59. Absorptionsspektren von wäßrigen Toluidinblaulösungen verschiedener Konzentration. (Nach Michaelis 1947.)

toren, die die Bindung der Farbstoffe an die Polyanionen beeinflussen, auch das Ausmaß der Metachromasie bestimmen können. Hohe Ionenstärke, konkurrierende Kationen (Protein) und verminderte Dissoziation der chromotropen Substanz (Erniedrigung des pH) führen zu einer Abschwächung der Metachromasie (Massart und Mitarb. 1951, Sylvén 1954, Szirmai und Balazs 1958, Klein und Szirmai 1963). Michaelis und Granick (1945) und Michaelis (1947) konnten im Gegensatz z. B. zu Lison und Mutsaars (1950) keine Metachromasie an Nukleinsäuren finden. Der Widerspruch wurde durch Massart und Mitarb. (1951) geklärt. Michaelis hatte mit 0,1 mol Azetatpuffer von pH 4,5, Lison dagegen mit reinen wäßrigen Lösungen gearbeitet. Die Metachromasie der Nukleinsäuren wurde später mehrfach bestätigt (Abb. 60) (Weissmann und Mitarb. 1952, Klein und Szirmai 1963). Unter bestimmten Bedingungen läßt sich erreichen, daß sich RNS metachromatisch, DNS dagegen orthochromatisch anfärbt (Flax und Himes 1952, Sibatani 1952, Sáez 1954). Im histologischen Präparat tritt die μ-Bande (resp. γ-Bande) nicht auf, sondern nur die β-Bande.

In *in vitro*-Versuchen konnte gezeigt werden, daß die Stärke der Metachromasie des Toluidinblaus (Höhe der Absorption bei 635 bzw. 580 nm) von der Größe des Nukleinsäuremoleküls abhängt. 18 S- und 28 S-Ribosomen-RNS ergibt eine stärkere Metachromasie als 3 S-RNS (SEMMEL und HUPPERT 1962). Wahrscheinlich spielt aber auch die Sekundärstruktur der Nukleinsäure dabei eine Rolle, da die gleichen Autoren (SEMMEL und HUPPERT 1963) nachweisen konnten, daß mit abnehmender Zahl der Wasserstoffbrücken im Molekül (durch Behandlung mit Formaldehyd, Harnstoff, Formamid) die Metachromasie zunimmt.

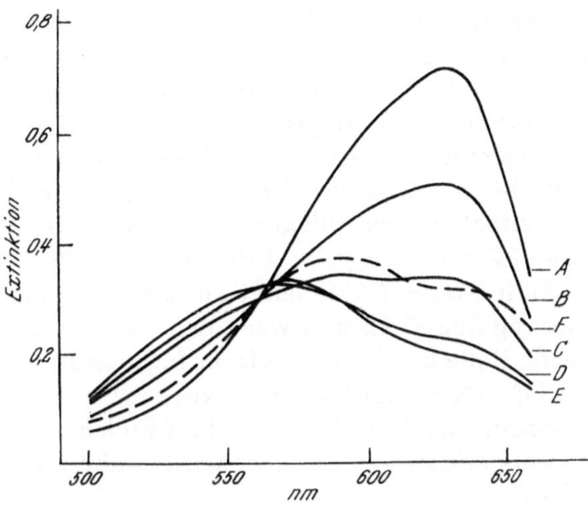

Abb. 60. Einfluß von DNS auf das Absorptionsspektrum von Azur A ($1{,}5 \times 10^{-5}$ Mol). Konzentrationen von DNS-Phosphat: *A* (0); *B* $0{,}42 \times 10^{-5}$ M; *C* $0{,}82 \times 10^{-5}$ M; *D* $1{,}25 \times 10^{-5}$ M; *E* $1{,}67 \times 10^{-5}$ M; *F* $5{,}0 \times 10^{-5}$ M. (Nach KLEIN und SZIRMAI 1962.)

Das Studium der Metachromasie und auch die metachromatische Anfärbung wird häufig durch Verunreinigungen und Beimengungen des Farbstoffes gestört, die eine andere Farbe bzw. Absorptionskurve besitzen und teilweise auch selber eine metachromatische Reaktion zeigen können (KRAMER und WINDRUM 1955). (Über den Einfluß der chemischen Konstitution des Farbstoffes auf die Stärke der Metachromasie, s. TAYLOR 1961.)

5.3.6. Zum Nukleinsäurenachweis verwendete Farbstoffe

5.3.6.1. Methylgrün-Pyronin

Diese Farbstoffkombination hat besondere Bedeutung erlangt, weil es mit ihrer Hilfe gelungen ist, RNS und DNS nebeneinander in der Zelle darzustellen und weil mit ihr BRACHET (1940 a, 1942, 1953) seine ersten Untersuchungen über die Rolle der RNS in der Zelle durchgeführt hat. Die auffallende Spezifität des Methylgrüns für die DNS hat zu einer intensiven Bearbeitung der Methode geführt, vor allem durch KURNICK (1950, 1952 a, 1952 b, 1955 a, POLLISTER und LEUCHTENBERGER 1949, KURNICK und FOSTER 1950, KURNICK und MIRSKY 1950, SIBATANI 1952). Ausgehend von der alten UNNAschen Beobachtung, daß die Anfärbbarkeit der Kerne mit Methylgrün sofort verschwindet, wenn man die Objekte vorher in heißes Wasser bringt, wurde die Theorie entwickelt, daß Methylgrün für hochmolekulare Nukleinsäure, d. h. DNS, spezifisch sei und daß Pyronin niedermolekulare Nukleinsäure (depolymerisierte DNS und RNS) (s. KURNICK 1955 b) anfärbe. Gleichzeitig wurde aber auch die Bedeutung von sterischen Bedingungen erkannt. KURNICK weist darauf hin, daß der Abstand zweier Phosphatgruppen in der DNS dem Abstand der beiden NH_2-Gruppen des Methylgrüns entspricht und daß auch das ähnlich gebaute Malachitgrün (s. Harms 1957) die gleiche Spezifität für DNS aufweist. Die Rolle der Sekundärstruktur der DNS hat besonders Vercauteren (1950) hervorgehoben, doch konnte er keine näheren Angaben machen, da zu dieser Zeit die Sekundärstruktur von RNS und DNS nicht bekannt war. Neben Erhitzen führt auch der Abbau mit DNase, UV-Licht und Röntgen-Strahlen sowie ein Ansäuern der Lösung dazu, daß sich DNS nicht mehr mit Methylgrün färbt. Diese Einwirkungen führen aber nicht alle zu einer Depolymerisierung. Erhitzen und Ansäuern bringen in erster Linie die Doppelhelixstruktur zum Zusammenbruch. Die Entscheidung, ob hoher Polymerisationsgrad oder die Sekundärstruktur für die selektive Anfärbung der DNS verantwortlich sind, brachten Experimente mit Ultraschall-behandelter DNS (Rosenkranz und Bendich 1958). Bei der Ultraschall-Behandlung bleibt die Sekundärstruktur erhalten, die Kettenlänge wird dagegen reduziert. Alle untersuchten Bruchstücke (Mol.-Gew. $1{,}7 \times 10^5$ bis $6{,}7 \times 10^6$) waren gleich gut mit Methylgrün anfärbbar.

Auch Alfert (1951) lehnt auf Grund seiner Versuche die „Depolymerisationshypothese" ab und weist den kationischen Proteingruppen eine bestimmende Rolle bei der Methylgrünfärbung zu. Über die sterische Konfiguration des DNS-Methylgrün-Komplexes ist bis jetzt noch nichts näheres bekannt. Kurozomi und Mitarb. (1963) berichteten, daß Methylgrün in Lösung durch Wasserstoffperoxyd entfärbt wird, während der DNS-Komplex seine Farbe behält.

Die Spezifität des Pyronins für RNS ist wesentlich geringer als die des Methylgrüns für DNS. Mit Pyronin allein färben sich auch Zellkerne rot an (vgl. dagegen Tepper und Gifford 1962). Die Selektivität des Farbstoffpaares kommt daher offenbar durch eine Konkurrenz der beiden Farbstoffe zustande (Chayen 1952, Sibatani 1952 a, Kurnick 1955 b), indem die Bindung des Methylgrüns an DNS, dagegen die des Pyronins an RNS fester ist als die des jeweiligen Farbstoffpartners. Es handelt sich nach Ansicht vieler Autoren bei der Methylgrün-Pyronin-Färbung um ein sehr ausgewogenes Gleichgewicht der beiden Partner, das durch das pH der Lösung, die Ladung des Gewebes und vor allem durch die relative Konzentration der beiden Farbstoffe beeinflußt wird. Vor allem wegen der wechselnden Reinheit und der verschiedenen Arten der Pyronine sind eine große Anzahl von Modifikationen und „Verbesserungen" der ursprünglichen Methode vorgeschlagen worden (Taft 1951 a, b, Trevan und Sharrock 1951, Metzner 1952, Kay 1953, Romanini und Romanini 1953, Jordan und Baker 1955, Pfeiffer 1959, Bhaduri und Mukherjee 1962, Chen und Chang 1963, vgl. auch Lipp 1957, Pearse 1960, Specht 1961). Um die Färbebedingungen besser kontrollieren zu können, schlägt Gössner (1952) die Anwendung von Methylgrün und Pyronin hintereinander vor. Sibatani (1952 c) hatte allerdings mit der Sukzedanfärbung schlechtere Erfolge. Auch Mayersbach (1956) konnte mit jedem der beiden Farbstoffe beide Nukleinsäuren anfärben und weist besonders auf die Rolle der H-Ionen-Konzentration hin, während er der Sekundärstruktur der Nukleinsäuren jegliche Bedeutung abspricht.

Es ist auch empfohlen worden, aus einer Reihe von Pyroninen ein geeignetes Präparat einfach empirisch auszusuchen (Lipp 1957, Pearse 1960), wie das z. B. auch KURNICK (1955 b) getan hat. (Über Beimengungen der Pyronin-Farbstoffe und deren Beiseitigung s. bei SPECHT 1961, STIER und SPECHT 1963.) Verschiedentlich ist versucht worden, das Pyronin durch einen anderen Farbstoff zu ersetzen (Toluidinblau, KORSON 1951).

Die im Handel befindlichen Methylgrün-Präparate sind wesentlich einheitlicher und reiner als die Pyronine. Eine geringe Beimengung von Kristallviolett läßt sich mit Amylalkohol oder Chloroform ausschütteln (vgl. KASTEN und SANDRITTER 1962).

Die Spezifität der Methylgrün-Pyroninfärbung für Nukleinsäuren ist oft bezweifelt worden (vgl. KURNICK 1955 a). BRACHET (1953) empfiehlt Kontrolle mit RNase. ALFERT (1951, 1952) weist die Anfärbbarkeit von Protein mit Pyronin nach, auch eine Anfärbung von Nissl-Substanz mit Methylgrün. Die Anfärbung von Sulfatester-haltigen Substanzen mit der Methylgrün-Pyronin-Methode dürfte außer Frage stehen (KADAŠ 1961, CHEN und CHANG 1963). Ebenso lassen sich Polyphosphate mit Methylgrün-Pyronin anfärben (EBEL und MULLER 1958).

Eine abweichende Vorstellung von der unterschiedlichen Anfärbbarkeit von DNS und RNS hat GOLDSTEIN (1961, 1962) entwickelt. Er konnte zeigen, daß große Farbstoffkationen (Mol.-Gew. $> \sim 373$) Zellkerne stärker färben als das Cytoplasma und die Nukleoli, während kleinere (Mol.-Gew. $< \sim 300$) vornehmlich die RNS-haltigen Zellbezirke anfärben. Er hat eine Reihe von Farbstoffkombinationen genannt, mit denen man die gleiche unterschiedliche Anfärbung wie mit Methylgrün-Pyronin erreichen kann (Malachitgrün-Acridinrot; Methylgrün-Toluidinblau; Coelestinblau-Pyronin). Die experimentelle Basis der Auffassung GOLDSTEINS müßte noch verbreitert werden (VAN DUIJN 1962). Auch SANDERS (1946) verwendete eine Coelestinblau-Pyronin-Methode zur unterschiedlichen Darstellung von RNS und DNS.

5.3.6.2. Toluidinblau

Das Toluidinblau in Verbindung mit einer RNase-Extraktion wurde zuerst von DAVIDSON und WAYMOUTH (1944) für den Nachweis der RNS in der Leberzelle verwendet. STENRAM (1954) benutzt die Toluidinblaufärbung bei pH 2,2 (nicht aber bei pH 4) für eine spezifische Darstellung der RNS der Nissl-Substanz. Für die Entfernung des überschüssigen ungebundenen Farbstoffes verwendet er ein n-Butylalkohol-Äthylalkohol-Gemisch. SCOTHORNE (1953) kontrolliert die Toluidinblaufärbung immer mit RNase. Manche Toluidinblau-Sorten enthalten Beiprodukte und verändern ihr färberisches Verhalten nach der Reinigung (BALL und JACKSON 1953, DI BERNARDINO 1954, KRAMER und WINDRUM 1955, GRAUMANN und MUSSO 1959). Die Reinigung führt auch zu einer Verbesserung der Färbung (ROBINSON und BACSICH 1958). Eine spezielle Methode zum Nachweis unterschiedlicher Ribonukleoproteine hat LOVE entwickelt (s. LOVE und WALSH 1963), wobei durch Nachbehandlung mit Ammoniummolybdat (s. PISCHINGER 1927) eine Intensivierung der Färbung erreicht wird. Die verschiedenen Typen der Ribonukleoproteine sollen sich durch die Leichtigkeit unterscheiden, mit der sie denaturiert werden können bzw. der Eiweißanteil von der Nukleinsäure abgespalten werden kann. Unterschiedliche Fixierungsdauer (mit Formalin-Sublimat) führt daher zu ganz verschiedenen Färbebildern (Love und Liles 1959). Homogenisiertes Gehirngewebe bindet nach Formalinfixation weniger Toluidinblau (pH 3,5) als nach Alkoholfixation, bezogen auf den Phosphorgehalt (Koenig und Mitarb. 1954).

5.3.6.3. Azurfarbstoffe

Das Azur A ist in Bezug auf sein Verhalten gegenüber isolierter DNS und Desoxyribonukleoproteinen sowie gegenüber isolierten Thymus-Zellkernen besonders gut untersucht (Szirmai und Klein 1960, Klein und Szirmai 1963, Szirmai und van der Linde 1963). An jede Phosphatgruppe in isolierter DNS wird ein Molekül Azur A gebunden. Bei Desoxyribonukleoproteinen und in unfixierten Zellkernen ist das Verhältnis Azur A zu Phosphor immer kleiner als 1. An diesem Modellsystem sind auch die Einflüsse verschiedener Faktoren (pH, Farbstoffkonzentration, Ionenstärke) untersucht worden. Sowohl Azur A (Flax und Pollister 1948, Pollister und Mitarb. 1951) wie auch Azur B sind zum Nachweis von Nukleinsäuren im histologischen Präparat verwendet worden. Cytophotometrische Messungen ergeben, daß nach RNase-Behandlung die gebundene Azur A-Menge in der gleichen Weise abnimmt wie die UV-Absorption bei 265 nm (Pollister und Mitarb. 1951).

Für das Azur B ist eine Methode zur quantitativen cytophotometrischen Bestimmung der RNS-Menge ausgearbeitet worden (Flax und Himes 1952) (s. Kap. 5.7.2.2.). Beimengungen und auch die einzelnen Azurfarbstoffe lassen sich chromatographisch trennen (Kramer und Windrum 1955, Taylor 1960, Nerenberg und Fischer 1963, s. auch Graumann und Musso 1959).

5.3.6.4. Acridinorange

Das Acridinorange kann im pH-Bereich von 0,65—2,0 für die Darstellung der Nukleinsäuren im histologischen Präparat verwendet werden (Schümmelfeder und Mitarb. 1957, 1958). Bei der Bindung des Acridinoranges sollen nicht nur elektrostatische Bindungskräfte eine Rolle spielen, sondern in ganz besonderem Maße auch Nebenvalenzen (van der Waalssche Kräfte). Der unspezifisch gebundene Farbstoff läßt sich daher durch unpolare Lösungsmittel (Äthanol, Isopropanol, s. bei Schümmelfeder und Mitarb, 1958) entfernen. Der Anteil des nicht an Nukleinsäuren gebundenen Acridinoranges nimmt mit steigendem pH zu. Die Zellkerne (Körnerzellen des Kleinhirns der Maus) färben sich im pH-Bereich 3—8 sehr schwach, erst bei niedrigerem pH nimmt die Anfärbung zu. Das deutet auf einen Einfluß der Sekundärstruktur der DNS hin („Polymerisationsgrad", Schümmelfeder und Mitarb. 1957, 1958) (vgl. auch Methylgrün-Pyronin, Kap. 5.3.6.1.).

Die geringere Anfärbbarkeit nativer DNS besonders im schwach sauren pH-Bereich (~4) kann für eine unterschiedliche Darstellung der beiden Nukleinsäuren verwendet werden, da DNS enthaltende Zellkerne grün bis gelb, RNS-haltige orange bis rot fluoreszieren (Armstrong 1956, Gluck und Kulovich 1962, Keeble und Jay 1962). Es muß aber betont werden, daß die unterschiedliche Fluoreszenzfarbe letztlich von der Konzentration des Farbstoffes abhängt und so den verschiedensten Einflüssen (vgl. Kap. 5.3.4.) unterliegen kann. Aus den gleichen Gründen muß wohl auch die Färbung mit

Acridinorange zur Krebsdiagnostik (F. D. BERTALANFFY 1961, 1962, L. v. BERTALANFFY 1963, dort auch umfangreicher Literaturnachweis) mit sehr viel Vorsicht angewendet werden (KORNFIELD und WERDER 1960).

Das gleiche Verhalten wie Acridinorange gegenüber Nukleinsäuren zeigt auch das Coriphosphin-O, hat aber den Vorteil einer sehr viel höheren Stabilität, besonders gegenüber der anregenden UV-Bestrahlung (KEEBLE und JAY 1962).

5.3.6.5. Gallocyaninchromalaun

Das Gallocyanin, ein basischer Oxazinfarbstoff, wird nicht als solcher, sondern als lösliches Chromkomplexsalz in der Histologie verwendet (BECHER 1921). EINARSON und seine Schule (vgl. EINARSON 1951, KROGH und EINARSON 1954, LIISBERG 1955) untersuchten das Gallocyaninchromalaun in seinem färberischen Verhalten und verwendeten es insbesondere zum Studium neuroanatomischer Fragen. Daneben entwickelten sie eine Vorstellung vom Aufbau des Gallocyaninchromalauns als Chromkomplexsalz des Gallocyanins. Vom chemischen Standpunkt aus muß die Auffassung EINARSONS etwas modifiziert werden (HARMS 1957). Danach wird das Chrom an die beiden Sauerstoffunktionen des Gallocyanins gebunden, so daß ein zweifach positiv geladenes Chelation des Chroms mit dem Gallocyanin entsteht. Bei der Bindung an Nukleinsäuren würde dann ein Chromdoppelsalz entstehen. Der Vorteil des Gallocyaninchromalauns gegenüber den übrigen basischen Farbstoffen liegt darin, daß sein Salz, das es mit Nukleinsäuren bildet, schwer löslich ist, vor allem aber eine sehr kleine Dissoziationskonstante besitzt. Dadurch ist der entstehende Farbstoff-Nukleinsäure-Komplex in Wasser, Alkohol und anderen üblichen Lösungsmitteln praktisch stabil. Die Färbung mit Gallocyaninchromalaun kann progressiv durchgeführt werden und bedarf keiner sorgfältig kontrollierten Differenzierung. Der Einfluß der verschiedenen Färbebedingungen auf den Ausfall der Färbung ist eingehend von SANDRITTER und Mitarb. (1963) untersucht worden.

EINARSON (1951) hält die Gallocyaninchromalaunfärbung für eine weitgehend spezifische Nachweismethode für Nukleinsären, wenn das pH der Farblösung zwischen 0,83 und 1,64 liegt. Oberhalb dieses pH-Bereiches nimmt die unspezifische Anfärbung des Gewebes zu (wahrscheinlich bedingt durch Proteine) (LAGERSTEDT 1946, 1949, LODIN und Mitarb. 1962, SANDRITTER und Mitarb. 1963).

Wie bei anderen basischen Farbstoffen ist die Anfärbung nicht auf die Nukleinsäuren beschränkt. Andere stark saure Zellbestandteile werden ebenfalls dargestellt, so z. B. Mastzellgranula, Keratohyalingranula und Metaphosphate (STICH 1953). Die sulfatesterhaltigen Substanzen (Knorpel, Schleim) werden nicht im üblichen blauen Ton, sondern in einem mehr rötlichen Farbton angefärbt. Es handelt sich hier nicht um eine Metachromasie wie bei anderen basischen Farbstoffen, sondern um eine Nebenkomponente, die mit Chloroform extrahiert werden kann (HINRICHSEN 1960). Diese unspezifisch anfärbende Komponente entsteht während des Kochens der Farblösung und ist vielleicht ein Decarboxylierungsprodukt des Gallocyanins, das Galloviolett (HARMS 1957). Mit länger als 10 Minuten gekochten Farblösungen kann man daher auch mit RNase behandelte Schnitte noch anfärben (STENRAM 1953).

Unterschiedlicher Farbstoffgehalt und eine Reihe von Beimengungen bei einigen (amerikanischen) Gallocyaninpräparaten haben TERNER und CLARK (1960 a) veranlaßt, dem Gallocyaninchromalaun eine Spezifität für Nukleinsäuren abzusprechen. Das von SANDRITTER und Mitarb. (1963) verwendete Gallocyanin (Firma: FLUKA, Buchs, St. Gallen, Schweiz) enthält demgegenüber praktisch nur eine einheitliche Substanz. Sowohl EINARSON (1951) wie auch BESWICK (1958) weisen darauf hin, daß einige Gallocyaninpräparate unspezifisch rötlich färbende Begleitsubstanzen enthalten. Für eine weitgehende Spezifität sprechen die identische Verteilung der mit Gallocyaninchromalaun färbbaren und der UV-Licht absorbierenden Areale im histologischen Bild (LAGERSTEDT 1949, ROMANINI 1953, MENDELSOHN 1958 b), besonders aber die Feststellung von SANDRITTER und Mitarb. (1963), daß nach Ribonukleasebehandlung die von den Zellkernen gebundene Gallocyaninmenge dem DNS-Gehalt entspricht.

Für die Spezifität des Nukleinsäurenachweises hat die Art der Fixierung große Bedeutung. Für einen spezifischen Nachweis eignen sich besonders Alkoholfixation (PAKKENBERG 1962) und Fixierung nach *Carnoy* (SANDRITTER und Mitarb. 1963), während Formalinfixation (TERNER und CLARK 1960 a, b) die unspezifische Anfärbung der Proteine begünstigt. Nach MAYERSBACH (1956) soll bei *Helly*-Fixation eine etwas geringere H-Ionenkonzentration (pH 2,5) der Farblösung bessere histologische Bilder ergeben.

Wegen der einfachen Handhabung und des klaren gefärbten Bildes ist das Gallocyanin oft für histologische und histochemische Zwecke empfohlen worden (u. a. von BECHER 1921, MAYERSBACH 1956, BESWICK 1958), doch ist seine Anwendung nicht so verbreitet, wie es eigentlich zu erwarten wäre. Außer für neuroanatomische Zwecke, wo es eine hervorragende Darstellung der Nissl-Schollen erlaubt (EINARSON 1951, BESWICK 1958, ZALAN 1962) ist es zum Studium der physiologischen Veränderungen der RNS bzw. der Basophilie verwendet worden, wie zum Beispiel am Pankreas (ORAM 1954, 1955) und an Speicheldrüsen (HOLTET 1962), bei nervenphysiologischen Untersuchungen (KROGH und EINARSON 1954) oder auch für histochemische Grundlagenuntersuchungen (SCHÜMMELFELDER und Mitarb. 1958). In Verbindung mit einer Ribonuklease- oder Perchlorsäureextraktion der RNS eignet sich das Gallocyaninchromalaun auch für Chromosomenuntersuchungen (LENNOX 1956, COWDEN 1957 a).

5.3.6.6. Andere, für den Nachweis von Nukleinsäuren verwendete basische Farbstoffe

Mit *Kristallviolett* konnte MURRAY (1962) die RNS des Zellkernes (Nukleolus) selektiv darstellen, das Cytoplasma blieb ungefärbt. Die Färbung von Bakterien mit Kristallviolett bleibt nach RNase- und DNase-Behandlung bestehen, läßt sich aber nach Verdauung mit einer Reihe von Peptidasen nicht mehr durchführen (CLARK und WEBB 1955).

Dem *Thionin* hat SIBATANI (s. SIBATANI 1952 b) eine Reihe von Arbeiten gewidmet. Er kommt zu dem Schluß, daß die Anfärbung mit diesem Farbstoff auf einer elektrostatischen Bindung beruht und den spezifischen Nukleinsäurenachweis gestattet. Das Thionin neigt leichter zur Metachromasie als Toluidinblau und Kresylviolett. Daher färbt sich RNS metachromatisch, DNS dagegen orthochromatisch, weil die Anlagerung von Thionin an die DNS durch Histone gehemmt wird, während kein Einfluß von Proteinen auf die Färbung von RNS gefunden werden kann. Isolierte DNS ist dagegen stärker chromotrop als RNS (Furusawa und Sibatani 1954). Sibatani und Fukuda (1954) haben darauf hingewiesen, daß die subjektive Beurteilung der Basophilie kein Maß für den RNS-Gehalt einer Zelle sein kann, da die morphologische Struktur und vor allem die Größe der Zelle starken Schwankungen unterliegen kann. Eine Methode zur Darstellung von Nissl-Substanzen mit gepufferter Thioninlösung wurde von Windle und Mitarb. (1943) angegeben.

Für eine ganze Reihe von anderen Farbstoffen sind Methoden angegeben worden, die die spezifische Anfärbung von RNS erlauben und die durch RNase-Extraktion kontrolliert werden können: Nukleolarsubstanz mit *Aceto-Karmin* (Rattenbury 1952), RNS und DNS purpurrot mit *Safranin* (Bryan 1955), Nissl-Substanz mit *Kresylechtviolett* (Powers und Clark 1955, Fernstrom 1958) Nukleinsäuren und Mucopolysaccharide mit *Cyaninrot* (Quay 1957), *Sambucyanin* (Novelli 1954) und *Trypaflavin* (Stich 1951). Das *Berberinsulfat* zeigte in Reagenzglasversuchen bei Zugabe von Nukleinsäuren eine Zunahme seiner Fluoreszenz, die der Nukleinsäuremenge proportional ist (Yamagishi 1962).

Methoden zur chromatographischen Trennung und Isolierung von 22 N-alkyl-thioninen und die zugehörigen Rf-Werte sind von Taylor (1960) angegeben worden.

5.4. Xanthenon-Reaktion

Die Fähigkeit einiger Fluorone, mit Zuckern gefärbte Reaktionsprodukte zu bilden, wurde von Turchini (s. Turchini 1947, Turchini und Mitarb. 1948, Turchini und Khau van Kien 1951) für eine differente histologische Darstellung von RNS und DNS verwendet. Mit dem 9-Phenyl-2,3,7-trihydroxy-6-fluoron („*Xanthenon*") konnte er in pflanzlichem Material nach milder saurer Hydrolyse (Entfernung von Pyrimidinen und Purinen) die RNS gelblich und DNS blau bis purpur anfärben. Die Methode hat keine verbreitete Anwendung gefunden, vor allem, weil das Reagens nicht im Handel zu haben ist.

Backler und Alexander (1952) haben mit anderen Fixationsmitteln (Zenkersche und Bouinsche Flüssigkeit, Formalin, Gefriertrocknung) als den von Turchini verwendeten, Bichromat enthaltenden, ebenfalls gute Erfolge erzielt. Pearse (1960) findet die Ergebnisse der Färbung von tierischem Material nicht so befriedigend wie bei pflanzlichen Objekten.

5.5. Andere Nachweismethoden

Ob die Silber-reduzierende Fähigkeit des Nukleolus (Tandler 1959), der Nissl-Substanz und des Axoplasmas von Nervenzellen (Winkelmann und Schmit 1959) auf die Anwesenheit von RNS bezogen werden kann, ist sehr fraglich. Nach RNase-Behandlung bleibt die Silberimprägnierung aus, nach Trichloressigsäure-Extraktion ist sie dagegen erhalten (WINKELMANN und SCHMIT 1959).

Der Anwendung von Infrarot-Strahlung, die einen getrennten Nachweis von DNS und RNS im mikroskopischen Bereich erlauben würde (s. z. B. WEGMANN 1957), steht der Verlust des optischen Auflösungsvermögens in diesem Spektralbereich entgegen.

Unter den mikrochemischen Nukleinsäurebestimmungen (SCOTT und Mitarbeiter 1956, vgl. GLICK und HOLTER 1961) hat die von EDSTRÖM (1952, 1953, 1958 a) entwickelte Methode insofern besondere Bedeutung erlangt, als ihre Empfindlichkeit die Bestimmung der RNS-Menge in großen, RNS-reichen Zellen erlaubt. Mit dieser Methode sind besonders an Ganglienzellen zahlreiche Untersuchungen gemacht worden (s. HYDÉN 1960). Weiter könnte sie zur Kontrolle der durch mikrophotometrische Messungen erzielten Ergebnisse herangezogen werden. In einer chromatographischen Modifikation (EDSTRÖM 1960) kann mit der diffizilen Technik sogar das Basenverhältnis der RNS in einzelnen Zellbestandteilen festgestellt werden, z. B. in Riesenchromosomenabschnitten von Dipteren (EDSTRÖM und BEERMANN 1962) oder in Kern und Cytoplasma einzelner Amöben (IVERSON 1964).

5.6. Extraktion von Nukleinsäuren

Die histologischen Nachweismethoden für Nukleinsäuren sind nicht ganz spezifisch. Daher ist zum einwandfreien Nachweis die Untersuchung eines Kontrollpräparates notwendig, aus dem die Nukleinsäuren entfernt wurden. Darüber hinaus können durch bestimmte Extraktionsmethoden DNS und RNS mehr oder weniger selektiv entfernt werden. Daher können auch Methoden für den Nachweis einer der beiden Nukleinsäuren angewendet werden, die an und für sich beide Nukleinsäuren gleichzeitig darstellen (UV-Mikroskopie, basische Farbstoffe).

5.6.1. Trichloressigsäure

Durch Trichloressigsäure werden RNS und DNS extrahiert. Die meisten Autoren verwenden 5%ige Trichloressigsäure und behandeln bei 90° C 15 Minuten (LIPP 1954/61, PEARSE 1960). Die Methode hat eine Reihe von Nachteilen. Proteinverluste lassen sich nicht vermeiden und sollten durch möglichst kurze Extraktionsdauer klein gehalten werden. Wie biochemische Untersuchungen ergaben, sind besonders einige basische Polypeptide (auch Protamine, SWIFT 1955) in Trichloressigsäure löslich, können aber durch einen Zusatz von Wolframat (0,25%) zur Trichloressigsäure ausgefällt werden (GRIFFIN und Mitarb. 1963). Diese Beobachtung ist noch nicht für histochemische Zwecke nutzbar gemacht worden. Eine Unterscheidung verschiedener basophiler Substanzen mit Hilfe einer Trichloressigsäureextraktion ist nicht möglich, da auch saure Mucopolysaccharide extrahiert werden (ATKINSON 1952). Ein weiterer Nachteil liegt in den starken strukturellen Veränderungen des Objektes während der Behandlung. Bei mikrophotometrischen Arbeiten muß man besonders dem Anstieg des Brechungsindex im Gewebe Beachtung schenken (Sandritter und Mitarb. 1957). Eine spezielle Bedeutung hat die Entfernung der Nukleinsäuren mit Trichloressigsäure bei der Darstellung der basischen Kernproteine mit sauren Farbstoffen (Fastgreen usw.) gewonnen (Alfert und Geschwind 1953).

5.6.2. Perchlorsäure

Die Bedeutung der Perchlorsäureextraktion liegt darin, daß bei niedrigen Temperaturen (< 5° C) vorzugsweise die RNS, bei höheren Temperaturen (60—70° C) beide Nukleinsäuren extrahiert werden. Diese von Ogur und Rosen (1950) gemachte Beobachtung erlaubt daher die Unterscheidung von RNS und DNS und führte zu vielfachen Untersuchungen der Methode (s. Lipp 1954/1961). Die Ergebnisse waren insofern nicht ganz einheitlich, als manche Untersucher eine streng elektive Extraktion der RNS mit 10%iger Perchlorsäure bei 5° C im Laufe von etwa 18 bis 24 Std. finden konnten (Sulkin und Kuntz 1950, Sulkin 1950, Seigel und Worley 1951, Goessner 1952, Koenig und Stahlecker 1952, Aldridge 1963), andere hingegen nachwiesen, daß neben RNS auch noch andere basophile Substanzen (Mucine, Atkinson 1952) extrahiert werden, und daß die DNS in geringem Grade hydrolysiert bzw. denaturiert wird (Aldridge 1963). Offenbar ist die RNS bereits vollständig herausgelöst, bevor die Hydrolyse der DNS beginnt. Dazwischen liegt ein kurzer Zeitraum, innerhalb dessen nur noch DNS im Schnitt vorhanden ist. Bei 25° C ist in Essigsäure-Alkohol-fixiertem Rattenpankreas nach 6 Minuten die cytoplasmatische RNS verschwunden, während die Intensität der Feulgenreaktion erst nach 9 Minuten abzunehmen beginnt (Di Stefano 1952). Dieser „Sicherheitszeitraum" wird mit steigender Temperatur kleiner (Koenig und Stahlecker 1952). Eine sehr wichtige Rolle spielt die Vorbehandlung des Gewebes (Fixation, Einbettung) (Franz und Mitarb. 1954), so daß auf diese Weise unterschiedliche Ergebnisse zustande kommen können (Gössner 1952/53, 1954). Auch nach Perchlorsäureextraktion erhöht sich der Brechungsindex des Gewebes, so daß z. B. eine erhöhte UV-Absorption vorgetäuscht werden kann (Davies und Walker 1953). Ob mit Perchlorsäure extrahiertes Material zur Feststellung des nicht durch Nukleinsäure absorbierten Lichtanteils bei 260 nm herangezogen werden kann (Koenig und Stahlecker 1952), muß daher stark bezweifelt werden.

Wenderoth (1953) arbeitet bei Blutausstrichen zur Extraktion der RNS nicht bei 5° C, sondern bei 40° C und erhält angeblich bessere Bilder. Allerdings genügt die von ihm verwendete Zeit von 3 Minuten bei einigen Blutzellentypen nicht zum völligen Verschwinden der cytoplasmatischen Basophilie.

5.6.3. Ribonuklease

(s. Kap. 2.1.3.)

Die Unsicherheiten der Säureextraktionen, besonders hinsichtlich der Spezifität, lassen für kritische Fälle eine RNS-Extraktion mit Hilfe des spezifischen Enzyms Ribonuklease (Polyribonukleotid-2-Oligonukleotidotransferase, Enzym-Code-Nr. E. C. 2.7.7.16) unumgänglich erscheinen. Zur histochemischen Unterscheidung von RNS, DNS und anderen basophilen Substanzen ist das Enzym vor allem durch BRACHET (s. BRACHET 1940 a, 1953, BRACHET und SHAVER 1948, vgl. auch VAN HERWERDEN 1913) in die histologische Technik eingeführt worden. Nachdem kristallisierte, proteasefreie Enzympräparate (Pankreas-RNase) (KUNITZ 1940, McDONALD 1949 a, b) im Handel sind, stellen sich einem einwandfreien RNS-Nachweis im histologischen Präparat keine prinzipiellen Schwierigkeiten mehr entgegen (s. LIPP 1954/1961, PEARSE 1960).

Das Wirkungsoptimum der RNase liegt bei 65° C, pH 6—8 und bei einer Ionenstärke von 0,1 bis 0,2 (KALNITZKY und Mitarb. 1959, WHITE und ANFINSEN 1959). Da unter diesen Bedingungen auch andere Substanzen herausgelöst werden, arbeitet man im allgemeinen bei einer Inkubationstemperatur von 37° C und verwendet 1—2 mg RNase/ml destilliertes Wasser. Gepufferte RNase-Lösungen bei 60—70° C sind aber auch häufig mit Erfolg verwendet worden. Die benötigte Extraktionszeit läßt sich dadurch wesentlich verkürzen (SANDRITTER und Mitarb. 1957). Bei längeren Inkubationszeiten (3 Std. und mehr) kann dabei ein merklicher Proteinverlust eintreten. In jedem Falle sollte man zum Vergleich keine völlig unbehandelte Kontrolle heranziehen. Das Kontrollpräparat muß unter identischen Bedingungen mit RNasefreier Lösung behandelt werden. Das gilt besonders bei nachfolgender Anfärbung mit basischen Farbstoffen, da durch die Inkubation die Basophilie gesteigert werden kann (Abb. 63) (vgl. Kap. 5.3.4.2.) (SANDRITTER und Mitarb. 1963). Bei anschließender UV-Photometrie muß darauf geachtet werden, daß es zu einem Anstieg des unspezifischen Lichtverlustes im Präparat (Absorption bei $\lambda = 313$ nm) kommen kann (ATTARDI 1953, SANDRITTER und Mitarb. 1957).

Das Herauslösen von RNS aus Carnoy- oder Essigsäure-Alkohol-fixiertem Material (SEIGEL und WORLEY 1951, ALFERT und Mitarb. 1962) durch reine Pufferlösung wird der Aktivität nicht denaturierter, im Gewebe vorhandener RNase zugeschrieben (JONSSON und LAGERSTEDT 1957). Eine 24-stündige Fixierung in Carnoyscher Lösung verhindert diesen RNS-Verlust in den Kontrollpräparaten (AMANO 1962). Wird bei der Fixation die RNS nicht ausreichend denaturiert, kann die Extraktion mit RNase auf Schwierigkeiten stoßen. Native RNS mit gut ausgebildeter Sekundär-(Helix)-struktur (z. B. t-RNS) ist gegenüber einer RNase-Verdauung resistent (CANTONI und Mitarb. 1962, NISHIMURA und NOVELLI 1963). Beim normalen histochemischen Arbeiten an gut fixiertem Material kann die RNS vollständig aus dem Objekt entfernt werden. Das gegenüber RNase resistente „core" (MAGASANIK und CHARGAFF 1951) (Kap. 2.1.3.) ist wasserlöslich (NOVIKOFF und Mitarb. 1954) und sollte daher nicht im Schnitt verbleiben. Voraussetzung für eine quantitative Extraktion ist auch die vollständige Abtrennung der RNS aus den Ribonukleoproteinen, da sonst die Nukleinsäure nur zum Teil für das Enzym angreifbar ist (ROTH 1960 a).

Nach RNase-Behandlung kann eine Verminderung der Feulgen-Färbung auftreten. Hierfür wird eine intracelluläre DNase verantwortlich gemacht, die erst nach Entfernung der RNS aktiv wird (McDONALD und KAUFMANN 1954).

Es gibt Befunde, die darauf hindeuten, daß das Verschwinden der Basophilie nach RNase-Behandlung auf einer Anlagerung des Proteins an die Phosphatgruppen der Nukleinsäure beruht (ALFERT und DAS 1962, ALFERT und Mitarb. 1962, JORDANOV 1962). Der Rückgang der UV-Absorption (SANDRITTER und Mitarb. 1957) ist durch die Annahme eines solchen Mechanismus nicht zu erklären.

5.7. Quantitative Bestimmung der RNS-Menge in der Zelle

Von den histochemischen Nachweismethoden für Nukleinsäuren können einige auch für ihre quantitative Erfassung verwendet werden. In erster Linie ist hier die UV-Mikrophotometrie zu nennen. Außerdem sind einige Methoden angegeben worden, die eine mikrophotometrische Auswertung der Anfärbung mit basischen Farbstoffen erlauben. Als dritte Methode steht die mikrointerferometrische Gesamtmassenbestimmung vor und nach RNase-Extraktion zur Verfügung; sie hat aber bislang noch keine weite Verbreitung gefunden.

5.7.1. UV-Mikrophotometrie

Für die Mengenbestimmung einer absorbierenden Substanz in einem bestimmten Gewebsareal können die gleichen Methoden und Geräte angewendet werden wie für die Aufnahme von Absorptionsspektren (s. Kap. 5.2.4.2.) (CASPERSSON 1950, MOSES 1952, NURNBERGER 1955, SWIFT 1953, 1955, WALKER 1956, 1958, SANDRITTER 1958). Mikrospektrographen blenden nur einen sehr kleinen Bereich des Objektes aus und kommen daher für Messungen an größeren Objektflächen (Nukleolus, Zellkern usw.) kaum in Frage. Man kann mehrere Aufnahmen des Objektes im Spektrographen machen und jedesmal eine andere Objektstelle auf den Eingangsspalt projizieren. Aus einer solchen Serie von Aufnahmen läßt sich die mittlere Extinktion in dem zu untersuchenden Gewebsbezirk ermitteln; der Arbeitsaufwand ist natürlich sehr groß.

Die densitometrische Auswertung eines im UV-Licht aufgenommenen Bildes des Objektes ist wesentlich einfacher. Man kommt mit relativ einfachen apparativen Mitteln zu den gesuchten mittleren Extinktionen des Objektes. Die Genauigkeit dieser photographischen Methode ist jedoch recht begrenzt (KRUG 1962).

Aus diesen Gründen gewinnen die photoelektrischen Mikrophotometer immer mehr an Bedeutung. An die für Mengenbestimmungen verwendeten Geräte dieses Typs sind die gleichen Anforderungen zu stellen wie die an die für die Aufnahme von Absorptionsspektren benutzten. Es treten die gleichen Fehlermöglichkeiten auf, die durch die gleichen Vorkehrungen klein gehalten oder vermieden werden müssen (Kap. 5.2.4.2. und 5.2.4.3.).

Die in einem bestimmten Gewebs- oder Zellbezirk vorhandene Menge M an lichtabsorbierender Substanz ist dem Produkt aus der Fläche F des Querschnittes des Objektareals und der gemessenen Extinktion E proportional:

$$M = \frac{E \times F}{\varepsilon'}$$

ε' ist der für den absorbierenden Stoff charakteristische spezielle Extinktionskoeffizient, der von der Wellenlänge des benutzten Lichtes abhängig ist. Die quantitative Bestimmung der Nukleinsäuren erfolgt meist bei $\lambda = 265$ nm, der zu verwendende Extinktionskoeffizient liegt bei etwa 22.000 (s. Kap. 5.2.1.).

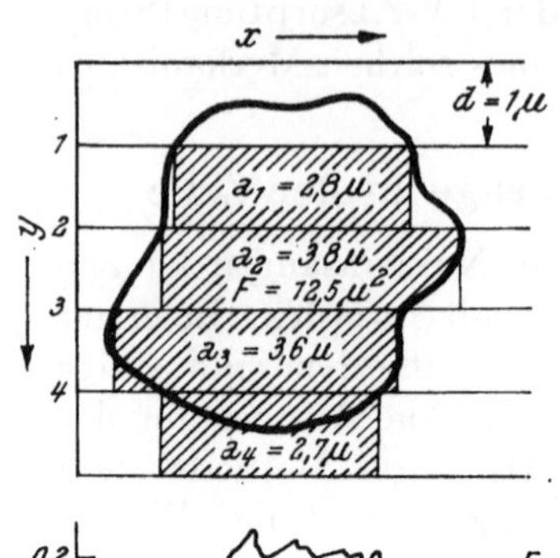

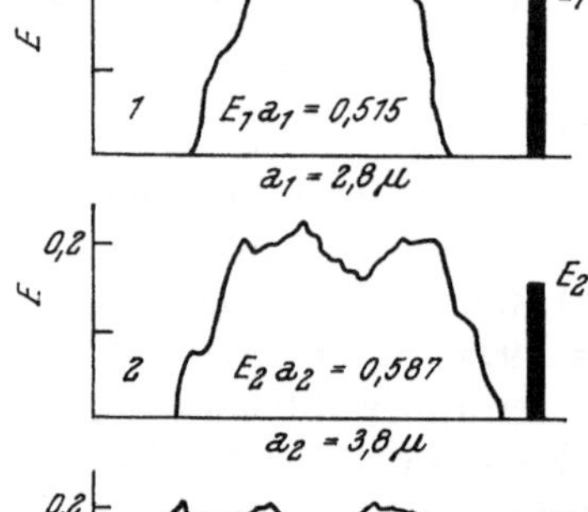

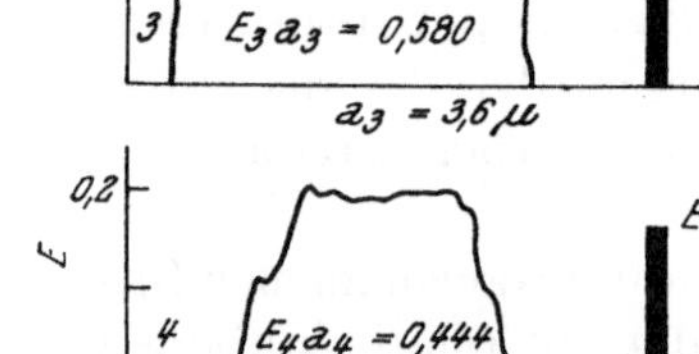

Abb. 61. Schematische Darstellung der Auswertungsmethode bei automatisch registrierenden Messungen. Oben: Schematische Darstellung eines Zellkernes mit den Meßlinien 1—4. d = Abstand der Meßlinien; a_{1-4} = Länge der Meßlinien; F = planimetrierte Fläche (12,5 μ^2). Die aus den Meßlinien sich ergebende Fläche beträgt 13 μ^2. Unten: Schematische Darstellung der Extinktionskurven entsprechend a_1—a_4 mit eingezeichneter mittlerer Extinktion (E_1—E_4). Erläuterung im Text. (Nach SANDRITTER 1958.)

Eine der wesentlichen Forderungen an die mikrophotometrische Technik ist die nach einem möglichst kleinen Meßfeld. Damit soll ein Fehler, der durch eine ungleichmäßige Verteilung der absorbierenden Substanz bedingt ist, vermieden werden. Mit diesem Meßfeld (Durchmesser 0,3—0,5 μm) wird das gesamte interessierende Areal abgesucht und auf diese Weise eine mittlere Extinktion ermittelt. Das Absuchen erfolgt korrekterweise durch eine Bewegung des Objektes, und zwar in der Form, daß durch geeignete Verschiebung des Objekttisches der Meßpunkt in mäanderförmiger Bewegung über das Objekt hinwandert („*Scanning*"-Bewegung) (Abb. 61). Dabei werden kontinuierlich die Lichtabsorption oder die Extinktion registriert. Auf diese Weise erhält man eine Schar von Kurven, deren Anzahl der Zahl durch das Objekt führender Zeilen entspricht. Gleichzeitig entspricht die Basislinie *a* einer Kurve der Länge der im Objekt verlaufenden Zeile. Bei gegebenem Zeilenabstand *d* und der Zeilenanzahl *n* errechnet sich die in dem betreffenden Objektgebiet vorhandene Menge *M* der absorbierenden Substanz aus:

$$M = \frac{1}{\varepsilon'} \cdot d \cdot \sum^{n} E_n \cdot a_n$$

d. h., *M* ist der Summe sämtlicher von den registrierten Extinktionskurven eingeschlossenen Flächen proportional bzw. auch dem Integral der Extinktion über der gefahrenen Strecke *a* und, wenn die Vorschubbewegung des Objektes mit konstanter Geschwindigkeit erfolgt, auch dem Integral der Extinktion über der Zeit. Das Universalmikrospektralphotometer von C. Zeiss, Oberkochen, gibt dieses Integral sofort an, das nur noch mit einem geräteeigenen Faktor multipliziert sowie für den Zeilenabstand *d* und den Extinktionskoeffizienten korrigiert werden muß, um die Gesamtmenge zu erhalten.

Im praktischen Fall muß man für die Ermittlung der Nukleinsäuremenge noch die Proteinabsorption und den unspezifischen Lichtverlust im

Präparat (Streuung, Reflexion usw.) in Rechnung stellen. Ausgehend von einem speziellen Extinktionskoeffizienten von 20.000 und den von CASPERSSON und SANTESSON (1942) angegebenen „Standardwerten" für die Proteinabsorption hat SANDRITTER (1958) die folgende Formel für die Berechnung der Nukleinsäuremenge in einem Objektbezirk angegeben:

$$M = F\ (\mu^2)\ [0{,}92\ E_{\lambda\ 265\ nm} — 0{,}75\ E_{\lambda\ 280\ nm} — 0{,}25\ E_{\lambda\ 313\ nm}] \times 10^{-12} g$$

Daraus geht hervor, daß zur Ermittlung des Nukleinsäuregehaltes das Objekt dreimal, und zwar bei den Wellenlängen 265, 280 und 313 nm, abgesucht und registriert werden muß. Bei der photographischen Methode müssen drei verschiedene, bei diesen Wellenlängen gemachte Aufnahmen ausgewertet werden.

Auch die Anforderungen an das Präparat sind die gleichen wie bei der Mikrospektrometrie. Besonderer Wert muß natürlich bei einer quantitativen Mengenbestimmung darauf gelegt werden, daß durch die Vorbehandlung kein Nukleinsäureverlust entsteht (s. Kap. 5.2.4.3.).

Die Bestimmung von einer der beiden Nukleinsäuren ist nur möglich, wenn die andere aus dem Objekt entfernt ist. Die Methode zur Extraktion der RNS mit RNase ist relativ einfach und gut untersucht (s. Kap. 5.6.3.). Nach Entfernung der RNS kann die zurückbleibende DNS-Menge quantitativ bestimmt werden (SANDRITTER und Mitarb. 1957). Zur Bestimmung der RNS-Menge muß die DNS mit DNase entfernt werden. Diese Extraktion ist mit den zur Verfügung stehenden käuflichen DNase-Präparationen in spezifischer Weise möglich (LIPP 1954/61, PEARSE 1960). Da der Erfolg der Extraktion sehr stark von der vorhergehenden Fixierung des Gewebes abhängt, sollte an einem Kontrollpräparat mit Hilfe der Feulgen-Reaktion geprüft werden, ob die DNS vollständig entfernt ist (SWIFT 1955). Manchmal ist eine quantitative DNS-Extraktion mit DNase aus bis jetzt noch unbekannten Gründen (Fixierung?) nicht möglich. Es ist noch nicht näher untersucht worden, ob die RNS-Menge bei einer DNase-Extraktion konstant erhalten bleibt.

Die Messung der UV-Absorption ist auch die einzige Methode, die Nukleinsäuremenge in der lebenden Zelle zu messen. Da die Zelle nach der Messung weiter beobachtet oder nochmals gemessen werden soll, muß eine Schädigung des Objektes durch das UV-Licht vermieden werden. Bei 265 nm ist eine einmalige UV-Photographie einer Gewebekulturzelle ohne sichtbare Strahlenschädigung möglich (DAVIES 1950, AUSTIN und BRADEN 1953). Photoelektrisch arbeitende Anordnungen zur UV-Absorptionsmessung an lebenden Zellen wurden mehrfach angegeben (WALKER und YATES 1952, BAMMER und HOPPE 1954, SANDRITTER 1958), doch scheint die Strahlenbelastung immer noch zu hoch zu sein, um ein wiederholtes Messen des gleichen Objektes in größeren zeitlichen Abständen zu erlauben (s. z. B. PERRY 1957). Die nach dem „Flying-spot"-Prinzip (s. Kap. 5.2.4.5.) arbeitenden Geräte sind wegen ihrer hohen Arbeitsgeschwindigkeit vielleicht am ehesten für die Anwendung am lebenden Objekt geeignet (s. z. B. MONTGOMERY und BONNER 1959, REYNOLDS und MONTGOMERY 1962, FREED und ENGLE 1962, 1963, MONTGOMERY 1964) (Abb. 54).

5.7.2. Mikrophotometrie mit sichtbarem Licht

5.7.2.1. Apparate und Meßverfahren

Für die Mikrophotometrie im sichtbaren Spektralbereich können die gleichen Geräte verwendet werden wie im UV-Bereich (Moses 1952, Swift 1953, 1955, Leuchtenberger 1955, Swift und Rasch 1956, Naora 1958, Strehler und Mitarb. 1963). Wegen der weniger hohen Anforderungen können

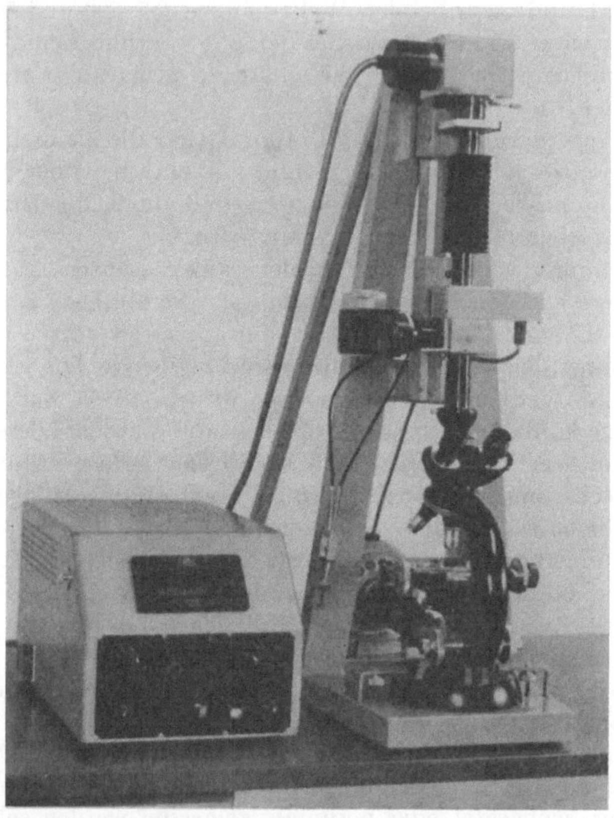

Abb. 62. Einfaches Cytophotometer für Einzelpunktmessungen im sichtbaren Spektralbereich. (Nach Sandritter u. Mitarb., unpubliziert.)

aber auch wesentlich einfacher gebaute Apparate benutzt werden. Neben Geräten, die das Objekt in anderer Weise als durch eine Tischverschiebung absuchen, sind vor allem Einzelpunktcytophotometer und Apparaturen für die Plug- und die Zweiwellenlängenmethode zu nennen. Einen vergleichsweise geringen technischen Aufwand verlangen die Instrumente für Einzelpunktmessungen (Abb. 62). Als Lichtquelle genügt eine gut stabilisierte, starke Mikroskopierlampe. Ebenso wird keine Spezialoptik benötigt. Zur Erzeugung des monochromatischen Lichtes können Interferenzlinienfilter oder Interferenzverlaufsfilter benutzt werden. Die einen ziemlich aufwendigen Mechanismus samt Registriermöglichkeit erfordernde Scanning-Bewegung des Objektes läßt sich durch eine einfachere Methode ersetzen (Sand-

RITTER und Mitarb. 1958 a, 1959 a). Dabei wird durch Handverschiebung des Mikroskoptisches die Extinktion an mehreren Punkten innerhalb des interessierenden Objektbereiches gemessen und das daraus gewonnene arithmetische Mittel der Extinktion mit der Fläche des Objektes multipliziert. So kann man auf einfache Weise die Menge an absorbierender Substanz bestimmen. Die Fläche des Objektes wird durch Planimetrie des vergrößerten Bildes ermittelt. Das vergrößerte Bild kann man direkt abzeichnen (nach Projektion oder mit Zeichenapparat) oder durch Projektion einer photographischen Aufnahme des Objektes erhalten. Bei regelmäßig gestalteten Objektflächen (Kreis, Ellipse) läßt sich die Fläche aus einem oder zwei Durchmessern errechnen. Die Zahl der Meßpunkte, d. h. die Größe der Stichprobe, ist von der Objektgröße und von dem Grad der Inhomogenität (ungleichmäßige Verteilung des absorbierenden Stoffes) abhängig. Wie viele Meßpunkte für einen bestimmten Objekttyp gemessen werden müssen, prüft man zweckmäßigerweise derart, daß man zuerst eine große Anzahl Meßpunkte (~100) in einer Zelle ausmißt und den Mittelwert der Extinktion errechnet. Dann vermindert man die Zahl der Messungen pro Zelle so weit, daß der Mittelwert dieser kleineren Stichprobe noch mit dem der größeren innerhalb weniger Prozent (2 bis etwa 5%) übereinstimmt.

Bei homogener Verteilung des Farbstoffes kann die Zahl der Meßpunkte klein gehalten werden. Außerdem lassen sich dann Meßpunkte mit größerem Durchmesser verwenden. Das Extrem in dieser Richtung stellt die sogenannte „Plug"-Methode dar. Diese Methode ist vor allem in den Anfängen der Cytophotometrie verwendet worden, als noch nicht genügend empfindliche Empfänger zur Verfügung standen (s. POLLISTER und RIS 1947, LEUCHTENBERGER 1955). Die Methode hat den Vorteil, daß nur wenige Extinktionsmessungen, in Zellkernen z. B. nur eine, nötig sind. Die Gefahr, daß infolge der Inhomogenität des Objektes eine zu niedrige Extinktion gemessen wird, ist dabei aber ziemlich groß.

Dieser Fehler kann mit einer dritten Methode vermieden werden, der sog. „Zwei-Wellenlängen"-Methode (ORNSTEIN 1952, PATAU 1952). Die apparativen Voraussetzungen sind ähnlich wie bei der „Plug"-Methode. Das Meßfeld ist so groß wie oder auch etwas größer als das Objekt. Im Unterschied zur „Plug"-Methode ist im allgemeinen ein Monochromator erforderlich, da die Messungen bei zwei definierten Wellenlängen erfolgen. Diese Wellenlängen werden so gewählt, daß die Extinktionskoeffizienten des Farbstoffes sich wie 1 : 2 verhalten. Man muß daher die spektrale Absorptionskurve des Farbstoffes kennen bzw. in einem kleinen Meßpunkt im Objekt feststellen, um zwei geeignete Wellenlängen auswählen zu können. Aus den Transmissionen bei den beiden Wellenlängen und der Größe der Meßblende läßt sich dann die Farbstoffmenge im Objekt errechnen. Die ziemlich umfangreiche Rechnung läßt sich unter Zuhilfenahme der von MENDELSOHN (1958 a) veröffentlichten Tabellen wesentlich vereinfachen und abkürzen.

Im sichtbaren Spektralbereich ist es möglich, ohne größere Fehler außerhalb des Zentralstrahles des optischen Systems zu arbeiten. Damit eröffnen sich Möglichkeiten für Scanning-Verfahren, bei denen nicht das Objekt bewegt wird. DEELEY (1955) hat eine Apparatur beschrieben, in der das Bild des Objektes nach dem Prinzip einer Nipkow-Scheibe abgetastet wird. Das auf den lichtelektrischen Empfänger auftreffende Signal wird in seinen logarithmischen Wert transformiert und sofort in einem elektronischen Integrator weiterverarbeitet. Da der Abtastvorgang sehr schnell durchgeführt werden kann, dauert die Messung der absorbierenden Substanz innerhalb eines Areals eines Zellkernes nur wenige Sekunden. Das von DEELEY entworfene Gerät wird von der Firma Barr und Stroud, Glasgow, gebaut und in den Handel gebracht.

Nach einem anderen Prinzip arbeitet das von JANSEN (1961) gebaute Gerät. Hier befindet sich eine Nipkow-Scheibe vor dem Mikroskop, und ihre Bohrungen werden in die Objektebene abgebildet. Dadurch wird das Objekt mit einem sehr kleinen Lichtpunkt abgetastet. In einer geeigneten Diode wird das Signal logarithmiert und mit dem eines Referenzstrahles mit einem zweiten Multiplier kompensiert. Ein Galvanometer zeigt auf Grund seiner Trägheit die integrierte Extinktion, d. h. die Gesamtmenge an absorbierender Substanz an.

5.7.2.2. Quantitative Farbreaktionen

Die relative Einfachheit der Mikrophotometrie im sichtbaren Licht hat zu verschiedenen Versuchen geführt, die zweite Möglichkeit des Nachweises für RNS, nämlich die Anfärbung mit basischen Farbstoffen, für quantitative Zwecke auszunützen. Soll eine Farbreaktion zu einer quantitativen photometrischen Bestimmung herangezogen werden, so müssen drei Voraussetzungen erfüllt sein (SANDRITTER u. Mitarb. 1963): Die Färbung muß spezifisch für die zu bestimmende Substanz sein, die resultierende Farbintensität der zu bestimmenden Substanzmenge entsprechen, und schließlich müssen auf den Farbstoff die photometrischen Gesetze anwendbar sein.

An die Spezifität der Färbung ist eine höhere Anforderung zu stellen als beim bloßen Nachweis, bei dem z. B. der Vergleich mit einer RNase-extrahierten Kontrolle herangezogen werden kann. Man wird sich demnach durch entsprechende Versuche vergewissern müssen, daß die verwendete Färbemethode in dem interessierenden Objekt ausschließlich die RNS zur Darstellung bringt. Als zweites muß sichergestellt sein, daß die gebundene Farbstoffmenge der RNS-Menge entspricht. Bei mikroskopischen Färbungen wird man in den seltensten Fällen alle theoretisch möglichen chemischen Gruppen des Gewebes mit dem Farbstoff beladen können. Meist muß man sich damit zufrieden geben, einen bestimmten konstanten Prozentsatz dieser Gruppen zu erfassen (sog. „Stöchiometrie"). Gerade bei der Anfärbung mit basischen Farbstoffen unterliegt die Größe dieses Anteils aller färbbaren Gruppen vielen, nicht immer gut zu kontrollierenden Einflüssen (s. Kap. 5.3.4.). Damit spitzt sich dieses Problem in der Praxis auf die Frage der Reproduzierbarkeit der Färbung zu. In den meisten Fällen ist das stöchiometrische Verhältnis zwischen Farbstoff und anzufärbender Substanz nicht bekannt. Daher ist es nur möglich, zwei oder mehr Objekte hinsichtlich ihres Gehaltes an färbbarer Substanz zu vergleichen und die Substanzmenge in relativen Einheiten anzugeben. Bei der mikrophotometrischen Methode wird diese Substanzmenge häufig in sog. Arbeitseinheiten (A E; englisch arbitrary units AU) angegeben. Diese Arbeitseinheiten sind das Produkt aus der mittleren Extinktion über dem Objekt und der Größe des Objektes (Fläche des größten Durchmessers in μ^2).

Schließlich muß der Farbstoff den photometrischen Gesetzen, vor allem dem *Beerschen Gesetz* genügen, d. h. es muß eine Proportionalität zwischen Farbstoffkonzentration und Extinktion bestehen. Der Nachweis für die Gültigkeit des Beerschen Gesetzes im mikroskopischen Objekt kann nicht direkt geführt werden, da die Farbstoffkonzentration nicht bekannt ist bzw. nicht bestimmt werden kann. Messungen an Farbstofflösungen in der Küvette sind sinnlos, da die Farbstoffkonzentration im Gewebe 10- bis 100mal höher ist als die in einer Küvette mit genügender Genauigkeit meßbare Konzentration. Sehr oft sind auch Lösungen in der erforderlichen hohen Konzentration nicht möglich. Abweichungen vom Beerschen Gesetz sind mit einer Änderung des gesamten Absorptionsspektrums verbunden. Man kann daher auf indirektem Weg prüfen, ob eine Proportionalität zwischen Konzentration und Extinktion besteht, indem man an verschiedenen Stellen des Objektes, die sich in ihrem Farbstoffgehalt unterscheiden, Absorptionsspektren mißt. Zeigen alle diese Kurven einen identischen Verlauf, kann die Gültigkeit des Beerschen Gesetzes angenommen werden (s. Sandritter und Mitarb. 1963).

Bei ihren Untersuchungen über die Metachromasie des *Azur B* beobachteten Flax und Himes (1952), daß sich bei pH 4 DNS-haltige Zellbezirke weitgehend orthochromatisch, RNS-haltige dagegen metachromatisch färben. Mit steigendem pH und steigender Temperatur nimmt die Menge des gebundenen Farbstoffes und gleichzeitig die Metachromasie zu. In den Absorptionsspektren zeigt sich die Metachromasie in einem stärkeren Hervortreten der β-Bande bei $\lambda = 590$ nm gegenüber der α-Bande bei $\lambda = 650$ nm. In Zellbezirken, die vorwiegend saure Mucopolysaccharide enthalten, erscheint eine μ-Bande bei $\lambda = 545$ nm. Die Spezifität für Nukleinsäuren konnte durch Extraktion mit RNase und DNase demonstriert werden. Die wesentliche Beobachtung aber war, daß das Verhältnis der Extinktionen von α-Bande und β-Bande in den im histologischen Schnitt vorkommenden Konzentrationsbereichen sich nicht ändert, daß hier ganz im Gegensatz zum Verhalten des Farbstoffes in wäßriger Lösung keine groben Abweichungen vom Beerschen Gesetz auftreten. Aus diesen Gründen kann es als berechtigt angesehen werden, das Azur B für eine quantitative cytophotometrische Bestimmung der RNS heranzuziehen (Woodard und Mitarb. 1961 a, b).

Als weiterer basischer Farbstoff zur Bestimmung der RNS in der Zelle ist das *Kresylviolett* vorgeschlagen worden (Ritter und Mitarb. 1961). Es hat dem Azur B gegenüber den Vorteil, daß es nicht metachromatisch ist. Die Form des Absorptionsspektrums ändert sich etwas mit der Konzentration, doch ist die Höhe des Absorptionsmaximums bei $\lambda = 585$ nm der Farbstoffkonzentration proportional. Die Autoren konnten auch zeigen, daß bei 20 μm dicken Schnitten von Carbowax, in das der Farbstoff eingelagert war, bis zu einer Konzentration von 0,4% das Beersche Gesetz gilt. Allerdings beträgt diese Konzentration doch nur ein Fünftel der in einem Schnitt durch die Oocyte eines Seesternes vorhandenen. Um die Spezifität wie auch die

Proportionalität von gebundener Farbstoffmenge und RNS-Menge zu prüfen, wurden Schnitte unterschiedlich lange mit RNase behandelt. Zwei Parallelschnitte (Seesternoocyte) wurden im UV, bei $\lambda = 257$ nm bzw. nach Färbung mit Kresylviolett bei $\lambda = 585$ nm photometriert. Die Abnahme der gebundenen Farbstoffmenge mit fortschreitender Dauer der RNase-Behandlung entsprach in groben Zügen dem Rückgang der durch Nukleinsäure bedingten UV-Extinktion.

Die leicht zu handhabende und gut reproduzierbare *Gallocyaninchromalaun*-Färbung ist bereits von Einarson (1951) für die quantitative Auswertung der Basophilie vorgeschlagen und von seinen Schülern (Lagerstedt 1948, Oram 1954, 1955) auch für die quantitative Bestimmung der RNS verwendet worden, obgleich für die Berechtigung dieses Vorgehens keine ausreichenden experimentellen Beweise vorlagen. Inzwischen konnte aber gezeigt werden, daß das Gallocyaninchromalaun auch in den in der Zelle vorliegenden Konzentrationen dem Beerschen Gesetz folgt und sich zumindest mit der DNS des Zellkernes unter definierten Bedingungen in einem konstanten Verhältnis verbindet (Sandritter und Mitarb. 1963). Für die RNS liegen noch keine entsprechenden Befunde vor, doch besteht kein Grund zu der Annahme, daß hier keine konstanten Bindungsverhältnisse zu erwarten wären. Die Untersuchungen von Sandritter und Mitarb. (1963) zur Methode werfen gleichzeitig ein bezeichnendes Licht auf die Problematik der quantitativen Nukleinsäurebestimmung mit basischen Farbstoffen. Die von Nukleinsäuren gebundene Farbstoffmenge hängt weniger von der Menge des vorhandenen Proteins als von seiner Qualität und von seinem durch die Fixierung bedingten Zustand ab (Abb. 63). Während alle somatischen Säugerzellkerne eine ihrem Ploidiegrad entsprechende Menge Gallocyaninchromalaun enthalten, binden Spermien weniger als ihrem DNS-Gehalt nach zu erwarten wäre (Abb. 64). In Zellkernen von niederen Wirbeltieren, besonders auch in deren kernhaltigen Erythrocyten, wurde ein etwas anderes Gallocyaninchromalaun-DNS-Verhältnis gefunden als in Säugerzellen. Daraus geht hervor, daß nur völlig identisch behandeltes Material hinsichtlich seines Nukleinsäuregehaltes verglichen werden kann. Auch sollte man vielleicht nur Material gleicher Herkunft bzw. einheitliche Zelltypen oder Zellpopulationen quantitativ auswerten, solange nicht erwiesen ist, daß in den untersuchten Objekten das quantitative Verhältnis („Stöchiometrie") von Nukleinsäure und Farbstoff gleich ist. Aus den Untersuchungen von Flax und Himes (1952) geht z. B.

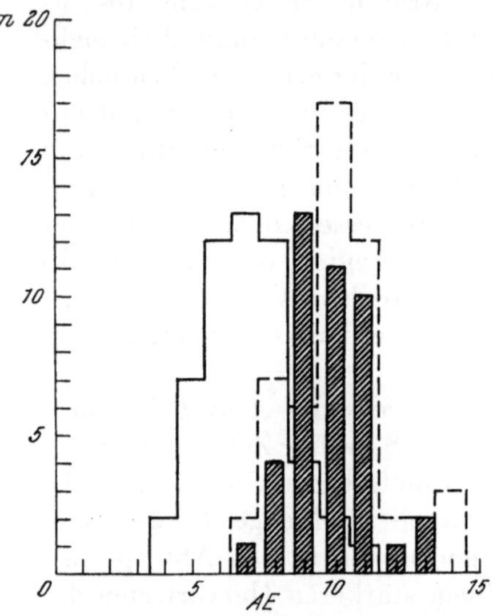

Abb. 63. Cytophotometrisch bestimmter Gallocyaninchromalaun-Gehalt (AE) von Fibroblastenzellen (Gewebekultur). Formalinfixation ——— unbehandelt, - - - - - - Ribonukleasebehandlung. Schraffierte Säulen: nur Behandlung mit Puffer. AE = Arbeitseinheiten = mittlere Extinktion × Fläche (μ^2). (Nach Sandritter und Mitarb. 1963.)

hervor, daß die relative Höhe der β-Bande des Azur B, verglichen mit der α-Bande in Leberzellen des Frosches kleiner ist als im Cytoplasma von Pankreaszellen und in Nissl-Schollen, offenbar infolge der sehr kleinen RNS-Konzentration.

Ganz allgemein gesehen verlangen die vielen, in ihrer Wirkung oft schwer zu überblickenden Einflüsse auf die Menge des gebundenen basischen Farbstoffes eine sorgfältige Prüfung der Voraussetzungen für die Brauch-

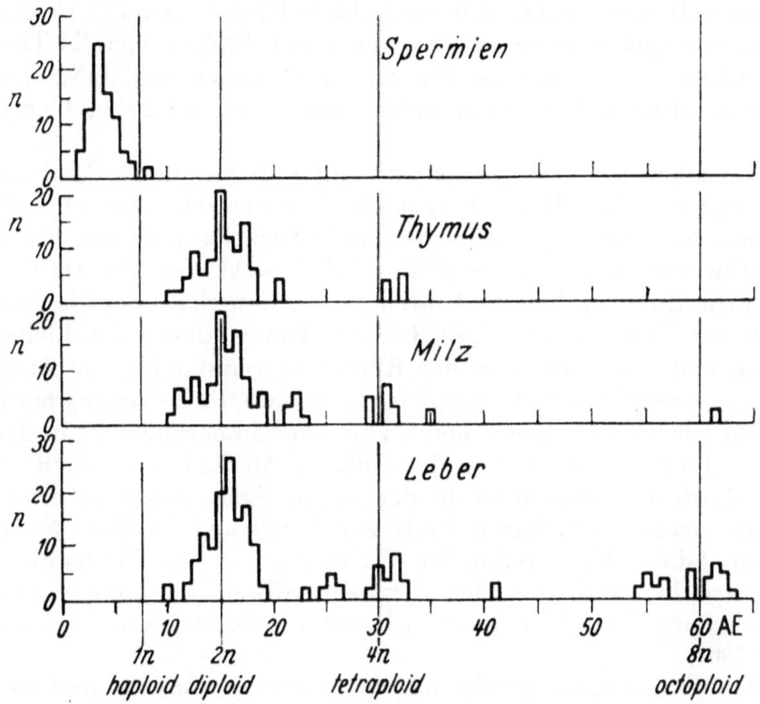

Abb. 64. Graphische Darstellung der Meßergebnisse von verschiedenen menschlichen Zellkernen (Ribonuklease-behandlung, Gallocyaninchromalaun-Färbung). n = Zellzahl, AE = Extinktion × Fläche (μ^2) = relativer Farbstoffgehalt. (Nach Sandritter und Mitarb. 1963.)

barkeit einer Methode zur quantitativen Anfärbung der RNS. Bei der Bedeutung, die die RNS für die Theorie und das Experiment gewonnen hat, wäre eine sichere und leicht zu handhabende Färbung für die RNS, etwa vergleichbar mit der Feulgen-Färbung für die DNS, äußerst wünschenswert.

5.7.3. Bestimmung der RNS-Menge mit dem Interferenzmikroskop und durch Röntgenhistoradiographie

Beim Vorliegen einer genügend hohen RNS-Konzentration im Verhältnis zur Proteinkonzentration kann die RNS-Menge auch mit dem Interferenzmikroskop bestimmt werden (zur mikrointerferometrischen Methodik s. Barer 1955, 1956, Schiemer und Mitarb. 1957, Hale 1958, Schiemer, im Druck). Stenram (1958) fand, daß der Brechungsindex der Nukleolen von Leberzellkernen der Ratte (in Glycerin) im Mittel 1,557 beträgt und nach

RNase-Extraktion auf 1,550 zurückgeht. Daraus läßt sich errechnen, daß die RNS-Menge 14% der Gesamttrockenmasse ausmacht.

In der gleichen Weise läßt sich die Trockenmasse vor und nach einer RNase-Extraktion mit der Röntgenhistoradiographie (LINDSTRÖM 1955, NEUMANN 1958, PATTEE und Mitarb. 1963) ermitteln. Damit wurde die RNS-Menge in Leberzellen bestimmt (BRATTGÅRD und HYDÉN 1952, 1954).

5.8. Autoradiographie

Das Vorhandensein von Nukleinsäuren läßt sich auch durch den Einbau spezifischer radioaktiv markierter Vorläufer in RNase- bzw. DNase-empfindliche Verbindungen nachweisen. So wurde ein Einbau von ^{3}H-Thymidin ins Cytoplasma als Nachweis für das Vorkommen von DNS gedeutet (GAHAN und Mitarb. 1962, RABINOVITCH und PLAUT 1962 a, b, CHEVREMONT 1963).

Ihre besondere Bedeutung erhält die autoradiographische Methode aber dadurch, daß mit ihrer Hilfe dynamische Stoffwechselprozesse erfaßt werden können. Sie bildet daher eine wertvolle Ergänzung zu den histochemischen Nachweismethoden, da es jetzt möglich wird, den Umsatz von Zellkomponenten, ihre Synthese und ihren Abbau, innerhalb des Gewebes und innerhalb der Zelle zu verfolgen. Bei der Untersuchung der biologischen Bedeutung und des Verhaltens der Ribonukleinsäuren hat die Autoradiographie eine wesentliche Rolle gespielt, da sie auch die Bewegung markierter Zellbestandteile zu verfolgen erlaubt. Die Autoradiographie ist in den letzten beiden Jahrzehnten zu einer brauchbaren Methode entwickelt worden, nachdem durch die Fortschritte in der Atomtechnik genügend radioaktive Isotope zu einem vertretbaren Preis zur Verfügung standen. Nach einer Reihe von Jahren bahnbrechender Verbesserungen der Methodik ist die Autoradiographie auch für den Nichtspezialisten anwendbar geworden (BOYD 1955, NIKLAS und MAURER 1955, HARBERS 1958, LINSER und KAINDL 1960, OEHLERT 1964).

Die Autoradiographie macht sich die Tatsache zunutze, daß die beim Zerfall instabiler Isotope entstehenden α- und β-Teilchen photographische Schichten zu schwärzen vermögen. Die am häufigsten verwendeten Isotope sind ^{3}H, ^{14}C, ^{32}P und ^{35}S. Diese Atome können in Zellkomponenten eingebaut werden und erlauben dadurch bei ihrem Zerfall, diese Komponenten nachzuweisen. Will man bestimmte Zellbestandteile untersuchen, so muß man verhindern, daß andere markierte Bestandteile mit erfaßt werden, d. h. man muß sie vorher entfernen. Am einfachsten ist dieses Problem zu lösen, indem man spezifische markierte Vorläufersubstanzen verwendet, die nur oder vorwiegend in die zu untersuchenden Zellbestandteile eingebaut werden, wie z. B. Aminosäuren für Proteine und Nukleoside für Nukleinsäuren.

Es gibt eine ganze Reihe von Methoden, um das mikroskopische Objekt mit der photographischen Schicht in Kontakt zu bringen. Von den möglichen Techniken sind die Verwendung von flüssigen Emulsionen und von sogenanntem „stripping film“ am verbreitetsten. Im ersten Fall wird das mikroskopische Objekt in eine erwärmte photographische Emulsion getaucht und auf diese Weise damit überzogen. Beim „stripping film“ wird die Gelatineschicht, die die Silberhalogenidkristalle enthält, von ihrer Trägerglasplatte abgenommen und direkt auf den Objektträger mit dem Objekt aufgezogen. Beide Methoden haben zwei wesentliche Vorteile: einmal ist die empfindliche Schicht sehr dünn bzw. läßt sich dünn ausstreichen und zum anderen ist ein unmittelbarer Kontakt zwischen Objekt und photographischer Schicht ermöglicht. Beide Momente sind Voraussetzung für eine hohe Auflösung des Autoradiogramms, d. h. die Möglichkeit einer genauen Zuordnung der Silberkörner zu bestimmten Objektdetails. Das Auflösungsvermögen wird weiter von der Energie der abgestrahlten Teilchen, d. h. deren Reichweite bestimmt. „Weiche“ Strahler, die Teilchen mit geringer Energie aussenden, bieten nicht nur den Vorteil einer höheren Auflösung im Autoradiogramm, die Teilchen verlieren auch auf einem kurzen Weg ihre gesamte Energie, die zu einer relativ hohen Ionisationsdichte und damit zu einer stärkeren Schwärzung und leichten Erkennbarkeit der Silberkornhaufen führt.

Aus diesen Gründen werden heute für die autoradiographische Untersuchung des Nukleinsäureumsatzes fast nur noch tritiummarkierte DNS- und RNS-Vorläufer verwendet (Lajtha und Oliver 1959, Taylor 1960 b, Feinendegen und Mitarb. 1961 b). Gegenüber dem früher häufiger benutzten ^{32}P hat man dabei den Vorteil, daß praktisch ausschließlich Nukleinsäuren markiert werden. Die außerordentlich weiche β-Strahlung des Tritiums hat in den meisten Objekten und durchschnittlichen Emulsionen keine größere Reichweite als 1—2 μm. Daher ist mit ^{3}H das Auflösungsvermögen der Autoradiogramme wesentlich besser als mit ^{32}P, dessen β-Teilchen eine um den Faktor 100 höhere Energie besitzen. Als Nukleinsäure-Bausteine werden vorwiegend Nukleoside verwendet, da Nukleotide nicht in die intakte Zelle eindringen. Die Nukleoside der Purinbasen werden seltener verwendet als die der Pyrimidinbasen. Besonders bei Verwendung von Thymidin und Uridin erreicht man einen bevorzugten Einbau in die DNS bzw. RNS. An und für sich liegen die Nukleoside nicht auf dem normalen Syntheseweg der Nukleinsäuren („preformed pathway“, s. Harbers 1964), doch stehen sie in einem sich schnell einstellenden Gleichgewicht mit der freien Base und auch mit dem entsprechenden Nukleosid-5′-Monophosphat (Nukleotid), das nach doppelter Phosphorylierung durch spezifische Nukleosidkinasen als Baustein für die Nukleinsäuresynthese zur Verfügung steht (s. Kap. 3.2.2.).

Bei der autoradiographischen Untersuchung des RNS-Stoffwechsels ist die Frage des Syntheseortes am intensivsten bearbeitet worden (s. Kap. 6.1.5.). In der Diskussion der Untersuchungsergebnisse spielen die Fehlermöglichkeiten der Methode eine große Rolle. Die in diesem Zusammenhang wesentlichen seien hier kurz genannt: Der verwendete Vorläufer wird nicht in RNS eingebaut, sondern in einen anderen Zellbestandteil, oder er wird unspezifisch im Gewebe gebunden; die markierte Zellkomponente wird bei der histologischen Aufarbeitung aus dem Gewebe extrahiert oder innerhalb des Gewebes verlagert; das Objekt oder die photographische Schicht ist ungleichmäßig dick; es treten Silberkörner auf, die nicht durch Radioaktivität hervorgerufen worden sind („background“). Die Fehlermöglichkeiten lassen sich durch sorgfältige Technik und entsprechende Kontrollen (Objekte ohne markierte Vorläufer, RNase-Extraktion) weitgehend verhindern.

Eine quantitative Auswertung der Radioaktivität, d. h. der Syntheseleistung ist bei dem β-Strahler ^{3}H durch Auszählen der Silberkörner über dem betreffenden Gewebs- oder Zellbezirk möglich. Dabei können erhebliche Fehler dadurch auftreten, daß die einzelnen Zellareale, z. B. Cytoplasma, Karyoplasma, Nukleolus, eine unterschiedliche Massendichte aufweisen und dadurch die β-Teilchen unterschiedlich stark absorbieren. MAURER und PRIMBSCH (1964) haben zeigen können, daß bei Leberschnitten von mehr als 2—3 μm Dicke die Silberkorndichte ein Maß für die ^{3}H-Aktivität pro Einheit Trockengewicht und nicht pro Volumeneinheit ist. Liegen die zu untersuchenden Strukturen nicht an der Oberfläche des Objektes, wie z. B. die Nukleolen in Ausstrichen oder Gewebekulturzellen, so wird das Problem wesentlich komplizierter. PERRY und Mitarb. (1961) haben versucht, die Aktivität des Nukleolus durch Messung der Dicke des darüberliegenden Karyo- und Cytoplasmas zu korrigieren. Außerdem haben sie eine Korrektur für die unterschiedliche Dicke des Cytoplasmas am Rand und in der Mitte verwendet.

Bei geeigneten Modifikationen der Methodik läßt sich die Autoradiographie auch in elektronenmikroskopischen Präparaten anwenden (CARO 1962, CARO und VAN TUNBERGEN 1962). Dadurch ist eine noch genauere Zuordnung der Silberkörner zu den zellulären Strukturen möglich (JACOB und SIRLIN 1964). Eine andere Modifikation, nämlich die Doppelmarkierung mit ^{3}H- und ^{14}C-Thymidin, erlaubt eine relativ einfache und genaue Analyse der Dauer der DNS-Synthesephase zwischen zwei Teilungen (KRAUSE und PLAUT 1960, WIMBER und QUASTLER 1963). Die β-Teilchen des ^{14}C lassen sich dabei durch ihre größere Reichweite (ungefähr 50 μm) von denen des ^{3}H unterscheiden. Mit der Methode der Doppelmarkierung (^{3}H-Thymidin und ^{14}C-Uridin) lassen sich auch an derselben Zelle DNS- und RNS-Synthese gleichzeitig untersuchen (BASERGA 1961, 1962 a). Es wäre ein großer Fortschritt in der autoradiographischen Technik, der auch bei der Erforschung der Nukleinsäuren in der Zelle von Nutzen wäre, wenn es gelänge, auch wasserlösliche Stoffe nachzuweisen. Die ersten Ansätze in dieser Richtung (FITZGERALD 1961, APPLETON 1964) gestatten noch keine weitverbreitete Anwendung.

6. Ribonukleinsäure in zellphysiologischen Prozessen

6.1. Austauschvorgänge zwischen Zellkern und Cytoplasma

Letztlich lassen sich alle zellulären Prozesse und Aktivitäten auf die Bildung von spezifischen Eiweißkörpern zurückführen. Dies ist offensichtlich im Falle von Protein synthetisierenden Drüsenzellen oder Differenzierungsleistungen, deren vornehmliche Aufgabe die Bildung eines speziellen Proteins ist, wie z. B. des Actomyosins der Muskelzellen oder des Hämoglobins der Erythrocyten. Aber auch alle anderen Differenzierungsprozesse und Wachstumsvorgänge sind ohne Zweifel mit der Bildung spezifischer Eiweißkörper verknüpft. Schließlich ist jegliche Zelltätigkeit an das Vorhandensein und die Beteiligung von Enzymen und damit eine dauernde Eiweißneubildung gebunden.

Die quantitativ weitaus bedeutendste Proteinsynthese findet in allen Zellen in speziellen Strukturen des Cytoplasmas statt (Ribosomen, Ergastoplasma, Kap. 4.1.). Das Genmaterial liegt dagegen im Zellkern. Allein aus diesem Grunde müssen wir eine Wechselwirkung zwischen Kern und Cytoplasma annehmen. Wenn wir es in der modernen Sprache der Molekularbiologie ausdrücken wollen, läßt sich das Problem so formulieren: Die in der Nukleotidsequenz der DNS gespeicherte Information („Genetischer Code", Kap. 3.3.5.) muß übertragen werden auf die die Spezifität der Eiweißkörper bedingende Aminosäuresequenz, wobei gleichzeitig die räumliche Entfernung zwischen der DNS im Zellkern und dem Ort der Proteinsynthese überbrückt werden muß. Da die Übermittlung der genetischen Information durch die m-RNS (Kap. 2.2.3. und 3.1.4.3.) erfolgt, ist damit ein Teil der Kern-Plasma-Beziehungen auf eine biochemische bzw. molekulare Basis zurückgeführt. Die Argumente, die für RNS als Überträger der genetischen Information sprechen, hat Sirlin (1963) zusammengestellt. Zum morphologischen Bild der Zelle trägt die m-RNS wegen ihres geringen Anteils an der Gesamtmenge der RNS nur unwesentlich bei. Histologisch und histochemisch imponierend ist in erster Linie die RNS der Ribosomen. Da sie in ihrer Zusammensetzung genetisch kontrolliert wird (Kap. 2.2.1.1.), ist zu erwarten, daß die r-RNS ebenfalls im Zellkern gebildet wird und daß sich darüber hinaus ihr Übertritt ins Cytoplasma bei hoher r-RNS-Bildungsrate vielleicht histologisch manifestiert. Die t-RNS wird wegen ihrer leichten Löslichkeit im morphologischen Bild nicht darstellbar sein.

In den Beziehungen zwischen Kern und Cytoplasma wird sicher nicht nur die in einer linearen Sequenz gespeicherte genetische Information übertragen, sondern vielleicht auch Informationen, die durch supramolekulare Wechselwirkungen an komplizierten Strukturen übertragen werden („non sequencial" information) (Sirlin 1963, s. auch Danielli 1959). Auf diese meist hypothetischen Vorgänge soll hier nicht eingegangen werden, da sie mit Nukleinsäuren nichts zu tun haben. Ebensowenig können die Zwischen- und Endprodukte des Stoffwechsels besprochen werden, die ständig zwischen Kern und Cytoplasma ausgetauscht werden. Für die Übertragung der genetischen Information vom Kern zum Cytoplasma ist noch ein in umgekehrter Richtung wirksames Informationssystem notwendig, mit dessen Hilfe die Genaktivität gesteuert und den Bedürfnissen und dem Leistungsvermögen der Zelle bzw. des Cytoplasmas angepaßt wird: es handelt sich sicher nicht um ein rückkopplungsfreies System (Mirsky 1963). Die Art oder gar die stoffliche Identität dieser Rückkoppelung ist völlig unbekannt. Daß hier bestimmte Proteine beteiligt sind, die zwischen Kern und Cytoplasma hin- und herwandern (Goldstein 1963, Kroeger und Mitarb. 1963) ist eine reine Hypothese.

6.1.1. Morphologische Beobachtungen an Protein synthetisierenden Zellen

Im morphologischen Erscheinungsbild der Zelle sich äußernde Hinweise für die Zusammenarbeit zwischen Kern und Cytoplasma bei der Proteinsynthese findet man vornehmlich dann, wenn die Zellaktivität durch äußere oder innere Faktoren plötzlich gesteigert wird. Der gesteigerten Basophilie des Cytoplasmas, die Ausdruck eines höheren RNS-Gehaltes ist, geht eine Kernvergrößerung und vor allem eine Nukleolusvergrößerung voraus. Diese Vorgänge lassen sich z. B. beobachten am Beginn von Differenzierungsleistungen in der Ontogenese oder bei der Stimulierung endokriner Drüsen oder Nervenzellen. Auf diesem Gebiet liegen Befunde in außerordentlich großer Zahl und von den verschiedensten Objekten vor. Es sollen hier nur ein paar charakteristische Fälle besprochen werden. Dies ist umso eher zu vertreten, als die histologische Verteilung der RNS und ihre Dynamik in Abhängigkeit von der Zellfunktion in umfassender Weise und übersichtlich nach Organen geordnet in der verdienstvollen Übersicht von Vendrely und Vendrely (1959) dargestellt wurde.

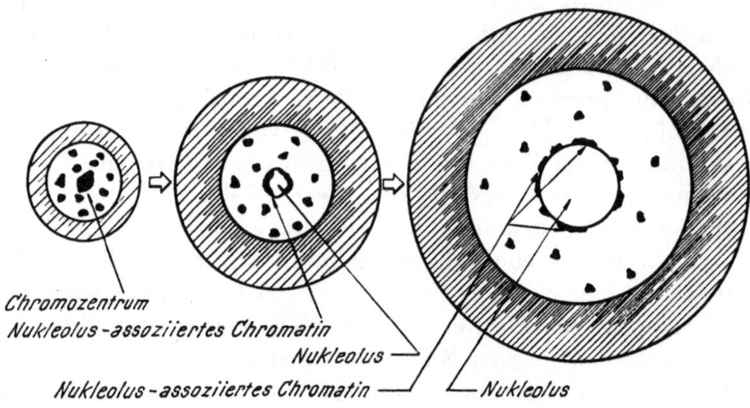

Abb. 65. Schema der Kernvergrößerung und der Nukleolusvergrößerung (in Anlehnung an das Nukleolus-assoziierte Chromatin) in einer Zelle mit einsetzender Proteinsynthese. (Nach Caspersson 1950.)

Der Zusammenhang der Kern- und Nukleolenvergrößerung mit einer beginnenden Proteinsynthese ist schon frühzeitig von Caspersson (s. Caspersson 1950) erkannt worden (Abb. 65). Seine ursprüngliche Deutung der Prozesse mußte später weitgehend modifiziert werden. Er war der Meinung, daß das Eiweiß des Nukleolus an die Peripherie des Kernes wandert, und daß dann im Cytoplasma in der Nähe der Kernmembran die Synthese der RNS erfolgt. In den Anfängen der cytochemischen Erforschung der Nukleinsäurefunktion konnten am hämatopoietischen System besonders von Thorell (1947) wichtige Aufschlüsse erarbeitet werden. Bei der Bildung der weißen Blutzellen erfolgt das wesentliche Wachstum mit Proteinbildung auf dem Stadium des Myeloblasten—Promyelocyten. In dieser Zeit sind der Nukleinsäuregehalt wie auch das Nukleolusvolumen besonders groß. Mit der weitergehenden Ausreifung der Zelle vermindert sich die Nukleinsäuremenge und der Nukleolus wird sehr viel kleiner (Abb. 66).

An endokrinen Drüsen lassen sich die Kern- und Nukleolusveränderungen in Abhängigkeit vom Funktionszustand deutlich verfolgen. Die B-Zellen der Langerhansschen Inseln des Pankreas schütten auf Injektion von Sulfonylharnstoff ihr gespeichertes Insulin aus. Das zeigt sich morphologisch in einer Verminderung der Zahl der cytoplasmatischen Granula und histochemisch in einer Verminderung der histochemisch nachweisbaren SS- und

SH-Gruppen der Proteine (Abb. 67). Der darauffolgenden Restitution des Insulingehaltes geht eine Kernvolumenvergrößerung parallel. Der normaler-

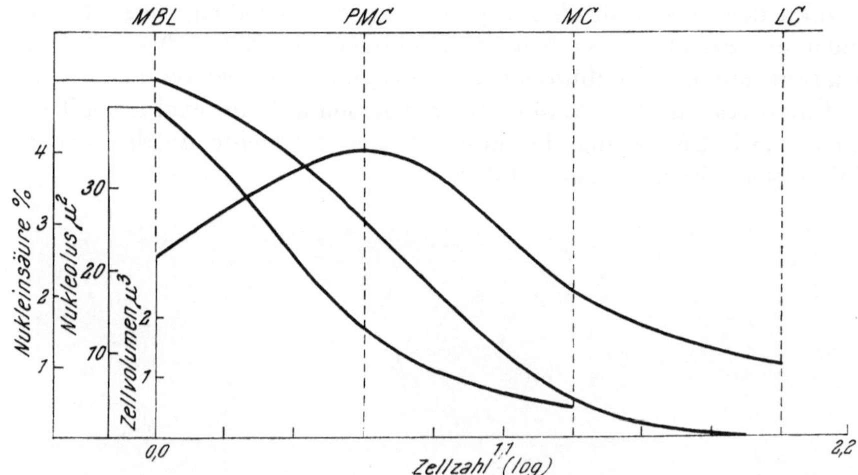

Abb. 66. Verlauf von Nukleinsäuregehalt, Zell- und Nukleolusvolumen während der Bildung weißer Blutkörperchen. *MBL* = Myeloblast, *PMC* = Promyelocyt, *MC* = Myelocyt, *LC* = Leucocyt. (Nach THORELL aus CASPERSSON 1950.)

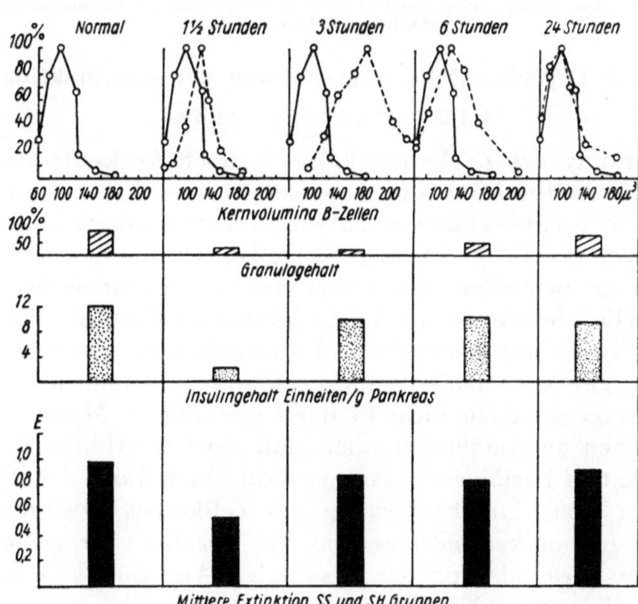

Abb. 67. Graphische Darstellung der Veränderungen der Kernvolumina der B-Zellen (——— Normaltier, - - - - - - - - behandelte Tiere), des Granulagehaltes, des Insulingehaltes und der mittleren Extinktion nach SS- und SH-Gruppenreaktion im Kälberpankreas. Von links nach rechts: Kontrolltier, 1½, 3, 6, 12 und 24 Std. nach Gabe von Sulfonylharnstoffderivat. (Nach SANDRITTER und Mitarb. 1959.)

weise kleine, meist zentral gelegene Nukleolus schwillt ebenfalls an, sein RNS-Gehalt nimmt, nach der Färbbarkeit mit Gallocyaninchromalaun zu urteilen, stark zu (Abb. 68). Oft kann man die Nukleolen an der Kernmembran liegen sehen (SANDRITTER und Mitarb. 1959 b). In der *Zona fasci-*

culata der Nebennierenrinde der Ratte besteht eine deutliche Beziehung zwischen der Nukleolen- und Kerngröße und dem histochemisch faßbaren Lipoidgehalt. Zellen mit viel (gespeicherten) Lipoiden haben kleine Kerne und Nukleolen; wenn sie ihre Lipoide abgegeben haben, steigt das Kernvolumen um 40—80%, das Nukleolenvolumen um 280—300%, offenbar in Verbindung mit der Neubildung der Corticoide (SANDRITTER und HÜBOTTER 1954). Entsprechende Kernveränderungen lassen sich am exokrinen Teil des Pankreas nach Entleerung der gespeicherten Fermente durch Pilocarpininjektion beobachten (ALTMANN 1952).

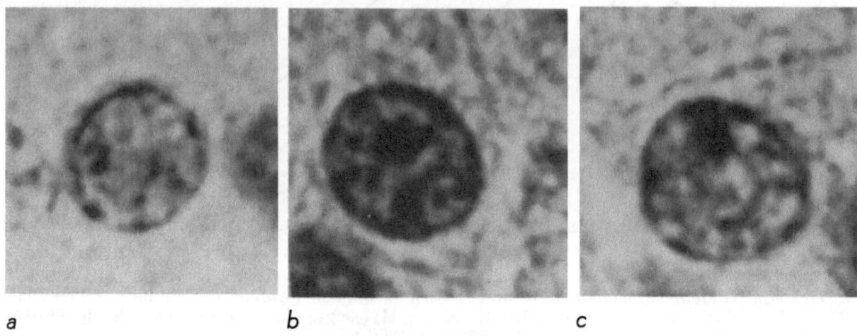

Abb. 68. Zellkerne von B-Zellen aus Langerhansschen Inseln des Rattenpankreas. Gallocyaninchromalaunfärbung. *a* aus unbehandeltem Kontrolltier, *b* und *c* 1½ Std. nach Injektion von Sulfonylharnstoffderivat. (Nach SANDRITTER und Mitarb. 1959.)

6.1.2. Experimentelle Ausschaltung der Kernfunktion

6.1.2.1. Exstirpation

Die Entfernung des Zellkernes kann darüber Auskunft geben, ob für eine bestimmte Zellfunktion die Anwesenheit des Kernes notwendig ist. Die Methode ist ursprünglich von entwicklungsphysiologischer Seite ausgearbeitet worden, um die Bedeutung des Zellkernes für bestimmte Differenzierungsvorgänge zu untersuchen, wobei meist der exstirpierte Kern wieder in kernlose Zelle übertragen wurde. Es konnte an Amphibien z. B. gezeigt werden, daß Kerne aus Gastrula und Blastula nach der Übertragung in kernlose Eier ganze normale Embryonen ergeben, daß Kerne aus dem Urdarmdach dagegen dazu nicht in der Lage sind (s. MOORE 1960). Kerntransplantationen an Amöben ergaben, daß gewisse erbliche Eigenschaften wie Kerngröße und Fortbewegungsweise nicht allein durch den Kern bedingt sind (DANIELLI 1960). Die Entfernung des Zellkernes bzw. die Trennung einer Amöbe in ein kernhaltiges und ein kernloses Fragment führt zu einer baldigen Verminderung der basophilen Anfärbbarkeit in der kernlosen Hälfte (BRACHET 1955, 1960) (Abb. 69). Parallel dazu werden die RNS-haltigen Vesikel des Ergastoplasmas vergröbert. Während die fastenden kernhaltigen Fragmente 12 Tage lang ihren RNS-Gehalt konstant beibehalten, sinkt er in den kernlosen Fragmenten innerhalb von 10 Tagen um 60%. Entsprechend dem Abfall der RNS-Menge geht auch die Proteinmenge bzw. die Proteinsyntheserate stärker zurück als in den fastenden kernhaltigen Amöbenhälften. Dabei werden nicht alle Enzyme (als Proteine) in gleich starkem Maße betroffen (BRACHET 1960).

Die marine Alge *Acetabularia* ist wegen der Größe der einzigen Zelle, die die ganze, einige Zentimeter große Pflanze ausmacht, ein ideales Objekt zur Untersuchung des Kerneinflusses und besonders von Hämmerling (1953, 1963, Hämmerling und Mitarb. 1959) für entwicklungsphysiologische und genetische Untersuchungen herangezogen worden. Die Ausbildung des „Hutes" bei dieser Alge unterliegt der Kontrolle des Kernes, wie interspezifische Transplantationen zwischen *Acetabularia mediterranea* und *Acetabularia crenulata* zeigten. Die Regeneration und Ausbildung des Hutes nach Entfernen des Kernes wird auf morphogenetische Substanzen zurückgeführt, die ursprünglich aus dem Kern stammen und im Cytoplasma ge-

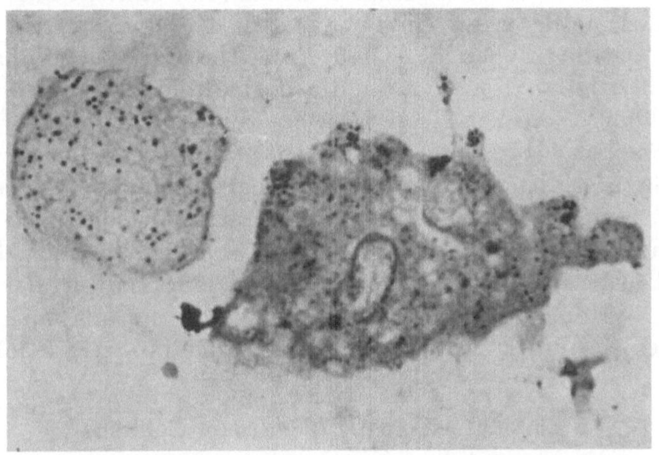

Abb. 69. Abnahme der Basophilie in der kernlosen (links) Hälfte von *Amoeba proteus* gegenüber der kernhaltigen (rechts). Methylgrün-Pyronin-Färbung. (Nach Brachet 1960.)

speichert vorhanden sind. Bei der Trennung in kernhaltige und kernlose Hälften ist zwar die RNS-Synthese im kernhaltigen Teil um etwa 50% höher, aber in dem kernlosen sinkt sie auch im Laufe von 70 Tagen nicht weiter ab (Brachet 1960). In diesem speziellen Objekt können nicht nur RNS, sondern auch Ribosomen unabhängig vom Zellkern gebildet werden (Webster und Mitarb. 1962). Zur RNS-Synthese sind ganz besondere Belichtungsbedingungen notwendig (Schweiger und Bremer 1961). Mit dieser langandauernden RNS-Synthese hängt wahrscheinlich die unveränderte Proteinsynthese in kernlosen Pflanzen zusammen (Brachet und Chantrenne 1951, Olszewska und Brachet 1961). Es konnte ferner gezeigt werden, daß diese RNS in den Chloroplasten gebildet wird (Naora und Mitarb. 1959) (s. Kap. 7).

6.1.2.2. Strahlenschädigung des Zellkernes

Die partielle Bestrahlung verschiedener Zellbezirke mit UV-Licht oder auch ionisierender Strahlung zeigt, daß der Zellkern strahlenempfindlicher ist als das Cytoplasma, d. h. zur Abtötung der Zelle muß bei ausschließlicher Bestrahlung des Cytoplasmas eine wesentlich höhere Strahlendosis aufgewendet werden als bei einer Bestrahlung des Zellkernes (Errera und Mitarb. 1959, Upton 1963, Lessler 1964, Smith 1964, Neyfakh 1964). Der Kern zeigt infolge des Strahlenschadens typische, morphologisch erkennbare Veränderungen: Chromatinverklumpung, Kernschwellung mit anschließender Pyknose, Auftreten von Ausbuchtungen der Kernmembran mit Chromatinaustritt, Vakuolen in Kern und Nukleolus. Spezielle Folgen sind eine Mitosehemmung und Chromosomenbrüche und -verklebungen. Die direkten, *in vitro* gefundenen Molekülveränderungen an den Nukleinsäuren konnten bis jetzt nur teilweise auch in der lebenden bestrahlten Zelle nachgewiesen werden, wie z. B. die Dimerisierung des Thymins (WACKER 1963). Dagegen läßt sich in der Zelle ein deutlicher Abfall der Synthese, besonders der DNS, verfolgen. Auch die Synthese der RNS wird reduziert, am stärksten bei einer Bestrahlung des Nukleolus (s. Kap. 6.1.6.). Daran schließt sich dann auch eine Verminderung der Eiweißbildung an. Mit der Tatsache, daß eine Kernbestrahlung für das Leben der Gesamtzelle fatalere Folgen hat als eine Cytoplasmabestrahlung, steht nicht die Beobachtung in Widerspruch, daß eine Bestrahlung von kernlosen Hälften von *Acetabularia* (HÄMMERLING 1956) und Amöben (MAZIA und HIRSHFIELD 1951) eher zu einem vorzeitigen Absterben dieser Hälften führt als in gleichartig behandelten kernhaltigen Fragmenten. Man kann darin eine Art Regeneration oder Restitution vom nicht ganz ausgeschalteten Kern her sehen, vielleicht auch mit Beteiligung von RNS. Dafür spricht auch, daß der Tod eines mit letaler Dosis bestrahlten Kernes durch die Implantation eines Kernes aus einem nicht bestrahlten Tier verhindert werden kann (ORD und DANIELLI 1956).

6.1.3. Materialaustritt aus dem Zellkern

Die stoffliche Verknüpfung der Prozesse in Cytoplasma und Zellkern äußert sich u. a. in einem morphologisch sichtbaren Übertritt von Kernmaterial ins Cytoplasma (SIRLIN 1960, 1963). Solche Ausschleusungen sind schon sehr lange bekannt. Die erste Zusammenstellung der Befunde erfolgte bereits 1898 durch MONTGOMERY (zit. nach SIRLIN 1960). Meist handelt es sich dabei um Austritte von Nukleolarmaterial. In jüngerer Zeit sind diese Vorgänge besonders von ALTMANN (1949, 1952) am exokrinen Teil des Pankreas morphologisch untersucht worden. Nach der Entleerung der cytoplasmatischen Enzymspeicher durch Pilocarpin schwillt der Nukleolus an und vakuolisiert. Die Nukleolarsubstanz wandert unter starker Deformierung des Nukleolus entlang Feulgen-positiver Fäden zur Kernperipherie (s. auch SMETANA und Mitarb. 1963). Das randständige Feulgen-positive Kernmaterial rückt zur Seite und gibt dem „verflüssigten" Nukleolarmaterial den Weg ins Cytoplasma frei (Abb. 70). Während dieser Zeit sinkt das Kernvolumen ab. Je nach der experimentellen Situation kann die Substanz der oft zu mehreren vorhandenen Nukleolen (z. B. bei Hungertieren) unabhängig voneinander ausgeschleust oder zuerst in einem einzigen großen Nukleolus gesammelt werden. Die Menge des in das Cytoplasma abgegebenen Materials ist unterschiedlich groß und kann praktisch den gesamten Nukleolus umfassen. An diese erste Phase schließt sich die Restitution der Nukleolensubstanz an. Nachdem der Kern zuerst kleiner geworden war, schwillt er nun wieder an und erreicht bereits zum Zeitpunkt der Ausschleusung seine maximale Größe, wobei das Chromatin sehr gleichmäßig verteilt ist. Nach einiger Zeit kann man dann wieder kleine Nukleolen und Chromozentren beobachten. Diese Beobachtungen sind später durch autoradiographische Untersuchungen mit den gleichzeitig ablaufenden Stoffwechselprozessen der RNS und der Proteine korreliert worden (STÖCKER 1962 a, b). In der ausgeschleusten Substanz finden sich RNS und Protein.

Das Austreten ganzer Nukleolen ist u. a. auch in den Makrogametocyten von *Coccidien* (SCHOLTYSECK 1954), in Citrus-Zellen (KORDAN und MORGENSTERN 1963) und in Leberzellen nach Teilhepatektomie nachgewiesen worden (MAGROT und SOVA 1962). Besonders während der Eireifung kann in den Oocyten der Austritt von Nukleolarmaterial gesehen werden (KESSEL und BEAMS 1963, GRESSON und THREADGOLD 1962, ALBANESE 1964). Hinsichtlich der chemischen Zusammensetzung der austretenden Substanz wurde in allen genannten Fällen (meist mit der Methylgrün-Pyronin-Färbung) nachgewiesen, daß sie RNS enthält. Eine eingehende histochemische Bearbeitung des Nukleolus und des Ausschleusungsvorganges an Ganglienzellen wurde von TEWARI und BOURNE (1962 a, b) durchgeführt. An der Austrittsstelle sammeln sich danach charakteristische Enzyme und Mitochondrien an.

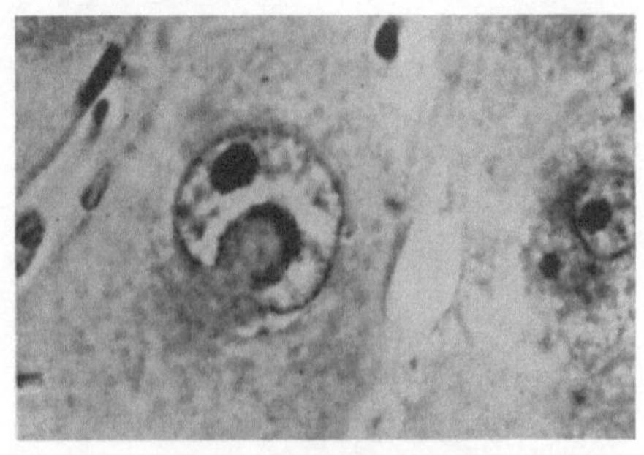

Abb. 70. Austritt von basophilem Material aus dem Nukleolus ins Cytoplasma. Menschliche Leber, van Gieson-Färbung. Vergrößerung: 1000×. (Nach ALTMANN 1949.)

In jüngster Zeit ist der Austritt von Kernmaterial eingehend auch bei *Acetabularia* untersucht worden (WERZ 1962, 1963). An fixiertem Material kann man einen Austritt von RNS in Verbindung mit Proteinen durch Anfärbung mit basischen Farbstoffen oder auf UV-Aufnahmen nachweisen. Die direkte Beobachtung des Kernes *in situ* macht hier wegen der Lichtbrechung und den vorhandenen Pigmenten große Schwierigkeiten. An isolierten Kernen kann man eine Ausschleusung von UV-absorbierendem Material sehen. Obwohl unter den verwendeten Bedingungen die Kerne ihre volle Lebensfähigkeit für kurze Zeit behalten, sind doch Artefakte nicht ganz ausgeschlossen. Es gelang schließlich, im UV-Fernsehmikroskop den Austritt absorbierender Substanzen vom Kern ins Cytoplasma an lebenden Fruchtknotenzellen der Liliacee *Gasteria* direkt zu beobachten (WERZ 1963 c) (Abb. 71). Histochemische Untersuchungen an fixiertem Material ergaben, daß es sich hierbei um RNS-haltiges Material handelt. Von besonderer Bedeutung scheint es zu sein, daß die RNS nicht nur in partikulärer, sondern auch in diffuser Form ins Cytoplasma übertritt, so daß dieser Vorgang im Phasenkontrastmikroskop nicht in Erscheinung tritt.

Die elektronenmikroskopisch sichtbare Struktur des Kernes und der Kernmembran läßt eine Reihe von Möglichkeiten zu, wie der Austausch von Kern- und Plasmamaterial erfolgen könnte (SWIFT 1959, WISCHNITZER 1960, MERRIAM 1961, BERNHARD und GRANBOULAN 1963, GOOD und HORRIGAN 1963.

Gall 1964). Vornehmlich ist hier an die Öffnungen („Poren") der Kerndoppelmembran zu denken (Abb. 72). Es handelt sich sicherlich nicht um einfache Löcher in der Membran. Bei geeigneter Fixierung läßt sich in den Poren eine Substanz geringer elektronenoptischer Dichte nachweisen, mit deren Hilfe vielleicht die Austauschvorgänge reguliert werden können (Bernhard und Granboulan 1963, Feldherr 1963). Des öfteren sieht man Material zu beiden Seiten der Pore liegen (Abb. 39); ein Durchtritt größerer Partikel durch eine Pore ist dagegen noch

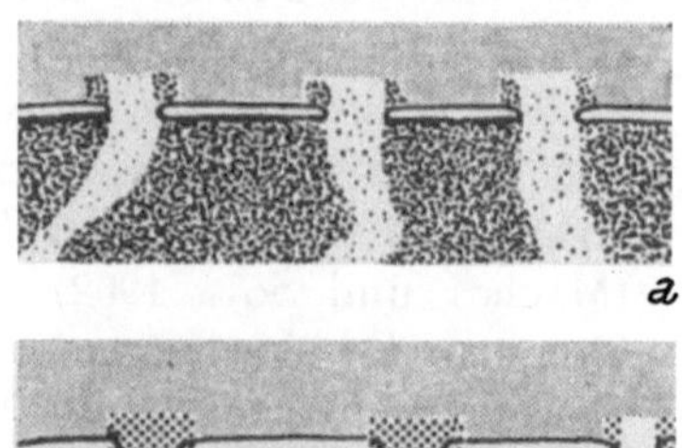

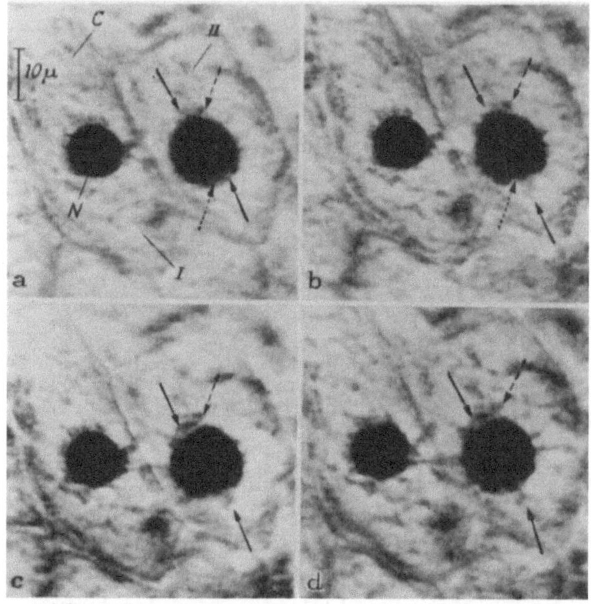

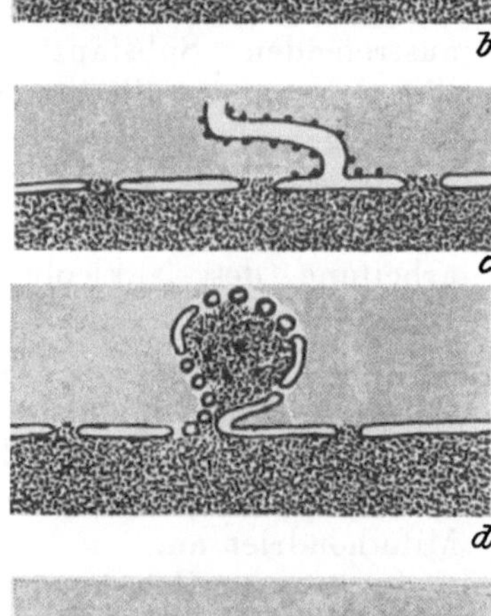

Abb. 71. Abb. 72.

Abb. 71. Ausschleusung von Kernmaterial ins Cytoplasma bei jungen Fruchtknotenzellen von *Gasteria verrucosa*. Aufnahmen mit Fernsehkamera im UV-Licht (254 nm) in Abständen von 30 sec. I: Zelle mit deutlichen Verlagerungen im Cytoplasma. II: Zelle mit RNS-Elimination aus dem Zellkern (*N*) in das Cytoplasma (*C*). ←—— Stellen mit Elimination von nucRNS, ←------ Verlagerungen bereits im Cytoplasma vorhandener absorbierender Substanzen, ←········ reversible „Aufhellung" nach erfolgter Elimination von Kernsubstanzen. (Nach Werz 1963c.)

Abb. 72. Schematische Darstellung der verschiedenen Möglichkeiten der Abgabe von Kernmaterial ins Cytoplasma nach elektronenmikroskopischen Beobachtungen (Kern jeweils unten, Cytoplasma oben). *a*) Vereinzelt auf der cytoplasmatischen Seite der Kernmembranporen gelegenes Material. *b*) Auf beiden Seiten der Poren zylinderförmig gelagertes Material. *c*) Kontinuität von Kernmembran und Cytoplasmamembran. *d*) Ausbuchtung der Kernmembran. *e*) Delamination der Kernmembran. (Nach Wischnitzer 1960.)

nicht sicher nachgewiesen. Merriam (1961) konnte kein RNase-empfindliches Material in den Poren der Kernmembran finden. Eine weitere Möglichkeit des Austausches liegt in dem gemeinsamen Membransystem des endoplasmatischen Reticulums und der Kernmembran (Kap. 4.1.). Im Zusammenhang mit dem Austritt von Nukleolarmaterial kommt es zu Ein- und Ausstülpungen der Kernmembran, die zu blasenförmigen Abschnürungen ins Cytoplasma und schließlich dort zu einer Freisetzung des Inhaltes der Bläschen führen. Gelegentlich sind auch lamellenförmige Abspaltungen größerer Kernmembranstücke beobachtet worden. Inwieweit diese rein morphologischen Befunde überhaupt eine Bedeutung für den Stoffaustausch haben, kann noch nicht entschieden werden. Es muß noch gesagt werden, daß eine Reihe von Untersuchern ernst zu nehmende Einwände gegen die Deutung der besprochenen morphologischen Bilder als Austauschphänomene vorbringen (vgl. SIRLIN 1962 a, 1963).

6.1.4. Funktionelle Chromosomenveränderungen

Funktionelle, auf eine Genaktivität zu beziehende Veränderungen der Chromosomen finden an Riesenchromosomen sichtbaren Ausdruck. Solche Prozesse sind daher nur von den hochpolytänen Chromosen, vor allem aus den Speicheldrüsen der Dipteren, und den „Lampenbürsten"-Chromosomen mancher Oocyten, im wesentlichen von Urodelen, bekannt geworden.

Die Untersuchungsergebnisse an den Speicheldrüsenchromosomen der Dipteren sind in den letzten Jahren des öfteren zusammenfassend dargestellt worden (SWIFT 1962 a, BEERMANN 1957, 1959, 1963 a, b, in diesem Handbuch s. BEERMANN 1962). Es war das Verdienst BEERMANNS (1952), als erster die Vergrößerung und Auflockerung mancher Querscheiben in den Riesenchromosomen („Puffs") während der Larvalentwicklung als Ausdruck einer Aktivitätssteigerung der in den betreffenden Querscheiben gelegenen Genorte gedeutet zu haben. Das regelmäßige Auftreten bestimmter „Puffmuster" auf dem Chromosom in bestimmten Entwicklungsphasen und auch in bestimmten Organen und Organabschnitten ließ bereits vermuten, daß den Chromosomenveränderungen auch somatische Veränderungen zugeordnet sind. Eine Unterstützung findet diese Anschauung darin, daß die Injektion des die Verpuppung auslösenden Hormons Ecdyson gleichzeitig auch das für den Beginn der Verpuppung charakteristische Puffmuster hervorruft (CLEVER und KARLSON 1960, CLEVER 1962).

Die direkte Zuordnung einer cytoplasmatischen Syntheseleistung zu einem bestimmten Puff ist bis jetzt nur in einem Fall gelungen (BEERMANN 1961). Einige Arten der Dipterengattung *Chironomus* (z. B. *Ch. pallidivittatus)* bilden in einem besonderen Speicheldrüsenabschnitt ein Mucopolysaccharid-haltiges Sekret. In den Zellen des betreffenden Speicheldrüsenabschnittes besitzt das Chromosom IV an seinem einen Ende einen großen Puff, der in den Choromosomen der übrigen Speicheldrüse fehlt. Der Puff fehlt ebenso in allen Speicheldrüsenzellen derjenigen *Chironomus*-Arten (z. B. *Ch. tentans*), die das charakteristische Sekret nicht bilden. In den Bastarden von *Ch. pallidivittatus* × *Ch. tentans* findet man nur in der von *Ch. pallidivittatus* stammenden Hälfte des Chromosoms IV den betreffenden Puff, während er in der anderen Hälfte fehlt. Die Zellen sind in der Lage, das Sekret zu synthetisieren, doch ist die Zahl der Sekretgranula geringer als bei *Ch. pallidivittatus.* Es besteht also offenbar eine quantitative Beziehung zwischen der Größe des Puffs und der Menge des synthetisierten Endproduktes.

Histochemisch sind die Puffs durch ihren hohen Gehalt an RNS gekennzeichnet. Sie lassen sich mit basischen Farbstoffen anfärben, haben eine starke UV-Absorption (CASPERSSON 1950) (Abb. 73) und geben eine negative

Feulgen-Reaktion. Nur an den Übergängen zum übrigen Chromosom kann man Feulgen-positive Fäden beobachten, die sich zum Inneren des Puffs

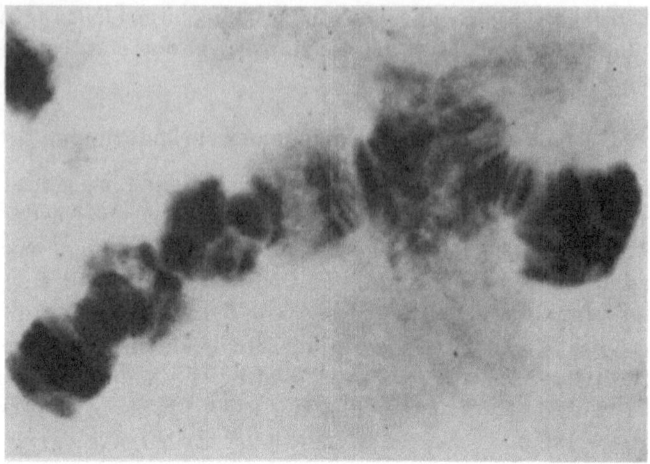

Abb. 73. UV-Aufnahme eines Speicheldrüsenchromosoms von *Chironomus*. Außer den Feulgen-positiven Querscheiben absorbieren die RNS-haltigen Puffs und der Nukleolus. (Nach Caspersson 1950.)

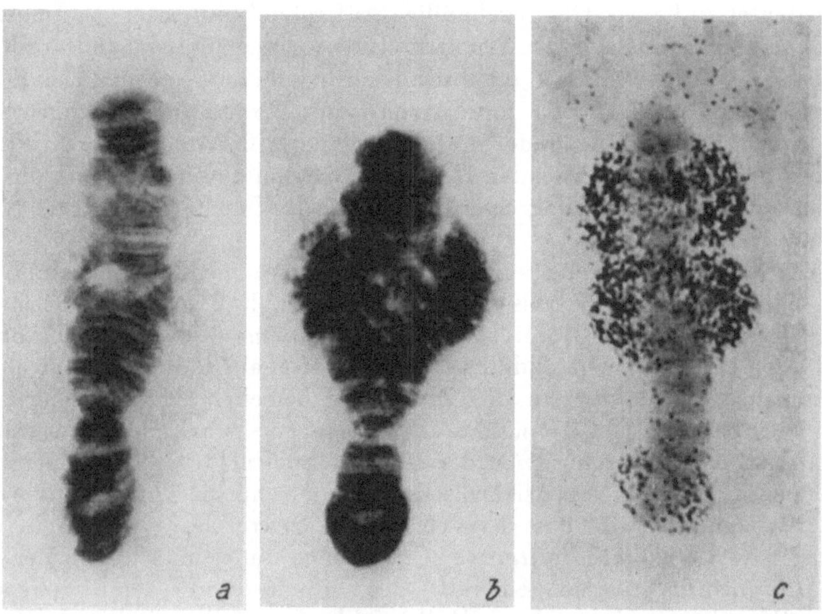

Abb. 74. RNS-Synthese im 4. Speicheldrüsenchromosom von *Chironomus tentans*. Der Einbau von ^{3}H-Uridin (*c*) erfolgt nur in den Balbianiringen, die sich mit Toluidinblau (*b*), aber nicht nach Feulgen anfärben (*a*). (Nach Beermann 1962.)

hin immer mehr aufsplittern. Die große RNS-Menge (Abb. 74) wird im Puff selbst synthetisiert, wie der Einbau von RNS-Vorstufen zeigt (s. Kap. 6.1.5.). Elektronenmikroskopisch findet man in den Puffs neben fibrillären Strukturen gelegentlich fein verteilte, sehr kleine Körnchen. In bestimmten Puffs scheinen größere, 30—40 nm große, RNS enthaltende Partikel regelmäßig vorzukommen (BEERMANN und BAHR 1954, SWIFT 1962 b).

Bei den Lampenbürstenchromosomen der Molchoocyten äußert sich die Genaktivität darin, daß einzelne Chromomeren lange Schleifen ausbilden, deren Enden im Chromomer liegen (CALLAN und LLOYD 1960, CALLAN 1963, GALL 1963). Die Blockierung der DNS-abhängigen RNS-Synthese durch Actinomycin (Kap. 3.3.6.1.) oder Histoneiweiß (Kap. 3.1.5.) führt zu einer schnellen Rückbildung der Schleifen (IZAWA und Mitarb. 1963). Die paarweise oder in Vielfachen von zwei vorliegenden Schleifen bestehen aus einem dünnen DNS-Faden und einer Hülle aus RNS-haltigem Material. Diese Hülle ist an einem Ende der Schleife meist dicker als am anderen Ende. Daß es sich dabei wirklich um eine Genaktivität handelt, kann man aus dem artspezifischen, vererbbaren Muster der einzelnen Schleifen auf einem Chromosom schließen, das außerdem in seiner Ausbildung vom Entwicklungszustand der Oocyte abhängt, sowie daraus, daß sich die Schleifen nach dem Ausreifen der Oocyten zurückbilden, und außerdem aus der starken RNS-Synthese in den Schleifen. Auf die Injektion von gonadotropem Hormon hin machen die Lampenbürstenchromosomen charakteristische Veränderungen durch (GALL und CALLAN 1962).

6.1.5. Autoradiographische Beobachtungen

Ein Prozeß wie der Stoffaustausch zwischen Zellkern und Cytoplasma kann nicht mit letzter Sicherheit durch die Aneinanderreihung fixierter Einzelphasen rekonstruiert werden. Zur morphologischen Betrachtung muß als Ergänzung eine zweite Methode herangezogen werden, die den dynamischen Aspekten besser Rechnung trägt. Einen entscheidenden Beitrag zur Klärung des Problems des Syntheseortes und des Transportes von RNS in der Zelle hat daher die Autoradiographie geleistet.

Ende der fünfziger Jahre konnten in einer großen Anzahl von Arbeiten an den verschiedensten Objekten die prinzipiellen Fragen geklärt werden. Es waren im wesentlichen zwei Versuchsanordnungen, die dabei angewandt wurden. Bei der einfacheren wird der Einbau der radioaktiven Vorläufer (^{3}H- oder ^{14}C-markiertes Cytidin, Uridin oder Orotsäure) zu verschiedenen Zeiten nach der Zugabe an den einzelnen Zellorten verfolgt. Man erhält auf diese Weise die Einbaukinetik. Beim zweiten Verfahren wird der markierte Vorläufer nur kurze Zeit (2—30 min) zugegeben und dann wieder entfernt („Puls"-Markierung). Oft wird danach nicht-markierter Vorläufer in hoher Konzentration angeboten, um den Einbau eines etwa noch vorhandenen Restes markierten zu unterdrücken („chase"-Experiment).

Die Untersuchung der Einbau-Kinetik hat an den verschiedensten Objekten (Wurzelmeristem der Pferdebohne: WOODS 1959, WOODS und TAYLOR 1959, *Tetrahymena:* ALFERT und DAS 1959, PRESCOTT 1961 a, b, embryonale Fibroblastenkulturen: BATHER und PURDIE-PEPPER 1961, HeLa-Zellen: PERRY und Mitarb. 1961 b, Amöben: PRESCOTT 1957, Larven von *Drosophila:* ZALOKAR 1960 a, Amnionzellen: GOLDSTEIN und MICOU 1959, *Neurospora:* ZALOKAR 1960 b, s. auch BRACHET 1960) zu gleichen Ergebnissen geführt. Bei diesen Versuchen erscheint die säureunlösliche, RNase-empfindliche Markierung innerhalb weniger Minuten im Zellkern (Abb. 75) und nimmt dann weiter zu bis zu einem Höchstwert, auf dem sie lange Zeit verbleibt. Die Markierung im Cytoplasma tritt dagegen erst nach einer gewissen Latenzphase auf, um dann schnell, meist linear, anzusteigen. Bereits die ersten Untersucher haben diese Befunde so gedeutet, daß die Synthese der RNS im Zellkern erfolgt und daß die RNS dann in das Cytoplasma transportiert wird. Die Versuche mit „Puls"-Markierung haben diese Deutung gesichert (ALFERT und DAS 1959, WOODS 1959, GOLDSTEIN und MICOU 1959, BATHER und PURDIE-PEPPER 1961, PRESCOTT 1961 a, b, GOLDSTEIN und Mitarb. 1962). Nach Entfernen des radioaktiven Vorläufers aus der Umgebung der Zelle nimmt die Markierungsintensität im Kern ab, und nach einiger Zeit ist der Kern praktisch unmarkiert. Die Cytoplasmamarkierung steigt dagegen weiterhin an (Abb. 76).

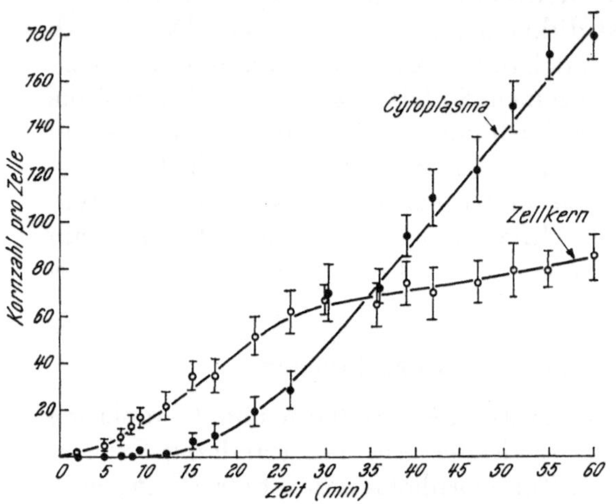

Abb. 75. Zeitlicher Verlauf der Markierungsintensität von RNS in Kern und Cytoplasma von *Tetrahymena* nach Zugabe von ^{3}H-Cytidin. (Nach PRESCOTT 1961.)

Es gibt geringe quantitative Unterschiede zwischen den einzelnen Objekten. Nach Entfernen des markierten Vorläufers steigt der Einbau in die RNS im Kern von *Tetrahymena* noch etwa eine halbe Stunde lang an (Abb. 76) (PRESCOTT 1961), während beim Wurzelmeristem von *Vicia faba* der Einbau nur noch wenige Minuten weiterläuft (WOODS 1959). In HeLa-Zellen wird der Einbau im „chase"-Experiment praktisch sofort gestoppt (PERRY und Mitarb. 1961 a). Das läßt sich auf einen unterschiedlich großen Vorrat („pool") an löslichen Vorläufern in der Zelle zurückführen.

Eine besonders eingehende Untersuchung der Einbaukinetik in Kern und Cytoplasma haben PERRY und Mitarb. (1961 a) an Gewebekulturzellen unter Berücksichtigung der „Selbstabsorption" der verschiedenen Zellelemente unternommen. Die Einbaurate im Zellkern nimmt mit steigender Inkubationszeit zu, eine Erscheinung, die durch das steigende Angebot an aufgenommenem Vorläufer bedingt ist. Die Einbaurate des Cytoplasmas ist dagegen in den ersten Minuten gleich null. Die Kurve der Cytoplasmamarkierung wird in dem Augenblick zu einer Geraden, in dem die Kernmarkierung ihr Plateau erreicht. Diese wesentliche Tatsache konnte auch in anderen Fällen beobachtet werden (s. Abb. 75), d. h., daß von diesem Moment an aus dem Zellkern eine konstante Menge markierter RNS pro Zeiteinheit verschwindet. Gleichzeitig erreicht die Zunahme markierter RNS pro Zeiteinheit im Cytoplasma ebenfalls einen konstanten Wert. AMANO und LEBLOND (1960) haben neben der Einbaurate die RNS-Menge cytophotometrisch in Kern und Cytoplasma von Rattenleber- und -pankreas bestimmt und kamen so zu einer relativen spezifischen Aktivität. Ihre kinetischen Betrachtungen führten zu dem Schluß, daß Kern- und speziell Nukleolus-RNS, der Vorläufer der cytoplasmatischen RNS ist.

Der Nukleolus ist fast immer stärker markiert als der übrige Kernraum, dessen Markierung nach Ansicht aller Autoren durch die RNS des Chromatins bedingt ist. Im Wurzelmeristem läßt sich erst bei hoher Dosis an Radioaktivität und langer Expositionszeit überhaupt ein Einbau in die Chromatin-RNS nachweisen (Woods 1959). Die Markierung erreicht bereits nach 14 min ein Plateau, während die Nukleolenmarkierung noch weiter zunimmt. Man könnte also annehmen, daß die Chromatin-RNS Vorläufer

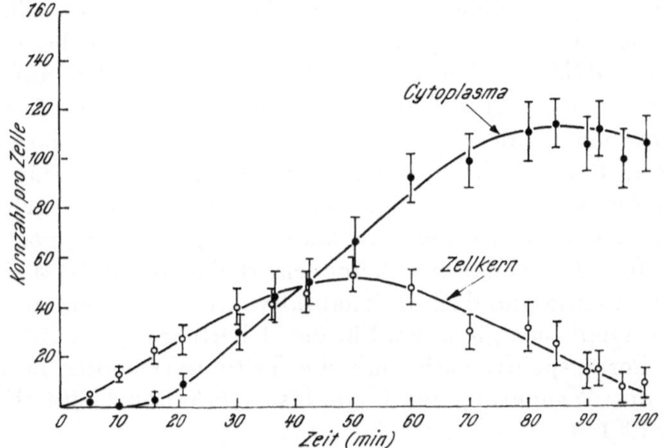

Abb. 76. Zeitlicher Verlauf der Markierungsintensität von RNS in Kern und Cytoplasma von *Tetrahymena* nach einem ^{3}H-Cytidin-Angebot von 12 Min. Dauer. (Nach Prescott 1961.)

der Nukleolus-RNS ist. Auf jeden Fall muß auch im Nukleolus eine RNS-Synthese stattfinden, da das Chromatin nie vor dem Nukleolus markiert ist. Auch in embryonalen Hühnerfibroblasten werden der Nukleolus und der übrige Kern gleichzeitig markiert (Bather und Purdie-Pepper 1961). In den allerersten Minuten kann in manchen Fällen eine frühere Markierung des Chromatins eintreten (Feinendegen und Mitarb. 1960, Perry und Mitarb. 1961 b, Goldstein und Mitarb. 1962). Amano und Leblond (1960) konnten aber durch kinetische Untersuchungen zeigen, daß die Chromatin-RNS als Vorläufer der Nukleolus-RNS zumindest in ihrer Gesamtheit nicht in Frage kommt.

Die seither beschriebenen Versuchsansätze können nicht mit letzter Sicherheit entscheiden, ob im Cytoplasma eine RNS-Synthese stattfindet oder nicht. Zwar ist in HeLa-Zellen der Anstieg der Cytoplasmamarkierungskurve $tg\,\alpha = 0$, wenn man auf die Zeit $t = 0$ extrapoliert (Perry und Mitarb. 1961 a) und Woods (1959) konnte im Wurzelmeristem auch mit einer hohen ^{3}H-Cytidin-Gabe und sehr langen Expositionszeiten keine Cytoplasmamarkierung in den ersten Minuten finden, aber auch er hält die Frage für nicht ganz geklärt (über die RNS-Synthese in Plastiden s. Kap. 7).

Die Bedeutung des Kernes als des einzigen Syntheseortes für die gesamte RNS ist angezweifelt worden. Besonders Harris (1962, 1963 b, 1964, Harris und Watts 1963, Harris und LaCour 1963, Harris und Mitarb. 1963) hat die Möglichkeit einer RNS-Synthese im Cytoplasma hervorgehoben und ihre Existenz zu beweisen versucht. Außerdem vertrat er die Ansicht, daß die RNS im Zellkern wieder abgebaut wird und erst die Spaltprodukte als Vorläufer der RNS des Cytoplasmas fungieren. Er bestreitet die Übertragung der RNS in hochmolekularer Form vom Kern ins Cytoplasma (Harris 1963 a). Die Interpretation einiger Versuche von Harris ist von Singh und Koppelmann (1963) wiederum kritisiert worden. Besonders eingehend hat sich Goldstein (1963) mit den Argumenten Harris' auseinandergesetzt. Durch Exstirpationen und Transplantationen von Zellkernen von *Amoeba proteus* konnte er zeigen, daß im Cytoplasma, in das ein Zellkern mit markierter RNS implantiert wurde, markierte RNS auftritt. Wird aus einer Amöbe nach „Puls"-Markierung der Zellkern entfernt und ein Kern ohne Radioaktivität implantiert, erscheint im Cytoplasma weniger stark markierte RNS als im ersten Fall. Damit ist gezeigt, daß zumindest eine wesentliche Menge der Cytoplasma-RNS im Zellkern gebildet wird. Durch weitere Experimente ließ sich nachweisen, daß der „pool" säurelöslicher Vorstufen des Zellkernes keine entscheidende Rolle bei den Versuchen spielen konnte und daß die qualitative Zusammensetzung des „pool" in Kern und Cytoplasma gleich ist. Für eine Übertragung der RNS in makromolekularer Form spricht auch, daß die Tritiumverteilung in Uracil und Cytosin bei der Wanderung ins Cytoplasma erhalten bleibt (Feinendegen und Mitarb. 1961 a).

Die Ausschaltung des Zellkernes hat die Einblicke in den Einbau radioaktiver Vorläufer der RNS noch vertieft. Die ersten Untersucher (Plaut und Rustad 1957, Prescott 1957) fanden im Cytoplasma kernloser Amöben (*Amoeba proteus*) eine Markierung mit radioaktiven RNS-Vorläufern. Prescott (1959) konnte zeigen, daß die Markierung in den Nahrungsvakuolen sitzt und wahrscheinlich mit der Nahrung (Bakterien, Hefen) eingebracht wird, also kein Zeichen für eine RNS-Synthese im Cytoplasma ist. In kernlosen Amöben, die vier Tage hungerten, findet sich nur eine sehr schwache Radioaktivität. *Acanthamoeba* kann in einem vollsynthetischen Nährmedium ohne Futterorganismen gezüchtet werden. In kernlosen Hälften dieses Einzellers findet sich keine markierte RNS (Prescott 1960 a). Das gleiche läßt sich auch an *Tetrahymena* nachweisen (Prescott 1961 b). Bei der Hämatopoiese der Säuger synthetisieren nur die kernhaltigen Vorstufen RNS (Pinheiro und Mitarb. 1963). Die Ausschaltung der Kernfunktion durch partielle oder totale UV- oder Röntgenbestrahlung (Errera und Mitarb. 1959, Brachet 1960, Perry 1960) führt nicht nur zu einer Verminderung der cytoplasmatischen Basophilie (Abb. 69), sondern auch zur Abnahme der radioaktiven Markierung in der cytoplasmatischen RNS. Die Behandlung mit Actinomycin D (Kap. 3.3.6.1.) ergibt ebenfalls keine Markierung mit RNS-Vorläufern im Cytoplasma (Goldstein und Mitarb. 1962). Die Inkubation mit Actinomycin n a c h einer „Puls"-Markierung verhindert den Übertritt von markierter RNS ins Cytoplasma nicht (Perry 1962, Girard und Mitarb. 1964).

In den Zellkernen mit Riesenchromosomen läßt sich die RNS-Synthese bis an den einzelnen Genort zurückverfolgen. Der Einbau radioaktiver Vorläufer erfolgt nur im Zusammenhang mit der DNS der Chromosomen und nicht im übrigen Zellkernraum (McMaster-Kaye 1960, 1962, McMaster-Kaye und Taylor 1958, Sirlin 1960, 1963, Sirlin und Schor 1962 a, b, Swift 1962 a, Fujita und Takamoto 1963). Innerhalb der Chromosomen wird RNS nur in den strukturmodifizierten Querscheiben (Balbiani-Ringe, „Puffs", Nukleolenbildungsorte) synthetisiert, die wahrscheinlich als die aktiven Genorte anzusehen sind (Kap. 6.1.4.), und in denen sich größere Mengen von RNS histochemisch nachweisen lassen (Abb. 74) (Pelling 1959, 1964). In den Lampen-

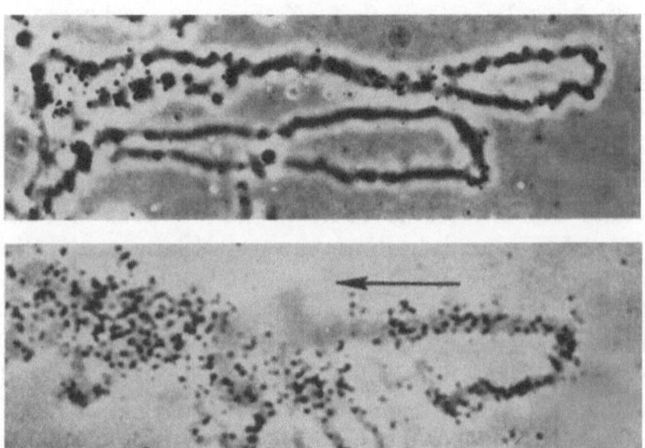

Abb. 77. Oben: Autoradiogramm zweier benachbarter Schleifen desselben Chromosoms mit deutlichem Unterschied in der Markierung. Aus der Oocyte von *Triturus*, 26 Std. nach der Injektion von ^{3}H-Uridin. Vergr.: 1500 ×. Unten: Autoradiogramm einer großen Schleife aus dem Chromosom I von *Triturus viridescens*. Die RNS-Synthese schreitet vom dünnen Ende der Schleife zum dickeren Ende fort (Pfeilrichtung). (Nach Gall 1963.)

bürstenchromosomen wird die RNS in den seitlich herausstehenden Schleifen synthetisiert, in den meisten Fällen gleichmäßig über die ganze Schleife verteilt. In einigen besonders großen Schleifen des Chromosoms XII vom Kammolch (*Triturus cristatus*) schreitet der Einbau im Laufe einiger Tage von einem Ende der Schleife zum anderen Ende fort (Abb. 77) (Gall und Callan 1962, Callan 1963, Gall 1963). Der Einbau radioaktiver Vorläufer wird durch gonadotropes Hormon gesteigert (Gall und Callan 1962), durch Actinomycin unterbunden (Izawa und Mitarb. 1963).

Biochemische Bestimmungen der RNS-Synthese in einzelnen Zellfraktionen führten ebenfalls zu dem Schluß, daß der Zellkern der wesentliche, wenn nicht der einzige Bildungsort für die gesamte RNS der Zelle ist (Ts'o und Sato 1959 a, b, Comb 1962, Srinivasan 1962 a, Tamaoki und Mueller 1962, Sporn und Dingman 1963).

6.1.6. Die Bedeutung des Nukleolus

Der Nukleolus ist von den ersten Untersuchungen an in Verbindung mit der Stoffwechselaktivität der Zelle gebracht worden (Montgomery 1898, zit. nach Sirlin 1962 a). Erst in neuerer Zeit aber wird die physiologische Bedeutung dieses Zellorganells klarer und verständlicher (SIRLIN 1962 a, b, KOPAC und MATEYKO 1964). Dazu haben vornehmlich biochemische und histochemische Untersuchungen beigetragen. Daß dem Nukleolus überhaupt eine entscheidende Rolle im Leben der Zelle und damit des ganzen Organismus zukommt, konnte erst relativ spät eindeutig demonstriert werden. Nukleolusfreie Artbastarde in der Gattung *Chironomus* sterben in den frühen Embryonalstadien ab, bevor es zu irgendwelchen Zelldifferenzierungen kommt (BEERMANN 1960). Das gleiche gilt für nukleolusfreie Mutanten des Krallenfrosches *Xenopus laevis* im homozygoten Zustand (ELSDALE und Mitarbeiter 1958, WALLACE 1962).

Die allgemein formulierte Beziehung zwischen der Nukleolusgröße und der Zellaktivität bzw. Proteinsynthese (CASPERSSON und SCHULTZ 1940, CASPERSSON 1950, STOWELL 1963) konnte dahingehend präzisiert werden, daß eine positive Korrelation zwischen der Nukleolengröße und dem RNS-Gehalt des Cytoplasmas besteht (EDSTRÖM 1958 b, EDSTRÖM und EICHNER 1958, CASPERSSON und Mitarb. 1963, MEEK 1963). Bemerkenswert erscheint dabei, daß eine Beziehung zwischen der cytoplasmatischen RNS-Menge und dem RNS-Gehalt des Nukleolus nicht besteht. Da es sich bei der histochemisch nachweisbaren und bestimmbaren RNS im wesentlichen um die der Ribosomen handelt, kann man in diesen Befunden einen Hinweis darauf sehen, daß der Nukleolus Beziehungen zu den Ribosomen hat, vielleicht in irgendeiner Form an ihrer Synthese beteiligt ist. Ein weiterer Hinweis ergibt sich daraus, daß der Nukleolus (außer bei Säugern, Mollusken und Anneliden) während der Embryogenese etwa zu Beginn der Gastrulation deutlich wird (FLICKINGER 1954, SIRLIN 1962 a). Zur gleichen Zeit erscheint im Cytoplasma ein gut ausgebildetes Ergastoplasma mit Ribosomen (KARASAKI 1959), und es läßt sich von da an eine deutliche Synthese von r-RNS nachweisen (CHEN 1960, BROWN und CASTON 1962 b, NEMER 1963).

Die experimentelle Ausschaltung der Nukleolusfunktion mit UV- oder ionisierenden Strahlen (MONTGOMERY und HUNDLEY 1961, MONTGOMERY 1963, SMITH 1964) führt nach kürzerer oder längerer Zeit zu einer Abnahme der UV-Absorption bzw. des RNS-Gehaltes im Cytoplasma. Die Bestrahlung eines anderen gleichgroßen Zellkerngebietes hat nicht solche drastischen Folgen. Durch eine Kombination dieser Strahlenstich-Methode mit der Autoradiographie nach Gabe von ^{3}H-Cytidin konnte PERRY (1960, PERRY und Mitarb. 1961 b) zeigen, daß nach vier bis acht Stunden im Zellkern 30%, im Cytoplasma dagegen 65% weniger eingebauter Vorläufer zu finden ist als in den Kontrollzellen. Dieser Prozentsatz entspricht ungefähr dem Anteil der r-RNS an der Gesamt-RNS der Zelle. Dementsprechend sinkt auch die Proteinsynthese im Cytoplasma nach sechs Stunden auf etwa zwei Drittel ab, während sie im Zellkern nicht beeinflußt wird (ERRERA und Mitarb. 1961). Bei der biochemischen Isolierung und Fraktionierung der Kern-RNS durch differentielle Phenolextraktion lassen sich zwei Fraktionen gewinnen, von denen die eine (AU-Typ) in ihrer Basenzusammensetzung der DNS, die andere (GC-Typ) der ribosomalen RNS ähnelt (GEORGIEV und MANTIEVA 1962 a, b). Die RNS des AU-Types verhält sich in der Ultrazentrifuge wie m-RNS (GEORGIEV und Mitarb. 1963) und ist auch in der Lage, die Proteinsynthese im zellfreien System zu induzieren (ZIMMERMANN und Mitarb. 1963). Die RNS des GC-Types enthält die für r-RNS typischen 18-S- und 28-S-Partikel und stammt vermutlich aus dem Nukleolus (GEORGIEV und Mitarb. 1963). An isolierten Nukleolen ließ sich nachweisen, daß sie tatsächlich r-RNS enthalten. Die Identifizierung erfolgte durch Analyse der Basenzusammensetzung (BIRNSTIEL und HYDE 1963) und des Sedimentationsverhaltens (CHIPCHASE und BIRNSTIEL 1963, BIRNSTIEL und Mitarb. 1963 b). Diese RNS hat darüber hinaus die gleiche Basensequenz wie die cytoplasmatische RNS, wie Hybridisierungsversuche mit DNS ergaben (CHIPCHASE und BIRNSTIEL 1963 b) (s. Kap. 2.2.1.1.). Die Schwierigkeiten einer sauberen biochemi-

Tab. 15. *Basenzusammensetzung der RNS (in Mol%) von Nukleolus und Cytoplasma verschiedener Tierarten.* N = Nukleolus; C = Cytoplasma.

	Tegenaria[a] (Spinne) Oocyte		*Asterias*[b] (Seestern) Oocyte		*Chironomus*[c] (Mücke) Speicheldrüse		*Triturus*[d] *cristatus* (Molch) Oocyte		*Triturus*[d] *viridescens* (Molch) Oocyte	
	N	C	N	C	N	C	N	C	N	C
Adenin	25,2	25,1	23,7	23,5	30,6	29,4	18,1	20,1	21,5	23,7
Guanin	29,8	30,2	33,4	31,9	20,1	22,9	31,7	27,2	29,3	28,0
Cytosin	22,9	21,9	24,3	24,8	22,1	22,1	28,7	29,5	30,1	27,7
Uracil	22,2	22,9	18,5	19,7	27,1	25,7	21,7	23,0	19,1	20,7

Autoren: [a] EDSTRÖM (1960 a, b), [b] EDSTRÖM und Mitarb. (1961), [c] EDSTRÖM und BEERMANN (1962), [d] EDSTRÖM und GALL (1963).

schen Isolierung der Nukleolen können teilweise umgangen werden (s. z. B. MAGGIO und Mitarb. 1963 a, b), wenn die Nukleolen mikrochirurgisch aus dem Zellkern herausgelöst werden. In den RNase-Extrakten läßt sich dann mit einer diffizilen chromatographischen Technik die Basenhäufigkeit ermitteln (s. Kap. 3.5.). In den Nukleolen der Oocyten von Spinnen (EDSTRÖM 1960), Seesternen (EDSTRÖM und Mitarb. 1961), Molchen (EDSTRÖM und GALL 1963) und den Speicheldrüsen von *Chironomus* (EDSTRÖM und BEERMANN 1962) ähnelt die Basenzusammensetzung der RNS stark der der ribosomalen (Tab. 15). Alle diese Untersuchungen zeigen, daß die Hauptmenge der nukleolaren RNS mit der der Ribosomen oder deren Vorläufern identisch ist.

Einen wesentlichen Fortschritt haben die Untersuchungen von PERRY (1962, 1963) gebracht. Durch geringe Konzentrationen von Actinomycin D (s. Kap. 3.3.6.1.) läßt sich der Einbau radioaktiver RNS-Vorläufer in den Nukleolus viel stärker hemmen als der Einbau in den Zellkern. Dadurch vermindert sich auch die im Cytoplasma nach einiger Zeit erscheinende Radioaktivität erheblich (Abb. 78). PERRY machte Paralleluntersuchungen mittels Autoradiographie und Ultrazentrifugierung. Nach einer „Puls"-Markierung (30 min) mit ^{3}H-Cytidin findet sich die Radioaktivität fast ausschließlich (95%) über dem Zellkern und dem Nukleolus. Die dabei markierte RNS ist hochmolekular und zeigt mit Ausnahme eines kleinen Gipfels bei 4 S keine deutlich ausgebildeten Fraktionen in der Ultrazentrifuge. Nach einem „chase“ von vier Stunden findet man die Radioaktivität vorzugsweise im Cytoplasma bzw. in 18-S- und 28-S-Partikeln. Unter dem Einfluß von Actinomycin ist nach 30 min die Menge der schnellmarkierten RNS gegenüber den Kontrollen vermindert, und nach vier Stunden kann man in den 18-S- und 28-S-Partikeln keine Radioaktivität feststellen. Diese Untersuchungen zeigen gegenüber den vorher erwähnten, daß in den Nukleolen nicht nur r-RNS vorhanden ist, sondern daß sie oder ihre Vorläufer dort vermutlich auch synthetisiert werden, bevor sie ins Cytoplasma übertragen werden. Die Nukleolus-freien Krallenfrosch-Mutanten sind nicht in der Lage, r-RNS (18-S- und 28-S-Partikel) zu synthetisieren. Die Bildung von t-RNS und m-RNS ist dagegen normal (BROWN und GURDON 1964). Bei der Diskussion dieser Befunde kommen die Autoren zu dem Schluß, daß die Bildung eines Vorläufers der r-RNS (36-S-Partikel, s. Kap. 3.2.) im oder in unmittelbarer Nähe des Nukleolus erfolgt. Ob der Nukleolus (bzw. das Nukleolus-assoziierte Chromatin oder der Nukleolenbildungsort) tatsächlich die Stätte der Synthese der ribosomalen RNS oder deren unmittelbarer Vorläufer ist oder ob im Nukleolus nur die an anderen Chromosomenstellen entstehende RNS gesammelt und eventuell umgeformt wird, ist eine häufig untersuchte Frage. Wenn die RNS des Nukleolus an anderer Stelle gebildet und dann zum Nukleolus transportiert würde, müßte sich das in der Kinetik des Einbaus radioaktiver Vorläufer ausdrücken. In der Mäuseleber läßt sich ein zeitlicher Unterschied im Beginn des radioaktiven Einbaus zwischen Nukleolus und Chromatin nicht feststellen. Der Verlauf der spezifischen Aktivität zeigt jedoch, daß der Einbau in beiden Kernräumen unabhängig voneinander erfolgt und keine Vorläufer-Endprodukt-Beziehung besteht (AMANO und LEBLOND 1960, LEBLOND und

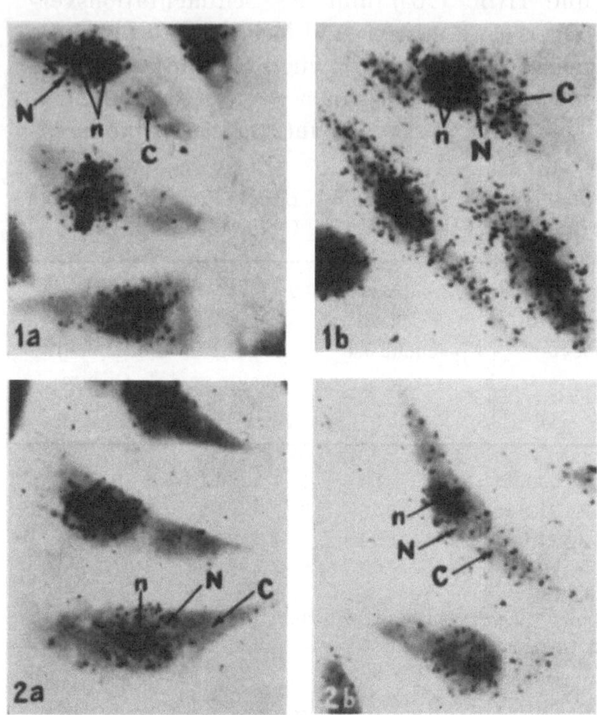

Abb. 78. Autoradiogramme von L-Zellen. *1a*. Pulsmarkierung (30 min.) mit ^{3}H-Cytidin. *1b*. Pulsmarkierung (30 min.) mit ^{3}H-Cytidin und anschließendem Inkubieren (4 Std.) mit nichtmarkiertem Cytidin. *2a, 2b*. Entsprechend *1a* und *1b* mit $3,3 \times 10^{-8}$ M Actinomycin D 30 min. vor der Pulsmarkierung. *n* = Nukleolus; *N* = Zellkern; C = Cytoplasma. In *2a* fehlt die starke Markierung des Nukleolus, während die Markierung des übrigen Zellkerns nicht sichtbar schwächer ist als in der Kontrolle (*1a*). In *2b* ist die gegenüber (*1b*) verminderte Markierung des Cytoplasmas nach Actinomycin D deutlich zu sehen. (Nach PERRY 1962.)

AMANO 1962). Auch bei einer Reihe anderer Objekte beginnt der Einbau in Chromatin und Nukleolus gleichzeitig (s. SIRLIN 1962 a und Kap. 6.1.5.). In den Speicheldrüsen von *Drosophila* und *Chironomus* ist der Nukleolus dagegen viel früher markiert als das Chromatin (MCMASTER-KAYE und TAYLOR 1958, PELLING 1959, MCMASTER-KAYE 1960, 1962, SIRLIN 1960, SWIFT 1962 a).

SCHULTZE und MAURER (1963) haben die Kurven der Einbaukinetik in verschiedenen Mäuseorganen auf die Zeit $t = 0$ extrapoliert und kamen zu dem Schluß, daß der Einbau im Nukleolus und dem übrigen Zellkern unabhängig voneinander erfolgt. Bei Berücksichtigung der spezifischen Absorption der einzelnen Zellorganellen für β-Teilchen kann man errechnen, daß 60% des Vorläufers in die RNS des Nukleolus eingebaut werden, ins Cytoplasma dagegen weniger als 4%. Auch PERRY (1960) nimmt an, daß im Nukleolus selber ein großer Teil der RNS synthetisiert wird. In einigen Fällen tritt die Markierung im Chromatin früher auf als im Nukleolus, so daß hier die Möglichkeit einer Wanderung von RNS in den Nukleolus besteht. In der Wurzel von *Vicia faba* erreicht die Markierung im Chromatin nach 14 min, im Nukleolus erst nach $1^1/_2$ Std. ihr Maximum (WOODS 1959). Auch in Kulturen menschlicher Amnionzellen erscheint die radioaktive Markierung im Nukleolus etwas später als im übrigen Kern (GOLDSTEIN und MICOU 1959). Das gleiche gilt für einige andere Zelltypen (FEINENDEGEN und Mitarb. 1960). Demnach hat die Untersuchung der Einbaukinetik wegen der unterschiedlichen Ergebnisse zu keiner Entscheidung darüber geführt, ob die nukleolare RNS im Nukleolus selbst synthetisiert wird. Daß eine schnellere Markierung des Nukleolus, verglichen mit dem übrigen Kern, möglich ist, zeigt immerhin, daß zumindest ein Teil der RNS im Nukleolus synthetisiert wird. Dafür sprechen auch eine Reihe anderer Befunde. In Zwiebelwurzeln beginnt die RNS-Synthese nach der Mitose im Nukleolus nicht später, sondern eher früher als im Chromatin (DAS 1963). BAL und GROSS (1964) konnten feststellen, daß im gleichen Objekt nicht in allen in einem Kern vorhandenen Nukleolen eine Radioaktivität nach der Gabe von RNS-Vorläufern zu finden ist. Sie glauben, daß sich diese Beobachtung nicht mit einer passiven Speicherfunktion der Nukleolen vereinbaren läßt. Auch BROWN und GURDON (1964) interpretieren ihre Befunde an Nukleolus-freien Krallenfroschembryonen im Sinne einer autochthonen RNS-Synthese im Nukleolus. Daß die Nukleolen, wenn sie in Einzahl im Kern vorkommen, ein etwa gleich großes Volumen und eine gleich große Oberfläche haben wie die beiden Nukleolen in einem Zellkern mit zwei Nukleolen zusammen, muß nicht auf eine Speicher- oder Sammelfunktion des Nukleolus hinweisen (BARR und ESPER 1963), sondern kann ebenso als eine gesteigerte Syntheseaktivität dieses einzelnen Nukleolus aufgefaßt werden. Der selektive Einfluß geringer Actinomycinkonzentrationen (10^{-7} — 10^{-8} M) auf die radioaktive Markierung des Nukleolus spricht ebenfalls für eine RNS-Synthese am Ort (PERRY 1963, GEORGIEV und Mitarb. 1963).

SIRLIN (1962 a, 1963) hat eine etwas abweichende Auffassung über den Ursprung und die Funktion der nukleolaren RNS entwickelt, die sich im wesentlichen auf seine eigenen Untersuchungen, besonders an Nukleolen der Riesenchromosomen, stützt. SIRLIN nimmt an, daß die chromosomale

(= m-) RNS in den Nukleolus wandert, wo sie als *primer* für eine RNS-Synthese fungiert. Auf diese Weise soll eine große Menge von m-RNS im Nukleolus entstehen, die dann ins Cytoplasma wandert. Diese Theorie stützt sich einerseits darauf, daß die RNS-Synthese im Nukleolus räumlich getrennt von der DNS des Nukleolenbildungsortes erfolgen soll (SIRLIN 1962 b, SIRLIN und JACOB 1962, SIRLIN und SCHOR 1962 a, b, SIRLIN und Mitarb. 1961, 1962, 1963 c, JACOB und SIRLIN 1963). Andererseits ist die RNS-Synthese, auch des Nukleolus, Actinomycin-empfindlich, also doch von einer *primer*-DNS abhängig (SIRLIN und JACOB 1962). SIRLIN nimmt daher an, daß dieser *primer* an anderen Chromosomenstellen liegt und daß die RNS dann in

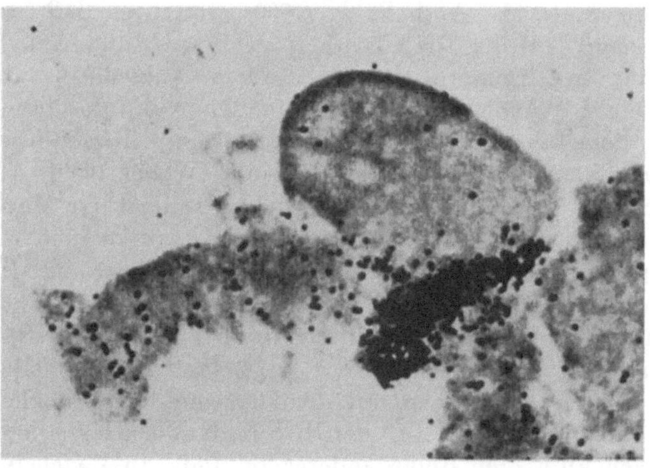

Abb. 79. Markierung des Nukleolenbildungsortes des 2. Chromosoms von *Chironomus tentans*. Autoradiographie, 10 Min. nach Injektion von ^{3}H-Uridin. Vergr.: 1060×. (Nach PELLING 1964.)

den Nukleolus einwandert. Mit dieser Deutung läßt sich natürlich nur schwer vereinbaren, daß in manchen Fällen der Nukleolus früher als das Chromatin markiert sein kann und daß durch Actinomycin die Synthese der nukleolaren RNS bei weiterlaufender Synthese im Chromatin selektiv blockiert werden kann. Damit erweist sich auch die RNS-Synthese im Nukleolus von einem DNS-*primer* und nicht von einem RNS-*primer* abhängig. Darüber hinaus konnte PELLING (1964) nachweisen, daß im Nukleolus die RNS-Synthese im Nukleolenbildungsort erfolgt (Abb. 79). Die RNS wandert dann zur Peripherie des Nukleolus hin (Abb. 80). Die Synthese unmittelbar im Nukleolenbildungsort ist allerdings umstritten (JACOB und SIRLIN 1964). Bei der Incorporation von RNS-Vorläufern in die Prophasechromosomen findet man die Silberkörner nicht direkt über dem Chromosom, sondern mehr über den Randpartien (FEINENDEGEN und BOND 1963 a, LINNARTZ-NIKLAS und Mitarb. 1964). Daher sollte man auch nicht unbedingt eine Markierung über dem Nukleolenbildungsort erwarten. Von großer Bedeutung ist hier die ebenfalls stark umstrittene Frage, wieweit sich DNS in den Nukleolus hinein verfolgen läßt. In jüngster Zeit häufen sich die elektronenmikroskopischen Nachweise intranukleolaren Chromatins (ALTMANN und

Mitarb. 1963, BERNHARD und GRANBOULAN 1963). Hybridisierungsversuche mit DNS und RNS von Erbsenembryonen können ebenfalls zur Lösung dieser Probleme beitragen (CHIPCHASE und BIRNSTIEL 1963 b). Ein großer Teil der nukleolaren RNS kann an DNS-Strecken gebunden werden, die auch mit r-RNS Hybridmoleküle bilden können, so daß auf eine identische Basensequenz von ribosomaler und nukleolarer RNS geschlossen werden kann. Die zu einer solchen Doppelmolekülbildung fähigen Stellen liegen aber nicht nur in der DNS des Nukleolus-assoziierten Chromatins, sondern auch im übrigen Chromatin. Das würde bedeuten, daß r-RNS nicht nur im Nukleolus, sondern auch an vielen anderen Stellen des Genoms gebildet

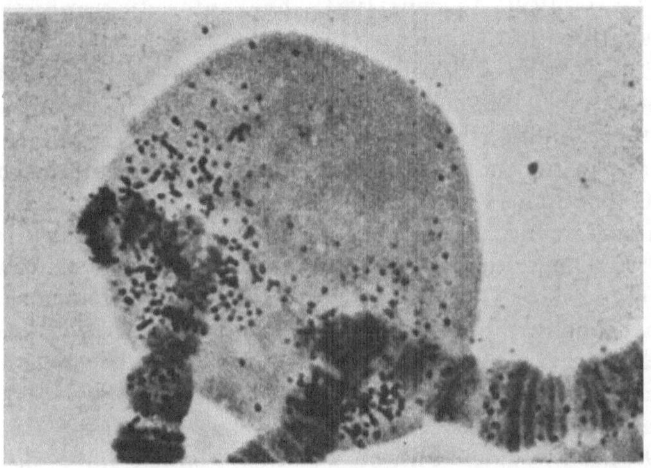

Abb. 80. Markierung der Nukleolenbildungsorte des 2. Chromosoms von *Chironomus tentans*. Autoradiographie, 10 Min. nach Injektion von ^{3}H-Uridin. Vergr.: 1060 ×. (Nach PELLING 1964.)

werden kann. Interessanterweise führten autoradiographische Untersuchungen am gleichen Objekt zu den gleichen Schlußfolgerungen (RHO und BONNER 1961). In einer neueren, sehr kritischen Arbeit an HeLa-Zellen konnte gezeigt werden, daß die DNS des Nukleolus-assoziierten Chromatins doch einen wesentlich höheren Anteil an Abschnitten, die der r-RNS komplementär sind, aufweist als das übrige Chromatin (MCCONKEY und HOPKINS 1964). Von vielleicht 400 Cistrons für r-RNS liegen mindestens 59 im Nukleolus-assoziierten Chromatin, wobei zu beachten ist, daß die Isolierung dieses Chromatins als ganzes und ohne Verlust sehr schwierig sein dürfte, worauf die Autoren ausdrücklich hinweisen.

Damit kann das Vorkommen von r-RNS im Nukleolus als sicher erwiesen gelten. Starke Argumente sprechen dafür, daß diese RNS auch im Nukleolus selbst, und zwar im Zusammenhang mit der DNS des Nukleolenbildungsortes, synthetisiert wird. Der endgültige Beweis dafür steht allerdings noch aus. Möglicherweise gibt es artspezifische Unterschiede, indem in einem Falle die gesamte ribosomale RNS im Nukleolus gebildet wird, in anderen dagegen nur ein Teil und der Rest in anderen Chromosomenbereichen. Auf solche Unterschiede lassen sich vielleicht auch die gegensätzlichen

Befunde über die nukleolare RNS-Synthese in den Speicheldrüsenkernen von *Chironomus* und *Smittia* zurückführen (SIRLIN 1960, SIRLIN und Mitarb. 1963 c, PELLING 1964).

Die nächste Frage ist die, ob im Nukleolus die r-RNS frei oder an Protein gebunden vorkommt. Der Proteingehalt der Nukleolen beträgt nach biochemischen Bestimmungen an isoliertem Material über 80% (MAGGIO und Mitarb. 1963 b, BIRNSTIEL und CHIPCHASE 1963). In Erbsenembryonen wird die Hälfte dieses Proteins von einer Fraktion gebildet, die in ihrer Aminosäurenzusammensetzung dem Protein der cytoplasmatischen Ribosomen gleicht (BIRNSTIEL und CHIPCHASE 1963). Eine Identität von Nukleolen- und Ribosomenprotein wird weiter durch gleiche immunologische Reaktionen unterstützt (GLASS 1959, VINCENT 1964). Die autoradiographisch nachweisbare Proteinsynthese im Nukleolus (WOODWARD und Mitarb. 1961 a, LEBLOND und AMANO 1962, STÖCKER 1963, vgl. dagegen SCHULTZE und Mitarb. 1959, ERB und HEMPEL 1962) läßt noch keinen Schluß darüber zu, ob es sich dabei um die Synthese dieses ribosomalen Proteins handelt. Isolierte Nukleolen bauen ebenfalls in hohem Maße Aminosäure in Polypeptide ein (BIRNSTIEL und HYDE 1963), und zwar auch in die Proteinfraktion, die die gleiche Aminosäurenzusammensetzung hat wie das Protein der Ribosomen (BIRNSTIEL und CHIPCHASE 1963). Damit kann der Nukleolus als Ursprungsort dieses Proteins angesehen werden, denn die r-RNS und das „r-Protein" kommen miteinander verknüpft in Ribonukleoproteingranula vor, die sich in physikalisch-chemischer Hinsicht nicht von den Ribosomen des Cytoplasmas unterscheiden (BIRNSTIEL und Mitarb. 1963 b). Sie sedimentieren bei 80 S und erscheinen im Elektronenmikroskop als Kugeln von 280 Å Durchmesser (BIRNSTIEL und CHIPCHASE 1963). Ribosomenähnliche Partikel können im Nukleolus leicht elektronenmikroskopisch nachgewiesen werden (SWIFT 1962 b, s. auch BUSCH und Mitarb. 1963 a, b, BERNHARD und GRANBOULAN 1963, MARINOZZI und BERNHARD 1963).

Wenn sowohl r-RNS wie auch „r-Protein" im Nukleolus synthetisiert werden können und Ribosomen im Nukleolus vorkommen, besteht Grund zu der Annahme, daß die Ribosomen in diesem Zellorganell gebildet werden. Dazu muß der Nukleolus zu einer Reihe von Leistungen fähig sein, über die noch keine Klarheit herrscht, wie z. B. über den Mechanismus, durch den der Proteinanteil der Ribosomen mit der Nukleinsäure verbunden wird.

Es kann angenommen werden, daß für die Bildung der Ribosomen selber mindestens zwei RNS-Typen notwendig sind: die eigentliche r-RNS und eine m-RNS zur Bildung des Ribosomenproteins. Damit ergeben sich zwei Möglichkeiten hinsichtlich der Deutung der vom Nukleolus im Zusammenhang mit der DNS des Nukleolenbildungsortes synthetisierten RNS. Es könnte sich hier einmal um die r-RNS selber handeln; dann müßte der Entstehungs- oder Genort des *messenger* für das Ribosomenprotein noch gesucht werden. Zum anderen wäre es möglich, daß im Nukleolenbildungsort diese m-RNS gebildet wird, während die r-RNS an anderer Stelle synthetisiert wird. Der starke Einbau radioaktiver Vorläufer im Nukleolus wäre durchaus mit der Bildung der großen Mengen des für die Bildung ribosomalen Proteins nötigen *messenger* zu vereinbaren. Dann ließe sich auch die Möglichkeit, daß chromosomale RNS in den Nukleolus einwandert, verstehen und außerdem wäre erklärt, warum ribosomale RNS auch noch mit anderem Chromatin als nur dem des Nukleolus hybridisiert. Es ist interessant, daß aus isolierten Nukleolen zwei hochmolekulare RNS-Fraktionen gewonnen werden konnten, die sich in ihrer Umsatzrate und ihrem Löslichkeitsverhalten unterscheiden (Busch und Mitarb. 1963 b). Der Komplex des Nukleolus-assoziierten Chromatins, der wahrscheinlich eine ganze Reihe von Genorten enthält, könnte für die Bildung der verschiedenen, zur Ribosomenbildung nötigen RNS-Typen verantwortlich gemacht werden. Wie die Bildung von Ribosomen im Nukleolus mit dem auf Grund biochemischer Untersuchungen entwickelten Konzept der Ribosomenentstehung aus kleineren, z. T. sehr heterogenen Vorstufen vereinbart werden kann, läßt sich noch nicht übersehen (Scherrer und Mitarb. 1963, s. Kap. 3.2.4.).

Es ist anzunehmen, daß sich mit der angedeuteten Ribosomenbildung die Funktion des Nukleolus nicht erschöpft. Auffallend ist ein hoher Gehalt an t-RNS (Vincent und Baltus 1960, Birnstiel und Chipchase 1963, Chipchase und Birnstiel 1963 b), der bis zu 50% der gesamten nuklearen RNS ausmachen kann und gut mit der starken Proteinsynthese zu vereinbaren wäre. Es gibt eine Reihe von Hinweisen dafür, daß t-RNS auch im Nukleolus synthetisiert werden kann. Bei autoradiographischen Untersuchungen konnte gezeigt werden, daß der t-RNS-Vorläufer Pseudouridin in den Nukleolus eingebaut werden kann (Sirlin und Mitarb. 1961). (5-Methylcytosin soll dagegen hauptsächlich im Cytoplasma eingebaut werden [Ficq 1962]. Ein Einbau in Kern und Nukleolus wurde aber ebenfalls beobachtet [Errera und Mitarb. 1963, Srinivasan 1962 a].) Aus [^{14}C-Methyl]-methionin wird die Methylgruppe in RNS des Nukleolus eingebaut (Sirlin 1963). In Übereinstimmung damit konnte in isolierten Nukleolen eine hohe RNS-Methylaseaktivität nachgewiesen werden (Birnstiel und Mitarb. 1963 a). Gegen eine Synthese von t-RNS im Nukleolus sprechen andere Befunde. Mittlere Actinomycinkonzentrationen hemmen die RNS-Synthese des Nukleolus. Unter diesen Bedingungen wird aber nur eine Verminderung der markierten r-RNS, nicht dagegen der t-RNS gefunden (Perry 1962).

In den nukleoluslosen Mutanten des Krallenfrosches ist nur die Bildung der r-RNS gestört, nicht dagegen die der t-RNS (Brown und Gurdon 1964). Damit darf man wohl sagen, daß die Rolle des Nukleolus bei der t-RNS-Synthese noch unklar ist. Einige Befunde sprechen sogar für eine zumindest teilweise Synthese der t-RNS im Cytoplasma (Ficq 1962, Rake und Graham 1962 a).

6.1.7. Zusammenfassung

Wie bei Bakterien (Jacob und Monod 1961 a, b, 1963) erfolgt die Regulation der Eiweißsynthese bei höheren Zellen am Genort selbst. Das drückt sich in der Reaktion des ganzen Kernes oder, wo es in weiteren morphologischen Details wie in Riesenchromosomen verfolgt werden kann, in einer Strukturmodifikation des betreffenden Chromosomenabschnittes aus. Derartige gestaltliche Wandlungen treten dann auf, wenn die Eiweißsynthese der Zelle, die als Begleiterscheinung jeder Zellaktivität angesehen werden muß, angeregt wird. Sie lassen sich daher durch künstliche Stimulation genauso erzeugen, wie sie unter physiologischen Bedingungen auftreten (ALTMANN 1952, SANDRITTER und HÜBOTTER 1954, CLEVER und KARLSON 1960, CLEVER 1962, KROEGER 1963, KENNEY und KULL 1963, KORNER 1963). Neben den von außen an die Zelle herantretenden Stimulatoren, z. B. Hormonen, existieren sicher auch intrazelluläre Regulatoren (hier nicht im Sinne von JACOB und MONOD 1961 a, b gebraucht!). Ob bestimmte Proteine, die zwischen Zellkern und Cytoplasma hin- und herwandern, bei der Regulation der RNS-Synthese mitwirken, müßte noch nachgewiesen werden (GOLDSTEIN 1963, KROEGER und Mitarb. 1963).

Bis heute haben wir keine eindeutigen Kenntnisse darüber, wie sich ein aktiver Genort von einem inaktiven unterscheidet. Eine Reihe von Reagenzglasversuchen sprechen dafür, daß die physikalisch-chemischen Zustände der Desoxyribonukleoproteine oder die Art der Histonkomponente (argininreich-lysinreich) verschieden sind (STEDMAN und STEDMAN 1947, ALLFREY 1963, IRVIN und Mitarb. 1963, s. Kap. 3.1.5.). Die einzige im Zusammenhang damit bekannte Strukturveränderung ist die Rückbildung der Schleifen von Lampenbürstenchromosomen nach Zugabe von Histonen (IZAWA und Mitarb. 1963). Die unterschiedlich starke Bindung des Histons in Eu- und Heterochromatin (FRENSTER und Mitarb. 1963) kann man als Ursache für die unterschiedlich große RNS-Synthese-Rate in den entsprechenden Chromosomenabschnitten (HSU 1962) ansehen.

Einer Identität der Histone mit genspezifischen Repressoren stehen schwerwiegende theoretische Einwände entgegen (BLOCH 1962, Kap. 3.1.5.). Die Vielfalt der möglichen Histonmoleküle ist nicht groß genug, als daß für jeden Genort ein spezifisches Histon vorhanden sein könnte. Dies gilt allerdings nur, wenn man für die Histone einen gleichen Synthese- und Codierungsmechanismus wie für die übrigen Proteine annimmt.

In den aktivierten, aufgelockerten und vergrößerten Zellkernen bzw. Chromosomenabschnitten kommt es zur Bildung einer RNS, die als m-RNS anzusehen ist und die Informationen für das zu bildende Protein enthält. Diese RNS und ihre Synthese ist besonders eindeutig in den Puffs der Riesenchromosomen nachzuweisen (s. Abb. 74). Vielleicht entspricht sie den im Elektronenmikroskop darstellbaren Granula (BEERMANN und BAHR 1954, SWIFT 1962 b). Ob die bei der RNS-Synthese auftretenden, sicher kurzlebigen Assoziate von DNS und RNS identisch sind mit histochemisch nachweisbaren Komplexen von DNS und RNS, scheint sehr fraglich (LOVE und RABOTTI 1963). Der Abtransport der m-RNS und ihr Übertritt in das Cytoplasma kann autoradiographisch verfolgt werden; die dabei ablaufenden, licht- und elektronenmikroskopisch erfaßbaren morphologischen Vorgänge sind weitgehend unklar. Für den Transport des im Zellkern synthetisierten Materials sind strukturell vorgebildete Bahnen verantwortlich gemacht worden, die einmal DNS (ALTMANN 1952), das andere Mal RNS (SMETANA und Mitarb. 1963) enthalten sollen. Der Durchtritt dieses Materials durch die Kernmembran bedarf weiterer Aufklärung. Interessant wäre es auch, festzustellen, ob die in der Nähe von Poren der Kernmembran gefundenen Granula mit den in Chromosomen beschriebenen identisch sind.

Vorbedingung für eine gesteigerte Proteinsynthese ist neben der Bildung des oder der zugehörigen *messenger* auch das Vorhandensein eines ausreichend großen, zur Proteinsynthese fähigen Apparates. Daher geht mit der Stimulation der Eiweißbildung oft die verstärkte Bildung von Ribosomen bzw. cytoplasmatischer RNS oder eine gesteigerte Basophilie einher. Gleichzeitig steigt die Aktivität des nukleolaren Apparates. Diese beiden Erscheinungen sind nicht nur zeitlich, sondern vor allem ursächlich miteinander verknüpft, da im Nukleolus die Ribosomen des Cytoplasmas gebildet werden dürften. Dafür sprechen eine Reihe von Argumenten, wenn auch einige Fragen noch offen bleiben. Der Übertritt des nukleolaren Materials in das Cytoplasma ist oft beobachtet worden. Es sieht so aus, als ob er in etwas anderer Weise erfolgt als der der m-RNS, evtl. durch Ein- oder Ausstülpung der Kernmembran, so daß auch dies als ein Argument für den Unterschied der im Nukleolus und der im übrigen Zellkern synthetisierten RNS angesehen werden kann. Das Erscheinen der Ribosomen bzw. des nukleolaren Materials im Cytoplasma äußert sich dort in der verstärkten Ausbildung des Ergastoplasmas, der cytoplasmatischen Basophilie und der UV-Absorption, die Begleiterscheinungen und Voraussetzungen jeder gesteigerten Proteinsynthese sind.

6.2. RNS während des Zellwachstums

6.2.1. Interphasenwachstum

Um die Änderungen eines Parameters mit der Zeit innerhalb des Reproduktionszyklus der Zelle verfolgen zu können, muß man die Lage der Zelle auf der Zeitskala des Reproduktionszyklus, d. h. das „Alter" der Zelle kennen. Um dies ermitteln zu können, bieten sich grundsätzlich vier Möglichkeiten an: 1. Man kann die Einzelzelle im lebenden Zustand beobachten und in bestimmten Zeitabständen, beginnend mit der letzten Zellteilung, den gewünschten Parameter messen. Dies ist nur möglich, wenn sich die Messung mit dem Leben der Zelle vereinbaren läßt, wie z. B. bei der Trockenmassenbestimmung im Interferenzmikroskop (Sandritter und Mitarb. 1960 a, b). 2. Kann man eine größere Zahl von Zellen über einen Zeitraum, der länger ist als die Generationsdauer, verfolgen, die Zellen fixieren und die gewünschte Größe messen. Auf diese Weise kennt man für jede Zelle die Zeit, die seit der letzten Zellteilung verstrichen ist (Seed 1963, Killander und Zetterberg 1965). 3. Manche Zelltypen lassen sich durch geeignete Eingriffe in bestimmten Entwicklungsphasen anhalten (Newton und Wildy 1959, Littlefield 1962, Terasima und Tolmach 1963, Robbins und Marcus 1964, Übersicht: Prescott 1961 a und Burns 1962). Nach Aufhebung der Blockierung durchläuft die gesamte Zellpopulation die nächsten Teilungszyklen synchron, und alle Zellen befinden sich zu jeder Zeit in der gleichen Phase, so daß auf diese Weise die Korrelation mit der Meßgröße möglich ist (Plesner 1961, Blum und Padilla 1962). Bei *Tetrahymena* läßt sich ein einzelnes Tier isolieren, und da die Teilungen unter bestimmten Bedingungen sich in konstanten Zeitabständen wiederholen, erhält man eine sich synchron teilende Nachkommenschaft (Prescott 1960 b). 4. Da sich manche Größen, wie z. B. der DNS-Gehalt oder auch die Kerngröße in charakteristischer Weise mit der Interphasezeit ändern (GRUNDMANN und MARQUARDT 1953, WALKER 1954) lassen sich andere Parameter auf diese Größen und damit auf die Interphasezeit beziehen (WOODARD und Mitarb. 1961 a, ZETTERBERG 1964).

Die Untersuchungen der RNS-Synthese mit radioaktiv markierten Vorläufersubstanzen haben an vielen Objekten ergeben, daß während der ganzen Interphase die RNS-Synthese in etwa gleichbleibender Höhe abläuft (BASERGA 1962 b) oder während der Interphase kontinuierlich leicht ansteigt. Dies scheint im besonderen für die r-RNS zuzutreffen (BRAUN und Mitarb. 1964). Dafür spricht auch, daß im Wurzelspitzenmeristem von *Vicia faba* der Einbau in den Nukleolus geradlinig mit der zunehmenden RNS-Menge ansteigt, während der Einbau in den übrigen Zellkern am Anfang klein ist, am Ende der Interphase aber sehr stark ansteigt. Die spezifische Aktivität bleibt dabei in Nukleolus und Cytoplasma gleich (WOODARD und Mitarb. 1961 a). Ein höherer Einbau in der zweiten Hälfte der Interphase bzw. kurz vor der folgenden Mitose konnte auch in *Tetrahymena* (PRESCOTT 1960 b) und *Tradescantia* (MOSES und TAYLOR 1955) beobachtet werden. Hier scheinen ähnliche Verhältnisse wie bei *Azotobacter* vorzuliegen, wo die r-RNS-Menge exponentiell zunimmt (ZAIZEVA und Mitarb. 1963). In den Wurzelspitzen von *Tradescantia* scheint die RNS-Synthese im wesentlichen vor der DNS-Synthese, also am Anfang der Interphase zu erfolgen (SISKEN 1959). Gewebekulturzellen, die von normalem Gewebe abstammen (Affennierenzellen), haben in der frühen Interphase einen geringen Einbau, der aber dann sehr stark ansteigt, um am Ende wieder abzufallen. Demgegenüber bauen HeLa-Zellen, die von Carcinomzellen abstammen, während der ganzen Interphase in stetig steigendem Maße Cytidin ein. Erst kurz vor der Mitose geht die RNS-Synthese etwas zurück (SEED 1963). Möglicherweise ist das Verhalten der einzelnen RNS-Typen unterschiedlich. Während die r-RNS in der gesamten Interphase gleichmäßig oder in kontinuierlich steigender Menge synthetisiert wird, wird z. B. im Schleimpilz *Physarum polycephalum* in der frühen Interphase eine RNS synthetisiert, die sich von r-RNS in ihrem Sedimentationsverhalten unterscheidet (BRAUN und Mitarb. 1964). Im Wurzelmeristem von *Vicia faba* steigt die Menge der in den Nukleolus eingebauten RNS-Vorläufer während der Interphase kontinuierlich an. Im übrigen Zellkern unterliegt die Einbaurate dagegen größeren Schwankungen. Das legt den Gedanken nahe, daß die an der Hauptmasse

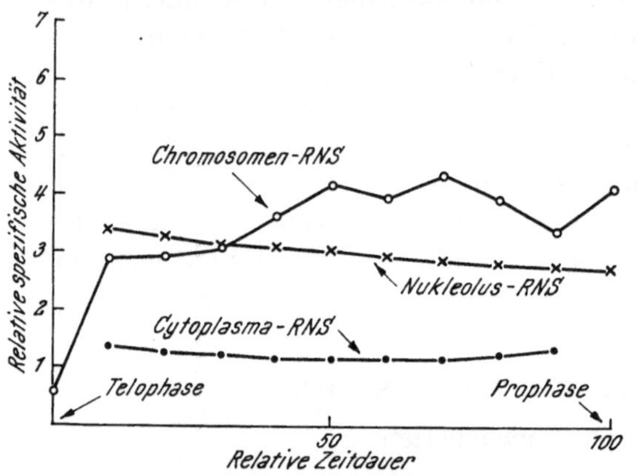

Abb. 81. Relative spezifische Aktivität der RNS in Nukleolus, restlichem Zellkern und Cytoplasma im Wurzelmeristem von *Vicia faba*. Als spezifische Aktivität wurde der Quotient aus Silberkornzahl pro μ^2 nach ^{14}C-Adenin und DNase und der mikrophotometrisch ermittelten Extinktion pro μ Schnittdicke genommen. (Nach WOODARD und Mitarb. 1961.)

des Chromatins erfolgende Bildung von m-RNS den unterschiedlichen Stoffwechselprozessen (z. B. DNS-Synthese, MUELLER 1963) entsprechend reguliert wird, während die r-RNS des Nukleolus kontinuierlich gebildet wird (Abb. 81) (WOODARD und Mitarb. 1961 a).

Aus der weitgehend gleichmäßigen oder gleichmäßig ansteigenden RNS-Synthese, besonders der r-RNS, resultiert eine konstante Zunahme der RNS-Menge während der Interphase (BRAUN und Mitarb. 1964). Besonders vorteilhaft kann bei dieser Frage die Mikrophotometrie eingesetzt werden. In der Wurzelspitze von *Vicia faba* beginnt die RNS-Menge sofort nach der Mitose stark zuzunehmen, steigt dann etwas langsamer und offenbar linear weiter an, um vor der nächsten Teilung wieder stärker zuzunehmen (Abb. 82) (WOODARD und Mitarb. 1961 a). UV-mikrophotometrische Messungen an altersbestimmten (s. o., Methode 2) Mäusefibroblasten der Gewebekultur (L-Zellen) ergaben dagegen eine geradlinige Zunahme zwischen zwei aufeinanderfolgenden Teilungen auf den doppelten Wert (KILLANDER und ZETTERBERG 1965). In ähnlicher Weise scheint auch die Zunahme der Kern-RNS in HeLa-Zellen zu erfolgen, während bei kultivierten Affennierenzellen die RNS-Menge zu Beginn der Interphase langsam und erst später stärker ansteigt (SEED 1963). Auch in *Paramaecien* steigt die RNS-Menge in logarithmischem Verlauf immer stärker an (WOODARD und Mitarb. 1961 b). Es sieht dabei so aus, als ob es zwei Verlaufsformen der RNS-Zunahme in der Interphase gibt: eine mehr oder weniger lineare und eine exponentielle. Die Frage, ob während der DNS-Verdoppelung RNS gebildet wird, läßt sich aus diesen Untersuchungen nicht entscheiden, da die DNS-Synthese nicht in allen Chromosomenabschnitten bzw. Genorten gleichzeitig erfolgt. In Chromosomenbereichen, in denen gerade keine DNS-Verdoppelung stattfindet, kann daher durchaus RNS gebildet werden. Eine

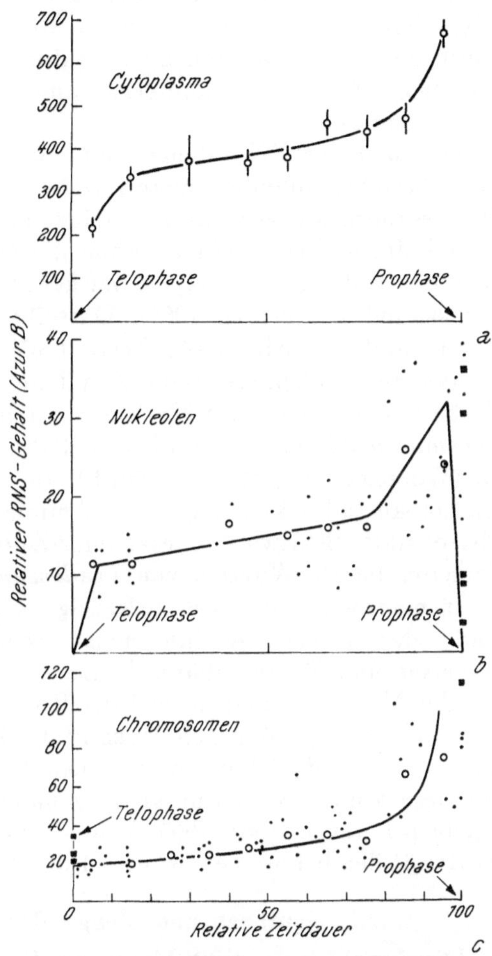

Abb. 82. Zunahme der RNS-Menge in verschiedenen Zellbereichen während der Interphase im Wurzelmeristem von *Vicia faba*. *a* Cytoplasma, *b* Nukleolus, *c* Restlicher Kernraum. Cytophotometrische Messungen nach DNase-Extraktion und Anfärbung mit Azur B. Offene Kreise in *b* und *c* stellen Mittelwerte dar. Quadrate auf der linken Seite sind Meßwerte von Telophasen, die auf der rechten Seite solche von Prophasen. (Nach WOODARD und Mitarb. 1961.)

Entscheidung lassen vielleicht die Untersuchungen an dem Ciliaten *Euplotes* zu. Dort wird nur in zwei schmalen Bändern quer zum langgestreckten Makronukleus DNS redupliziert. Diese Bänder wandern langsam von den Enden zur Mitte über den Kern hinweg, so daß schließlich die doppelte DNS-Menge vorhanden ist. In die Reduplizierungsbänder wird nur Thymidin eingebaut, dagegen kein Uridin (Prescott und Kimball 1961). Daher schließen sich DNS-Verdoppelung und RNS-Synthese am gleichen Ort wohl gegenseitig aus.

Zwischen der RNS-Menge und der Proteinmenge bzw. der Proteinsynthese bestehen offenbar quantitative Beziehungen. Die Proteinmenge oder die Gesamtmasse verändert sich fast immer in der gleichen Weise wie die r-RNS-Menge. Bei L-Zellen beginnt die Zunahme der Gesamtzellmasse sofort nach der Teilung und steigt dann geradlinig bis zum doppelten Wert (Killander und Zetterberg 1965). Dasselbe gilt auch für HeLa-Zellen (Sandritter und Mitarb. 1960, Seed 1963). In Affennierenzellen findet zu Beginn der Interphase keine Zunahme statt, so daß auch hier das gleiche Verhalten wie bei der RNS-Menge zu beobachten ist (Seed 1963). Auch in *Paramaecien* steigen Cytoplasma-RNS- und Gesamtproteinmenge parallel an (Woodard und Mitarb. 1961 b). In allen untersuchten Objekten findet ein Einbau radioaktiv markierter Aminosäuren während der gesamten Interphase statt (Ehrlich-Ascites-Tumor-Zellen, Baserga 1962 b, *Tetrahymena,* Prescott 1960 b, Wurzeln von *Tradescantia,* Sisken 1959).

In manchen Fällen konnte gezeigt werden, daß die Proteinsynthese zum Ende der Interphase hin meist exponentiell ansteigt (*Vicia*-Wurzeln, Woodard und Mitarb. 1961 a, HeLa- und Affennierenzellen, Seed 1963). Das vor der Mitose synthetisierte Eiweiß ist nicht für die Zellteilung notwendig (Taylor 1963, vgl. dagegen Mueller 1963). Eine genauere Untersuchung der quantitativen Beziehungen zwischen RNS-Menge und Höhe der Proteinsynthese könnte vielleicht keine genaue Entsprechung der beiden Größen ergeben. Plesner (1961, 1963) konnte nämlich zeigen, daß sich Struktur und Aktivität der Ribosomen während der Interphase ändern.

6.2.2. Synthese und Menge der RNS während der Mitose

Die Zunahme der RNS-Menge am Ende der Interphase (Kap. 6.2.1.) setzt sich bis in die frühe Prophase hinein fort. In manchen Fällen wird die RNS-Synthese in dieser Entwicklungsphase noch gesteigert. Besonders im Zellkern kann eine deutliche Zunahme der RNS beobachtet werden (Mazia 1961 a, b, Stich und McIntry 1958). Da die Blockierung der Proteinsynthese am Ende der Interphase den Ablauf der Mitose nicht stört (Taylor 1963), ist es schwer, der am Ende der Interphase und in der frühen Mitose synthetisierten RNS eine spezielle Bedeutung für den Ablauf der Teilung zuzuerkennen, obwohl dem Anstieg der RNS-Menge eine Trockengewichtszunahme im Kern folgen kann (Stich und McIntrye 1958, s. auch Zeuthen 1961). Andererseits wird bei einer Blockierung der RNS-Synthese die Mitose unterbunden (Mueller 1963). Mit dem Fortschreiten der Mitose nimmt die RNS-Synthese stark ab (Baserga 1962, Seed 1963, Hsu 1962, Mazia und Prescott 1954, Braun und Mitarb. 1964). Schließlich hört sie gegen Ende der Prophase hin ganz auf (Bather und Purdie-Pepper 1961, Kleinfeld und von Haam 1961, Prescott und Bender 1962, Feinendegen und Bond 1963 a, b). Das läßt sich sehr gut in Gewebekulturzellen zeigen (Abb. 83) und gilt auch für Ascites-Tumorzellen. Nach kurzer Inkubationszeit (< 30 min) mit ^{3}H-Cytidin sind nur Pro- und Telophasen markiert, nicht dagegen Meta- und Anaphasen (Lauf und Mitarb. 1962). In diesen Teilungsstadien wird keine RNS in die Chromosomen eingebaut. An Hamster-Epithelzellen und menschlichen Amnionzellen in Gewebekultur konnte während der Meta- und Anaphase

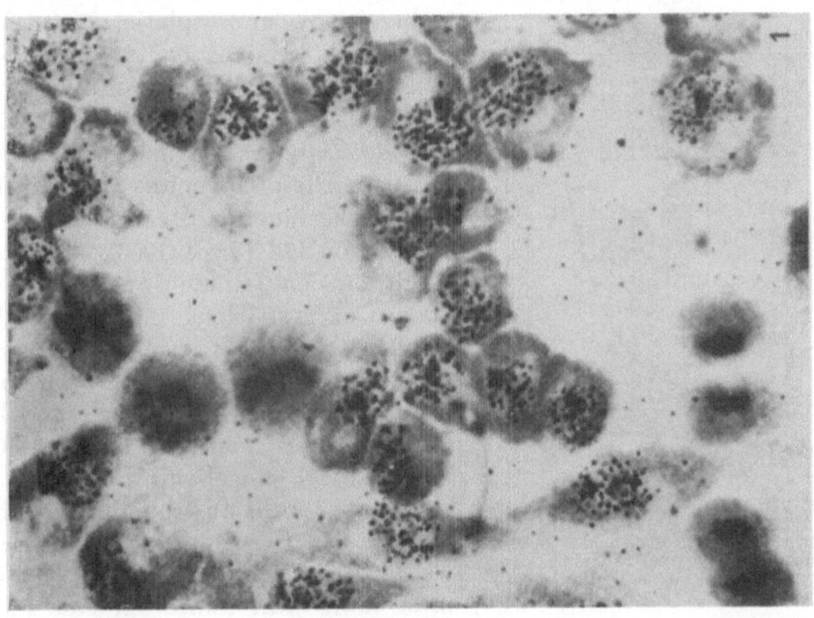

Abb. 83. Autoradiographie von Hamsterzellen (Stamm CHEF-125) in der Gewebekultur, 5 Min. nach Zugabe von ^{3}H-Uridin. Meta- und Anaphase sind nicht markiert. (Nach Prescott und Bender 1962.)

ein geringer Uridin-Einbau, 16—20% der Interphasensynthese, beobachtet werden (Konrad 1963). In Wurzelmeristemzellen von *Vicia faba* wird während Meta- und Anaphase Guanosin eingebaut (Harris und LaCour 1963). Dagegen ließ sich in der regenerierenden Rattenleber nach einem Colchicin-Block der Metaphase keine RNS-Synthese nachweisen (Kleinfeld und von Haam 1961). Die Synthese beginnt erst wieder im Laufe der Telophase, und zwar in besonders starkem Maße. Die gleiche Beobachtung kann man an entsprechenden Stadien der Meiose (Henderson 1963) und an proliferierenden Geweben höherer Organismen machen. Im Dünndarmepithel der Maus geht der Einbau von ^{3}H-Cytidin bei einem zehnminütigen Angebot nicht ganz auf Null zurück und liegt während der Metaphase zwischen 1 und 10% (meist 5%) der in Interphasenkerne eingebauten Menge (Abb. 84) (Linnartz-Niklas und Mitarb. 1964). Die RNS-Synthese während der Prophase, die noch ungefähr so groß ist wie in der Interphase, erlaubt auch festzustellen, daß etwa 80% des gesamten Einbaus in Verbindung mit den jetzt sichtbaren Chromosomen stattfindet (Feinendegen und Bond 1963 b). In den

Nukleolus werden weniger als 16% der Gesamtmenge eingebaut (FEINENDEGEN und BOND 1963 a).

Den Stillstand der RNS-Synthese kann man mit der starken Spiralisation und Kondensation der Metaphasechromosomen in Zusammenhang bringen. Auf einen solchen Zusammenhang weisen die Beobachtungen am X-Chromosom während der Spermatogenese der Heuschrecke *Schistocerca gregaria* hin. Während die Autosomen in den Prophasen der Meiose noch markierte RNS-Vorläufer einbauen, ist dies bei dem X-Chromosom nicht der Fall. Dieses Chromosom unterscheidet sich von den übrigen dadurch, daß es bereits in der Prophase maximal kondensiert ist (HENDERSON 1963). MAZIA und PRESCOTT (1954) haben darauf hingewiesen, daß die Mitose den gleichen Einfluß auf das Zellgeschehen hat wie eine Enukleation. Diese Hemmung der Kernfunktion in bestimmten Phasen der Teilung wurde von DE TERRA (1960) näher untersucht. An dem Ciliaten *Stentor coeruleus* konnte er feststellen, daß während der Kondensation der Chromosomen genauso viel ^{32}P eingebaut wird wie nach Entfernen des Zellkernes. Während der Interphase wird im intakten Tier rund 30- bis 50mal soviel eingebaut. Die Mitosezelle kann sicher nicht ausschließlich durch den Ausfall der Kernfunktion charakterisiert werden, und die abnehmende RNS-Synthese muß nicht unbedingt eine passive, zwangsläufige Folge der Chromosomenkondensation sein. Vielmehr ist auch mit einer grundsätzlichen Umstimmung des gesamten Stoffwechsels zu rechnen. Hierfür spräche z. B. die Drosselung der Atmungsaktivität in der sich teilenden Zelle.

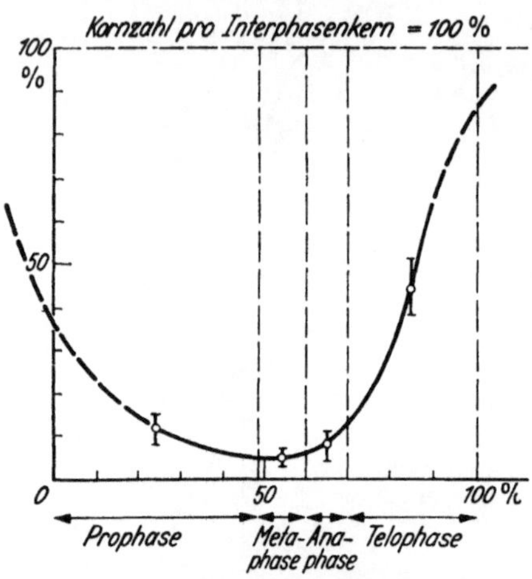

Abb. 84. Verlauf der RNS-Synthese in Zellkernen vom Dünndarmepithel der Maus während der Mitose. Autoradiographie, 10 Min. nach Injektion von ^{3}H-Cytidin. (Nach LINNARTZ-NIKLAS und Mitarb. 1964.)

Wie sich die Syntheseraten in Nukleolus und Chromatin während der Mitose zueinander verhalten, ist nicht genau bekannt. In HeLa- und Hamsterzellen der Gewebekultur hört die RNS-Synthese vor dem Verschwinden des Nukleolus auf (PRESCOTT und BENDER 1962); sie setzt bei HeLa-Zellen im Chromatinanteil des Zellkerns wieder ein, bevor der Nukleolus wieder sichtbar wird und mit dem Einbau beginnt (FEINENDEGEN und BOND 1963 a, b). Im Zwiebelwurzelmeristem beginnt dagegen die RNS-Synthese im Nukleolus früher als im übrigen Zellkern (DAS 1963).

Die verminderte RNS-Synthese führt zu einer Abnahme der gesamten RNS-Menge der Zelle. In Wurzelspitzenmeristem und *Paramaecien* ist die RNS-Menge unmittelbar nach der Teilung rund 30% kleiner als vorher (WOODARD und Mitarb. 1961 a, b). Eine genauere Verfolgung dieser Abnahme in Mäusefibroblasten zeigt, daß die Reduktion der RNS-Menge bereits in der Prophase beginnt und sich in der Metaphase fortsetzt (Abb. 85). In der relativ kurz dauernden Anaphase ist keine weitere Abnahme zu bemerken.

In Übereinstimmung mit der in der späten Telophase von neuem einsetzenden, verstärkten RNS-Synthese steigt die RNS-Menge unmittelbar stark an bis zu einem Niveau, von dem aus dann die weitere Interphasezunahme in nicht so steilem Anstieg erfolgt (KIEFER unpubliziert). Die Abnahme der RNS-Menge findet ihre Parallele in einer Änderung, vor allem in einem

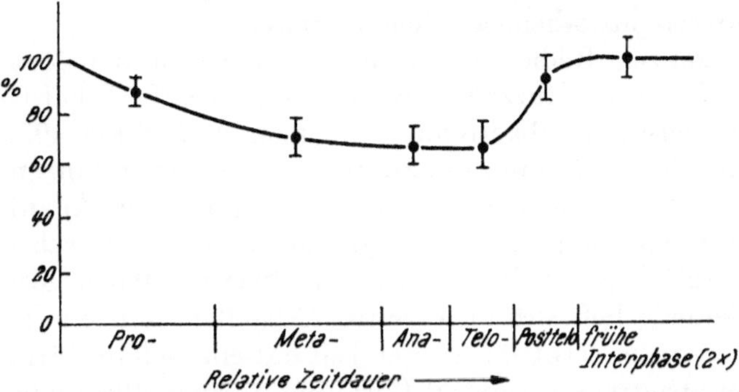

Abb. 85. Veränderung des RNS-Gehaltes von L-Zellen während der Mitose. Cytophotometrische Bestimmung nach Gallocyaninchromalaunfärbung. Späte Interphase = 100%. In Posttelo- und früher Interphase ist die Gesamtmenge beider Tochterzellen aufgetragen. (Nach KIEFER, unveröffentlicht.)

Abbau der Strukturen des endoplasmatischen Reticulums der sich teilenden Zelle (PORTER und MACHADO 1960).

Die geringere RNS-Menge hat eine verminderte Proteinsynthese zur Folge. Der Proteingehalt der Ausgangszelle in der frühen Prophase ist etwas größer als der der beiden resultierenden Tochterzellen zusammen (WOODARD und Mitarb. 1961 a, b). Die Einbaurate radioaktiver Aminosäuren nimmt ebenfalls ab (BASERGA 1962, KONRAD 1963, LINNARTZ-NIKLAS und Mitarb. 1964) und verläuft im Cytoplasma der RNS-Menge ungefähr parallel (vgl. Abb. 85 und 86).

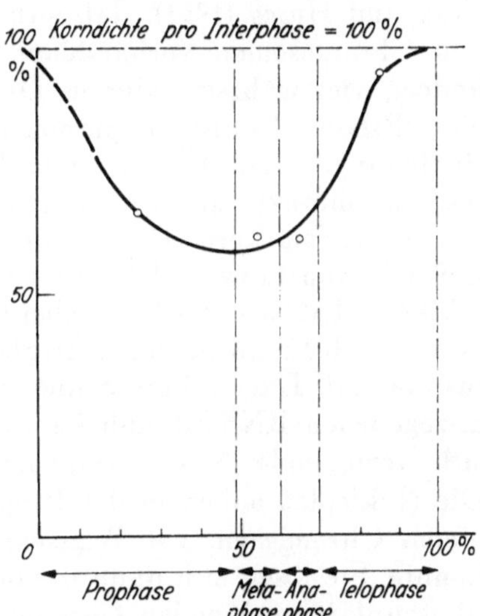

Abb. 86. Verlauf der Proteinsynthese in Leberzellen der Ratte während der Mitose. Autoradiographie, 10 min. nach Injektion von ^{3}H-Phenylalanin. (Nach LINNARTZ-NIKLAS und Mitarb. 1964.)

6.2.3. Verteilung der RNS in der mitotischen Zelle

Die sich teilende Zelle ist hinsichtlich der intrazellulären Verteilung gegenüber der Interphasezelle durch zwei Charakteristika ausgezeichnet (MAZIA 1961 a, b, c, STICH 1951, HEILBRUNN 1952, SWIFT 1963): das Auftreten von RNS im Spindelapparat und die Abgabe von RNS aus den sich kondensierenden Chromosomen. Das Freiwerden von RNS aus den Chromosomen ist besonders durch Autoradiographie nachgewiesen und näher untersucht worden. Dieser RNS-Austritt findet etwa zu der Zeit statt, zu der die RNS-Synthese gestoppt wird und Kernmembran und Nukleolus verschwinden (Prescott und Bender 1962, 1963). Es tritt dabei nicht die gesamte RNS aus. Etwa ein Viertel bleibt bis in die Telophase hinein mit den Chromosomen in Verbindung (Feinendegen und Bond 1963 a, b). Es gibt keinen Anhaltspunkt dafür, daß diese RNS etwas mit der Reorganisation der Nukleolen in der Telophase zu tun hat. Der RNS-Austritt aus den Chromosomen läßt sich auch an fixiertem Material histochemisch demonstrieren.

An einer ganzen Reihe von normalen Geweben der Maus sowie an Tumor- und Gewebekulturzellen wird basophiles, RNS-haltiges Material aus den Chromosomen abgetrennt (Jacobson und Webb 1951, 1952). Im Gegensatz zu den bei autoradiographischen Untersuchungen gemachten Beobachtungen erfolgt hier der Austritt während der Anaphase. Neben dem Austritt in der Anaphase ist die gleiche Erscheinung auch während der Prophase beschrieben worden (Love und Suskind 1961). Mit der dabei benutzten Methode ließ sich gleichzeitig feststellen, daß ein Teil der RNS in den Chromosomen verbleibt. Dieser Teil hat ein anderes färberisches Verhalten als der abgetrennte. Sowohl Love und Suskind (1961) wie auch Jacobson und Webb (1951, 1952) haben beschrieben, daß sich zwischen der späten Pro- und der frühen Telophase in den Chromosomen ein Ribonukleoprotein histochemisch darstellen läßt, dessen Nachweis außerhalb dieser Phasen nicht gelingt. Sie nehmen daher an, daß dieses Nukleoprotein in die Chromosomen einwandert, eine Ansicht, die durch andere Befunde, z. B. bei der Autoradiographie, nicht bestätigt werden kann. Daher ist die Meinung von Flax und Himes (1951), daß sich das färberische Verhalten eines immer in den Chromosomen vorhandenen Ribonukleoproteins während der Mitose ändert, viel wahrscheinlicher. Diese Autoren konnten nachweisen, daß sich eine Ribonukleoproteinkomponente der Chromosomen unter bestimmten Bedingungen mit Azur B orthochromatisch, während der Mitose hingegen metachromatisch anfärbt. Diese verstärkte Farbbindung deuten sie als Folge einer stärkeren Dissoziation von RNS und Protein und würde auch die Befunde von Love und Suskind (1961) und Jacobson und Webb (1951, 1952) erklären. LaCour (1963) ist ebenfalls der Meinung, daß die Metaphasechromosomen RNS aufnehmen. Er glaubt, daß dieses Material aus dem Nukleolus stammt. Das weitere Schicksal der während der Mitose an das Plasma abgegebenen RNS ist unbekannt. Über die gleichermaßen im Cytoplasma sich verteilende Nukleolarsubstanz liegen dagegen einige Hinweise vor. Die Nukleolen haben in der Prophase einen deutlichen Zusammenhang mit einem Chromosom, wie Weissenfels (1964) in jüngster Zeit wieder zeigen konnte. Sie lösen sich dann davon ab und wandern von den sich zur Metaphasenplatte ordnenden Chromosomen weg ins Cytoplasma hinein, wo sie sich auflösen. Sie sind in Hühnerherzmyoblasten in der Anaphase nicht mehr nachweisbar. In der späten Telophase erscheinen sie dann wieder im Zusammenhang mit einem Chromosom.

Harris (1961) konnte zeigen, daß ein Teil des im neuen Nukleolus nach der Mitose anwesenden Proteins bereits vor der Mitose und nicht während der Bildung des Nukleolus synthetisiert wurde. Möglicherweise handelt es sich dabei um Protein, das bereits vor der Mitose im Nukleolus vorhanden war und bei der Neubildung wieder eingebaut wurde. Eine zweite Beobachtung spricht nach Meinung des betreffenden Autors (Martin 1961) ebenfalls für eine Kontinuität der Nukleolarsubstanz über die Mitose hinweg. Bei der Pollenbildung höherer Pflanzen enthält der bei der letzten Teilung entstehende vegetative Kern einen großen, der generative Kern einen sehr kleinen Nukleolus. Die Summe von Trockenmasse, RNS-Menge und Gehalt an basischen Proteinen dieser beiden Nukleolen ist gleich der im Nukleolus des prämitotischen Kernes enthaltenen Menge dieser Stoffe. Die einfachste Erklärung ist nach Martin (1961) die, daß die Nukleolarsubstanz oder eine ihrer Komponenten während der Mitose erhalten bleibt und auf die Tochterkerne übertragen wird. Diese Deutung kann nur mit größter Vorsicht akzeptiert werden, besonders, wenn man bedenkt, daß Nukleolengröße und -masse regulatorischen Einflüssen unterliegen und z. B. mit der Menge an cytoplasmatischer RNS korreliert sind (Edström und Eichner 1958), die sich in dem besprochenen System während der Teilung sicherlich nicht wesentlich ändert.

Im Spindelapparat ist in allen Fällen RNS nachgewiesen worden, sowohl mit histochemischen wie auch mit autoradiographischen und biochemischen Methoden (Mazia 1961 a, b). Die RNS liegt zwischen und nicht an oder in den Spindelfasern (Jacobson und Webb 1952, Shimamura und Ota 1956, Stich und McIntrye 1958, Linnartz-Niklas und Mitarb. 1964). Besonders charakteristisch ist eine Ansammlung zwischen den beiden auseinanderweichenden Anaphasegruppen der Chromosomen. Es scheint sich dabei im wesentlichen um die zu Beginn der Anaphase aus den Chromosomen austretende RNS zu handeln (Jacobson und Webb 1952, Rustad 1959). Im UV-Absorptionsbild lebender Gewebekulturzellen konnte diese zwischen den Anaphasegruppen gelegene RNS nicht beobachtet werden (Montgomery und Bonner 1959). Die RNS des Spindelapparates macht etwa 5—6% des Gesamtgewichtes dieses Apparates aus. Ihre Basenzusammensetzung konnte bestimmt werden: A 23.9, G 33.8, C 24.4, U 17.9 (Zimmermann 1960).

6.2.4. RNS beim entarteten Wachstum

Als schnell wachsende Gewebe mit hohem Stoffwechselumsatz und großer Syntheseleistung besitzen die Tumoren in der Regel einen gegenüber durchschnittlichen normalen Zellen gesteigerten Nukleinsäuregehalt (s. Busch 1962). Dadurch erhöht sich die Fähigkeit zur Bindung basischer Farbstoffe. (Diese für Tumorzellen recht charakteristische Eigenschaft wird oft als „Hyperchromasie“ bezeichnet. Sie hat selbstverständlich nichts mit der „Hyperchromasie“ von Polynukleotiden beim Aufspalten in Einzelnukleotide oder beim Verlust der Sekundärstruktur zu tun.) Die erhöhte Nukleinsäurekonzentration bedingt außerdem eine gesteigerte UV-Absorption des Gewebes (Caspersson und Mitarb. 1941). Caspersson und Santesson (1942) haben in Tumoren zwei Zelltypen auf Grund der unterschiedlichen UV-Absorption unterschieden. Der A-Zell-Typ besitzt eine hohe RNS-Konzentration im Cytoplasma. Die Nukleolen sind nicht sehr groß, aber RNS-reich. Diese Zellen liegen immer in der Wachstumszone am Rand des Tumors, in den Tumorzapfen und den invasiv wachsenden Partien oder in der Nähe von versorgenden Blutgefäßen. Ihr Zellbild spricht für eine hohe Eiweißsynthese in den A-Zellen, was durch histochemische Untersuchungen bestätigt werden kann. Beim weiteren Wachstum des Tumors wird ein Teil dieser Zellen von der Peripherie in das Innere verdrängt. Dabei vergrößern sich die Volumina von Cytoplasma, Zellkern und Nukleolus. Gleichzeitig sinkt die cytoplasmatische RNS-Konzentration. Diese Veränderungen führen schließlich zu dem zweiten Typ, den B-Zellen, die im Inneren des Tumors liegen und sich durch große Zellkerne und RNS-armes Cytoplasma aus-

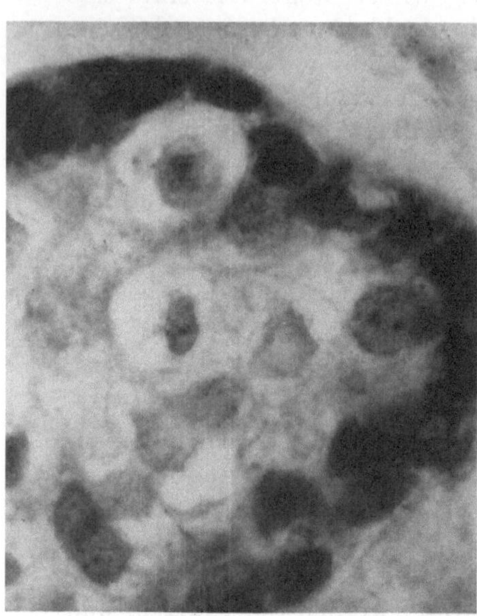

Abb. 87.

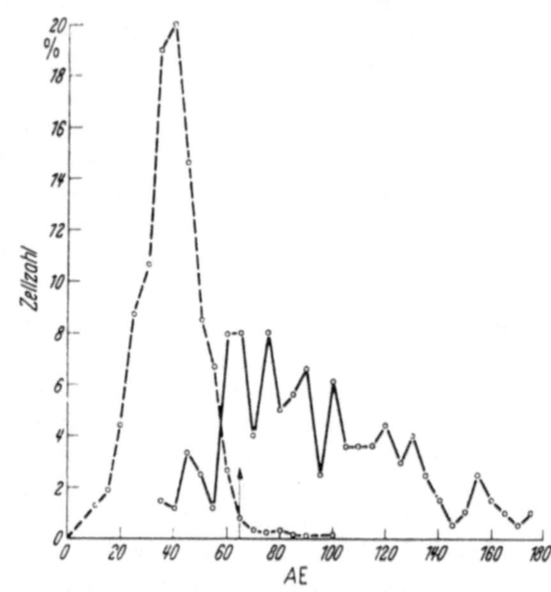

Abb. 88.

Abb. 87. A- und B-Zellen in einem Mammacarcinom des Menschen. Aufnahme bei λ = 265 nm. (Nach Caspersson, aus Haguenau und Hollmann 1961.)

Abb. 88. Histogramm des Farbstoffgehaltes einzelner Zellen von Vaginalabstrichen. Cytophotometrische Messungen nach Gallocyaninchromalaunfärbung. Der Pfeil gibt den angenommenen Grenzwert an (siehe Text). -------- = unverdächtiger Ausstrich (Papanicolaou I/II). ——— = Tumor-verdächtiger Ausstrich (Papanicolaou IV/V). (Nach Sandritter und Mitarb. 1960c.)

zeichnen. Der Nukleolus ist ebenfalls vergrößert, besitzt aber noch eine deutliche UV-Absorption (Abb. 87). Die B-Zellen leiten zu den Zellen mit beginnender Nekrose über. Die gleichen Zelltypen kann man auch nach der Färbung mit basischen Farbstoffen unterscheiden. Sandritter (1952 a, b) hat eine Reihe von Tumoren (Plattenepithel- und Bronchialcarcinome, Adenocarcinome, Schilddrüsencarcinome, Nierencarcinome und Sarkome) nach Gallocyaninchromalaunfärbung untersucht. Mit einer halbquantitativen Methode konnte er feststellen, daß bei den meisten Tumoren die RNS-Menge gegenüber den entsprechenden normalen Geweben erhöht ist (s. auch Schneider 1947, Schneider und Klug 1956, Sandritter und Mitarb. 1958 b, Quattrone 1959). Die RNS-Konzentration ist am Rande des Tumors (Zone der A-Zellen) wesentlich höher als in den weiter innen liegenden B-Zellen. Da die B-Zellen größer sind, kann eine B-Zelle soviel RNS enthalten wie eine A-Zelle.

Der unterschiedliche Nukleinsäuregehalt von Tumorzellen und normalen Zellen kann für diagnostische Zwecke nutzbar gemacht werden. Dabei ist zu erwarten, daß die objektive Messung des Gesamtnukleinsäuregehaltes (DNS + RNS) in vielen Fällen größere Unterschiede ergibt als die Messung des DNS-Gehaltes allein (SANDRITTER und Mitarb. 1958 b). SANDRITTER und Mitarb. (1960 c) haben den Farbstoffgehalt von Zellen vaginaler Zellausstriche nach Gallocyaninchromalaunfärbung gemessen und die einzelnen Fälle mit der cytologischen Diagnose verglichen. In Ausstrichen, die Tumorzellen enthielten, war der Farbstoffgehalt pro Zelle wesentlich größer als in unverdächtig erscheinenden Ausstrichen. Wenn man eine obere Grenze des Farbstoffgehaltes festsetzt, die dem triploiden DNS-Wert entspricht, liegen oberhalb dieser Grenze nur 12,5% der normalen Zellen, während in den meisten tumorverdächtigen Ausstrichen 16—42% aller Zellen mit ihrem Farbstoffgehalt oberhalb dieser Grenze liegen (Abb. 88). Für eine Krebsdiagnose ist der erhöhte RNS-Gehalt des Cytoplasmas eventuell bei einer Anfärbung mit Acridinorange auszunützen (s. Kap. 5.3.6.4., v. BERTALANFFY 1963).

Dem erhöhten RNS-Gehalt und der stärkeren Zellvermehrung entsprechend ist auch der Umsatz an RNS, wie er sich in autoradiographischen Untersuchungen zeigt, verstärkt (OEHLERT und Mitarb. 1963). Außerdem konnten mit dieser Methode gewisse Parallelen zwischen dem Nukleinsäurestoffwechsel und der Reaktion des Tumors auf Cytostatika gefunden werden (WOLBERG und BROWN 1962). Dieser erhöhte Umsatz an Nukleinsäuren läßt sich auch mit biochemischen Methoden nachweisen (s. z. B. HEIDELBERGER und Mitarb. 1957, CANTAROW und Mitarb. 1962, REID und MORRIS 1963). Bei der Tumorbildung in wenig proliferierenden Geweben wie der Leber kommt es zu Veränderungen von Enzymaktivitäten, die dazu führen, daß zugegebene Nukleinsäure-Vorläufer weitgehend nicht mehr abgebaut, sondern in Nukleinsäuren eingebaut werden (RUTMAN und Mitarb. 1954, WHEELER und ALEXANDER 1961).

Dem erhöhten RNS-Gehalt, besonders am Rande von Geschwülsten, entspricht eine erhöhte RNase-Aktivität (BRODY und BALIS 1958, WANNEMACHER und Mitarb. 1962). Diese stärkere Enzymaktivität findet sich nur in Tumorzellen, nicht dagegen in den Zellen des Stromas (DAOUST und AMANO 1963).

Neben den quantitativen Unterschieden wurde auch nach qualitativen Unterschieden in der RNS von Krebs- und normalen Zellen gesucht. Mit den üblichen Trennungsverfahren und der Analyse der Basenzusammensetzung ließen sich dabei keine prinzipiellen Unterschiede finden (KIRBY 1962, SIBATANI 1963). Das chromatographische Verteilungsmuster der RNS aus Thymustumoren unterscheidet sich zwar von dem normaler Thymuszellen, nicht aber von dem embryonaler Thymuszellen, so daß diese Unterschiede wahrscheinlich durch die starke Zellvermehrung zustandekommen (SMITH und KAPLAN 1961). Durch feinere Untersuchungsmethoden lassen sich vielleicht Unterschiede in der Zusammensetzung der RNS von Tumorzellen und den entsprechenden normalen Gewebe auffinden. Höchstwahrscheinlich werden solche eventuellen Differenzen die m-RNS betreffen (DECARVALHO 1962, DECARVALHO und Mitarb. 1962). Die r-RNS und Ribosomen haben dagegen in normalen und Tumorzellen die gleichen Eigenschaften (KUFF und ZEIGEL 1960).

Bei der Carcinogenese läßt sich der Anstieg der Nukleinsäuremenge von den Vorstadien bis zur Ausbildung manifester Tumoren verfolgen (s. z. B. STOWELL 1949, GÖSSNER und ZANDER 1952, MOBERGER 1954, HADJIOLOV 1958, SMITH und KAPLAN 1961). Im normalen Cervixepithel findet man eine cytoplasmatische Absorption bei 265 nm nur in den Basalzellen. Bei einer atypischen Epithelveränderung lassen sich auch in höher gelegenen Zellen geringe Mengen cytoplasmatischer RNS nachweisen. Im echten Oberflächencarcinom enthalten alle Zellen unabhängig von ihrer Lage eine hohe RNS-Konzentration im Cytoplasma (Abb. 89) (SANDRITTER 1964).

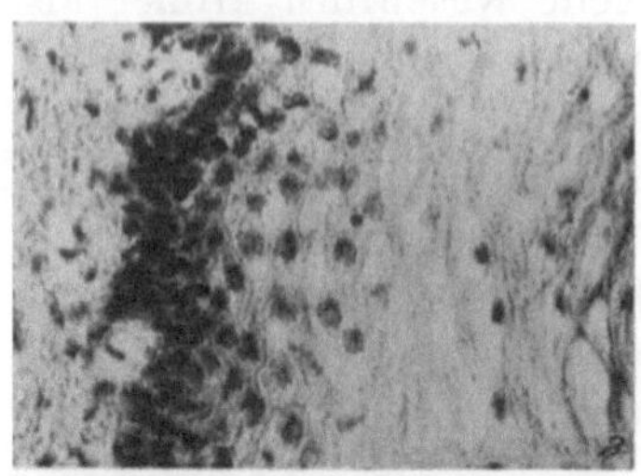
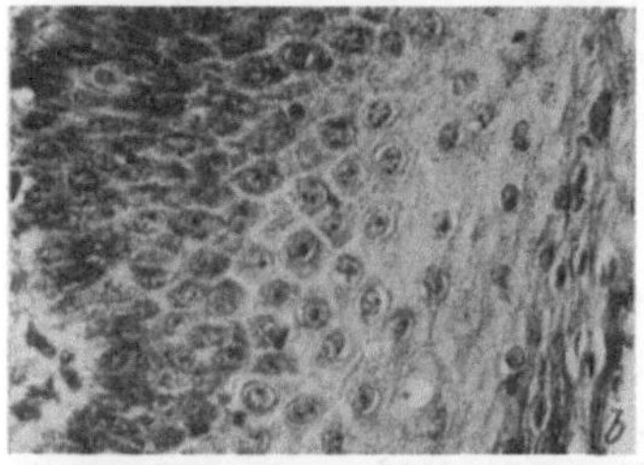
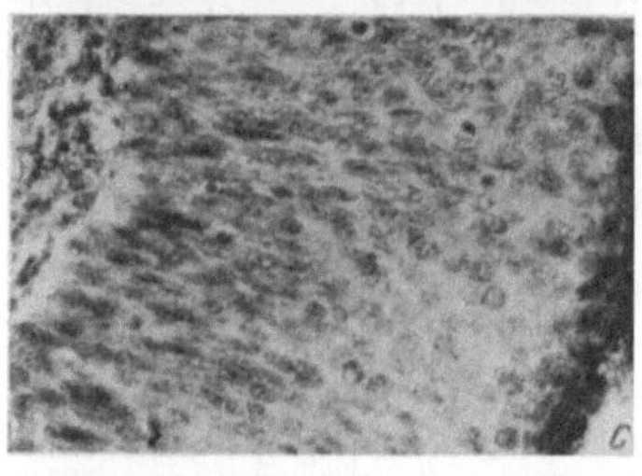

Abb. 89. UV-Aufnahme (λ = 265 nm) vom Epithel der menschlichen Portio uteri. *a* = normales Epithel, *b* = einfach atypisches Epithel, *c* = Carcinoma in situ. Oberfläche rechts (in Anlehnung an SANDRITTER 1964).

Die bei der künstlichen Tumorauslösung verwendeten cancerogenen Substanzen werden von den behandelten Zellen gebunden (NAGATANI 1960). Die Bindung der Mehrzahl der Cancerogene (Azofarbstoffe, Kohlenwasserstoffe) erfolgt dabei an die Proteine der Zelle (s. CLAYSON 1962, HARBERS 1964). Nur wenige verbinden sich mit Nukleinsäuren (s. z. B. BROWN und ASHTON 1962). Chemische Veränderungen an Nukleinsäuren rufen besonders alkylierende Verbindungen hervor. Durch Dimethylnitrosamin kann Guanin in RNS in 7-Methylguanin umgewandelt werden (MAGEE und FARBER 1962, MAGEE und CRADDOCK 1962). Die Umwandlung der Alkylnitrosamine (enzymatische N-De-Alkylierung) kann durch Cystein und besonders durch Cysteamin weitgehend verhindert werden, so daß die cancerogene Wirkung vermindert wird (MIZRAHI und EMMELOT 1963). Auch Methylaminobenzole, die als solche nicht an Nukleinsäuren gebunden werden, können methylierend auf Nukleinsäuren einwirken (BERENBOM 1962), nachdem sie von der Zelle in die Methylol-Verbindungen umgewandelt wurden (ROBERTS und WARWICK 1963). Die Alkylnitrosamine können auch direkt in die Proteinsynthese eingreifen, wobei offenbar den Membranen des endoplasmatischen Reticulums eine besondere Bedeutung zukommt (EMMELOT und BENEDETTI 1961).

Im Elektronenmikroskop läßt sich der Unterschied zwischen A- und B-Zellen eines Tumors erkennen (HAGUENAU und HOLLMANN 1961, NILSSON 1962). Die A-Zellen erscheinen elektronenoptisch dichter als die B-Zellen, offenbar durch eine stärkere Massenkonzentration bedingt, vor allem aber durch eine viel größere Zahl von Ribosomen in den A-Zellen. Beim Größerwerden der Zellen gehen diese Ribosomen mehr und mehr verloren, so daß man schließlich Zellen findet, die kaum noch Ribonukleoproteingranula enthalten. Solche Zellen lassen sich vielleicht mit den B-Zellen von CASPERSSON und SANTESSON (1942) identifizieren. Sehr charakteristisch für Tumorzellen ist, daß die Ribosomen fast alle frei im Cytoplasma liegen. Ein Ergastoplasma ist kaum ausgebildet, und nur in seltenen Fällen sieht man mit Ribosomen besetzte Membranen (HAGUENAU und HOLLMANN 1961, OBERLING und BERNHARD 1961, ESSNER und NOVIKOFF 1962, BERNHARD 1963). Auch hier zeigen Tumorzellen ihren Charakter als undifferenzierte Zellen und gemeinsame Eigenschaften mit embryonalen Zellen (s. Kap. 6.3.3.).

Auch bei der biochemischen Isolierung zeigt sich, daß die Ribosomen nicht mit lipoidhaltigen Membranen zusammen vorkommen. Im Novikoff-Hepatom sind 65—75% der cytoplasmatischen RNS in Form freier Ribonukleoproteinpartikel vorhanden (KUFF und ZEIGEL 1960).

6.3. RNS in der Ontogenese

6.3.1. Spermatogenese

Die Verteilung der RNS in den verschiedenen Reifestadien der Spermatogenese ist bei der Ratte eingehend von DALED (1951) und DAOUST und CLERMONT (1955) mit der Methylgrün-Pyronin-Färbung untersucht worden (s. auch VENDRELY und VENDRELY 1959). In den Spermatogonien, die keinen (DALED) oder mehrere Nukleolen unterschiedlicher Größe (DAOUST und CLERMONT) enthalten, ist die RNS je nach dem Stadium diffus oder in Granula im Cytoplasma verteilt. In der Spermatocyte I nimmt die Zahl und die Größe der Nukleolen und vor allem die cytoplasmatische Basophilie bis zur Zellteilung zu. Das gleiche gilt auch für die Spermatogenese von *Ascaris* (MAKAROV 1961). In der Spermatocyte II verläuft dieser Prozeß umgekehrt, so daß schließlich wieder eine Zelle mit schwacher Basophilie und unscheinbaren Nukleolen resultiert. Ähnlich sehen auch die jungen Spermatiden aus. Im weiteren Verlauf der Spermatogenese, zur Zeit der Anheftung an die Sertoli-Zellen, sieht man im Cytoplasma fein granuliertes, pyroninophiles Material, das RNS enthält und schließlich zu homogenen Massen zusammenfließt. Diese Massen verschwinden zusammen mit dem Cytoplasma.

Über die Funktion der RNS in den Spermatocyten I ist nichts bekannt. Die RNS der Spermatiden dürfte in einem Zusammenhang mit der Bildung der für Spermien charakteristischen Histone bzw. Protamine stehen. Hierzu haben BLOCH und BRACK (1964) an der Heuschrecke *Chortophaga* sehr aufschlußreiche Untersuchungen mit weitreichenden Konsequenzen machen können. Die RNS-Synthese hört auf dem Stadium der frühen bis mittleren Spermatiden, bevor der Kern sich verlängert, auf. Nach zwei bis drei Tagen läßt sich mit Acridinorange keine RNS mehr im Kern, sondern nur noch im kleiner werdenden Cytoplasmasaum nachweisen (s. auch BATTAGLIA 1950). Bei der Autoradiographie nach ^{3}H-Cytidin zeigt sich ebenfalls, daß die RNS vollständig ins Cytoplasma gewandert ist. In diesem Stadium und den folgenden, die durch die Verlängerung des Zellkernes ausgezeichnet sind, wird in starkem Maße ^{3}H-Arginin eingebaut (Abb. 90). Da gleichzeitig das Spermienhiston gebildet wird, wie aus histochemischen Befunden mit sauren Farbstoffen zu schließen ist, kann man annehmen, daß das Arginin in dieses Histon eingebaut wird. Nach einer „Puls"-Markierung mit ^{3}H-Arginin findet man die Radioaktivität am Rand der Spermatide über dem Cytoplasmasaum. Erst nach längerer Gabe von ^{3}H-Arginin finden sich auch Silberkörner über dem Inneren der Zelle. Diese Befunde sprechen dafür, daß die in den Spermatiden vorhandene RNS für die Histonsynthese verantwortlich ist. Gleichzeitig wird damit gezeigt, daß zumindest das Spermienhiston im Cytoplasma gebildet wird und in den Kern einwandert. Dafür sprechen auch elektronenmikroskopische Bilder dieser Spermatiden, auf denen sich nur im Cytoplasmasaum Polyribosomen finden (Abb. 91), dagegen nicht im Zellkern, in dem das Desoxyribonukleoprotein bereits die für Spermienköpfe charakteristische Parallelorientierung einzunehmen beginnt (BLOCH und BRACK 1964). Ein ganz geringer Einbau von RNS- und Proteinvorläufern scheint auch im reifen Spermatozoon zu erfolgen, wobei das radioaktive Protein im Akrosom erscheint (ABRAHAM und BHARGAVA 1963 a, b). Dieser Einbau läßt sich mit autoradiographischen Methoden nicht nachweisen (MARTIN und BRACHET 1959).

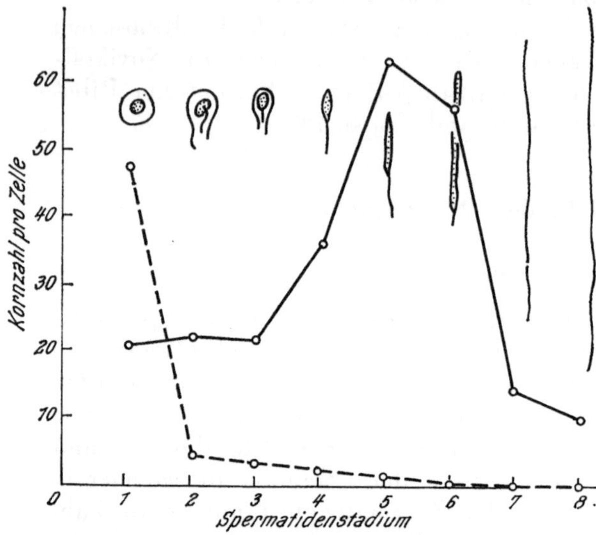

Abb. 90. Einbau von ^{3}H-Cytidin (○------○) in RNS und ^{3}H-Arginin (○———○) während der Spermatogenese von *Chortophaga viridifasciata*. Auf der Abszisse sind die verschiedenen Entwicklungsstadien von der frühen Spermatide bis zum reifen Spermatozoon entsprechend den Skizzen aufgetragen. (Nach BLOCH und BRACK 1964.)

6.3.2. Oogenese

Über die Rolle und das Verhalten der RNS in der wachsenden und reifenden Oocyte liegen viele Untersuchungen vor (CLAVERT 1953, RAVEN 1961). Das hat sicher seinen Grund nicht zuletzt darin, daß diese Zelle einen hohen RNS-Gehalt aufweist, der außerdem noch deutlichen Veränderungen unterliegt. In besonderem Maße gilt das für dotterreiche Eier. Die RNS in den wachsenden Oocyten ist daher auch immer wieder in Zusammenhang mit der Dotterbildung gebracht worden. Viele der klassischen Untersuchungen BRACHETS (1940, 1941, 1947, 1950, 1962) zur Aufklärung der Bedeutung der RNS für das Zellgeschehen sind an diesem Zelltyp gemacht worden. Die dabei vor allem an Amphibienoocyten erhobenen Befunde gelten mit nur geringen Einschränkungen und Änderungen für die meisten der untersuchten Objekte (s. z. B. GLÄSSER 1950, VAKAET 1950, VENUGOPALAN 1961, MAKAROV 1961, 1963). Mit dem fortschreitenden Wachstum der Froschoocyte vergrößert sich in besonderem Maße der Nukleolus und die Cytoplasma-Basophilie steigt an. Die starke RNS-Synthese findet oft ihren Ausdruck in der Ausschleusung von Nukleolarsubstanz (s. Kap. 6.1.3.). In der mittelgroßen Oocyte ist die Anfärbbarkeit mit Pyronin am stärksten. Dann nimmt die Basophilie ständig ab, während der Nukleolus seine Größe und seinen hohen RNS-Gehalt beibehält. Während dieses Prozesses beginnt

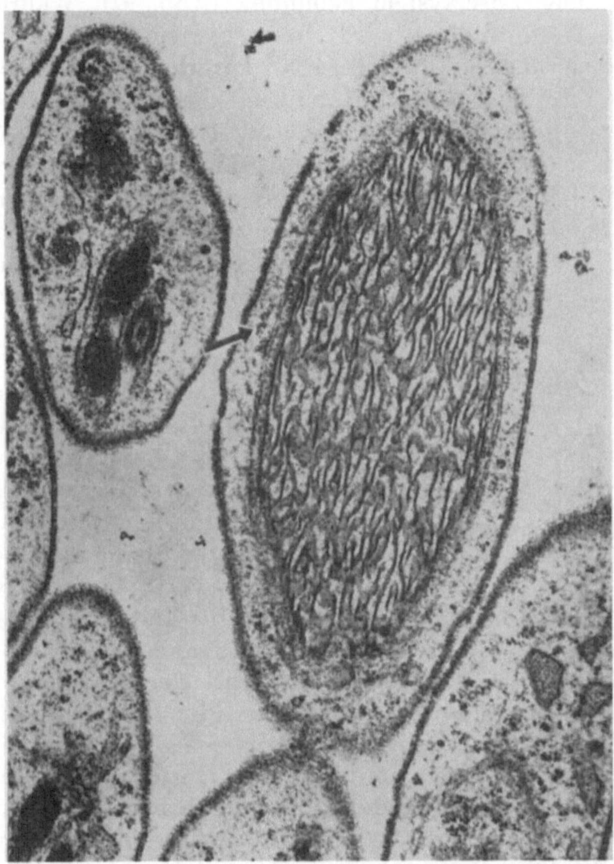

Abb. 91. Elektronenmikroskopische Aufnahme mehrerer Spermatiden von *Chortophaga*. Im Cytoplasma liegen Polyribosomen (Pfeil!). (Nach Bloch und Brack, 1964.)

die Dotterbildung im Cytoplasma. Ganz ähnliche Verhältnisse findet man bei dem Molch *Triturus pyrrhogaster* (Osawa und Hayashi 1953). Auch hier steigt der Gehalt an RNS zuerst an. Wenn die Oocyte einen Durchmesser von etwa 2,5—3 mm erreicht hat, beginnt die Dotterbildung, und gleichzeitig wird die Basophilie auf einen schmalen, perinukleären Saum eingeengt. Dieser Saum bleibt genau wie der stark hervortretende Nukleolus bis zum Ende der Dotterbildung erhalten. In der Oocyte der Maus nehmen RNS und cytoplasmatische basische Proteine in genau der gleichen Weise während der Volumenvergrößerung zu, wie cytophotometrische Messungen der Absorption im UV- und sichtbaren Licht nach Anfärbung mit Azur B zeigen (Flax 1951). Hier kann man auch am Ende der Ausreifung einen Verlust von Ribonukleoprotein im Nukleolus beobachten, der sich in einer Verminderung der Anfärbbarkeit mit sauren und basischen Farbstoffen äußert. Eine gleichsinnige Zunahme von RNS und Protein findet man auch in der frühen Wachstumsphase der histochemisch gut untersuchten Oocyte von Nacktschnecken (COWDEN 1958, 1962). Auf dem Höhepunkt ihrer Ausbildung ist die cytoplasmatische Basophilie an ein konzentrisch den Kern umgebendes Membran- und Fasersystem gebunden (Abb. 92). Während der sich anschließenden Dotterbildung wird dieses System mit der schwindenden cytoplasmatischen und nukleolären RNS zurückgebildet. Eine lokalisierte Anhäufung zeigt die RNS auch in den Oocyten der Wasserassel *Asellus aquaticus* (MONTEFOSCHI und MAGALDI 1953). Der Nukleolus wandert hier in die Nähe einer halbmondförmig an der Kernmembran liegenden Zone, die sich strukturell vom übrigen Kernraum unterscheidet und gibt offenbar Nukleolarsubstanz ab. Die basophile Masse wird dann an einer Stelle ins Cytoplasma ausgeschleust, so daß eine gewisse Polarität in der cytoplasmatischen RNS-Verteilung entsteht, die eine Zeitlang erhalten bleibt, dann mit der beginnenden Dotterbildung verschwindet. Größere Mengen von frisch synthetisierter RNS sind im Cytoplasma von *Asellus*-Oocyten nur in den allerfrühesten Stadien zu finden (VAN DEN BROEK und TATES 1961). Oocyten von Seeigeln zeigen nicht die für andere Tiere charakteristische Zu- und Abnahme der RNS. Sie nimmt vielmehr während der gesamten Entwicklung im Nukleolus wie im Cytoplasma kontinuierlich zu (SWIFT und Mitarb. 1956, COWDEN 1963 b). Das könnte mit der relativen Dotterarmut des Seeigeleies zusammenhängen, oder auch damit, daß der Dotter spät in der Eientwicklung gebildet wird. Seesternoocyten ähneln denen der meisten anderen Tiere. Auch bei ihnen nimmt, besonders im Nukleolus, von einer bestimmten Größe an die RNS-Menge ab (EDSTRÖM und Mitarb. 1961).

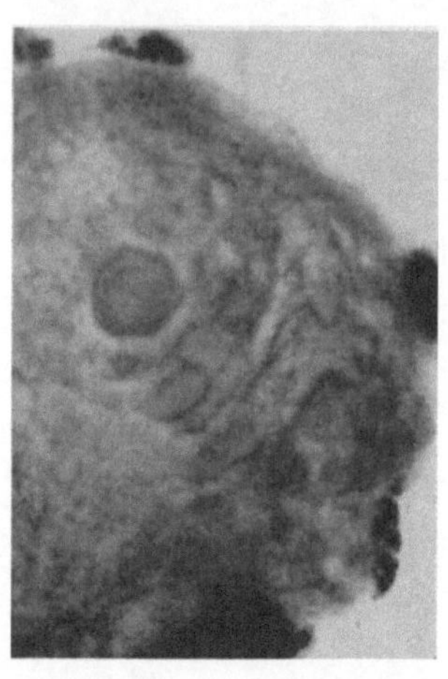

Abb. 92. Basophiles, cytoplasmatisches Membransystem in der Oocyte der Nacktschnecke *Arion*. Azur B, pH 3,4, nach DNase. (Nach COWDEN 1962.)

Bei der Libelle *Pantala flavescens* lassen sich anhand der relativen Wachstumsraten von Kern, Nukleolus und Cytoplasma zwei Phasen in der Oocytenentwicklung unterscheiden (SESHACHAR und BAGGA 1963). Ganz ähnliche Verhältnisse findet man auch bei Amphibien, Seesternen und Ascidien. In der ersten Phase steigt mit dem Oocytenwachstum die Größe von Nukleolus und Zellkern proportional an. Hat die Oocyte die Hälfte ihres endgültigen Durchmessers erreicht, so hört die Volumenzunahme des Nukleolus ganz auf, während der Zellkern mit nunmehr verminderter Geschwindigkeit weiter wächst. Bei der histochemischen Untersuchung zeigt sich, daß in der ersten Wachstumsphase die RNS-Menge in Cytoplasma und Nukleolus ansteigt. Mittelgroße Oocyten färben sich wesentlich intensiver mit Pyronin, Azur B und Toluidinblau an als ganz kleine. Die Basophilie wird in der zweiten Wachstumsphase wieder schwächer. In dieser

Phase beginnt die Dotterbildung in verstärktem Maße, die sich in dem Auftreten von PAS-positivem Material (Muco- oder Glycoproteine), Lipiden, Glycogen und größeren Proteinmengen äußert.

Bei Insekten und einigen anderen Tiergruppen wird das Dottermaterial nicht nur in der Oocyte selbst, sondern auch in benachbarten Hilfszellen (Nährzellen und Follikelzellen) gebildet und von dort an die Oocyte abgegeben (FAURÉ-FREMIET und Mitarb. 1950). Eine Proteinsynthese findet sowohl in der Oocyte als auch in den sie umgebenden Follikelzellen statt. Die

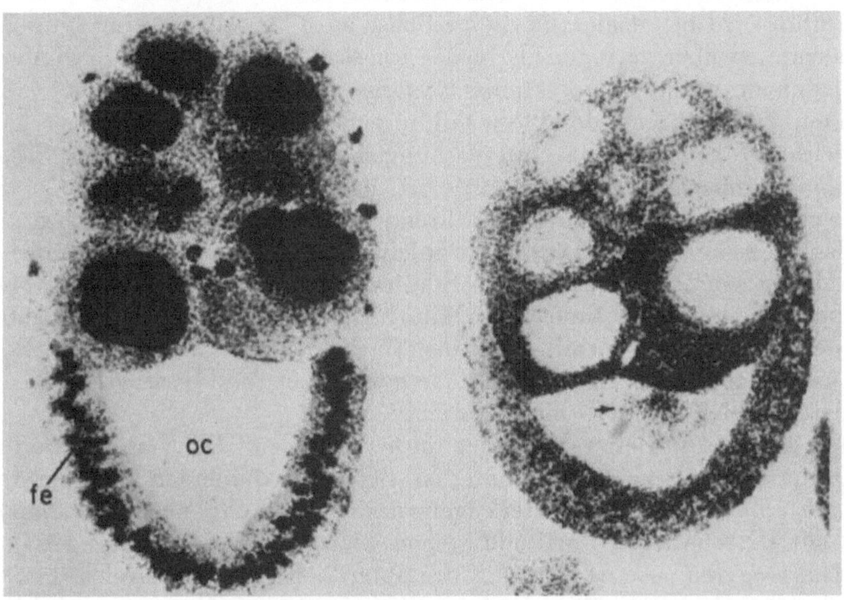

Abb. 93. RNS-Synthese in einem Eifollikel der Stubenfliege *Musca domestica*. 30 Min. nach der Injektion von ^{3}H-Cytidin findet man die Radioaktivität in den Kernen der Nährzellen (links). 5 Std. nach der Injektion ist die RNS in das Cytoplasma der Nährzellen und zum Teil in das Ooplasma (Pfeil) eingewandert (rechts). *OC* = Oocyte, *fe* = Follikelepithel. Vergr.: 200 ×. (Nach BIER 1963.)

Follikelzellen geben das synthetisierte Protein an die Oocyte ab, wie autoradiographische Untersuchungen an Fliegenovarien (*Drosophila, Calliphora*) zeigen (ZALOKAR 1960 a, BIER 1962). Die junge Oocyte erhält von den Nährzellen große Mengen an RNS, ihre eigene RNS-Synthese ist am Anfang gering (Abb. 93). Erst nach der Degeneration der Nährzellen bildet der Oocytenkern wesentliche Mengen von RNS, wobei gleichzeitig die Basophilie des Ooplasmas ansteigt (BIER 1963, RAMAMURTY 1963).

Über die Art der während der Oogenese gebildeten RNS liegen Untersuchungen von FICQ (1961) vor. Durch Autoradiographie von Froschoocyten konnte sie drei Typen von RNS nach ihrem Verhalten unterscheiden: eine sehr stoffwechselaktive, hochmolekulare RNS vorwiegend im Zellkern, eine ebenfalls hochmolekulare RNS, die sich von der ersten durch einen geringeren Umsatz und das Vorkommen im Cytoplasma unterscheidet und eine lösliche RNS mit größerer Umsatzrate im Cytoplasma und auch im Zellkern. Diese drei RNS-Typen lassen sich mit der m-RNS, der r-RNS bzw. der t-RNS identifizieren.

Es bleibt noch die Frage, ob die Abnahme der Basophilie bzw. der RNS-Konzentration im Stadium der Dotterbildung nur durch das Wachstum der Oocyten bei gleichbleibender RNS-Menge bedingt ist oder ob tatsächlich die RNS-Menge in der älteren Oocyte abnimmt. In den Ovarien der Stubenfliege steigt die RNS-Menge kontinuierlich an (MITLIN und COHEN 1961). Auch in Froschoocyten nimmt die Gesamtnukleinsäuremenge mit dem Wachstum der Zelle bis zum Ende weiter zu (BIEBER und Mitarb. 1959). Für eine weiterlaufende Nukleinsäuresynthese spricht ebenfalls, daß der Nukleolus in vielen Fällen auch noch während der Dotterbildung stark hervortritt. Tatsächlich wird bei *Asellus* in dieser Phase auch ^{14}C-Adenin eingebaut. Die Einbaurate ist aber geringer als in der Phase des Anstiegs der RNS-Menge zu Beginn des Oocytenwachstums (VAN DEN BROEK und TATES 1961). Das bedeutet, daß während der Dotterbildung RNS weiter synthetisiert wird. Im gleichen Sinne sprechen Untersuchungen an der amerikanischen Schabe *Periplaneta americana* (BONHAG 1959, zit. nach SESHACHAR und BAGGA 1963). Eine verminderte RNS-Synthese während der Dotterbildung läßt sich auch aus den Messungen von FLAX (1951) ableiten. In Seesternoocyten nimmt die RNS-Menge von einem bestimmten Stadium an nicht mehr im selben Maße wie das Volumen zu (EDSTRÖM und Mitarb. 1961). Die geringere Anfärbbarkeit der älteren Oocyte mit basischen Farbstoffen ist demnach die Folge einer im Vergleich zur Größenzunahme geringeren RNS-Synthese, während die Gesamtmenge an RNS nicht abnimmt.

Man kann aus diesen Befunden nicht schließen, daß für die Bildung des Dottermaterials keine RNS nötig ist. Bei der beginnenden Dotterbildung läßt sich an ganz kleinen Dotterkugeln nachweisen, daß sie im Zusammenhang mit RNS-haltigen Partikeln stehen (BOLOGNARI und DONATO 1963). In manchen Oocyten, wie z. B. denen des amerikanischen Flußkrebses, ist ein endoplasmatisches Reticulum nachgewiesen, in dessen Zisternen sich kleine Granula finden, die vielleicht Dottermaterial darstellen (BEAMS und KESSEL 1962). Die im späten Stadium des Oocytenwachstums vorhandene RNS dient vielleicht überhaupt nur der Dotterbildung, während die große RNS-Menge am Anfang der Ausstattung mit Enzymen und dem allgemeinen Massenzuwachs dienen könnte (ERB und MAURER 1962, COWDEN 1963 b). Man sollte daher in der Frühphase eine große Zahl von aktiven Chromosomenabschnitten erwarten, wie sie tatsächlich an den Lampenbürstenchromosomen von Molchoocyten gefunden wurden (s. Kap. 6.1.4.).

Im reifen, oft sehr großen Ei ist die Gesamtmenge an RNS im Vergleich zu Zellen üblicher Größe sehr hoch, obwohl die Konzentration relativ niedrig sein kann. Im Zellkern der Froschoocyte ist mehr als 3000mal so viel RNS enthalten wie in einem Leberzellkern (FINAMORE und Mitarb. 1960, s. LEVENBOOK und Mitarb. 1958, BIEBER und Mitarb. 1959). Die Basenzusammensetzung der RNS in Leberzellen und Eiern ist dagegen sehr ähnlich (FINAMORE und CROUSE 1958, FINAMORE und VOLKIN 1958), da es sich in beiden Fällen wohl im wesentlichen um r-RNS handelt (EDSTRÖM und Mitarb. 1961, EDSTRÖM und GALL 1963, s. auch LEVENBOOK und Mitarb. 1958). Etwa die Hälfte der in Oocyten vorhandenen RNS ist säurelöslich und hat eine andere Basenzusammensetzung als die säureunlösliche RNS (FINAMORE und VOLKIN

1961). Aus den Eiern des Seesternes *Mellita quinquiesperforata* ist die Isolierung und Identifizierung von freien Ribosomen gelungen (Ecker und Brookbank 1963), ebenso aus Froscheiern (Brown und Caston 1962 a). Diese Ribosomen haben aber nur eine geringe synthetische Aktivität, so daß bei Autoradiographien reifer Eier praktisch keine Markierung sichtbar ist (Monroy 1960, Erb und Maurer 1962). Isolierte Ribosomen können im zellfreien System (s. Kap. 3.3.4.) Protein synthetisieren (Burr und Finamore 1963), doch ist ihre synthetische Leistung auffallend gering (Hultin 1961, Nemer 1962, Wilt und Hultin 1962, Brachet und Mitarb. 1963 b). Es ist nicht entschieden, ob diese fehlende Proteinsynthese durch das Fehlen eines *messenger* (Hultin 1961) oder das Vorhandensein einer blockierenden Substanz (Brachet und Mitarb. 1963) bedingt ist. Die RNS ist in der älteren Oocyte und dem reifen Ei des Frosches nicht gleichmäßig verteilt, sondern bildet einen Konzentrationsgradienten vom animalen zum vegetativen Pol (Brachet 1942, 1944, 1959) (Abb. 94 *a*).

6.3.3. Furchungsteilungen und Gastrulation

Das histochemische erfaßbare Verhalten der RNS in der Frühentwicklung ist besonders gut bei Amphibien untersucht (s. Brachet 1959). Die Befruchtung selber beeinflußt weder die Menge noch die Verteilung der RNS, die innerhalb des Eies einen Konzentrationsgradienten vom animalen zum negativen Eipol bildet (Abb. 94 *a*). Dieser Gradient bleibt auch während der Furchungsteilungen bestehen. Es erfolgen aber im einzelnen kleinere Umverteilungen, die dazu führen, daß die RNS in den einzelnen Blastomeren mehr peripher zu liegen kommt (Abb. 94 *b*). Die Gesamtmenge der RNS scheint sich in dieser Entwicklungsphase nicht zu ändern. Mit dem Beginn der Gastrulation setzen größere Verschiebungen der RNS-Verteilung innerhalb des Keimes ein. Der animal-vegetative Gradient wird von einem dorso-ventralen Gradienten überlagert. Die dorsale Urmundlippe färbt sich stärker mit basischen Farbstoffen als die ventrale, so daß man annehmen kann, daß jetzt, besonders an dieser Stelle, RNS neu gebildet worden ist (Abb. 94 *c*). Gleichzeitig hebt sich das präsumptive Nervengewebe durch die stärkere basophile Anfärbbarkeit vom übrigen Ektoderm ab. Die Invaginationsbewegung der einzelnen Keimteile löst die beiden ursprünglich vorhandenen Konzentrationsgradienten weitgehend auf. Nach beendeter Gastrulation unterscheidet sich das präsumptive Nervengewebe in seiner Anfärbbarkeit nicht nur vom umgebenden Ektoderm, sein im oberen Teil des Keimes gelegener vorderer Abschnitt (Kopf- bzw. Hirnregion) färbt sich außerdem deutlich stärker als die caudalen, zum Blastoporus hin gelegenen Abschnitte. Die bei der Invagination zuerst eingestülpten Teile sind von vornherein RNS-ärmer als die später eingewanderten. Auf diese Weise entsteht im Chordamesodermbereich ein von caudal nach cephal abnehmender Konzentrationsgradient.

Die Frühentwicklung der übrigen Wirbeltiere mit dotterreichen Eiern gleicht hinsichtlich der RNS-Verteilung im Prinzip der der Amphibien, wenn man die unterschiedlichen Lagebeziehungen der Keimteile berücksichtigt. Auch bei anderen Tiergruppen finden sich schon auf frühen Entwicklungsstadien ähnliche Parallelen zwischen dem Entwicklungsgeschehen und der RNS. Bei der marinen Schnecke *Ilyanassa* sind RNS-Gehalt und RNS-Konzentration bereits in den beiden ungleich großen Blastomeren nach der ersten Furchungsteilung verschieden (Collier 1960 a, b). Auch beim Säugerei ist die RNS ungleich auf die ersten Blastomeren verteilt (Alfert 1950, Flax 1951). Eine polare Verteilung der RNS sieht man auch im sich

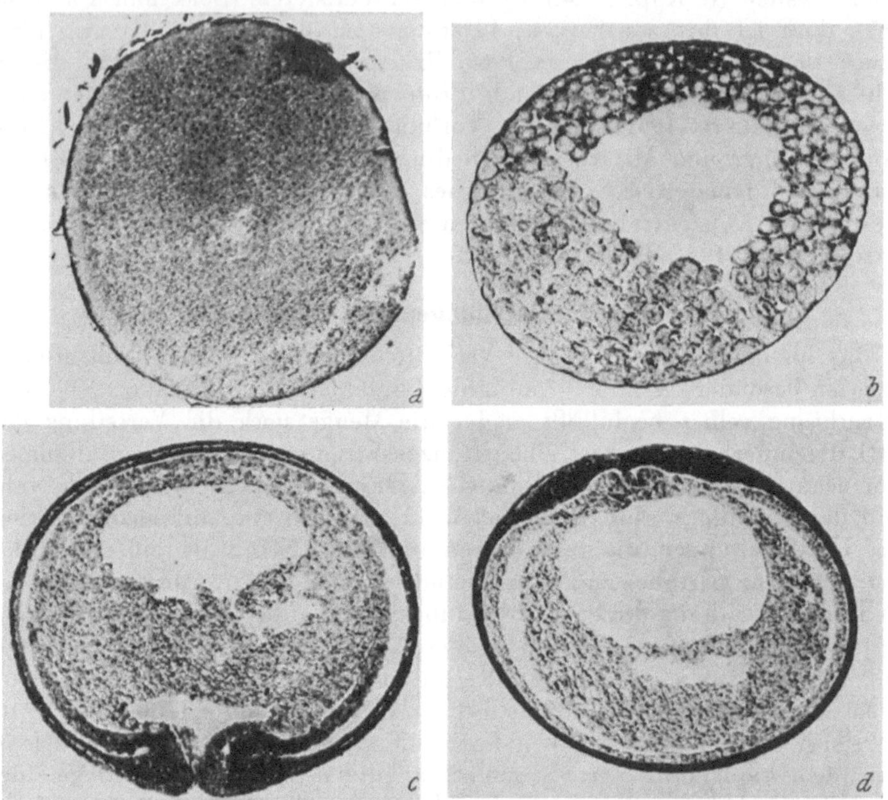

Abb. 94. Verteilung der RNS im sich entwickelnden Ei von *Xenopus*; Toluidinblau-Färbung. *a* Befruchtetes Ei (animaler Pol oben); *b* Blastula; *c* Gastrula (dorsale Urmundlippe rechts); *d* Neurula. (Nach Brachet 1959.)

entwickelnden Seeigelei (Markman 1957). Eine cytochemisch sichtbare RNS-Vermehrung tritt bei Seeigelembryonen erst während der Gastrulation auf. Nur die Micromeren bilden insofern eine Ausnahme, als sie sich zwischen der vierten und fünften Furchungsteilung deutlich stärker basophil anfärben als vorher und nachher (Cowden und Lehman 1963). Die cytochemischen Untersuchungen legen den Gedanken nahe, daß die im Ei vorhandene RNS durch die Furchungsteilungen genau wie das übrige Eimaterial nur auf die Plastomeren verteilt wird und daß keine Zunahme der RNS-Menge, d. h. keine RNS-Neubildung erfolgt. Erst mit dem Beginn der Gastrulation tritt in einigen Keimbezirken eine verstärkte Basophilie auf. Quantitative Bestimmungen haben diese Vermutung bestätigt (Brachet 1940 b, 1959).

Die späte Molch-Blastula hat den gleichen RNS-Gehalt wie das Ei. Erst während der Gastrulation steigt die RNS-Menge, wenn auch nur gering, an (STEINERT 1951, HASEGAWA 1955, CHEN 1960, BROWN und CASTON 1962 a, b). Bei Seeigelembryonen bleibt die RNS-Menge ebenfalls bis zur Gastrulation konstant (AGRELL und PERSSON 1956). Die Zellkern-RNS nimmt aber auf Kosten der Cytoplasma-RNS zu, so daß hier eine intrazelluläre Umverteilung vorliegt (TOCCO und Mitarb. 1963). Möglicherweise sinkt die RNS-Menge kurz nach der Befruchtung etwas ab, steigt aber sofort wieder an und bleibt bis zur Gastrulation in gleicher Höhe (ELSON und Mitarb. 1954). Auch die Basenzusammensetzung ändert sich in dieser Entwicklungsphase nicht.

Die Bestimmungen der RNS-Menge pro Keim werden durch die Untersuchung der RNS-Synthese erweitert. Sich entwickelnde Amphibieneier bauen radioaktiv markiertes Uridin vor der Gastrulation nur in DNS ein. Erst während der Gastrulation beginnt die RNS-Synthese (BIELIAVSKY und TENCER 1960, GRANT 1960). Es handelt sich dabei im wesentlichen um r-RNS, so daß gleichzeitig damit die Ribosomenmenge zunimmt (BROWN und CASTON 1962 a, b). Auch *Ilyanassa*-Embryonen synthetisieren während der Furchungsteilungen keine RNS (COLLIER 1961 b). In Seeigeleiern beginnt die RNS-Synthese etwas früher, aber auch hier findet man vor Erreichen des Blastulastadiums keinen Einbau radioaktiver RNS-Vorläufer (MARKMAN 1961 a, b, BRACHET und Mitarb. 1963). Die Bildung geringer Mengen von m-RNS während der Furchungsteilungen ist dagegen nicht ausgeschlossen (FICQ und Mitarb. 1963). Auch NEMER (1963) konnte einen geringen Einbau in das befruchtete Ei und in die folgenden Stadien finden. Die Bildung größerer Mengen, vor allem der r-RNS, beginnt erst während der Gastrula. In Hühnerembryonen wird schon auf dem Stadium des Primitivstreifens r-RNS synthetisiert (LERNER und Mitarb. 1963). Der Einbau kann entsprechend den RNS-Gradienten in den einzelnen Keimbezirken unterschiedlich stark sein. Der junge Seeigelembryo baut ^{14}C-Adenin während des Blastulastadiums vorzugsweise in die RNS-reiche animale Zone ein. Im Laufe der weiteren Entwicklung nimmt der Einbau in die vegetative Hälfte relativ zu, so daß im Gastrulastadium die RNS-Synthese dort höher ist als in der animalen Hälfte (MARKMAN 1961 a). Embryonen, sie sich aus der isolierten animalen Hälfte entwickeln, haben eine größere RNS-Synthese als solche aus der vegetativen Hälfte (MARKMAN 1961 c). Die stärkere Basophilie der Urmundlippen des Amphibienkeims ist das Resultat einer RNS-Synthese, da deren Zellen stärker Orotsäure einbauen als die übrigen Zellen der frühen Gastrula (SIRLIN 1959).

Aus dem Verfolgen der RNS-Menge, ihrer Verteilung im Embryo und ihrer Synthese ergibt sich das folgende Bild: Bis zum Beginn der Gastrulation lassen sich alle Entwicklungsvorgänge unter dem Aspekt einer einfachen Verteilung des Eimaterials auf eine große Anzahl von Zellen betrachten. Es fehlen jegliche größere Differenzierungsleistungen. Daher ist es verständlich, daß in der Frühphase der Entwicklung keine Veränderungen im RNS-Stoffwechsel zu beobachten sind, die die Voraussetzung für die Bildung neuer spezifischer Proteine wären. Erst während der Gastrulation kommt es zu einer gewissen Sonderung der Keimteile und im Zusammenhang damit zu einer merklichen Neubildung von RNS.

Im Gegensatz zur RNS wird die Proteinsynthese in Seeigeleiern durch die Befruchtung merklich gesteigert bzw. überhaupt in Gang gesetzt (KAVANAU 1954, COLLIER 1961 b, HULTIN 1961, IMMERS 1961, NEMER 1962). Gleichzeitig ändert sich die elektronenmikroskopisch erfaßbare Struktur des proteinbildenden Apparates. Im unbefruchteten Ei der Ratte findet man fast nur freie Ribosomen, während sich ein zusammenhängendes Membransystem nicht nachweisen läßt. Nach der Befruchtung und dem Einsetzen der Teilungen bilden sich langsam mehr oder weniger zusammenhängende Zisternen und Röhrchen des endoplasmatischen Reticulums heraus (SOTELO und PORTER 1959). Ein typisches, voll entwickeltes Ergastoplasma findet man erst in späteren Stadien (KARASAKI 1959). Der Anstieg der Proteinsynthese kann nicht die Folge einer RNS-Zunahme sein. Da vor und nach der Befruchtung Ribosomen vorhanden sind, die sich nicht in ihrem physikalisch-chemischen Verhalten unterscheiden (WILT 1963), und da sich außerdem ausreichende Mengen von t-RNS und Enzymen nachweisen lassen (NEMER und BARD 1963), dürfte die Steigerung der Proteinsynthese auf die Bildung von m-RNS nach der Befruchtung zurückzuführen sein. Ribosomen von unbefruchteten Eiern können im zellfreien System Protein synthetisieren, wenn man Polyribonukleotide als *messenger* zusetzt (NEMER 1962, WILT und HULTIN 1962). Ribosomen aus späteren Furchungsstadien und der Blastula werden nicht mehr im selben Maße durch Poly-U stimuliert, und man kann annehmen, daß sie jetzt mit einem endogenen *messenger* besetzt sind (NEMER 1962). Die geringe Menge nach der Befruchtung synthetisierter RNS findet sich an den Ribosomen, ist aber nicht mit r-RNS identisch, kann also als m-RNS angesehen werden (WILT 1963). Das Sedimentationsverhalten dieser RNS spricht ebenfalls dafür, daß es sich um m-RNS und nicht um r-RNS handelt (NEMER 1963). Die Proteinsynthese kann aber genau wie in ganzen unbefruchteten Eiern auch in kernlosen Fragmenten durch Behandlung mit Buttersäure oder hypertonischen Lösungen in Gang gesetzt werden, so daß auf diese Weise gezeigt ist, daß für die Proteinsynthese keine neu zu bildende m-RNS nötig ist (BRACHET und Mitarb. 1963, DENNY und TYLER 1964). Diese Ergebnisse stehen im Einklang mit Versuchen über die Actinomycineinwirkung (Abb. 95). Actinomycin vermag nicht die Proteinsynthese und die Teilungen kurz nach der Befruchtung zu unterbinden

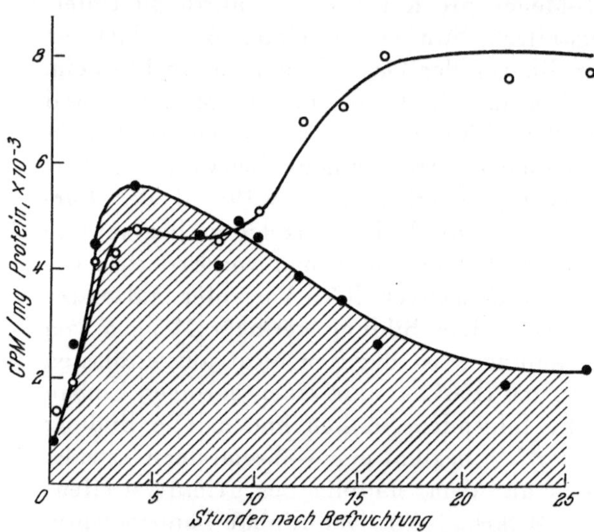

Abb. 95. Proteinsynthese (Einbau von ^{14}C-L-Valin, 20-min.-Puls) in befruchteten Eiern des Seeigels *Arbacia*. Offene Kreise: Normalentwicklung. Punkte: Entwicklung in Anwesenheit von Actinomycin D (20×10^{-6} g/ml). Nach 26 Std. wird das Gastrulastadium erreicht. (Nach GROSS und Mitarb. 1964.)

(Brachet und Denis 1963, Gross und Mitarb. 1964). Das Resultat wird folgendermaßen gedeutet: Während der ersten Teilungen wird zwar RNS gebildet; sie wird aber erst für die Proteinsynthese während der Blastula- und Gastrulabildung benötigt. Für die Furchungsteilungen ist ebenfalls eine Proteinsynthese notwendig, da Puromycin diese Teilungen verhindern kann (Brachet und Mitarb. 1963 a). Die m-RNS für dieses „Teilungsprotein" ist möglicherweise bereits im unbefruchteten Ei in inaktiver Form enthalten (Gross und Mitarb. 1964).

Daß sich mit dem Beginn der Gastrulation eine Umstellung im Stoffwechsel der RNS und der Proteine anbahnt, geht auch aus anderen Untersuchungen hervor. Es ist schon lange bekannt, daß viele Letalbastarde die Furchungsteilungen normal durchlaufen, auf dem frühen Gastrulastadium aber stehen bleiben und absterben. Das ist schon immer als Unfähigkeit zu geordneten Differenzierungsleistungen aufgefaßt worden. Seeigelbastarde (*Paracentrotus* ♀ X *Arbacia* ♂) können in den Frühstadien noch eine geringe Menge an RNS bilden, mit dem Einsetzen der Gastrulation nimmt der RNS-Gehalt schnell ab (Chen und Baltzer 1962, s. auch: Steinert 1951). Die RNS häuft sich im Zellkern an, während sie in den Normaltieren ins Cytoplasma abwandert (Ficq und Brachet 1963). Mit der Auffassung einer ruhenden Kernfunktion, d. h. unwesentliche m-RNS-Bildung, während der Furchungsteilungen lassen sich nicht nur die Befunde mit Actinomycin vereinbaren (Brachet und Denis 1963, Brachet und Mitarb. 1963 a, Gross und Mitarb. 1964), auch die Ausschaltung der Kernfunktion mit Röntgenstrahlen blockiert die Frühentwicklung erst auf dem Blastula- bzw. dem Gastrulastadium (s. Neyfakh 1964).

6.3.4. Organisation des Keimes. Induktion

In der späten Gastrula des Amphibienkeimes sind die Keimteile, denen in der folgenden Neurulation eine besondere Bedeutung zukommt, gegenüber ihrer Umgebung durch einen höheren RNS-Gehalt ausgezeichnet. Der Organisatorbereich des dorsalen Urdarmdaches hebt sich ebenso aus dem übrigen, später zum Mesoderm werdenden Keimbereich durch seine verstärkte basophile Färbbarkeit heraus wie das präsumptive Nervengewebe aus den benachbarten Ektodermpartien (Abb. 94 *d*). Diese Verteilung der RNS bleibt in der nun folgenden Neurulation und der Bildung der Achsenorgananlagen erhalten. Die dorsale Hälfte des Embryos hat daher auf lange Zeit einen wesentlich höheren RNS-Gehalt als die ventrale (Brachet 1959). Innerhalb des sich bildenden Neuralrohres besteht ein von vorn nach hinten abnehmendes Konzentrationsgefälle der RNS. Die Gesamtmenge der RNS im einzelnen Embryo nimmt jetzt immer stärker zu (Chen 1960) (Abb. 96). Der Einbau von radioaktiv markiertem Uridin erfolgt in noch höheren Maße als in der Gastrula in die RNS, während vorher nur eine DNS-Synthese zu beobachten war (Bieliavsky und Tencer 1960). Ebenso steigt der Einbau von ^{32}P an (Decroly und Mitarb. 1963). Versuche mit Actinomycin (s. Kap. 3.3.6.1.) haben die Bedeutung von RNS für die Induktions- und Differenzierungsvorgänge weiter verdeutlicht. Wenn *Pleurodeles*-Keime auf dem Gastrulastadium mit Actinomycin (10 μg/ml) behandelt werden, kann sich das Mesoderm noch in Chorda und Somiten organisieren, die Zellen dieser Organe sind jedoch nur sehr schwach differenziert. Vor allem aber fehlt die Induktion des Nervensystems völlig. Ebenso kann man den caudo-cephalen RNS-Gradienten im Ektoderm nicht beobachten (BRACHET und DENIS 1963). Eine genauere Untersuchung an explantiertem Ektoderm mit unterlagerter dorsaler Urmundlippe zeigt, daß sich die Neuralrinne bildet und schließt, daß aber die weitere Zelldifferenzierung unterbleibt (DENIS 1963). Diese Versuche weisen gleichzeitig auf ein zweites Phänomen hin, das auch in der späteren Organogenese und Differenzierung immer wiederkehrt: Der Zeitpunkt der für diese Prozesse notwendigen RNS-Synthese liegt deutlich frü-

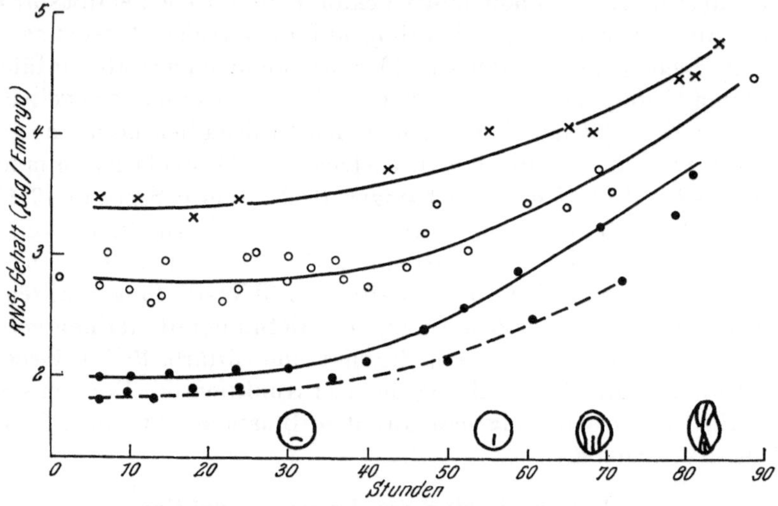

Abb. 96. Zunahme der RNS-Menge pro Embryo von der Befruchtung bis zum Schwanzknospenstadium bei den Molcharten: × *Triturus cristatus*; ○ *T. alpestris* und ● *T. palmatus* (2 Ansätze). Abszisse: Zeit nach der Befruchtung; 18° C. (Nach CHEN, 1960.)

her als die Differenzierungsleistung. So wie man in der Gegend der Chorda- und Neuralanlage große Mengen von RNS findet, obwohl noch keine morphologisch sichtbaren Unterschiede im Zellbild gegenüber dem übrigen Meso- bzw. Ektoderm zu sehen sind, so sind in der RNS-reichen dorsalen Urmundlippe die Induktionsfaktoren, deren Bildung in irgendeiner Weise mit RNS gekoppelt sein muß, vorhanden. In dem Experiment von DENIS (1963) ist daher die Induktion des Neuralrohres durch Actinomycin nicht mehr zu unterbinden, wohl aber dessen weitere Ausdifferenzierung. Damit kann ein fundamentales Problem der Entwicklungsphysiologie der experimentellen Bearbeitung auf einer molekularbiologischen Grundlage zugänglich gemacht werden: Die zeitlich aufeinanderfolgende Kette verschiedener Induktionssysteme, die mit der Aktivierung bestimmter Genorte und der Bildung entsprechender m-RNS gekoppelt sind. FLICKINGER (1963) hat in einfachen Versuchen diese Kette hintereinandergeschalteter m-RNS-Synthesen überzeugend nachweisen können. Werden frühe Gastrulae zwei bis drei Tage lang mit subletalen Dosen Actinomycin behandelt und dann wieder in normales Medium gebracht, so entwickeln sie sich weiter. Die im Anschluß an die Actinomycinbehandlung gebildeten Organe, das Nervensystem und die

Rumpfmuskulatur, sind unterentwickelt, die später gebildeten, z. B. Schwanz, Herz, Niere, Leber und Sinnesorgane, sind völlig normal. Keime, die im frühen Neurulastadium mit dem Antibioticum behandelt werden, sind im Gegensatz zu den in früheren Stadien behandelten in der Lage, funktionstüchtige, d. h. kontraktile Rumpfmuskulatur zu entwickeln (s. Flickinger 1962).

Die stoffliche Identifizierung von Induktionsstoffen hat in den letzten Jahren bedeutsame Fortschritte gemacht. Es konnten im wesentlichen zwei Substanzen, die bei der Primärinduktion eine Rolle spielen, gefaßt werden (Tiedemann und Mitarb. 1962, Tiedemann 1963, s. auch Kawakami und Mitarb. 1961, Ranzi und Mitarb 1961, Sasaki 1961). In der Ribosomenfraktion von Hühnerembryonen findet sich ein Induktorstoff, der in undifferenziertem Molchektoderm die Bildung von Vorderköpfen hervorruft. Dieser Stoff ist nicht gegenüber RNase, wohl aber gegen Trypsin empfindlich. Auch andere Befunde sprechen dafür, daß die Protein- und nicht die Nukleinsäurekomponente des Ribonukleoproteins die wirksame Substanz ist. Bei der Fällung der Ribonukleoproteinfraktion mit Protaminsulfat bleibt im Überstand ein zweiter Induktionsstoff in Lösung. Bei der Testung an Molchlarven entwickeln sich dabei Rumpf- und Schwanzteile. Läßt man die Substanz auf isoliertes Ektoderm einwirken, bilden die Zellen quergestreifte Muskulatur und Chordagewebe. Bei diesem Stoff handelt es sich ebenfalls um einen Eiweißkörper. Sein Molekulargewicht dürfte bei 43 000—50 000 liegen. Die endogenen Induktionsstoffe des Molchkeimes sind noch nicht so genau zu charakterisieren. Doch lassen einige Befunde darauf schließen, daß sie den Induktionsstoffen des Hühnchens ganz ähnlich sind. Die beiden Induktionsstoffe werden nach ihrer vornehmlichen Wirkung als *neurale* (*archencephale*) und *mesodermale* Faktoren bezeichnet. Wenn beide in einem bestimmten Mischungsverhältnis vorliegen, bilden sich an der Stelle ihrer Einwirkung am Molchkeim Hinterköpfe oder auch Rümpfe mit Schwanz. Daher ist es naheliegend anzunehmen, daß beide Stoffe im Embryo in einem gegenläufigen Konzentrationsgefälle auftreten.

Ein mesodermal induzierender Eiweißkörper mit ganz ähnlichen Eigenschaften konnte aus dem Knochenmark des Meerschweinchens isoliert werden (Toivonen 1953, Yamada 1958, 1962). Die Behandlung isolierter Molchektodermzellen mit diesem Faktor führt zu einer Abnahme der RNS-Synthese. Demgegenüber kann sofortige Behandlung der Zellen mit Azaguanin oder RNase die Induktionswirkung verhindern. Im elektronenmikroskopischen Bild läßt sich eine Änderung der Kernstruktur und das Erscheinen des Nukleolus erkennen (Yamada und Karasaki 1962).

Durch cytophotometrische Messungen konnte Vahs (1962) zeigen, daß RNS aus heterogenem Induktor (Mäuseniere) verschwindet und gleichzeitig im reagierenden Gewebe (Ektoderm des Molches *Triturus vulgaris*) erscheint. Er deutet das als eine Wanderung vom Induktor in dem Empfänger. Mit der RNS ist ein basisches Protein vergesellschaftet, das sich gleichartig verhält und sich bei pH 7,6 selektiv mit Fastgreen anfärben läßt. Das Nukleoprotein findet man in der Peripherie der Dotterplättchen des Ektoderms. Entfernt man eine der beiden Komponenten aus dem Induktor, so tritt im reagierenden Gewebe nur die andere Komponente auf. Es kommt aber nur bei Anwesenheit des Proteins zum Induktionsvorgang. Diese Befunde sprechen ebenfalls dafür, daß es sich bei dem Induktionsstoff um ein Nukleoprotein handelt, dessen aktiver Teil das Protein ist.

In manchen Fällen ist auch RNS als wirksames Agens bei Induktionsprozessen beschrieben worden, besonders in der Kopfregion (RANZI und Mitarb. 1961, HILLMAN und NIU 1963 a, b, NIU 1963). Aus Chorda dorsalis und Rückenmark von Hühnerembryonen wurde eine Substanz extrahiert, die isolierte Somiten zur Bildung von Knorpel anregt. Diese Substanz (MG ~ 6000) enthält GMP oder GDP, eine Reihe von Zuckern, N-Acetyl-Neuraminsäure und ein Peptid (HOMMES und Mitarb. 1962, LASH und Mitarb. 1962, ZILLIKEN 1963, s. auch STRUDEL 1962, HOLTZER 1963, LASH 1963).

So wie bei der Primärinduktion ein Anstieg der RNS-Menge und eine Aktivierung des RNS-Stoffwechsels in den betreffenden Keimteilen zu beobachten ist, können auch bei den darauffolgenden Differenzierungsprozessen (Sekundärinduktionen) enge Beziehungen zwischen dem Verhalten der RNS und der Entwicklung gefunden werden. Im Prinzip beobachtet man die gleichen Vorgänge: Bevor man irgendeine morphologisch faßbare Veränderung feststellen kann, wird der RNS-Stoffwechsel in den sich differenzierenden Keimteilen intensiviert (CASPERSSON und THORELL 1941, MARKERT 1958, GROBSTEIN 1962). Das Verhalten der RNS im Laufe der Organogenese ist in einer Reihe von Fällen untersucht, wie z. B. in der Leber von Frosch und Huhn (FINAMORE 1961, MAKHINKO und BLOK 1962, DUCK-CHONG und Mitarb. 1964), im Pancreas (GROBSTEIN 1962), in der Hypophyse (RHODES und DALTON 1961), im Ependym (BIRGE und Mitarb. 1963), bei der Haar- und Zahnentwicklung (GRIESEMER 1956, HERMANN 1956), sowie der Augenentwicklung (RICKENBACHER 1951, MCKEEHAN 1956) und der Reifung der Erythrocyten (GRASSO und Mitarb. 1963, SCHWEIGER und Mitarb. 1963 a, b, TRADER und Mitarb. 1963). Die gleiche Aufeinanderfolge von RNS-Synthese und Organbildung trifft man auch bei Invertebraten (COLLIER 1961 b, COWDEN 1963). Entsprechende Prozesse spielen sich auch bei der Regeneration und Wundheilung ab (FIRKET 1951, MARRIAN 1952, TAKATA 1952, TAKAGI und Mitarb. 1956, BODEMER 1962, WILLIAMSON und GUSCHLBAUER 1963, GUDBJARNASON und DE SCHRYVER 1964). Einschneidende Entwicklungsvorgänge, wie die Metamorphose der Insekten, kündigen sich in einer Steigerung der RNS-Menge des gesamten Tieres an (BERREUR 1962, DEVI und Mitarb 1963 a, b).

7. Desoxyribonukleinsäure im Cytoplasma

Das Vorkommen von DNS im Cytoplasma konnte in drei Fällen nachgewiesen werden bzw. wahrscheinlich gemacht werden: im Ooplasma einiger Tierarten, in Chloroplasten und in Mitochondrien.

Die Existenz cytoplasmatischer DNS in manchen Eiern war Anlaß zu heftigen Diskussionen. Sie wurde aber durch eine Reihe verschiedener Methoden nachgewiesen und kann als gesichert gelten (HOFF-JØRGENSEN und ZEUTHEN 1952, MARSHAK und MARSHAK 1953, 1955, 1956, BURGOS 1955, ENGLAND und MAYER 1957, SUGINO und Mitarb. 1957, GREGG und LØVTRUP 1960). Die

Gesamtmenge an Desoxyribosiden und Desoxyribonukleotiden nimmt bis zur Blastula oder Gastrula nicht zu (Hoff-Jørgensen und Zeuthen 1952, Sze 1953, Chen 1960, Baltus 1962). In der Oocyte muß demnach eine DNS-Menge enthalten sein, die dem DNS-Gehalt sämtlicher Zellkerne der Blastula entspricht. Sie ist den quantitativen Bestimmungen nach mehrere 1000mal höher als die normaler Zellkerne. Diese DNS-Menge liegt im Cytoplasma; der Gehalt des Oocytenkernes ist nicht höher als der eines Leberzellkernes ($13{,}27 \times 10^{-12}$ g gegenüber $13{,}76 \times 10^{-12}$ g, England und Mayer 1957). Die Konzentration der DNS im Cytoplasma ist infolge des großen Volumens so gering, daß sie mit der Feulgen-Reaktion nur selten nachgewiesen werden konnte (Grosch 1958, Brachet und Quertier 1963). Außerdem ist die cytoplasmatische DNS nicht so hochpolymer wie die des Zellkernes, wird daher möglicherweise bei der Feulgen-Hydrolyse leichter gelöst (Agrell und Bergqvist 1962, Brachet und Quertier 1963). Das sich teilende Ei braucht die für die Bildung der sich rasch vermehrenden Kern-DNS nötigen Nukleotide nicht zu synthetisieren, sondern kann sie dem cytoplasmatischen Vorrat säurelöslicher Nukleotide und niedermolekularer DNS entnehmen (Bieliavsky und Tencer 1960 b). Mezger-Freed (1963) konnte allerdings eine starke DNS-Synthese im Cytoplasma entkernter, zur Entwicklung angeregter Froscheier feststellen.

Außerhalb des Zellkernes konnte DNS weiterhin in Chloroplasten von Pflanzenzellen gefunden werden (s. Granick 1961, 1963). Die DNS-Konzentration ist aber auch hier so gering, daß nur in ganz seltenen Fällen der histochemische Nachweis gelang, z. B. bei *Chlamydomonas* mit der Feulgen-Reaktion und mit Acridinorange (Ris und Plaut 1962). Spiekermann (1957) konnte nur an gefriergetrocknetem Material die Chloroplasten nach Feulgen anfärben. Metzner (1952) färbte mit Methylgrün. Weiter gelang der Nachweis autoradiographisch durch den Einbau von Thymidin in DNase-empfindliches Material der Chloroplasten (Wollgiehn und Mothes 1963). Im Elektronenmikroskop erscheint die DNS in Form dünner Fäden von 25 Å Dicke in der Nähe des Pyrenoids (Ris und Plaut 1962). Bei einer Auftrennung erscheinen die Polynukleotide in der Stromafraktion (Biggins und Park 1964). Nicht in jedem Falle ist der Nachweis von DNS in den Chloroplasten gelungen (s. z. B. Ruppel 1964). Möglicherweise spielt das Alter der Zelle oder das Vorhandensein eines Pyrenoids eine Rolle (Wollgiehn und Mothes 1963). Die DNS der Chloroplasten unterscheidet sich in ihrem Sedimentationsverhalten von der des Kernes (Chun und Mitarb. 1963, Sager und Ishida 1963) und läßt sich daher durch Ultrazentrifugation im Dichtegradienten abtrennen. Sie ist mit etwa 0,13% am Trockengewicht von gereinigten Bohnenchloroplasten beteiligt (Kirk 1963): in Spinatchloroplasten sind es 0,5% (Biggins und Park 1964). In *Chlamydomonas* liegen etwa 3% der gesamten DNS in den Chloroplasten (Sager und Ishida 1963). Kern- und Chloroplasten-DNS unterscheiden sich auch in ihrer Basenzusammensetzung (Kirk 1963, Sager und Ishida 1963). Das Verhältnis Purine : Pyrimidine sowie 6-Keto-Basen : 6-Amino-Basen liegt auch in der DNS der Chloroplasten nahe bei 1 (Sager und Ishida 1963), so daß man eine Doppelhelixkonfiguration annehmen kann, für die auch Denaturierungsversuche sprechen (CHUN und Mitarb. 1963). Der Umsatz der DNS ist in den Chloroplasten von *Chlorella* höher als im Kern. Er steigt außerdem mit der Belichtung an (IWAMURA 1962).

Von besonderem Interesse ist die Tatsache, daß in den Chloroplasten eine DNS-abhängige RNS-Synthese stattfinden kann (IWAMURA 1962, SCHWEIGER und BERGER 1964). Das RNS synthetisierende System gleicht im Prinzip dem des Zellkernes; es bestehen nur geringe quantitative Unterschiede (KIRK 1964 a, b). Da die marine Alge *Acetabularia* für die Untersuchung der Kern-Plasma-Beziehungen häufig verwendet wird (s. Kap. 6.1.), ist der Nachweis von DNS in ihren Chloroplasten (BALTUS und BRACHET 1963, GIBOR und IZAWA 1963) von großer Bedeutung. Bei diesem Objekt lassen sich außerdem Verunreinigungen der Chloroplastenpräparation mit Kernbruchstücken durch Abtrennen des den Kern enthaltenden „Fußes" leicht verhindern. Der Nachweis einer DNS-abhängigen RNS-Synthese in den Chloroplasten (SCHWEIGER und BERGER 1964) könnte mit der früher beobachteten RNS-Synthese kernloser *Acetabularia*-Fragmente (NAORA und Mitarb. 1959, 1960, CESKA 1962) identisch sein. Damit könnten die Versuchsergebnisse bei der Entwicklung und Regeneration von *Acetabularia* eventuell unter diesen neuen Gesichtspunkten interpretiert werden. Über die Bedeutung der in den Chloroplasten gebildeten RNS ist allerdings noch sehr wenig bekannt, ebenso steht ihre nähere Charakterisierung noch aus. WEBSTER und Mitarb. (1962) konnten feststellen, daß in kernlosen Acetabularien die Bildung von 28-S- und 18-S-Partikeln, d. h. von r-RNS, möglich ist.

Schließlich konnte das Vorkommen von DNS in Mitochondrien wahrscheinlich gemacht werden. Bei der Behandlung von Fibroblastenkulturen mit „präprophasischen" Mitosegiften konnten CHEVREMONT (1962, 1963) und seine Schule das Auftreten von Feulgen-positiven Substanzen und den Einbau von Thymidin ins Cytoplasma beobachten. Besonders wirksam ist die Behandlung der lebenden Zellen mit relativ hohen Dosen einer DNase mit saurem Wirkungsoptimum (DNase II); eine schwächere Wirkung zeigen das Trihydroxy-N-methylindol (CHEVREMONT und BAECKELAND 1960) und die Kultivierung bei subnormaler Temperatur (CHEVREMONT und Mitarb. 1961). Die im Cytoplasma gebildete und vorhandene DNS kann bis zu 90% der im Zellkern vorhandenen Menge erreichen (BAECKELAND und Mitarb. 1957). Nach CHEVREMONT soll die DNS oder ihre makromolekularen Vorstufen in den Mitochondrien gebildet und dann erst an den Kern abgegeben werden. Unter den experimentellen Bedingungen soll die Abgabe der DNS unterbunden werden, so daß sie sich in den Mitochondrien anhäuft. Diese Deutung läßt sich nur schwer mit den herrschenden Vorstellungen über die Reduplikation der DNS und ihre Funktion als Matrize bei dieser Reduplikation vereinbaren. Bis jetzt fehlt auch noch eine Bestätigung der Befunde aus anderen Laboratorien. Immerhin konnten in Mitochondrien verschiedener Zelltypen mit dem Elektronenmikroskop fädige Strukturen nachgewiesen werden, die sich färberisch wie DNS-Fäden des Zellkernes verhielten und mit DNase abbaubar waren (NASS und NASS 1963 a, b). Das Vorkommen von DNS in Mitochondrien ist an sich nicht sehr verwunderlich, wenn man bedenkt, daß sie eine Reihe von Eigenschaften mit den Chloroplasten gemeinsam haben und ebenso wie diese nur durch Teilung entstehen können. Auch hochgereinigte Mitochondrienfraktionen enthalten DNS (Schatz und Mitarb. 1964) und sind in der Lage, Uridin in RNS einzubauen, wobei Acytinomycin hemmend wirkt (Wintersberger 1964).

Bei *Amoeba proteus* wird Thymidin in kleine cytoplasmatische Partikel eingebaut, die sich mit Acridinorange anfärben. Nach Verdauungsversuchen enthalten diese 0,3—0,5 μm großen Partikel RNS und DNS. Die Zahl dieser Partikel verdoppelt sich etwa in der Interphase (Rabinovitch und Plaut 1962 a, b). Elektronenmikroskopisch sind die Partikel gut zu charakterisieren und nicht mit Mitochondrien oder anderen bekannten Zellorganellen identisch. Es handelt sich auch nicht um Bakterienfragmente. Sie enthalten 70 Å dicke Fäden (Wolstenholme und Plaut 1964).

Eine cytoplasmatische Inkorporation von Thymidin wurde ebenfalls noch in einem Rattenhepatom gefunden (Reconda und Mitarb. 1962) sowie in Pflanzenzellen. Im letzten Fall ist zum Nachweis dieses Einbaus sowie der cytoplasmatischen DNS mit der Feulgen-Reaktion eine äußerst diffizile histologische Technik nötig (Gahan und Mitarb. 1962).

Die biologische Bedeutung und die Funktion der im Cytoplasma vorkommenden DNS läßt sich am ehesten bei Eiern erklären, wo man eine Art Speicher- oder Reserve-DNS für die rasche Zell- und Kernvermehrung annehmen kann. Im Falle der Chloroplasten und Mitochondrien läßt sich die DNS vorläufig vielleicht in einen Zusammenhang mit der genetischen Selbstständigkeit dieser Zellorganellen bringen. Dabei bleibt unklar, welche genetische Information die extranukleäre DNS trägt.

8. Schlußbemerkung

Die Nukleinsäuren und ihre biologischen Funktionen treten uns als Forschungsgegenstand in zwei Bereichen gegenüber: auf der molekularen Ebene in der Biochemie und auf der komplexeren Ebene der Gesamtzelle, die wir in ihrem mikroskopischen und submikroskopischen Aufbau untersuchen können. Diese beiden Bereiche sind nicht streng voneinander geschieden. Durch die Benutzung relativ kompliziert zusammengesetzter zellfreier Systeme einerseits und verschiedener histochemischer Verfahren auf der anderen Seite wird allein schon von der Methodik her der Zwischenraum zwischen dem molekularen und dem zellulären Größenordnungsbereich verkleinert und überbrückt. Auf diese Weise wird auch der Aufbau eines einheitlichen Theoriengebäudes über Rolle und Funktion der Nukleinsäuren ermöglicht, das wiederum auf alle Bereiche der biologischen Forschung zurückwirkt. Es ist daher verständlich, daß eine Reihe von Problemen sowohl auf molekularer wie auch auf zellulärer Ebene im Prinzip geklärt sind. Und es ist interessant, daß auch die ungelösten Fragen praktisch identisch sind. Vielleicht die wichtigste dieser Fragen ist die Art und Weise, in der die Regulation der RNS- und damit der Proteinsynthese erfolgt. Seit der Theorie von Jacob und Monod ist kein wesentlicher Fortschritt auf diesem Gebiet erfolgt. Es fehlt vor allem jede stoffliche Charakterisierung der Repressoren. Bei der Übertragung auf höhere Organismen muß die Theorie sicherlich modifiziert werden. In der höher organisierten Zelle spielen als zusätzliche Komponente wahrscheinlich die Histoneiweißkörper in dem Prozeß der RNS-Synthese eine Rolle. Inwieweit sie selber als Regulatoren oder als „Werkzeuge" von Regulatoren fungieren, ist gänzlich unbekannt. Die in Riesenchromosomen erfaßbaren Funktionseinheiten („Genorte") enthalten viel mehr DNS als für die Codierung eines durchschnittlich großen Eiweißkörpers nötig ist (BEERMANN, GALL). Vielleicht ergibt sich hier eine Beziehung zum Operon der Bakterien. Eine andere noch nicht ganz geklärte Frage ist, ob die *primer*-DNS als Einstrang- oder als Zweistrangmolekül bei der RNS-Synthese vorliegt. Genauere Vorstellungen auf der molekularen Ebene würden einen gezielteren Einsatz von histochemischen Methoden zur Erfassung der „genaktiven" DNS-Fraktion in der Zelle ermöglichen.

Mit den kurz und fragmentarisch skizzierten offenen Problemen ist gleichzeitig die Aufgabe und der vermutliche Weg der Nukleinsäureforschung in der Zukunft aufgezeigt.

Literatur

ABRAHAM, K. A., and P. M. BHARGAVA, 1963 a: Nucleic acid metabolism of mammalian spermatozoa. Biochem. J. **86**, 298—307.

— — 1963 b: The uptake of radioactive amino acids by spermatozoa. Biochem. J. **86**, 308—313.

ACS, G., E. REICH, and S. VALANJU, 1963: RNA metabolism of B. subtilis. Effects of actinomycin. Biochim. Biophys. Acta **76**, 68—79.

AGRELL, I., and H. PERSSON, 1956: Changes in the amount of nucleic acid and free nucleotides during early embryonic development of sea urchins. Nature **178**, 1398.

— and H. BERGQVIST, 1962: Cytochemical evidence for varied DNA complexes in the nuclei of undifferentiated cells. J. Cell Biol. **15**, 604—606.

AKINRIMISI, E. O., C. SANDER, and P. O. P. Ts'o, 1963: Properties of helical polycytidylic acid. Biochemistry **2**, 340—344.

ALBANESE, M. P., 1964: Passaggio di nucleoli attraverso la membrana nucleare negli ovociti in accrescimento di Patella coerulea L. (Moll. Gast. Pros.). Experientia **XX**, 550—551.

ALDRIDGE, W. G., 1963: On histochemical perchloric acid extractions. Anat. Rec. **145**, 198.

— and M. L. WATSON, 1962: A specific electron stain for nucleic acids. Ann. Histochim., Suppl. **2**, 241—248.

ALFERT, M., 1950: A cytochemical study of oogenesis and cleavage in the mouse. J. Cell. Comp. Physiol. **36**, 381—409.

— 1951: The methylgreen stainability of certain ribonucleic acids. Anat. Rec. **111**, 463.

— 1952: Studies on basophilia of nucleic acids: The methylgreen stainability of nucleic acids. Biol. Bull. **103**, 145—156.

— and I. I. GESCHWIND, 1953: A selective staining method for the basic proteins of cell nuclei. Proc. Nat. Acad. Sci., U. S. A., **39**, 991—999.

— and N. K. DAS, 1959: Autoradiographic studies of RNA metabolism in Tetrahymena pyriformis. Anat. Rec. **134**, 523—524.

— — 1962: Effects of ribonuclease on root tip cells before and after fixation. Acta histochem. **14**, 321—326.

— — and J. M. EASTWOOD, 1962: Effects of ribonuclease on living cells and cells fixed by different methods. J. Histochem. Cytochem. **10**, 681—682.

ALFÖLDI, L., G. S. STENT, and R. C. CLOWNES, 1962: The chromosomal site of the RNA control (RC) locus in *Escherichia coli*. J. Molec. Biol. **5**, 348—355.

ALLEN, D. W., and P. C. ZAMECNIK, 1962 a: The mechanism of puromycin inhibition of hemoglobin synthesis by rabbit reticulocyte ribosomes. J. Clin. Invest. **41**, 1340.

— — 1962 b: The effect of puromycin on rabbit reticulocyte ribosomes. Biochim. Biophys. Acta **55**, 865—874.

— — 1963: T_1 ribonuclease inhibition of polyuridylic-acid-stimulated polyphenylalanine synthesis. Biochem. Biophys. Res. Commun. **11**, 294—300.

ALLFREY, V. G., 1963: Nuclear ribosomes, messenger-RNA and protein synthesis. Exp. Cell Res. Suppl. **9**, 183—212.

— V. C. LITTAU, and A. E. MIRSKY, 1963: On the role of histones in regulating ribonucleic acid synthesis in the cell nucleus. Proc. Nat. Acad. Sci., U. S. A. **49**, 414—421.

ALTMANN, H. W., 1949: Über die Abgabe von Kernstoffen an das Protoplasma der menschlichen Leberzelle. Z. Naturforsch. **4 b**, 138—144.

— 1952: Über den Funktionsformwechsel des Kernes im exokrinen Gewebe des Pankreas. Z. Krebsforsch. **58**, 632—645.

— E. STÖCKER, und W. THOENES, 1963: Über Chromatin und DNS-Synthese im Nucleolus. Z. Zellforsch. mikr. Anat. **59**, 116—133.

ALTMANN, R., 1889: Über Nucleinsäuren. Archiv Anat. Physiol., 524—536.

AMANO, M., 1962: Improved techniques for the enzymatic extraction of nucleic acids from tissue sections. J. Histochem. Cytochem. **10**, 204—212.

— and C. P. LEBLOND, 1960: Comparison of the specific activity time curves of ribonucleic acid in chromatine, nucleolus and cytoplasm. Exp. Cell Res. **20**, 250—253.

D'AMELIO, V., and P. PERLMANN, 1960: The distribution of soluble antigens in cellular structures of rat liver. Exp. Cell Res. **19**, 383—398.

ANDERSON, D. L., 1961: Selective staining of ribonucleic acid. J. Histochem. Cytochem. **9**, 619.

ANDOH, T., S. NATORI, and D. MIZUNO, 1963: The degradation of *Escherichia coli* messenger RNA by polynucleotide phosphorylase. Biochim. Biophys. Acta **76**, 477—479.

ANTHONY, D. D., J. L. STARR, D. S. KERR, and D. A. GOLDTHWAITH, 1963: The incorporation of nucleotides into amino acid transfer ribonucleic acid. II. Evidence for separate enzymatic sites for incorporation of adenosine 5'-monophosphate and cytidine 5'-monophosphate. J. Biol. Chem. **238**, 690—696.

APGAR, J., R. W. HOLLEY, and S. H. MERRILL, 1962: Purification of the alanine-, valine-, histidine- and tyrosine-acceptor ribonucleic acids from yeast. J. Biol. Chem. **237**, 796—802.

APP, A. A., and A. T. JAGENDORF, 1963: Incorporation of labelled amino acids by chloroplast ribosomes. Biochim. Biophys. Acta **76**, 286—292.

APPLETON, T. C., 1964: Autoradiography of soluble compounds. II. Internat. Kongr. Histo- und Cytochemie, S. 97. Herausg. T. H. SCHIEBLER, A. G. E. PEARSE und H. H. WOLFF, Springer-Verlag, Berlin, Göttingen, Heidelberg.

ARLINGHAUS, R., and R. SCHWEET, 1962: Studies of polyphenylalanine synthesis with reticulocyte ribosomes. Biochem. Biophys. Res. Commun. **9**, 482—485.

— A. MORRIS, S. FAVELUKES, and R. SCHWEET, 1962: Effect of puromycin on hemoglobin synthesis. Fed. Proc. **21**, 412.

— S. FAVELUKES, and R. SCHWEET, 1963: A ribosome-bound intermediate in polypeptide synthesis. Biochem. Biophys. Res. Commun. **11**, 92—96.

ARMSTRONG, J. A., 1956: Histochemical differentiation of nucleic acids by means of induced fluorescence Exp. Cell Res. **11**, 640—643.

ARNSTEIN, H. R. V., R. A. COX, and J. A. HUNT, 1962: The effect of ribosomal ribonucleic acid and polyuridylic acid on the amino acid incorporation by rabbitreticulocyte ribosomes. Biochem. J. **84**, 91 P—92 P.

ARONSON, A. I., 1962: Sequence differences between ribonucleic acids isolated from 30-S- and 50-S-ribosomes. J. Molec. Biol. **5**, 453—455.

— 1963: Nucleotide-sequence differences among ribosomal ribonucleic acid fractions and soluble ribonucleic acid from various bacterial species. Biochim. Biophys. Acta **72**, 176—187.

— and S. SPIEGELMAN, 1961: Protein and ribonucleic acid synthesis in a chloramphenicol-inhibited system. Biochim. Biophys. Acta **53**, 70—84.

ASANO, K., 1963: Complex formation of messenger RNA with ribosomal RNA. Fed. Proc. **22**, 525.

ASCOLI, F., C. BOTRÉ, and M. SOLINAS, 1963: Polyelectrolyte behaviour of soluble ribonucleic acid. Biochem. J. **89**, 6 P.

ATKINSON, W. D., 1952: Differentiation of nucleic acids and acid mucopolysaccharides in histological sections by selective extraction with acids. Science **116**, 303—305.

ATTARDI, G., 1953: An ultraviolet microspectrophotometric study of the Purkinje cells of the adult albino rat. Experientia **IX**, 422.

— S. NAONO, F. GROS, S. BRENNER, et F. JACOB, 1962: Effet de l'induction enzymatique sur le taux de synthèse d'un RNA messager specifique chez E. coli. C. R. Acad. Sci. (Paris) **255**, 2303—2305.

AUSTIN, C. R., and A. W. H. BRADEN, 1953: The distribution of nucleic acids in rat eggs in fertilization and early segmentation. I. Studies on living eggs by ultraviolet microscope. Austr. J. Biol. Sci. **6**, 324.

BACKLER, B. S., and W. F. ALEXANDER, 1952: A modified Turchini technic for the differential staining of nucleic acids. Stain Techn. **27**, 3.

BAECKELAND, E., S. CHÈVREMONT-COMHAIRE, et M. CHÈVREMONT, 1957: Dosages cytophotométriques d'acides désoxyribonucleiques dans des cellules traitées vivantes par une DNase acide. C. R. Acad. Sci. (Paris) **245**, 2390.

BAGLIONI, C., 1963: Correlations between genetics and chemistry of human hemoglobins. In: "Molecular Genetics", Part I, 405—475. Ed. J. H. TAYLOR, Academic Press, New York and London.

BAHR, G. F., 1953: Gallocyanin-Indiumalum. Electron stains I. Exp. Cell Res. **5**, 551—553.

BAKER, J. R., 1958: Principles of biological microtechnique. Methuen & Co. Ltd., London.

BAL, A. K., and P. R. GROSS, 1963: Mitosis and differentiation in roots treated with actinomycin. Science **139**, 584—586.

— — 1964: Asynchronous synthesis of RNA in nucleoli of root meristem. Science **143**, 808—810.

BALASSA, G., 1963: L'acide ribonucléique des spores de *Bacillus subtilis.* Biochim. Biophys. Acta **72**, 497—500.

BALAZS, E. A., and J. A. SZIRMAI, 1958 a: Quantitative determination of cationic dyebinding in connective tissue. J. Histochem. Cytochem. **6**, 278—289.

— — 1958 b: Dyebinding and mucopolysaccharide content in connective tissue. J. Histochem. Cytochem. **6**, 416—424.

BALL, J., and D. S. JACKSON, 1953: Histological, chromatographic and spectrophotometric studies of toluidine blue. Stain Techn. **28**, 33—40.

BALTUS, E., 1962: Determination of DNA in amphibian eggs. Arch. Intern. Physiol. Biochim. **70**, 142—143.

— and J. BRACHET, 1963: Presence of deoxyribonucleic acid in the chloroplasts of *Acetabularia mediterranea.* Biochim. Biophys. Acta **76**, 490—492.

BAMMER, H., 1955: Die UV-Absorption in Spinalganglienzellen von Hühnerembryonen *in vitro.* Z. Zellforsch. **43**, 64—81.

— und W. HOPPE, 1954: Anordnung zur Messung der UV-Absorption lebender markloser und markhaltiger Nervenfasern und lebender Spinalganglienzellen in Kultur. Helv. Physiol. Acta **12**, 49.

BARBIERI, G. P., and A. DI MARCO, 1963: Significance of the endoplasmatic reticulum membranes for protein biosynthesis in rat liver and Yoshida hepatoma ascites cells. Exp. Cell Res. **30**, 193—199.

BARER, R., 1955: Phase-contrast, interference-contrast and polarizing microscopy. In: "Analytical Cytology", Chapter 3. Ed. R. C. MELLORS, McGraw-Hill, New York, Toronto, London.

— 1956: Phase and interference microscopy of cells and tissues. In: "Physical Techniques in Biological Research", Vol. III, 30—90, Ed. G. OSTER and A. POLLISTER, Academic Press, Inc., New York.

BARNETT, W. E., and K. B. JACOBSON, 1964: Evidence for degeneracy and ambiguity in interspecies aminoacyl-sRNA formation. Proc. Nat. Acad. Sci., U. S. A., **51**, 642—647.

BARONDES, S. H., and M. W. NIRENBERG, 1962 a: Fate of a synthetic polynucleotide directing cell-free protein synthesis. I. Characteristics of degradation. Science **138**, 810—813.

— — 1962 b: Fate of a synthetic polynucleotide directing cell-free protein synthesis. II. Association with ribosomes. Science **138**, 813—817.

BARR, G. C., and J. A. V. BUTLER, 1963 a: Histones and gene function. Nature **199**, 1170—1172.

— — 1963 b: Ribonucleic acid synthesis in isolated cell fractions of *Bacillus megaterium.* Biochem. J. **87**, 36 P.

BARR, H. J., and H. ESPER, 1963: Nucleolar size in cells of *Xenopus laevis* in relation to nucleolar competition. Exp. Cell Res. **31**, 211—214.

BASERGA, R., 1961: Two-emulsion autoradiography for the simultaneous demonstration of precursors of deoxyribonucleic and ribonucleic acids. J. Histochem. Cytochem. **9**, 586.

BASERGA, R., 1962 a: A study of nucleic acid synthesis in Ascites tumor cells by two-emulsion autoradiography. J. Biophys. Biochem. Cytol. **12**, 633—637.

— 1962 b: Protein and nucleic acid synthesis during the mitotic cycle of Ehrlich ascites tumor cells. Fed. Proc. **21**, 415.

BATHER, R., and E. PURDIE-PEPPER, 1961: Nucleic acid synthesis and transfer in normal, second generation chick embryo fibroblasts. Canad. J. Biochem. **39**, 1625—1633.

BATTAGLIA, B., 1950: Ricerche sul metabolismo degli acidi nucleici nella spermatogenesi degli ortotteri (Acrididae). Riv. Biol. **42**, 27—43.

BAUTZ, E. K. F., 1962: The role of phage specific RNA as messenger. Biochem. Biophys. Res. Commun. **9**, 192—197.

— 1963: Physical properties of messenger RNA of bacteriophage T 4. Proc. Nat. Acad. Sci., U. S. A., **49**, 68—74.

— and B. D. HALL, 1962 a: The isolation of T 4-specific RNA on a DNA-cellulose column. Proc. Nat. Acad. Sci., U. S. A., **48**, 400—408.

— — 1962 b: Purification of messenger RNA made after infection by bacteriophage T 4. Biophys. Soc. Abs., 6th Ann. Mtg., Washington, D. C., Feb. 14—16.

BAYLEY, S. T., 1962: A comparison of the structure of ribosomes from different sources by electron microscopy. Biophys. Soc. Abs., 6th Ann. Mtg., Washington, D. C., Feb. 14—16.

BEAMS, H. W., and R. KESSEL, 1962: Intracisternal granules of the endoplasmatic reticulum in the crayfish oocyte. J. Biophys. Biochem. Cytol. **13**, 158—162.

BEAVEN, G. H., E. R. HOLIDAY, and E. A. JOHNSON, 1955: Optical properties of nucleic acids and their components. In: "The Nucleic Acids," Vol. I, 493—553. Ed. E. CHARGAFF and J. N. DAVIDSON, Academic Press, New York.

BECHER, S., 1921: Untersuchungen über die Echtfärbung der Zellkerne. Bornträger, Berlin.

BEER, M., and E. N. MOUDRIANAKIS, 1962: Determination of base sequence in nucleic acids with the electron microscope: visibility of a marker. Proc. Nat. Acad. Sci., U. S. A., **48**, 409—416.

— P. J. HIGHTON, and B. J. MCCARTHY, 1960: Structure of ribosomes from *Escherichia coli* as revealed by their disintegration. J. Molec. Biol. **2**, 447—449.

BEERMANN, W., 1952: Chromosomenkonstanz und spezifische Modifikation der Chromosomenstruktur in der Entwicklung und Organdifferenzierung von *Chironomus tentans*. Chromosoma **5**, 139—198.

— 1957: Nuclear differentiation and functional morphology of chromosomes. Cold Spring Harbor Symp. Quant Biol. **21**, 217—232.

— 1959: Chromosomal differentiation in insects. In: "Developmental Cytology," 83—103. Ed. D. RUDNICK, The Ronald Press Comp. New York.

— 1960: Der Nukleolus als lebenswichtiger Bestandteil des Zellkerns. Chromosoma **11**, 263—296.

— 1961: Ein Balbianiring als Locus einer Speicheldrüsen-Mutation. Chromosoma **12**, 1—25.

— 1962: Riesenchromosomen. In: „Protoplasmatologia". Hdb. d. Protoplasmaforschung: VID, Herausgeb. M. ALFERT, H. BAUER und C. V. HARDING, Springer-Verlag, Wien.

— 1963 a: Cytologische Aspekte der Informationsübertragung von Chromosomen in das Cytoplasma. In: „Induktion und Morphogenese", 13. Coll. Ges. Physiol. Chem., 3.—5. Mai 1962, 64—100. Springer-Verlag, Berlin, Göttingen, Heidelberg.

— 1963 b: Cytological aspects of information transfer in cellular differentiation. Amer. Zool. **3**, 23—32.

— and G. F. BAHR, 1954: The submicroscopic structure of the Balbiani-ring. Exp. Cell Res. **6**, 195—201.

BEHNKE, O., 1963: Helical arrangement of ribosomes in the cytoplasm of differentiating cells of the small intestine of rat foetus. Exp. Cell Res. **30**, 597—598.

BEHRENS, M., 1938: Über die Lokalisation der Hefenukleinsäure in pflanzlichen Zellen. Z. Physiol. Chem. **253**, 185—197.

BELJANSKI, M., et M. BELJANSKI, 1963: „Acide aminé-acide ribonucléique". intermédiaire dans la synthèse des liaisons peptidiques. VI. Biochim. Biophys. Acta **72**, 585—597.

— C. FISCHER, et M. BELJANSKI, 1963: Le RNA messager, accepteur spécifique des L-acides aminés en présence d'enzyme bactériennes. C. R. Acad. Sci. (Paris) **257**, 547—550.

BELOZERSKY, A. N., and A. S. SPIRIN, 1960: Chemistry of the nucleic acids of microorganisms. In: "The Nucleic Acids", Vol. III. 147—185. Ed. E. CHARGAFF and J. N. DAVIDSON, Academic Press, New York and London.

BENEKE, 1862: Zit. nach HARMS, 1957/59.

BENNETT, T. P., J. GOLDSTEIN, and F. LIPMANN, 1963: Coding properties of *E. coli* leucyl-sRNA's charged with homologous or yeast activating enzymes. Proc. Nat. Acad. Sci., U. S. A., **49**, 850—857.

BERENBOM, M., 1962: Studies on the utilization of the carbon of n-dimethylamino-azobenzene for rat liver nucleic acid synthesis. Cancer Res. **22**, 1343—1348.

BERG, P., 1961: Specifity in protein synthesis. Ann. Rev. Biochem. **30**, 293—324.

— and U. LAGERKVIST, 1962: In: „Acides ribonucléiques et polyphosphates". Colloq. Intern. Centre Nat. Rech. Sci. (Paris) 259; zit. n. BROWN, 1963.

— — and M. DIECKMANN, 1962: The enzymatic synthesis of amino acyl derivatives of ribonucleic acid. VI. Nucleotide sequences adjacent to the ... pCpCpA end groups of isoleucine- and leucine-specific chains. J. Molec. Biol. **5**, 159—171.

BERGMANN, F. H., P. BERG, and M. DIECKMANN, 1961: The enzymic synthesis of amino acyl derivatives of ribonucleic acid. II. The preparation of leucyl, valyl, isoleucyl and methionyl ribonucleic acids synthetases from *Escherichia coli.* J. Biol. Chem. **236**, 1735—1740.

BERGQUIST, P. L., and R. E. F. MATTHEWS, 1962: Occurence and distribution of methylated purines in the ribonucleic acids of subcellular fractions. Biochem. J. **85**, 305—313.

BERNARDINO, DI, M., 1954: Dissimilar staining properties of purified and certified toluidine blue. Stain Techn. **29**, 253—256.

BERNHARD, W., 1963: Some problems of fine structure in tumor cells. In: "Progr. in Exper. Tumor Res." **3**, 1—34. Ed. F. HOMBURGER. Karger; Basel, New York.

— and N. GRANBOULAN, 1963: The fine structure of the cancer cell nucleus. Exp. Cell Res. Suppl. **9**, 19—53.

— A. GAUTIER, et CH. ROUILLER, 1954: La notion de „microsomes" et le problème basophilie cytoplasmique. Etude critique expérimental. Arch. Anat. Micr. Morph. Exper. **43**, 236—275.

BERNSTEIN, M. H., 1956: Iron as a stain for nucleic acids in electron microscopy. J. Biophys. Biochem. Cytol. **2**, 633—634.

BERREUR, P.-P., 1962: Étude quantitative des acides nucléiques au cours de la métamorphose de *Calliphora erythrocephala* Meig. (Insecte, Diptère). C. R. Acad. Sci. (Paris) **255**, 1024—1026.

BERTALANFFY, F. D., 1961: Exfoliative Krebsdiagnose mit Akridinorange-Fluoreszenz-mikroskopie. Krebsarzt **16**, 521—530.

— 1962: Evaluation of the acridine-orange fluorescence microscope method for cytodiagnostic of cancer. Ann. N. Y. Acad. Sci. **93**, 717—749.

BERTALANFFY, L. VON, 1963: Acridine orange fluorescence in cell physiology, cytochemistry and medicine. Protoplasma LVII, 51—83.

BESWICK, T. S. L., 1958: The Einarson gallocyanin-lake staining technique. J. Pathol. Bacteriol. LXXVI, 598—600.

BETHE, A., 1905: Die Einwirkung von Säuren und Alkalien auf die Färbung und Färbbarkeit tierischer Gewebe. Beitr. Chem. Physiol. Pathol. **6**, 399—425.

BHADURI, P. N., and A. K. MUKHERJEE, 1962: A pyronine-methyl green technique for plant tissues. Nucleus (Calcutta) **4**, 169—176.

BIEBER, S., J. A. SPENCE, and G. H. HITCHINGS, 1959: Nucleic acids and their derivates in the development of *Rana pipiens.* I. Oogenesis. Exp. Cell Res. **16**, 202—214.

BIELIAVSKY, N., and R. TENCER, 1960 a: Incorporation of tritiated uridine into amphibian eggs. Nature **185**, 401.

— — 1960 b: Étude de l'incorporation de l'uridine tritiée dans les oeufs d'Amphibiens. Exp. Cell Res. **21**, 279—285.

BIER, K.-H., 1962: Autoradiographische Untersuchungen zur Dotterbildung. Naturwissenschaften **49**, 1—3.

— 1963: Synthese, interzellulärer Transport und Abbau von Ribonukleinsäure im Ovar der Stubenfliege *Musca domestica.* J. Cell Biol. **16**, 436—440.

BIESELE, J. J., 1958: Mitotic poisons and the cancer problem. Elsevier Publishing Comp., Amsterdam.

BIGGINS, J., and R. B. PARK, 1964: Nucleic acid content of chloroplasts of spinach isolated by a nonaqueous technique. Nature **203**, 425—426.

BIRBECK, M. S. C., and E. H. MERCER, 1961: Cytology of cells which synthesize protein. Nature **189**, 558—560.

BIRGE, W. J., 1962: A histochemical study of ribonucleic acid in differentiating ependymal cells of the chick embryo. Anat. Rec. **143**, 147—155.

BIRGE, W. J., B. V. HALL, and P. F. DOOLIN, 1963: Cytochemical and ultrastructural studies of differentiating choroidal epithelial cells in the chick embryo. Anat. Rec. **145**, 208.

BIRNSTIEL, M. L., and M. I. H. CHIPCHASE, 1963: The chemical and physical fractionation of nucleoli. Fed. Proc. **22**, 473.

— and B. B. HYDE, 1963: Protein synthesis by isolated pea nucleoli. J. Cell Biol. **18**, 41—50.

— E. FLEISSNER, and E. BOREK, 1963 a: Nucleolus: A center of RNA methylation. Science **142**, 1577—1580.

— M. I. H. CHIPCHASE, and B. B. HYDE, 1963 b: The nucleolus, a source of ribosomes. Biochim. Biophys. Acta **76**, 454—462.

BISHOP, J., J. LEAHY, and R. SCHWEET, 1960: Formation of the peptide chain of hemoglobin. Proc. Nat. Acad. Sci., U. S. A., **46**, 1030—1038.

BISWAS, B. B., and R. ABRAMS, 1962: Incorporation of nucleoside triphosphates into ribonucleic acid with a particulate fraction of disrupted thymus nuclei. Biochim. Biophys. Acta **55**, 827—836.

BLOCH, D. P., 1962: On the derivation of histone specifity. Proc. Nat. Acad. Sci., U. S. A., **48**. 324—326.

— and S. D. BRACK, 1964: Evidence for the cytoplasmic synthesis of nuclear histone during spermiogenesis in the grasshopper *Chortophaga viridifasciata* (DE GEER). J. Cell Biol. **22**, 327—340.

BLOEMENDAHL, H., and L. BOSCH, 1962: Requirements and tentative mechanism for the interaction between soluble and microsomal ribonucleic acid in rat liver. Biochim. Biophys. Acta **55**, 261—264.

BLONDEL, B., and G. TURIAN, 1960: Relation between basophilia and fine structure of cytoplasm in the fungus *Allomyces macrogynus* Em. J. Biophys. Biochem. Cytol. **7**, 127—134.

BLUM, J. J., and G. M. PADILLA, 1962: Studies on synchronized cells: the time course of DNA, RNA and protein synthesis in *Astasia longa*. Exp. Cell Res. **28**. 512—523.

BODEMER, C. W., 1962: Distribution of ribonucleic acid in the regenerating urodele limb as determined by autoradiographic localization of uridine-H^3. Anat. Rec. **142**, 457—467.

BOLOGNARI, A., and A. DONATO, 1963: Presence of ribonucleic acid in the initial yolk globules of oocytes of *Aplysia depilans* L. Nature **199**, 697.

BOLTON, E. T., and B. J. MCCARTHY, 1962: A general method for the isolation of RNA complementary to DNA. Proc. Nat. Acad. Sci., U. S. A., **48**, 1390—1397.

BOLTON, H. C., and J. J. WEISS, 1962: Hypochromism in the ultraviolet absorption of nucleic acids and related structures. Nature **195**, 666—668.

BOMAN, H. G., and I. A. BOMAN, 1961: Studies on the incorporation of arginine into acceptor RNA of *Escherichia coli*. In: "Biological structure and function." Vol. I. 297—308. Ed. T. W. GOODWIN and O. LINDBERG. Academic Press. London and New York.

BONHOEFFER, F., and H. K. SCHACHMAN, 1960: Studies on the organization of nucleic acids within nucleoproteins. Biochem. Biophys. Res. Commun. **2**, 366—371.

BONNER, J., 1961: Structure and origin of the ribosome. In: "Protein biosynthesis," 323—336. Ed. R. J. C. HARRIS, Academic Press, London and New York.

— and R.-CH. HUANG, 1963: Properties of chromosomal nucleohistone. J. Molec. Biol. **6**, 169—174.

— — and N. MAHESHWARI, 1961: The physical state of newly synthesized RNA. Proc. Nat. Acad. Sci., U. S. A., **47**, 1548—1554.

— — and R. V. GILDEN, 1963: Chromosomally directed protein synthesis. Proc. Nat. Acad. Sci., U. S. A., **50**, 893—900.

BONT, W. S., L. BOSCH, H. BLOEMENDAHL, H. HILDERS, and F. HUIZINGA, 1963: Interaction between rat-liver ribosomes and soluble ribonucleic acid. Biochim. Biophys. Acta **68**, 487—490.

BOREK, E., L. R. MANDEL, and E. FLEISSNER, 1962: The origin of the methylated bases in RNA. Fed. Proc. **21**, 379.

BORSOOK, H., C. L. DEASY, A. J. HAAGEN-SMIT, G. KEIGHLEY, and P. H. LOWY, 1950: Incorporation of C^{14}-labeled amino acids into proteins of fractions of guinea pig liver homogenate. Fed. Proc. **9**, 154—155.

BOYD, G. A., 1955: Autoradiography in biology and medicine. Academic Press. Inc., New York.

Brachet, J., 1940 a: La détection histochimique des acides pentosenucléiques. C. R. Soc. Belge Biol. **133**, 88—90.

— 1940 b: La localisation des acides pentosenucléiques pendant le développement des amphibiens. C. R. Soc. Belge Biol. **133**, 90—91.

— 1941: La localisation des acides pentosenucléiques dans les tissus animaux et les oeufs d'amphibiens en voie de développement. Arch. Biol. **53**, 207—257.

— 1947: Localization of the RNA and the proteins in the ovaries of the frog in situ and after centrifugation. Experientia **3**, 329.

— 1950: Chemical embryology. Interscience Publishers, New York.

— 1952: Le rôle des acides nucléiques dans la vie de la cellule et de l'embryon. Edition Desoer, Liége.

— 1953: The use of basic dyes and ribonuclease for the cytochemical detection of ribonucleic acid. Quart. J. Micr. Sci. **94**, 1—10.

— 1955: Recherches sur les interactions biochimiques entre le novau et le cytoplasme chez les organismes unicellulaires. I. *Amoeba proteus*. Biochim. Biophys. Acta **18**, 247—268.

— 1957: Biochemical Cytology. Academic Press, New York.

— 1959: Ribonucleinsäure und Morphogenese. In: „Hdb. d. Histochemie", Bd. III/2, S. 43—83. Herausg. W. Graumann und K. Neumann. Gustav Fischer, Stuttgart.

— 1960: The biological role of ribonucleic acids. Elsevier Publishing Comp., Amsterdam, London, New York, Princeton.

— 1962: Nucleic acids in development. J. Cell. Comp. Physiol. **60**, Suppl. **1**, 1—18.

— 1963: Effects of puromycin on morphogenesis in amphibian eggs and *Acetabularia mediterranea*. Nature **199**, 714—715.

— and J. P. Shaver, 1948: The effect of nucleases on cytochemical reactions for amino acids and on staining with acid dyes. Stain Techn. **23**, 177—184.

— and H. Chantrenne, 1951: Protein synthesis in nucleated and non-nucleated halves of *Acetabularia mediterranea* studied with carbon-14 dioxide. Nature **168**, 950—951.

— and H. Denis, 1963: Effects of actinomycin D on morphogenesis. Nature **198**, 205—206.

— and J. Quertier, 1963: Cytochemical detection of cytoplasmic deoxyribonucleic acid (DNA) in amphibian ovocytes. Exp. Cell Res. **32**, 410—413.

— M. Decroly, A. Ficq, and J. Quertier, 1963 a: Ribonucleic acid metabolism in unfertilized and fertilized sea urchin eggs. Biochim. Biophys. Acta **72**, 660—662.

— A. Ficq, and R. Tencer, 1963 b: Amino acid incorporation into proteins of nucleate and anucleate fragments of sea urchin eggs. Effect of parthenogenetic activation. Exp. Cell Res. **32**, 168—170.

Brattgård, S. O., and H. Hydén, 1952: Mass, lipids, pentose nucleoproteins and proteins determined in nerve cells by X-ray microradiography. Acta Radiol. Suppl. **94**, 1—45.

— — 1954: The composition of the nerve cell studied with new methods. Internat. Rev. Cytol. **3**, 455—476.

Braun, G. A., J. B. Marsh, and D. L. Drabkin, 1963: Amino acid incorporation into protein by liver mitochondria from nephrotic and partially hepatectomized rats. Biochim. Biophys. Acta **72**, 645—647.

Braun, R., Ch. Mittermayer, and H. P. Rusch, 1964: Sedimentation of pulse labeled RNA in the mitotic cycle of *Physarum polycephalum*. Fed. Proc. **23**, 498.

Brawerman, G., 1962: A specific species of ribosomes associated with the chloroplasts of *Euglena gracilis*. Biochim. Biophys. Acta **61**, 313—315.

— 1963 a: The isolation of a specific species of ribosomes associated with the chloroplast development in *Euglena gracilis*. Biochim. Biophys. Acta **72**, 317—331.

— 1963 b: A procedure for the isolation of RNA fractions resembling DNA with respect to nucleotide composition. Biochim. Biophys. Acta **76**, 322—324.

— D. A. Hufnagel, and E. Chargaff, 1962: On the nucleic acids of green and colorless *Euglena gracilis:* isolation and composition of deoxyribonucleic acids and of transfer ribonucleic acid. Biochim. Biophys. Acta **61**, 340—345.

— L. Gold, and J. Eisenstadt, 1963: A ribonucleic acid fraction from rat liver with template activity. Proc. Nat. Acad. Sci., U. S. A., **50**, 630—638.

Brenner, S., F. Jacob, and M. Meselson, 1961: An unstable intermediate carrying information from genes to ribosomes for protein synthesis. Nature **190**, 576—581.

Bretscher, M. S., and M. Grunberg-Manago, 1962: Polyribonucleotide-directed protein synthesis using an *E. coli* cell-free system. Nature **195**, 283—284.

Britten, R. J., and B. J. McCarthy, 1962: The synthesis of ribosomes in *E. coli*. II. Analysis of the kinetics of tracer incorporation in growing cells. Biophys. J. **2**, 49—55.

— — and R. B. Roberts, 1962: The synthesis of ribosomes in *E. coli*. IV. The synthesis of ribosomal protein and the assembly of ribosomes. Biophys. J. **2**, 83—93.

Brock, T. D., 1962: The inhibition of an RNA bacteriophage by streptomycin, using host bacteria resistant to antibiotics. Biochem. Biophys. Res. Commun. **9**, 184—187.

— and M. L. Brock, 1959: Similarity in mode of action of chloramphenicol and erythromycin. Biochim. Biophys. Acta **33**, 274—275.

Brockmann, H., 1960 a: Die Actinomycine. Fortschr. Chem. Org. Naturstoffe **18**, 1—54.

— 1960 b: Structural differences of the actinomycins and their derivates. Ann. N. Y. Acad. Sci. **89**, 323—335.

Brody, S., and M. E. Balis, 1958: Ribonuclease and deoxyribonuclease activities during normal and neoplastic growth. Nature **182**, 940—941.

Broek, van den, C. J. H., and A. D. Tates, 1961: The incorporation of ^{14}C-adenine into the oocytes of *Asellus aquaticus* as studied by autoradiography. Exp. Cell Res. **24**, 201—219.

Brown, D. D., and J. D. Caston, 1962 a: Biochemistry of amphibian development. I. Ribosome and protein synthesis in early development of *Rana pipiens*. Develop. Biol. **5**, 412—434.

— — 1962 b: Biochemistry of amphibian development. II. High molecular weight RNA. Develop. Biol. **5**, 435—444.

— and J. B. Gurdon, 1964: Absence of ribosomal RNA synthesis in the anucleolate mutant of *Xenopus laevis*. Proc. Nat. Acad. Sci., U. S. A., **51**, 139—146.

Brown, D. M., and A. R. Todd, 1952: Nucleotides, Part X. Some observations on the structure and chemical behaviour of nucleic acids. J. Chem. Soc., 52—58.

— — 1953: Nucleotides, Part XXI. The action of ribonuclease on simple esters of the monoribonucleotides. J. Chem. Soc., 2040—2042.

Brown, G. L., 1963: Preparation, fractionation and properties of s-RNA. In: "Progress in nucleic acid research." Ed. J. N. Davidson and W. E. Cohn, Vol. 2. 259—310. Academic Press. New York and London.

— and G. Zubay, 1960: Physical properties of the soluble RNA of *Escherichia coli*. J. Molec. Biol. **2**, 287—296.

— Sh. Lee, and D. W. McMullen, 1963: Sequence studies of amino acid transfer ribonucleic acid. Biochem. J. **89**, 2 P.

Brown, R. A., and F. T. Ashton, 1962: The interaction of some carcinogens with rat liver RNA. Arch. Biochem. Biophys. **99**, 390—395.

Bryan, J. H. D., 1955: Differential staining with a mixture of safranin and fast green FCF. Stain Techn. **30**, 153—157.

Buchanan, J. M., 1960: Biosynthesis of purine nucleotides. In: "The Nucleic Acids." Ed. E. Chargaff and J. N. Davidson. Vol. III, 303—322. Academic Press, New York and London.

Bungenberg de Jong, H. G., und O. Bank, 1940: Mechanismen der Farbstoffaufnahme. II. Farbstoffspeicherung, elektrische Bindung, Ausschüttelung. Protoplasma **XXXIV**, 1—21.

Burdon, R. H., 1963 a: DNA-dependent synthesis of polyuridylic acid. Biochem. Biophys. Res. Commun. **13**, 37—42.

— 1963 b: The uptake of ribonucleotide 5'-triphosphates by nuclear ribosomes. Biochem. Biophys. Res. Commun. **11**, 472—476.

— and R. M. S. Smellie, 1961: The incorporation of uridine 5'-triphosphate into ribonucleic acid by enzyme fractions from Ehrlich ascites carcinoma cells. Biochim. Biophys. Acta **51**, 153—162.

— — 1962: RNA- and DNA-dependent RNA polymerases of mammalian cells. Biochim. Biophys. Acta **61**, 633—634.

— J. R. Wykes, and N. M. Wilkie, 1963: Nucleoproteins of mammalian tumour-cell nuclei in protein and nucleic acid biosynthesis. Biochem. J. **89**. 8 P.

Burgos, M. H., 1955: The Feulgen reaction in mature unfertilized sea urchin eggs. Exp. Cell Res. **9**, 360—363.

Burns, V. W., 1962: Cell division synchronization. In: "Progress in Biophysics and biophysical Chemistry," Vol. **12**, 1—23. Ed. J. A. V. Butler, H. E. Huxley and R. E. Zirkle, Pergamon Press, New York, Oxford, London, Paris.

Burr, M. J., and F. J. Finamore, 1963: Protein synthesis in frog eggs. I. Amino acid incorporation by a crude system. Biochim. Biophys. Acta **68**, 608—617.

BUSCH, H., 1962: An introduction to the biochemistry of the cancer cell. Academic Press, New York and London.
— P. BYVOET, and K. SMETANA, 1963 a: The nucleolus of the cancer cell: a review. Cancer Res. **23**, 313—339.
— M. MURAMATSU, H. ADAMS, W. J. STEELE, M. CH. LIAU, and K. SMETANA, 1963 b: Isolation of nucleoli. Exp. Cell Res. Suppl. **9**, 150—163.

CALLAN, H. G., 1963: The nature of lampbrush chromosomes. Internat. Rev. Cytol. **15**, 1—34.
— and L. LLOYD, 1960: Lampbrush chromosomes. In: "New approaches in cell biology," 23—46. Ed. P. M. B. WALKER, Academic Press, London and New York.
CAMMARANO, P., G. GUIDICE, and G. D. NOVELLI, 1963: Binding of amino acyl-sRNA to rat liver polysomes. Biochem. Biophys. Res. Commun. **12**, 498—503.
CAMPBELL, P. N., 1961: The correlation between morphological structure and the synthesis of serum albumine by the microsome fraction of the rat liver cell. In: "Biological structure and function," Vol. I, 255—259. Ed. T. W. GOODWIN and O. LINDBERG, Academic Press, London and New York.
— and C. COOPER, 1963: The effect of polyuridylic acid on the incorporation of phenylalanine by subfractions of liver microsomes. Biochem. J. **89**, 94 P.
CANELLAKIS, E. S., and E, HERBERT, 1961: Studies on the mechanism of synthesis of soluble ribonucleic acid. In: "Biological structure and function," Vol. I, 113—124. Ed. T. W. GOODWIN and O. LINDBERG, Academic Press. London and New York.
CANTAROW, A., T. L. WILLIAMS, and K. E. PASCHKINS, 1962: Hormonal and nutritional influence on the incorporation of uracil into liver and tumor RNA in the rat. Cancer Res. **22**, 1021—1025.
CANTONI, G. L., H. V. GELBOIN, S. W. LUBORSKY, H. H. RICHARDS. and M. F. SINGER. 1962: Studies on soluble ribonucleic acid of rabbit liver. III. Preparation and properties of rabbit-liver soluble RNA. Biochim. Biophys. Acta **61**, 354—367.
— H. H. RICHARDS, and K. TANAKA, 1963: A coding function for the methylated bases in s-RNA? Fed. Proc. **22**, 230.
CARO, L. G., 1962: High-resolution autoradiography. II. The problem of resolution. J. Cell Biol. **15**, 189—199.
— and R. P. VAN TUNBERGEN, 1962: High-resolution autoradiography. I. Methods. J. Cell Biol. **15**, 173—188.
CARTER, C. E., and W. E. COHN, 1949: Separation of three naturally occuring adenine ribonucleotides by paper chromatography and ion-exchange. Fed. Proc. **8**, 190.
CASPERSSON, T., 1936: Über den chemischen Aufbau der Strukturen des Zellkernes. Scand. Arch. Physiol. **73**, Suppl. 8.
— 1940: Die Eiweißverteilung in den Strukturen des Zellkernes. Chromosoma **1**, 563—604.
— 1941: Studien über den Eiweißumsatz der Zelle. Naturwissenschaften **29**, 33—43.
— 1950: Cell growth and cell function. W. W. NORTON & Co., New York.
— and J. SCHULTZ, 1940: Ribonucleic acid in both nucleus and cytoplasm and the function of the nucleolus. Proc. Nat. Acad. Sci., U. S. A., **26**, 507—515.
— und B. THORELL, 1941: Der endozelluläre Eiweiß- und Nukleinsäurestoffwechsel in embryonalem Gewebe. Chromosoma **2**, 132—154.
— and L. SANTESSON, 1942: Studies on protein metabolism in the cells of epithelial tumours. Acta Radiol., Suppl. XLVI, 1—105.
— C. NYLSTRÖM, und L. SANTESSON, 1941: Zytoplasmatische Nukleotide in Tumorzellen. Naturwissenschaften **29**, 29—30.
— S. FARBER, G. E. FOLEY, and D. KILLANDER, 1963: Cytochemical observations on the nucleolus-ribosome system. Exp. Cell Res. **32**, 529—552.
CESKA, M., 1962: Biosynthesis of ribonucleic acids in *Acetabularia mediterranea*. Arch. Intern. Physiol. Biochim. **70**, 566.
CHAMBERLIN, M., and P. BERG, 1962: Deoxyribonucleic acid-directed synthesis of ribonucleic acid by an enzyme from *Escherichia coli*. Proc. Nat. Acad. Sci., U. S. A., **48**, 81—94.
CHAMPE, S. P., and S. BENZER, 1962: Reversal of mutant phenotypes by 5-fluorouracil: an approach to nucleotide sequences in messenger RNA. Proc. Nat. Acad. Sci., U. S. A., **48**, 532—546.
CHANTRENNE, H., K. LINDERSTRØM-LANG, and L. VANDERDRIESSCHE, 1947: Volume change accompanying the splitting of RNA by RNase. Nature **159**, 877—878.
CHAO, F.-C., 1957: Dissociation of macromolecular ribonucleoprotein of yeast. Arch. Biochem. Biophys. **70**, 426—431.

Chapeville, F., F. Lipmann, G. von Ehrenstein, B. Weisblum, W. J. Ray, and S. Benzer, 1962: On the role of soluble ribonucleic acid in coding for amino acids. Proc. Nat. Acad. Sci., U. S. A., **48**, 1086—1092.

Chargaff, E., 1950: Chemical specifity of nucleic acids and mechanism of their enzymatic degradation. Experientia **VI**, 201—209.

— 1955: Isolation and composition of deoxypentose nucleic acids and of the corresponding nucleoproteins. In: "The Nucleic Acids," Vol. I, 307—372. Ed. E. Chargaff and J. N. Davidson, Academic Press, New York.

— 1962: Calculated composition of a "messenger" ribonucleic acid. Nature **194**, 86—87.

— and S. Zamenhof, 1948: The isolation of highly polymerized desoxypentosenucleic acid from yeast cells. J. Biol. Chem. **173**, 327—335.

Chatterjee, B. R., and R. P. Williams, 1962: Evidence that protein synthesized in a heterologous cell-free system is not functional. Biochem. Biophys. Res. Commun. **9**, 72—77.

Chatterjee, S., P. K. Ganguli, and P. Sadhukan, 1962: Ribonucleotide particles from yeast granules. Naturwissenschaften **49**, 69.

Chauveau, J., A. Gautier, Y. Moulé, et Ch. Rouiller, 1955: Étude morphologique et biochimique de la fraction „microsomes" des cellules du foie et du pancréas de rat. C. R. Acad. Sci. (Paris) **241**, 337—339.

— Y. Moulé, et Ch. Rouiller, 1957: Localisation de l'acide ribonucléique dans les diverses structures morphologiques des microsomes de foie de rat. Exp. Cell Res. **13**, 398—399.

Chayen, J., 1952: The methylgreen-pyronin method. Exp. Cell Res. **3**, 652—655.

Chen, Ch. M. C., and H. L. Chang, 1963: Methyl green-pyronin as a stain for mast cells in paraffin sections. Stain Techn. **38**, 133—134.

Chen, P. S., 1960: Changes in DNA and RNA during embryonic urodele development. Exp. Cell Res. **21**, 523—534.

— and F. Baltzer, 1962: Experiments concerning the incorporation of labeled adenine into ribonucleic acid in normal sea urchin embryos and in the hybrid Paracentrotus ♀ X Arbacia ♂. Experientia **XVIII**, 522—524.

Cheng, P.-Y., 1962: Sedimentation and autoradiographic analysis of rapidly labeled ribonucleic acids in human amnion cells. Biophys. J. **2**, 465—482.

Chèvremont, M., 1962: Localization and synthesis of deoxyribonucleic acid in the cytoplasm of somatic cells of vertebrates: the role of mitochondria. Biochem. J. **85**, 25 P—26 P.

— 1963: Cytoplasmic deoxyribonucleic acids: Their mitochondrial localization and synthesis in somatic cells under experimental conditions and during the normal cell cycle in relation to the preparation for mitosis. In: "Cell growth and cell division," 323—335. Ed. R. J. C. Harris, Academic Press, New York and London.

— et E. Baeckeland, 1960: Étude histoautoradiographique de l'incorporation de thymidine tritiee dans des cellules traitées par du trihydroxy-n-methylindole. Synthese cytoplasmique d'acide désoxyribonucléique. C. R. Acad. Sci. (Paris) **251**, 1097—1099.

— A. Dalcq, J. Fautrez, P. Gérard, et E. van Campenhout, 1961: Nouvelles recherches sur les acides désoxyribonucléiques dans des cultures de fibroblastes refroidies puis réchauffées. Étude cytophotometrique et histoautoradiographique. Localisation cytoplasmique d'ADN. Arch. Biol. **72**, 501—524.

Chipchase, M. I. H., and M. L. Birnstiel, 1963 a: Synthesis of transfer RNA by isolated nuclei. Proc. Nat. Acad. Sci., U. S. A.. **49**. 692—699.

— — 1963 b: On the nature of nucleolar RNA. Proc. Nat. Acad. Sci.. U. S. A.. **50**. 1101—1107.

Chun, E. H. L., M. H. Vaughan, and A. Rich, 1963: The isolation and characterization of DNA associated with chloroplast preparations. J. Molec. Biol. **7**. 130—141.

Clark, J. B., and R. B. Webb, 1955: The site of action of the crystal violet nuclear stain. Stain Techn. **30**, 89—92.

Clark, J. M., jr., and J. K. Gunther, 1963: Gougerotin, a specifix inhibitor of protein synthesis. Biochim. Biophys. Acta **76**, 636—638.

Clark, M. F., R. E. F. Matthews, and R. K. Ralph, 1963: Polyribosomes in leaves. Biochem. Biophys. Res. Commun. **13**, 505—509.

Claude, A., 1943: The constitution of protoplasm. Science **97**, 451—456.

Clavert, J., 1953: La biochimie de l'ovogénèse. Arch. Neerl. Zool. **X**. Suppl. 1, 1—17.

CLAYSON, D. B., 1962: Chemical carcinogenesis. J. & A. CHURCHILL Ltd., London.

CLERMONT, Y., 1956: The submicroscopic structure responsible for the cytoplasmic basophilia of the rat spermatid. Exp. Cell Res. **11**, 214—217.

CLEVER, U., 1962: Genaktivitäten in den Riesenchromosomen von *Chironomus tentans* und ihre Beziehungen zur Entwicklung. I. Genaktivierungen durch Ecdyson. Chromosoma **12**, 607—675.

— und P. KARLSON, 1960: Induktion von Puff-Veränderungen in den Speicheldrüsenchromosomen von *Chironomus tentans* durch Ecdyson. Exp. Cell Res. **20**, 623—626.

COHEN, G. N., and F. GROS, 1960: Protein biosynthesis. Ann. Rev. Biochem. **29**, 525—546.

COHN, P., 1964: Fractionation of ribosomal ribonucleic acid from rabbit reticulocytes. Biochem. J. **90**, 31 P—32 P.

COHN, W. E., 1959: 5-ribosyluracil, a carbon-carbon ribofuranosyl nucleoside in ribonucleic acids. Biochim. Biophys. Acta **32**, 569—571.

— and E. VOLKIN, 1953: On the structure of ribonucleic acids. I. Degradation with snake venom diesterase and the isolation of pyrimidine diphosphate. J. Biol. Chem. **203**, 319—332.

— and A. M. MICHELSON, 1962: The configuration of pseudouridine and the preparation of its O-4 : C-5′-anhydride. Fed. Proc. **21**, 375.

COLBOURN, J. L., and E. J. HERBST, 1962: Analysis of polyamine distribution in ribosomes of *E. coli*. Fed. Proc. **21**, 381.

COLE, R. J., and J. F. DANIELLI, 1963: Nuclear-cytoplasmic interactions in the response of *Amoeba proteus* and *Amoeba discoidea* to streptomycin. Exp. Cell Res. **29**, 199—206.

COLLIER, J. R., 1960 a: The localization of ribonucleic acid in the egg of *Ilyanassa obsolenta*. Exp. Cell Res. **21**, 126—136.

— 1960 b: The localization of some phosphorus compounds in the egg of *Ilyanassa obsolenta*. Exp. Cell Res. **21**, 548—555.

— 1961 a: The effect of removing the polar lobe on the protein synthesis of the embryo of *Ilyanassa obsolenta*. Acta Embryol. Morph. exp. **4**, 70—76.

— 1961 b: Nucleic acid and protein metabolism of the *Ilyanassa embryo*. Exp. Cell Res. **24**, 320—326.

COMB, D. G., 1962: RNA synthesis during growth and differentiation in *Blastocladiella emersonii*. Fed. Proc. **21**, 380.

COMMONER, B., 1949: On the interpretation of the absorption of ultraviolet light by cellular nucleic acids. Science **110**, 31—40.

CONNELLY, C. M., and A. G. FAULKNER, 1962: Fractionation of aminoacyl-ribonucleic acid synthetases. Fed. Proc. **21**, 415.

COOLSMA, J. W. TH., G. AB, R. N. CAMPAGNE, and M. GRUBER, 1963: Isolation and some properties of rapidly labeled ribonucleic acid from chicken liver. Biochim. Biophys. Acta **72**, 494—496.

CORONADO, A., E. MARDONES, and J. E. ALLENDE, 1963: Isolation of hydroxylysyl-sRNA and hydroxyprolyl-sRNA in a chick embryo system. Biochem. Biophys. Res. Commun. **13**, 75—81.

COWDEN, R. R., 1957 a: Methods for the study of the cytochemistry of nucleic acids and chromosomes. Mikroskopie **12**, 11—21.

— 1957 b: Gallocyanin-chromalum for the study of early cleavage in Gastropod embryos. Mikroskopie **12**, 43—44.

— 1958: A cytochemical study of the growth of the slug oocyte. In: "The chemical basis of development," 404—415. Ed. W. D. MCELROY and B. GLASS, The Johns Hopkins Press, Baltimore.

— 1962: Further cytochemical investigations on the growth and development of slug oocytes. Growth **26**, 209—234.

— 1963 a: RNA and protein distribution during the development of axial mesodermal structures in the ascidian *Clavelina picta*. Roux' Arch. Entwicklungsmech. **154**, 526—532.

— 1963 b: RNA and yolk synthesis in growing oocytes of the sea urchin, *Lytechinus verigatus*. Exp. Cell Res. **28**, 600—604.

— and H. E. LEHMAN, 1963: A cytochemical study of differentiation in early echinoid development. Growth **27**, 185—197.

COX, E. C., J. R. WHITE, and J. G. FLAKS, 1964: Streptomycin action and the ribosome. Proc. Nat. Acad. Sci., U. S. A., **51**, 703—709.

Cox, R. A., 1962: The titration properties of high-molecular-weight ribonucleic acid from rat-liver and model polynucleotides. Biochem. J. **84**, 103 P—104 P.

— 1963 a: Dissociation properties of ribonucleic acid. I. Titration of rat-liver RNA and model polynucleotides. Biochim. Biophys. Acta **68**, 401—410.

— 1963 b: The acid-base properties of ribonucleic acid. II. Spectrophotometric titration studies of poly-AU. Biochim. Biophys. Acta **72**, 203—208.

— and U. Z. Littauer, 1962: Ribonucleic acid from *Escherichia coli*. III. The influence of ionic strength and temperature on hydrodynamic and optical properties. Biochim. Biophys. Acta **61**, 197—208.

— and H. R. V. Arnstein, 1963: The isolation, characterization and acid-base properties of ribonucleic acid from rabbit reticulocyte ribosomes. Biochem. J. **89**, 574—585.

— A. S. Jones, G. E. Marsh, and A. R. Peacocke, 1956: On hydrogen bonding and branching in a bacterial ribonucleic acid. Biochim. Biophys. Acta **21**, 576—577.

Crampton, C. F., and M. L. Petermann, 1959: The amino acid composition of proteins isolated from the ribonucleoprotein particles of rat liver. J. Biol. Chem. **234**, 2642—2644.

Crick, F. H. C., 1958: On protein synthesis. Symp. Soc. Exper. Biol. **12**, 138—163.

— 1963: Recent excitement in the coding problem. In: "Progress in Nucleic Acid Research," Vol. I, 163—217. Ed. J. N. Davidson and W. E. Cohn, Academic Press, New York and London.

— L. Barnett, S. Brenner, and R. J. Watts-Tobin, 1961: General nature of the genetic code for proteins. Nature **192**, 1227—1232.

Crosbie, G. W., 1960: Biosynthesis of pyrimidine nucleotides. In: "The Nucleic Acids," Vol. III, 323—348. Ed. E. Chargaff and J. N. Davidson, Academic Press, New York and London.

— R. M. S. Smellie, and J. N. Davidson, 1953: Phosphorus compounds in the cell. 5. The composition of cytoplasmic and nuclear ribonucleic acids in the liver cell. Biochem. J. **54**, 287—292.

Dagley, S., G. Turnock, and D. G. Wild, 1962 a: Evidence for a precursor of ribosomes in a mutant of *Escherichia coli*. Biochem. J. **83**, 3 P.

— A. E. White, D. G. Wild, and J. Sykes, 1962 b: Synthesis of protein and ribosomes by bacteria. Nature **194**, 25—27.

Daled, H. J., 1951: Étude cytochimique sur l'évolution de l'acide ribonucléique dans la spermatogénèse du rat. Arch. Anat. Micr. Morph. Exper. **40**, 183—194.

Dalton, A. J., and M. J. Striebich, 1951: Electron microscope studies of cytoplasmic components of some of the cells of the liver, pancreas, stomach and kidney following treatment with ribonuclease. J. Nat. Cancer Inst. **12**. 244—245.

Daniel, V., and U. Z. Littauer, 1963: Incorporation of terminal ribonucleotides into soluble ribonucleic acid by purified rat liver enzyme. J. Biol. Chem. **238**, 2102—2112.

Danielli, J. F., 1959: Some theoretical aspects of nucleo-cytoplasmic relationships. Exp. Cell Res. Suppl. **6**, 252—267.

— 1960: Cellular inheritance as studied by nuclear transfer in Amoeba. In: "New Approaches in Cell Biology." 15—22. Ed. P. M. B. Walker, Academic Press, London and New York.

Danner, J., and R. S. Morgan, 1963: Ribosomal ribonuclease activity as a function of the growth phase in yeast. Biochim. Biophys. Acta **76**, 652—655.

Danon, D., Y. Marikovsky, and U. Z. Littauer, 1961: A comparative electron microscopical study of RNA from different sources. J. Biophys. Biochem. Cytol. **9**. 253—258.

Daoust, R., and Y. Clermont, 1955: Distribution of nucleic acid in germ cells during the cycle of seminiferous epithelium in the rat. Amer. J. Anat. **96**. 255—283.

— and H. Amano, 1963: Ribonuclease and deoxyribonuclease activities in experimental and human tumors by the histochemical substrate film method. Cancer Res. **23**, 131—134.

Das, N. K., 1963: Chromosomal and nucleolar RNA synthesis in root tips during mitosis. Science **140**, 1231—1233.

Davidson, J. N., 1947: Some factors influencing the nucleic acid content of cells and tissues. Cold Spring Harbor Symp. Quant. Biol. **XII**, 50—59.

— and Ch. Waymouth, 1944: The histochemical demonstration of ribonucleic acid in mammalian liver. Proc. Roy. Soc. Edinburgh **62**, 96—98.

DAVIDSON, E. H., V. G. ALLFREY, and A. E. MIRSKY, 1963: Gene expression in differentiated cells. Proc. Nat. Acad. Sci., U. S. A., **49**, 53—60.

DAVIES, H. G., 1950: Ultraviolet microspectrography of living tissue culture cells. I. Radiation measurement. Disc. Farad. Soc. **9**, 442—449.

— 1954: The action of fixatives on the ultra-violet-absorbing components of chick fibroblasts. Quart. J. Micr. Sci. **95**, 433—457.

— and P. M. B. WALKER, 1953: Microspectrometry of living and fixed cells. Progr. Biophys. biophysical Chem. **3**, 195.

DEBELLIS, R. H., and P. A. MARKS, 1963: Rapidly synthesized RNA of normal and neoplastic cells. Proc. Amer. Assoc. Cancer Res. **4**, 14.

DECARVALHO, S., 1962: Differences in information content in ribonucleic acid from malignant tumours and homologous organs as expressed by their biological activities. Proc. Amer. Assoc. Cancer Res. **3**, 314.

— H. J. RAND, and J. R. UHRICK, 1962: Differences in information content of ribonucleic acid from malignant tissues and homologous organs as expressed by their biological activities. Exper. Molec. Path. **1**, 96—103.

DECKEN, A. VON DER, 1963 a: On the possible identity of enzyme requirement in the transfer of sRNA and amino acid to ribosomes. Biochem. Biophys. Res. Commun. **11**, 483—488.

— 1963 b: Incorporation of amino acids into protein in a system containing rat liver ribonucleoprotein particles and chick liver cell sap. Acta Chem. Scand. **17**, 866.

DECROLY, M., M. CAPE, and J. BRACHET, 1963: Contribution to the study of RNA metabolism in the course of embryonic development. Arch. Internat. Physiol. Biochim. **71**, 129—130.

DEELEY, E. M., 1955: An integrating microdensitometer for biological cells. J. Sci. Instr. **32**, 263—267.

DEITCH, A. D., 1964: A method for the cytophotometric estimation of nucleic acids using methylene blue. J. Histochem. Cytochem. **12**, 451—461.

DEKKER, CH. A., 1960: Nucleic acids. Selected topics related to their enzymology and chemistry. Ann. Rev. Biochem. **29**, 453—474.

DELBRÜCK, M., 1963: Das Begriffsschema der Molekulargenetik. Nova Acta Leopoldina, neue Folge, **26**, Nr. **164**.

DENIS, H., 1963: Effet de l'actinomycine sur la différenciation nerveuse de l'ectoblaste chez les embryons d'amphibien. Exp. Cell Res. **30**, 613—615.

DENNY, P. C., and A. TYLER, 1964: Activation of protein biosynthesis in non-nucleate fragments of sea urchin eggs. Biochem. Biophys. Res. Commun. **14**, 245—249.

DEUTSCH, K., and A. E. G. DUNN, 1959: The effect of ribonuclease on *Hartmanella astronyxis*. Exp. Cell Res. **17**, 356—358.

DEVI, A., and N. K. SARKAR, 1963: Effect of metallic ions and reducing agents on the incorporation of amino acids into soluble ribonucleic acid and microsomal protein. Biochim. Biophys. Acta **68**, 254—262.

— P. LINDSLAY, and N. K. SARKAR, 1963 a: Synthesis and breakdown of proteins and ribonucleic acid in *Tribolium confusum* Duval. Experientia **19**, 344—345.

— A. LEMONDE, A. SRIVASTAVA, and N. K. SARKAR, 1963 b: Nucleic acid and protein metabolism in *Tribolium confusum* Duval. I. The variation of nucleic acids and nucleotide concentration in *Tribolium confusum* in relation to different states of its life cycle. Exp. Cell Res. **29**, 443—450.

DEVOE, H., 1963: Polarizability theories of polynucleotide hypochromism. Nature **197**, 1295—1296.

— and I. TINOCO, jr., 1962 a: The stability of helical polynucleotides. Base contributions. J. Molec. Biol. **4**, 500—517.

— — 1962 b: The hypochromism of helical polynucleotides. J. Molec. Biol. **4**, 518—527.

DHÉRÉ, M. CH., 1906: Sur l'absorption des rayons ultraviolets par l'acide nucléique extrait de la levure de bière. C. R. Soc. Biol. **1**, 34.

DICKMAN, S. R., J. T. MADISON, and R. L. HOLTZER, 1962: Preparation and properties of beef pancreas microsomal fraction. Biochemistry **1**, 568—574.

DINTZIS, H. M., 1961: Assembly on the peptide chains of hemoglobin. Proc. Nat. Acad. Sci., U. S. A., **47**, 247—261.

DOCTOR, B. P., and C. M. CONNELLY, 1963: Nucleotide sequence variations in alanine- and tyrosine-RNA from yeast. Fed. Proc. **22**, 230.

— J. APGAR, and R. HOLLEY, 1961: Fractionation of yeast amino acid-acceptor ribonucleic acid by counter-current distribution. J. Biol. Chem. **236**, 1117—1120.

DOERFLER, W., W. ZILLIG, E. FUCHS, und M. ALBERS, 1962: Untersuchungen zur Biosynthese der Proteine. V. Die Funktion von Nukleinsäuren beim Einbau von Aminosäuren in Proteine in einem zellfreien System aus *Escherichia coli*. Z. physiol. Chem. **330**, 96—123.

— P. PALM, W. ZILLIG, and M. ALBERS, 1963: The incorporation of amino acids into bacteriophage-coat proteins *in vitro*. Biochim. Biophys. Acta **76**, 485—487.

DOTY, P., 1961: Inside nucleic acids. In: "Harvey Lectures," Ser. **55**, 103—139.

DUCK-CHONG, C., J. K. POLLAK, and R. J. NORTH, 1964: The relation between the intracellular ribonucleic acid distribution and amino acid incorporation in the liver of the developing chick embryo. J. Cell Biol. **20**, 25—35.

DUGGAN, E. L., 1961: Deformation of DNA. III. The effect of glycol and glycerol on the ultraviolet absorbance of DNA. Renaturation by dilution. Biochem. Biophys. Res. Commun. **6**, 93—99.

DUIJN, C. VAN, jr., 1962: Differential staining of nucleic acids? Nature **193**, 999—1000.

DUNN, D. B., 1963: The isolation of 1-methyladenylic acid and 7-methylguanylic acid from ribonucleic acid. Biochem. J. **86**, 14 P—15 P.

EARL, D. C., and A. KORNER, 1963: The isolation of ribosomes and polysomes from rat cardiac muscle. Biochem. J. **89**, 15 P.

EBEL, J. P., et S. MULLER, 1958: Recherches cytochimiques sur les polyphosphates inorganiques contenus dans les organismes vivants. I. Étude de la réaction de métachromasie et des colorations au vert de méthyle et à la pyronine en fonction de la longueur de chaîne des polyphosphates. Exp. Cell Res. **15**, 21—28.

ECKER, R. E., and J. W. BROOKBANK, 1963: A ribosome fraction from sand-dollar (*Mellita quinquiesperforata*) ovo. Biochim. Biophys. Acta **72**, 491—493.

EDELMAN, I. S., P. O. P. Ts'o, and J. VINOGRAD, 1960: The binding of magnesium to microsomal nucleoprotein and ribonucleic acid. Biochim. Biophys. Acta **43**, 393—403.

EDSTRÖM, J. E., 1952: A chromatographic method for the analysis of nucleic acids in microgram amounts. Biochim. Biophys. Acta **9**, 528—530.

— 1953: Ribonucleic acid mass and concentration in individual nerve cells. A new method for quantitative determinations. Biochim. Biophys. Acta **12**, 361—386.

— 1958 a: Determination of organic compounds below the microgram range. Ribonucleic acid and its constituents. Microchem. J. **2**, 71—82.

— 1958 b: Relation between nucleolar volume and cell body content of ribonucleic acid in supra-optic neurones. Nature **181**, 619.

— 1960 a: Extraction, hydrolysis, and electrophoretic analysis of ribonucleic acid from microscopic tissue units (microphoresis). J. Biophys. Biochem. Cytol. **8**, 39—43.

— 1960 b: Composition of ribonucleic acid from various parts of spider oocytes. J. Biophys. Biochem. Cytol. **8**, 47—51.

— und D. EICHNER, 1958: Quantitative Ribonukleinsäure-Untersuchungen an den Ganglienzellen des Nucleus supraopticus der Albinoratte unter experimentellen Bedingungen (Kochsalz-Belastung). Z. Zellforsch. **48**, 187—200.

— and W. BEERMANN, 1962: The base composition of nucleic acids in chromosomes, puffs, nucleoli, and cytoplasm of *Chironomus* salivary gland cells. J. Cell Biol. **14**, 371—379.

— and J. G. GALL, 1963: The base composition of ribonucleic acid in lampbrush chromosomes, nucleoli, nuclear sap, and cytoplasm of *Triturus* oocytes. J. Cell Biol. **19**, 279—284.

— E. GRAMPP, and N. SCHOR, 1961: The intracellular distribution and heterogeneity of ribonucleic acid in starfish oocytes. J. Biophys. Biochem. Cytol. **11**, 549—557.

EHRENSTEIN, G. VON, and F. LIPMANN, 1961: Experiments on hemoglobin biosynthesis, Proc. Nat. Acad. Sci., U. S. A., **47**, 941—950.

— and D. DAIS, 1963: A leucine acceptor sRNA with ambiguous coding properties in polynucleotide-stimulated polypeptide synthesis. Proc. Nat. Acad. Sci., U. S. A., **50**, 81—86.

— B. WEISBLUM, and S. BENZER, 1963: The function of s-RNA as amino acid adaptor in the synthesis of hemoglobin. Proc. Nat. Acad. Sci., U. S. A., **49**, 669—675.

EHRING, R., 1962: Über die Ribosomen aus Blättern von *Allium porrum*. Z. Naturforsch. **17 b**, 837—847.

EHRLICH, P., 1879: Beiträge zur Kenntnis der granulierten Bindegewebszellen und der eosinophilen Leucocythen. Arch. Anat. Physiol., physiol. Abtlg., 166—169.

Ehrlich, P., 1881: Über das Methylblau und seine klinisch-bakterioskopische Verwertung. Z. klin. Med. 2, 710.
— 1885: Zur biologischen Verwertung des Methylenblaus. Cbl. Med. Wiss. 23, 113.
Einarson, L., 1951: On the theory of Gallocyanin-chromalum staining and its application for quantitative estimation of basophilia. Acta Path. Microbiol Scand. 28. 82—102.
Eisenstadt, J., and G. Brawerman, 1963: The incorporation of amino acids into the protein of chloroplasts and chloroplast ribosomes of *Euglena gracilis*. Biochim. Biophys. Acta 76, 319—321.
Elsdale, T. R., M. Fischberg, and S. Smith, 1958: A mutation that reduces nucleolar number in *Xenopus laevis* Exp. Cell Res. 14, 642—643.
Elson, D., 1958: Evidence for hydrogen bonds in ribonucleoprotein. Biochim. Biophys. Acta 27, 207—208.
— 1961: Biologically active proteins associated with ribosomes. In: "Protein biosynthesis," 291—300. Ed. C. J. R. Harris, Academic Press, New York and London.
— 1962: The recovery of transfer ribonucleic acid from ribosomes. Biochim. Biophys. Acta 61, 460—463.
— and M. Tal, 1959: Biochemical differences in ribonucleoprotein. Biochim. Biophys. Acta 36, 281—282.
— T. Gustafson, and E. Chargaff, 1954: The nucleic acids of the sea urchin during embryonic development. J. Biol. Chem. 209, 285—294.
Emmelot, P., and E. L. Benedetti, 1961: Some observations on the effect of liver carcinogens on the fine structure of the endoplasmatic reticulum of rat liver cells. In: "Protein biosynthesis," 99—124. Ed. J. R. C. Harris, Academic Press, New York and London.
England, M. C., and D. T. Mayer, 1957: The comparative nucleic acid content of the liver nuclei, ova nuclei and spermatozoa of the frog. Exp. Cell Res. 12, 249—253.
Erb, W., und K. Hempel, 1962: Vergleichende autoradiographische Untersuchungen des Eiweißstoffwechsels in Nukleolus, Kern und Cytoplasma bei generativen und somatischen Zellen. Ann. Histochim. Suppl. 2, 71—76.
— und W. Maurer, 1962: Autoradiographische Untersuchungen über den Eiweißstoffwechsel von Oocyten und Eizellen. Z. Naturforsch. 17 b, 268—273.
Errera, M., A. Ficq, R. Logan, Y. Skreb, and F. Vanderhaeghe, 1959: Nucleocytoplasmic relations in irradiated cells. Exp. Cell Res. Suppl. 6, 268—276.
— A. Hell, and R. P. Perry, 1961: The rôle of the nucleolus in ribonucleic acid- and protein synthesis. II. Amino acid incorporation into normal and nucleolar inactivated HeLa cells. Biochim. Biophys. Acta 49, 58—63.
— P. R. Srinivasan, and M. Brunfaut, 1963: A test for the cellular localization of the synthesis of transfer RNA. Arch. Intern. Physiol. Biochim. 71, 297—299.
Eschner, J., and P. Glees, 1963: Free and membrane-bound ribosomes in maturing neurones of the chick and their possible functional significance. Experientia XIX, 301—303.
Essner, E., and A. B. Novikoff, 1962: Cytological studies on two functional hepatomas. Interrelations of endoplasmatic reticulum, Golgi apparatus and lysosomes. J. Cell Biol. 15, 289—312.

Fauré-Fremiet, E., H. Courtines, et H. Mugard, 1950: Double origine des ribonucleoproteines cytoplasmiques dans l'oocyte de *Glomeris marginata*. Exp. Cell Res. 1, 253—263.
Fawcett, D. W., 1961: The membranes of the cytoplasm. Lab. Invest. 10, 1162—1188.
— and J. P. Revel. 1961: The sarcoplasmic reticulum of a fast-acting fish muscle. J. Biophys. Biochem. Cytol. 10, 89—109.
Feinendegen, L. E., and V. P. Bond, 1963 a: Observations on nuclear RNA during mitosis in human cancer cells in culture (HeLa-S_3) studied with tritiated cytidine. Exp. Cell Res. 30, 393—404.
— — 1963 b: Nuclear RNA during mitosis in HeLa-S_3 cells. Fed. Proc. 22, 353.
— — W. W. Shreeve, and R. B. Painter, 1960: RNA and DNA metabolism in human tissue culture cells studied with tritiated cytidine. Exp. Cell Res. 19, 443—459.
— — and W. I. Hughes, 1961 a: RNA mediation in DNA synthesis in HeLa cells studied with tritium labeled cytidine and thymidine. Exp. Cell Res. 25, 627—647.
— — — 1961 b: Studies on nucleic acid synthesis in tissue culture by autoradiographic and biochemical methods with tritium labelled pyrimidine nucleosides. Ann. Histochim. (Paris) 6, 487—496.

FEINGOLD, D. S., and B. D. DAVIS, 1962: Paradoxical effect of streptomycin, kanamycin and neomycin on *Escherichia coli* ribonucleic acid. Biochim. Biophys. Acta **55**, 787—789.

FELDHERR, C. M., 1963: A possible regulatory mechanism for nucleocytoplasmic exchanges. Fed. Proc. **22**, 179.

FELDMAN, F., D. ELSON, and A. GLOBERSON, 1960: Antibodies in ribonucleoproteins. Nature **185**, 317—319.

FERNSTROM, R. C., 1958: A durable Nissl stain for frozen and paraffin sections. Stain Techn. **33**, 175—176.

FESSENDEN, J. M., and K. MOLDAVE, 1962 a: Incorporation of amino acids into microsomal ribonucleic acid. Biochim. Biophys. Acta **55**, 241—244.

— — 1962 b: Studies on amino acyl transfer from soluble-RNA to rat liver ribonucleoprotein particles: effect of soluble and microsomal extracts. Biochemistry **1**, 485—490.

— — 1963: Polyuridylic acid and aminoacyl transfer to mammalian ribosomes. Nature **199**, 1172—1174.

— J. CAIRNCROSS, and K. MOLDAVE, 1963 a: Studies on polynucleotide-stimulated amino acyl transfer from soluble-RNA to rat liver ribosomes. Proc. Nat. Acad. Sci., U. S. A., **49**, 82—88.

— S. SLAPIKOFF, and K. MOLDAVE, 1963 b: Studies on amino acyl transfer from sRNA to ribosomal RNA and ribosomal protein and the effect of ribopolynucleotides on this process. Fed. Proc. **22**, 524.

FEULGEN, R., 1912: Das Verhalten der echten Nucleinsäure zu Farbstoffen. 1. Mitteilung. Z. Physiol. Chem. **80**. 73—78.

— 1913: Das Verhalten der echten Nucleinstoffe zu Farbstoffen. II. Mitteilung. Z. Physiol. Chem. **84**, 309—328.

— 1923: Chemie und Physiologie der Nukleinstoffe nebst Einführung in die Chemie der Purinkörper. Berlin, Bornträger.

— und H. ROSSENBECK, 1924: Mikroskopisch-chemischer Nachweis einer Nukleinsäure vom Typus Thymusnukleinsäure und die darauf beruhende elektive Färbung von Zellkernen in mikroskopischen Präparaten. Z. Physiol. Chem. **135**, 203—248.

FICQ, A., 1961: Localization of different types of ribonucleic acids (RNA's) in amphibian oocytes. Exp. Cell Res. **23**, 427—429.

— 1962: Étude autoradiographique de l'incorporation de la 5-méthylcytosine-^{3}H dans les oocytes d'astéries en croissance. Arch. Intern. Physiol. Biochim. **70**. 402—404.

— et J. BRACHET, 1956: Distribution de l'acide ribonucléique et incorporation de la phénylalanine-2-^{14}C dans les protéines. Exp. Cell Res. **11**, 135—145.

— — 1963: Métabolism des acides nucléiques et des protéines chez les embryons normaux et les hybrides létaux entre echinodermes. Exp. Cell Res. **32**, 90—108.

— F. AIELLO, et E. SCARANO, 1963: Métabolism des acides nucléiques dans l'oeuf d'oursin en développement. Exp. Cell Res. **29**, 128—136.

FINAMORE, F. J., 1961: The nucleic acids, metabolic key to development? Quart. Rev. Biol. **36**, 117—122.

— and G. T. CROUSE, 1958: Nucleotide and nucleic acid metabolism in developing amphibian embryos. I. Isolation and chemical identification of acid-soluble nucleotides. Exp. Cell Res. **14**. 160—165.

— and E. VOLKIN, 1958: Nucleotide and nucleic acid metabolism in developing amphibian embryos. II. Composition and metabolic activity of ovarian egg nucleic acids. Exp. Cell Res. **15**. 405—411.

— — 1961: Some chemical characteristics of amphibian egg ribonucleic acid. J. Biol. Chem. **236**, 443—447.

— D. J. THOMAS, G. T. CROUSE, and B. LLOYD, 1960: Biochemistry of amphibian oocytes. I. Method of isolation and nucleic acid content of nuclei. Arch. Biochem. Biophys. **88**. 10—16.

FINCK, H., 1958: An electron microscope study of basophile substances of frozen-dried rat liver. J. Biophys. Biochem. Cytol. **4**. 291—300.

FIRKET, H., 1951: Action de l'acide ribonucléique sur la régeneration de la peau. C. R. Soc. Biol. **145**, 467—469.

FISCHER, A., 1899: Fixierung, Färbung und Bau des Protoplasmas. Kritische Untersuchung über Technik und Theorie in der neueren Zellforschung. Gustav Fischer. Jena.

FISHER, E. R., and R. D. LILLIE, 1954: The effect of methylation on basophilia. J. Histochem. Cytochem. **2**. 81—87.

Fitzgerald, P. J., 1961: "Dry"-mounting autoradiographic technic for intracellular localization of water-soluble compounds in tissue sections. Labor. Invest. **10**, 846—856.
Flaks, J. G., and M. L. Witting, 1963: The mode of action of streptomycin. Bacteriol. Proc. **118**, Abs. P 96.
— E. C. Cox, and J. R. White, 1962 a: Inhibition of polypeptide synthesis by streptomycin. Biochem. Biophys. Res. Commun. **7**, 385—389.
— E. C. Cox, M. L. Witting, and J. R. White, 1962 b: Polypeptide synthesis with ribosomes from streptomycin-resistant and dependent *E. coli*. Biochem. Biophys. Res. Commun. **7**, 390—393.
Flax, M. H., 1951: Pentose nucleic acids and proteins during oogenesis and early development of the mouse. Anat. Rec. **111**, 465.
— and A. W. Pollister, 1948: Staining of nucleic acids by Azure A. Anat. Rec. **105**, 536.
— and M. H. Himes, 1951: Changes in chromosomal ribonucleoprotein during mitosis. Anat. Rec. **111**, 465—466.
— — 1952: Microspectrophotometric analysis of metachromatic staining of nucleic acids. Physiol. Zool. **25**, 297—311.
Fleissner, E., and E. Borek, 1962: A new enzyme of RNA synthesis: RNA methylase. Proc. Nat. Acad. Sci., U. S. A., **48**, 1199—1203.
— — 1963: Studies on the enzymatic methylation of soluble RNA. I. Methylation of the s-RNA polymer. Biochemistry **2**, 1093—1100.
Flemming, W., 1882: Zellsubstanz, Kern und Zellteilung. F. C. W. Vogel, Leipzig.
Fletcher, W. E., J. M. Gulland, and D. O. Jordan, 1944: The constitution of yeast ribonucleic acid. Part VIII. Electrometric titration of the acid groups. J. Chem. Soc. 33—39.
Flickinger, R. A., 1954: Utilization of $C^{14}O_2$ by developing amphibian embryos with special reference to rigional incorporation into individual embryos. Exp. Cell Res. **6**, 172—184.
— 1962: Sequential gene action, protein synthesis and cellular differentiation. Intern. Rev. Cytol. **13**, 75—96.
— 1963: Actinomycin D effects in frog embryos: Evidence for sequential synthesis of DNA-dependent RNA. Science **141**, 1063—1064.
Florini, J. R., 1964: Amino acid incorporation into protein by cell-free preparations from rat skeletal muscle. I. Properties of the muscle microsomal system. Biochemistry **3**, 209—215.
Fraenkel-Conrat, H., 1954: Reaction of nucleic acids with formaldehyde. Biochim. Biophys. Acta **15**, 307—309.
Frank, W., und H. G. Zachau, 1963: Über die Aminosäureesterbindung in Aminoacyl-Ribonucleinsäure. Z. Physiol. Chem. **331**, 258—268.
Franklin, R. M., 1963: The inhibition of ribonucleic acid synthesis in mammalian cells by actinomycin D. Biochim. Biophys. Acta **72**, 555—565.
Franklin, T. J., 1962: The inhibition of protein synthesis by chlortetracycline in cell-free systems. Biochem. J. **84**, 110 P.
Franz, F., I. von Werder, und J. Meyer-Arendt, 1954: Zur Perchlorsäureextraktion von Ribosenucleotiden. Naturwissenschaften **41**, 165.
Fraser, M. J., 1962: Partial purification of glycyl-ribonucleic acid synthetase of rat liver. Fed. Proc. **21**, 415.
— 1963: Glycyl-RNA synthetase of rat liver: partial purification and effects of some metal ions on its activity. Can. J. Biochem. Physiol. **41**, 1123—1133.
— and D. B. Klass, 1963: Partial purification of prolyl-ribonucleic acid synthetase of rat liver. Fed. Proc. **22**, 259.
Freed, J. J., and J. L. Engle, 1962: A flying-spot microspectrophotometer for ultraviolet absorption measurements on living cells. Ann. Histochim., Suppl. **2**, 9—18.
— — 1963: Flying-spot cytospectrophotometry of living cells. In: "Cinematography in Cell Biology," 93—121. Ed. G. G. Rose, Academic Press, New York and London.
French, J. B., and E. V. Benditt, 1952: Non-enzymatic reduction of basophilia and metachromasia in tissue sections by proteins. Fed. Proc. **11**, 415.
Frenster, J. H., V. G. Allfrey, and A. E. Mirsky, 1963: Repressed and active chromatine isolated from interphase lymphocytes. Proc. Nat. Acad. Sci., U. S. A., **50**, 1026—1032.
Fresco, J. R., B. Alberts, and P. Doty, 1960: Some molecular details of the secondary structure of ribonucleic acid. Nature **188**, 98—101.

FRÖHOLM, L. O., 1963: Pseudouridine biosynthesis in rat liver. Acta Chem. Scand. **17**, 892.

FUJITA, S., and K. TAKAMOTO, 1963: Synthesis of messenger RNA on the polytene chromosomes of dipteran salivary gland. Nature **200**, 494—495.

FULLER, W., 1961: Two-stranded helical configurations for ribonucleic acid. J. Molec. Biol. **3**, 175—184.

FURTH, J. J., and P. LOH, 1963: The DNA-dependent incorporation of ribonucleotides into RNA in the chicken embryo. Biochem. Biophys. Res. Commun. **13**, 100—105.

— J. HURWITZ, and M. ANDERS, 1962 a: The role of deoxyribonucleic acid in ribonucleic acid synthesis. I. The purification and properties of ribonucleic acid polymerase. J. Biol. Chem. **237**, 2611—2619.

— — — 1962 b: Directing role of DNA in RNA synthesis. Fed. Proc. **21**, 371.

FURUSAWA, E., and A. SIBATANI, 1954: Differential staining of nucleic acids. IV. Quantitative study on the metachromasia of thionine caused by nucleic acids. J. Biochem. **41**, 81—87.

GAHAN, P. B., J. CHAYEN, and A. A. SILCOX, 1962: Cytoplasmic localization of deoxyribonucleic acid in *Allium cepa*. Nature **195**, 1115—1116.

GALE, E. F., and J. P. FOLKES, 1953: The assimilation of aminoacids by bacteria. 15. Actions of antibiotics on nucleic acid and protein synthesis in *Staphylococcus aureus*. Biochem. J. **53**, 493—498.

— — 1954: Effect of nucleic acids on protein synthesis and amino acid incorporation in disrupted staphylococcal cells. Nature **173**, 1223—1227.

GALEOTTI, G., 1898: Beitrag zur Kenntnis der bacteriellen Nucleoproteide. Z. Physiol. Chem. **25**, 48—64.

GALL, J. G., 1963: Chromosomes and cytodifferentiation. In: "Cytodifferentiation and macromolecular synthesis," 119—143. Ed. M. LOCKE, Academic Press, New York and London.

— 1964: Electron microscopy of the nuclear envelope. In: "Protoplasmatologia." Hdb. d. Protoplasmaforsch., V/2, Herausg. M. ALFERT, H. BAUER, C. V. HARDING und P. SITTE, Springer-Verlag, Wien und New York.

— and H. G. CALLAN, 1962: H^3-uridine incorporation in lampbrush chromosomes. Proc. Nat. Acad. Sci., U. S. A., **48**, 562—570.

GAMOW, G., 1954: Possible relation between deoxyribonucleic acid and protein structures. Nature **173**, 318.

GARILHE, M. P. DE, and M. LASKOWSKI, 1956: Optical changes occuring during the action of phosphodiesterase on oligonucleotides derived from deoxyribonucleic acid. J. Biol. Chem. **223**, 661—669.

GATLIN, L. L., 1963: Triplet frequencies in DNA and the genetic program. J. Theoret. Biol. **5**, 360—371.

— and J. C. DAVIS, jr., 1963: A functional relationship between base sequence in DNA and amino acid composition of protein. J. Theoret. Biol. **5**, 249—255.

GEIDUSCHEK, E. P., T. NAKAMOTO, and S. B. WEISS, 1961: The enzymatic synthesis of RNA: Complementary interaction with DNA. Proc. Nat. Acad. Sci.. U. S. A.. **47**, 1405—1415.

— S. B. WEISS, and T. NAKAMOTO, 1962: Secondary structure of complementary RNA. Biophys. Soc. Abs., 6th Ann. Mtg., Washington, D. C., Feb. 14—16.

GELBOIN, H. V., and N. R. BLACKBURN, 1963: The stimulatory effect of 3-methylcholanthrene on microsomal amino acid incorporation and benzpyrene hydroxylase activity and its inhibition by actinomycin D. Biochim. Biophys. Acta **72**, 657—660.

GEORGIEV, G. P., and V. L. MANTIEVA, 1962 a: The isolation of DNA-like RNA and ribosomal RNA from the nucleolo-chromosomal apparatus of mammalian cells. Biochim. Biophys. Acta **61**, 153—154.

— — 1962 b: Methods of isolation and nucleotide composition of informational and ribosomal ribonucleic acids of nucleolo-chromosomal apparatus. Biokhimyia **27**, 949—957 (russisch mit engl. Zusammenfassung).

— O. P. SAMARINA, M. I. LERMAN, M. N. SMIRNOV, and A. N. SEVERTZOV, 1963: Biosynthesis of messenger and ribosomal ribonucleic acids in the nucleolo-chromosomal apparatus of animal cells. Nature **200**, 1291—1294.

GIBOR, A., and M. IZAWA, 1963: The DNA content of the chloroplasts of *Acetabularia*. Proc. Nat. Acad. Sci.. U. S. A., **50**, 1164—1169.

Gierer, A., 1963 a: Function of aggregated reticulocyte ribosomes in protein synthesis. J. Molec. Biol. **6**, 148—157.

— 1963 b: Ribosomen und der molekulare Mechanismus der Proteinsynthese. Nova Acta Leopoldina, neue Folge, **26**, Nr. **164**.

Gilbert, W., 1963 a: Polypeptide synthesis in *Escherichia coli.* I. Ribosomes and the active complex. J. Molec. Biol. **6**, 374—388.

— 1963 b: Polypeptide synthesis in *Escherichia coli.* II. The polypeptide chain and s-RNA. J. Molec. Biol. **6**, 389—403.

Girard, M., S. Penman, and J. E. Darnell, 1964: The effect of actinomycin on ribosome formation in HeLa cells. Proc. Nat. Acad. Sci., U. S. A., **51**, 205—211.

Glass, L. E., 1959: Immuno-histological localization of serum-like molecules in frog oocytes. J. Exper. Zool. **141**, 257—289.

Glässer, A., 1950: Osservazioni sull'acido ribonucleico dell'oocite in crescita di „Amaurobius erberi". Atti Accad. Nazi. Lincei **8**, 263—266.

Glick, D., and H. Holter, 1961: Quantitative chemical techniques of histo- and cytochemistry. Vol. II, Interscience Publishers, a division of John Wiley and Sons, New York and London.

Glitz, D. G., and Ch. A. Dekker, 1963: The purification and properties of ribonucleic acid from wheat germ. Biochemistry **2**, 1185—1192.

Glock, G. E., 1955: Biosynthesis of pentoses. In: "The Nucleic Acids," Vol. II, 247—275. Ed. E. Chargaff and J. N. Davidson, Academic Press, New York.

Gluck, L., and M. V. Kulovich, 1962: RNA: A marker in embryonic differentiation. Science **138**, 530—531.

Godson, G. N., and J. A. V. Butler, 1962 a: Preparation of a nuclear fraction from *Bacillus megatherium* and its role in biosynthesis of ribonucleic acid. Nature **193**, 655—656.

— — 1962 b: Preparation of a nuclear fraction from *Bacterium megatherium* and its role in ribonucleic acid biosynthesis. Biochem. J. **83**, 3 P.

Gössner, W., 1949: Zur Histochemie des Strugger-Effektes. Verh. dtsch. Ges. Pathol. 33. Tg., 102—109.

— 1952: Eine kontrollierbare Modifikation der Methylgrün-Pyronin-Färbung und ihre Anwendung zum histochemischen Nukleinsäurenachweis. Zbl. allg. Path. path. Anat. **89**, 173—176.

— 1952/53: Die Perchlorsäure und ihre Anwendung zum histochemischen Nukleinsäurenachweis. Z. wiss. Mikrosk. **61**, 377—386.

— und J. Zander, 1952: Histochemische Untersuchungen über das Verhalten der Ribonukleinsäuren in der Epidermis des Mäuseohres nach einmaliger Methylcholanthrenbehandlung. Z. Naturforsch. **7 b**, 398—401.

Gold, M., G. Hurwitz, and M. Anders, 1963: The enzymatic methylation of RNA and DNA. II. On the species specifity of the methylation enzymes. Proc. Nat. Acad. Sci., U. S. A., **50**, 164—169.

Goldberg, I. H., and M. Rabinowitz, 1962: Actinomycin D inhibition of deoxyribonucleic acid-dependent synthesis of ribonucleic acid. Science **136**, 315—316.

— — and E. Reich, 1962: Basis of actinomycin action. I. DNA binding and inhibition of RNA-polymerase synthetic reactions by actinomycin. Proc. Nat. Acad. Sci., U. S. A., **48**, 2094—2101.

— — — 1963 a: Basis of actinomycin action. II. Effect of actinomycin on the nucleoside triphosphate-inorganic pyrophosphate exchange. Proc. Nat. Acad. Sci., U. S. A., **49**, 226—229.

— E. Reich, and M. Rabinowitz, 1963 b: Inhibition of ribonucleic-acid-polymerase reaction by actinomycin and proflavine. Nature **199**, 44—46.

Goldstein, D. J., 1961: Mechanism of differential staining of nucleic acids. Nature **191**, 407—408.

— 1962: Differential staining of nucleic acids? Nature **193**, 1000—1001.

Goldstein, L., 1963: RNA and protein in nucleocytoplasmic interactions. In: "Cell Growth and Cell Division," 129—151. Ed. R. J. C. Harris, Academic Press, New York and London.

— and J. Micou, 1959: Nuclear-cytoplasmic relationship in human cells in tissue culture. III. Autoradiographic study of interrelation of nuclear and cytoplasmic ribonucleic acid. J. Biophys. Biochem. Cytol. **6**, 1—6.

Goldstein, M. N., J. D'Arrigo, and H. Patrzyc, 1962: Incorporation of H^3-cytidine into RNA of HeLa cells exposed to actinomycin D. Anat. Rec. **142**, 235—236.

GOOD, C. H., and T. P. HORRIGAN, 1963: Light and electron microscopic observations of dense cytoplasmic extensions into the nuclei of certain nerve cells. Anat. Rec. **145**, 233.

GOODMAN, H. M., and A. RICH, 1962: Formation of a DNA-soluble RNA hybrid and its relation to the origin, evolution and degeneracy of soluble RNA. Proc. Nat. Acad. Sci., U. S. A., **48**, 2101—2109.

— — 1963 a: Mechanism of polyribosome action during protein synthesis. Nature **199**, 318—322.

— — 1963 b: Formation of a DNA-soluble RNA hybrid. Biophys. Soc. Abs., 7th Ann. Mtg., New York City, N. Y., Feb. 18—20, MB 14.

GOSWAMI, P., and H. N. MUNRO, 1962: The role of ribonucleic acid in the formation of prothrombin activity by rat liver microsomes. Biochim. Biophys. Acta **55**, 410—412.

— G. C. BARR, and H. N. MUNRO, 1962: The origin of different types of ribonucleic acid in rat-liver microsomes. Biochim. Biophys. Acta **55**, 408—410.

GRANICK, S., 1961: The chloroplasts: inheritance, structure, and function. In: "The Cell," Vol. II, 489—595. Ed. J. BRACHET and A. E. MIRSKY. Academic Press, New York and London.

— 1963: The plastids: their morphological and chemical differentiation. In: "Cytodifferentiation and Macromolecular Synthesis," 144—174. Ed. M. LOCKE, Academic Press, New York and London.

GRANT, P., 1960: The influence of folic acid analogues on development and nucleic acid metabolism in *Rana pipiens* embryos. Develop. Biol. **2**, 197—251.

GRASSO, J. A., J. W. WOODARD, and H. H. SWIFT ,1963: Cytochemical studies of nucleic acids and proteins in erythrocytic development. Proc. Nat. Acad. Sci., U. S. A.. **50**, 134—140.

GRAUMANN, W., und H. MUSSO, 1959: Histologische Prüfung der metachromogenen Wirksamkeit verschiedener Toluidinblau- und Azur A-Präparate. Histochemie **1**, 196—205.

GREGG, J. R., and S. LØVTRUP, 1960: A reinvestigation of DNA synthesis in lethal amphibian hybrids. Exp. Cell Res. **19**, 621—623.

GREGORY, H., and W. W. UMBREIT, 1961: Effect of streptomycin on nucleotide leakage in various strains of *E. coli*. Bacteriol. Proc., 189, P 91.

GRESSON, P. A., and L. T. THREADGOLD, 1962: Extrusion of nuclear material during oogenesis of *Blatta orientalis*. Quart. J. microsc. Sci. **103**, 141—146.

GRIESEMER, R. D., 1956: Change in enzyme activity and ribonucleic acid concentration within the epidermal cell of the rat during the growth stage of the hair cycle. J. Biophys. Biochem. Cytol. **2**, 523—530.

GRIFFIN, A. C., V. C. WARD, J. WADE, and D. N. WARD, 1963: Synthesis and release of basic proteins or peptides by tumor ribosomes. Biochim. Biophys. Acta **72**, 500—503.

GRINNAN, E. L., and W. A. MOSHER, 1951: Highly polymerized RNA: preparation from liver and depolymerization. J. Biol. Chem. **191**, 719—726.

GROBSTEIN, C., 1962: Interactive Processes in cytodifferentiation. J. Cell. Comp. Physiol. **60**, Suppl. 1, 35—48.

GROS, F., W. GILBERT, H. H. HIATT, G. ATTARDI, P. F. SPAHR, and J. D. WATSON, 1961 a: Molecular and biological characterization of messenger RNA. Cold Spring Harbor Symp. Quant. Biol. **XXVI**, 111—132.

— H. HIATT, W. GILBERT, C. G. KURLAND, R. W. RISEBROUGH, and J. D. WATSON, 1961 b: Unstable ribonucleic acid revealed by pulse labelling of *Escherichia coli*. Nature **190**, 581—585.

GROSCH, D. S., 1958: Feulgen-positive cytoplasm of Molgula eggs. Nature **181**, 1078

GROSS, P. R., and G. COUSINEAU, 1963: Macromolecule synthesis, mitosis, and development in actinomycin treated sea urchin eggs. Fed. Proc. **22**, 178.

— and J. M. MITCHISON, 1962: Messenger RNA in a fission yeast. Nature **195**, 305—306.

— L. I. MALKIN, and W. A. MOYER, 1964: Templates for the first proteins of embryonic development. Proc. Nat. Acad. Sci., U. S. A., **51**, 407—414.

GRUN, P., 1955: Changes during interphase, in nucleic acid and protein content of *Tradescantia* root tip nuclei. Exp. Cell Res. **10**, 29—39.

GRUNBERG-MANAGO, M., 1963: Polynucleotide phosphorylase. In: "Progress in Nucleic Acid Research," Vol. I, 93—133. Ed. J. N. DAVIDSON and W. E. COHN, Academic Press, New York and London.

– and S. OCHOA, 1955: Enzymatic synthesis and breakdown of polynucleotides: polynucleotide phosphorylase. J. Amer. Chem. Soc. **LXXVII**, 3165—3166.

GRUNDMANN, E., und H. MARQUARDT, 1953: Untersuchungen an Interphasekernen des Wurzelmeristems von *Vicia faba*. I. Mitteilung. Desoxyribonukleinsäuregehalt und Größe der Kerne. Chromosoma **6**, 115—134.

GUDBJARNASON, S., and C. DE SCHRYVER, 1964: Nuclear ribosomes, an early factor in tissue reparation. Biochem. Biophys. Res. Commun. **14**, 12—16.

GULLAND, J. M., 1947: The structures of nucleic acids. Cold Spring Harbor Symp. Quant. Biol. **XII**, 95—103.

GURAYA, S. S., 1963: Histochemical studies on the yolk nucleus in the oogenesis of Indian reptiles. Anat. Rec. **146**, 17—21.

GVOSDEV, V. A., and M. A. PONOMAREVA-STEPNAYA, 1963: Participation of low polymer RNA (sRNA) in the synthesis of nuclear proteins. Biokhimiya **28**, 152—160 (russ. m. engl. Zusammenfassung).

HADJIOLOV, A. A., 1958: Über die Veränderungen der Nukleinsäuren in der Leber von Ratten bei der Cancerogenese durch 4-DAB. Z. Krebsforsch. **62**, 361—369.

HÄMMERLING, J., 1953: Nucleo-cytoplasmic relationship in the development of *Acetabularia*. Intern. Rev. Cytol. **2**, 475—498.

— 1956: Wirkungen von UV- und Röntgenstrahlen auf kernlose und kernhaltige Teile von *Acetabularia*. Z. Naturforsch. **11 b**, 217—221.

— 1963: Nucleo-cytoplasmic interactions in *Acetabularia* and other cells. Ann. Rev. Plant Physiol. **14**, 65—92.

— H. CLAUSS, K. KECK, G. RICHTER, and G. WERZ, 1959: Growth and protein synthesis in nucleated and enucleated cells. Exp. Cell Res. Suppl. **6**, 210—226.

HAGUENAU, F., 1958: The ergastoplasm: Its history, ultrastructure and biochemistry. Intern. Rev. Cytol. **VII**, 425—478.

— et W. BERNHARD, 1953: Aspect de la substance de Nissl au microscope électronique. Exp. Cell Res. **4**, 496—498.

— and K. H. HOLLMANN, 1961: The ergastoplasm in the mammary gland and its tumours: An electron microscope study with special reference to Casperssons and Santessons A and B cells. In: "Biological Structure and Function," 169—194. Ed. T. W. GOODWIN and O. LINDBERG, Academic Press, New York and London.

HAHN, F. E., J. CIAK, A. D. WOLFE, R. E. HARTMAN, J. L. ALLISON, and R. S. HARTMAN, 1962: Studies on the mode of action of streptomycin. II. Effects of streptomycin on the synthesis of proteins and nucleic acids and on cellular multiplication in *Escherichia coli*. Biochim. Biophys. Acta **61**, 741—749.

HALE, A. J., 1958: The Interference Microscope in Biological Research. E. & S. Livingstone Ltd., Edinburgh and London.

HALL, B. D., and P. DOTY, 1959: The preparation and physical chemical properties of ribonucleic acid from microsomal particles. J. Molec. Biol. **1**, 111—126.

HALL, C. E., and H. S. SLAYTER, 1959: Electron microscopy of ribonucleoprotein particles from *E. coli*. J. Molec. Biol. **1**, 329—332.

HALL, R. H., 1963 a: Isolation of 3-methyluridine and 3-methylcytidine from soluble ribonucleic acid. Biochem. Biophys. Res. Commun. **12**, 361—364.

— 1963 b: Isolation of 2′-O-methylribonucleosides from the RNA of mammalian tissues and from *E. coli*. Biochem. Biophys. Res. Commun. **12**, 429—431.

HALLINAN, T., E. EDEN, and R. NORTH, 1962: The structure and composition of rat reticulocytes. I. The ultrastructure of reticulocytes. Blood **20**, 547—556.

HAMILTON, M. G., L. F. CAVALIERI, and M. L. PETERMANN, 1962: Some physicochemical properties of ribonucleoprotein from rat liver microsomes. J. Biol. Chem. **237**, 1155—1159.

— W. FULLER, and E. Reich, 1963: X-ray diffraction and molecular model building studies of the interaction of actinomycin with nucleic acids. Nature **198**, 538—540.

HAMMARSTEN, O., 1894: Zur Kenntnis der Nukleoproteide. Z. Physiol. Chem. **19**, 19—37.

HANSEN, G., 1961: Energetische Grenzen der Mikro-Spektralphotometrie. Zeiss-Mitteilungen **2**, 117—124.

HANSEN, H. J., E. C. HANSEN, J. P. VANDEVOORDE, and S. B. NADLER, 1963: Effect of specific anti-sera on C^{14} amino acid incorporation into cellular protein of mouse ascites tumor cells. Proc. Soc. Exper. Biol. Med. **114**, 205—207.

HARBERS, E., 1958: Autoradiographie als histochemisches Untersuchungsverfahren. In: Handb. d. Histochemie, Bd. I/1, 400—598. Herausg. W. GRAUMANN und K. NEUMANN, Gustav Fischer-Verlag, Stuttgart.

— 1964: Die Nucleinsäuren, Georg Thieme Verlag, Stuttgart.

HARBERS, E., und K. NEUMANN, 1955: Quantitativ-chemische Untersuchungen zur färberischen Darstellung der Pentosenucleinsäuren in Gewebeschnitten. Z. Naturforsch. **10 b**, 357—359.

— and W. MÜLLER, 1962: On the inhibition of RNA synthesis by actinomycin. Biochem. Biophys. Res. Commun. **7**, 107—110.

— — und R. BACKMANN, 1963: Untersuchungen zum Wirkungsmechanismus der Actinomycine. II. Versuche mit ^{14}C-Actinomycin an Ehrlich-Ascitestumorzellen *in vitro*. Biochem. Z. **337**, 224—231.

HARDESTY, B., R. MILLER, and R. SCHWEET, 1963 a: Polyribosome breakdown and hemoglobin synthesis. Proc. Nat. Acad. Sci., U. S. A., **50**, 924—931.

— J. J. HUTTON, R. ARLINGHAUS, and R. SCHWEET, 1963 b: Polyribosome formation and hemoglobin synthesis. Proc. Nat. Acad. Sci., U. S. A., **50**, 1079—1085.

HARMS, H., 1957/59: Handbuch der Farbstoffe für die Mikroskopie. Staufen-Verlag, Kamp-Lintfort.

HARRIS, H., 1961: Formation of the nucleolus in animal cells. Nature **190**, 1077—1078.

— 1962: The labile nuclear ribonucleic acid of animal cells and its relevance of the messenger-ribonucleic acid hypothesis. Biochem. J. **84**, 60 P.

— 1963 a: Nuclear ribonucleic acid. In: "Progress in Nucleic Acid Research," Vol. 2, 20—60. Ed. J. N. DAVIDSON and W. E. COHN, Academic Press, New York and London.

— 1963 b: Rapidly labelled ribonucleic acid in the cell nucleus. Nature **198**, 184—185.

— 1964: Transfer of radioactivity from nuclear to cytoplasmic ribonucleic acid. Nature **202**, 249—250.

— and J. W. WATTS, 1962: The relationship between nuclear and cytoplasmic ribonucleic acid. Proc. Roy. Soc. London, Ser. B, **156**, 109—121.

— and L. F. LACOUR, 1963: Site of synthesis of cytoplasmic ribonucleic acid. Nature **200**, 227—229.

— H. W. FISHER, A. RODGERS, T. SPENCER, and J. W. WATTS, 1963: An examination of the ribonucleic acids in the HeLa cell with special reference to current theory about the transfer of information from nucleus to cytoplasm. Proc. Roy. Soc. London Ser. B, **157**, 177—198.

HART, R. G., 1963: A 4,5-S constituent of *Escherichia coli* ribosomes. Biochim. Biophys. Acta **72**, 662—665.

HARTIG, TH., 1858: Zit. nach HARMS, 1957/59.

HARTLEIB, J., H. DIEFENBACH, und W. SANDRITTER, 1956: Chemische Untersuchungen zur Frage des Nukleinsäure- und Eiweißkörperverlustes bei der histologischen Bearbeitung des Gewebes. Acta Histochem. **2**, 196—207.

HARTMANN, G., und U. COY, 1962: Zum biologischen Wirkungsmechanismus der Actinomycine. Angew. Chem. **74**, 501.

HARUNA, I., 1963: Comparative studies of amino acid composition and N-terminal amino acids of the protein from ribosomes of *Escherichia coli*, yeast and rat liver. Biochim. Biophys. Acta **72**, 451—455.

HASEGAWA, H., 1955: Effect of thermal shock on the nucleic acids in toad embryos during early stages of development. Nature **175**, 1031—1032.

HASELKORN, R., and V. A. FRIED, 1964: Cell-free protein synthesis: the nature of the active complex. Proc. Nat. Acad. Sci., U. S. A., **51**, 308—315.

— — and J. DAHLBERG, 1963: The active complex in protein synthesis. Biophys. Soc. Abs., 7th Ann. Mtg., New York City, N. Y., Feb. 18—20, Abs. WA 10.

HAUGE, J. G., and H. O. HALVORSON, 1962: The role of a large-particle fraction from yeast in protein synthesis. Biochem. J. **84**, 108 P—109 P.

HAUGEN, G. R., and E. R. HARDWICK, 1963: Ionic association in aqueous solutions of thionine. J. Phys. Chem. **67**, 725—731.

HAYASHI, M., M. N. HAYASHI, and S. SPIEGELMAN, 1963: Restriction of *in vivo* genetic transcription to one of the complementary strands of DNA. Proc. Nat. Acad. Sci., U. S. A., **50**, 664—672.

— — — 1964: DNA circularity and the mechanism of strand selection in the generation of genetic messages. Proc. Nat. Acad. Sci., U. S. A., **51**, 351—359.

HAYWOOD, A. M., and R. L. SINSHEIMER, 1963: Inhibition of protein synthesis in *E. coli* protoplasts by actinomycin D. J. Molec. Biol. **6**, 247—249.

HEDGCOTH, CH., J. RAVEL, and W. SHIVE, 1963: The separation of the aspartyl- and asparaginyl-RNA synthetases of *Lactobacillus arabinosus*. Biochem. Biophys. Res. Commun. **13**, 495—499.

Heidelberger, C., K. C. Leibmann, E. Harbers, and P. M. Bhargava, 1957: The comparative utilization of uracil-2-C^{14} by liver, intestinal mucosa, and Flexner-Jobling-carcinoma in the rat. Cancer Res. **17**, 399—404.

Heilbrunn, L. V., 1952: The physiology of cell division. In: "Modern trends on Physiology and Biochemistry." Academic Press, New York.

Helinski, D. R., and Ch. Yanofsky, 1962: Correspondence between genetic data and the position of amino acid alteration in a protein. Proc. Nat. Acad. Sci., U. S. A., **48**, 173—183.

Helmkamp, G. K., and P. O. P. Ts'o, 1960: Denaturation of pea microsomal RNA and calf thymus DNA in formamide and dimethyl sulfoxide. Fed. Proc. **19**, 316.

Henderson, S. A., 1963: Differential ribonucleic acid synthesis of X and autosomes during meiosis. Nature **200**, 1235.

Hendler, R. W., 1962 a: On the agreement of amino acid replacement data with code designations for the amino acids. Proc. Nat. Acad. Sci., U. S. A., **48**, 1402—1408.

— 1962 b: A model for protein synthesis. Nature **193**, 821—823.

Henney, H., and R. Storck, 1963: Nucleotide composition of ribonucleic acid from *Neurospora crassa*. J. Bacteriol. **85**, 822—826.

Henning, U., and Ch. Yanofsky, 1963: An electrophoretic study of mutationally altered A proteins of the tryptophan synthetase of *Escherichia coli*. J. Molec. Biol. **6**, 16—21.

Heppel, L. A., 1963: The inhibition of polynucleotide phosphorylase by specific polymers. J. Biol. Chem. **238**, 357—366.

— and R. Markham, 1953: Enzymatic splitting of purine internucleotide linkages. Nature **171**, 1152.

Hermann, R., 1956: Das Verhalten der Nukleinsäuren im Laufe der Zahnentwicklung bei Goldhamstern. Z. Zellforsch. **45**, 176—194.

Herrmann, H., J. S. Nicholas, and J. K. Boricious, 1950: Toluidine blue binding by developing muscle tissue: assay and data on the mechanism involved. J. Biol. Chem. **184**, 321—332.

Hervé, G., et F. Chapeville, 1963: Specifité des enzymes d'activation à l'égard des acides ribonucléiques estérifiés par les acides aminés. Biochim. Biophys. Acta **76**, 493—500.

Herwerden, M. A., van, 1913: Über die Nucleasewirkung auf tierische Zellen. Ein Beitrag zur Chromidienfrage. Arch. Zellforsch. **10**, 431—449.

Hess, E. L., and S. E. Lagg, 1963: Properties of microsomes and ribosomes from thymus. Biochemistry **2**, 726—732.

Hiatt, H. H., 1962: A "messenger"-like RNA in mammalian cells. J. Clin. Invest. **41**, 1365.

Hillman, N. W., and M. C. Niu, 1963 a: Chick cephalogenesis: I. The effect of RNA on early cephalic development. Proc. Nat. Acad. Sci., U. S. A., **50**, 486—493.

— — 1963 b: The effect of extracted notochordal-RNA and brain-RNA on cultured chick embryos. Anat. Rec. **145**, 240.

Himes, M. H., R. Rizski, I. Hoffmann, A. W. Pollister, and J. Post, 1954: Cytoplasmic ribonucleic acid in the human liver cell. A. M. A. Arch. Pathol. **58**, 345—353.

Hinegardner, R. T., and J. Engelberg, 1963: Rationale for a universal genetic code. Science **142**, 1083—1084.

Hinrichsen, K., 1960: Gibt es eine Gallocyanin-Metachromasie? Acta Histochem. Suppl. II, 221—225.

Hisaoka, K. K., and C. F. Firlit, 1962: The localization of nucleic acids during oogenesis in the zebrafish. Amer. J. Anat. **110**, 203—216.

Hoagland, M. B., 1960: The relationship of nucleic acids and protein synthesis as revealed by studies in cell-free systems. In: "The Nucleic Acids," Vol. III, 349—408. Ed. E. Chargaff and J. N. Davidson, Academic Press, New York and London.

Hoff-Jørgensen, E., and E. Zeuthen, 1952: Evidence of cytoplasmic desoxyribonucleosides in the frog egg. Nature **169**, 245.

Holland, J. J., 1963: Effects of puromycin on RNA synthesis in mammalian cells. Proc. Nat. Acad. Sci., U. S. A., **50**, 436—443.

Holtet, J. C. L., 1962: A cytochemical and cytomorphological investigation of serous salivary glands with special reference to the contents of cytoplasmic basophilic substances in the serous cells. Acta Jutlandica **XXXIV**, 1—108, Kobenhavn.

HOLTZER, H., 1963: Comments on induction during cell differentiation. In: "Induktion und Morphogenese," 13. Coll. Ges. Physiol. Chem. Mosbach 1962, 127—143. Springer-Verlag, Berlin, Göttingen, Heidelberg.

HOMMES, T. A., G. VAN LEEUWEN, and F. ZILLIKEN, 1962: Induction of cell differentiation. II. The isolation of a chondrogenic factor from embryonic spinal chords and notochords. Biochim. Biophys. Acta **56**, 320—325.

HOROWITZ, J., and D. L. WELLER, 1963: Studies on the structure of *E. coli* ribosomes. Fed. Proc. **22**, 301.

HOYER, B. H., B. J. MCCARTHY, and E. T. BOLTON, 1963 a: Binding of mouse RNA by agar columns containing mouse DNA. Biophys. Soc. Abs., 7th Ann. Mtg. New York City, N. Y., Feb. 18—20, Abs. MB 13.

— — — 1963 b: Complementary RNA in nucleus and cytoplasm of mouse liver cells. Science **140**, 1408—1412.

HSU, T. C., 1962: Differential rate in RNA synthesis between euchromatin and heterochromatin. Exp. Cell Res. **27**, 332—334.

HUANG, R. C., and J. BONNER, 1962 a: Chromosomal RNA synthetase. Fed. Proc. **21**, 384.

— — 1962 b: Histone, a suppressor of chromosomal RNA synthesis. Proc. Nat. Acad. Sci., U. S. A., **48**, 1216—1222.

HULTIN, T., 1950: Incorporation *in vivo* of ^{15}N-labeled glycine into liver fractions of newly hatched chicks. Exp. Cell Res. **1**, 376—381.

— 1961: Activation of ribosomes in sea urchin eggs in response to fertilization. Exp. Cell Res. **25**, 405—417.

— 1963: Ribosomal functions related to protein synthesis. Intern. Rev. Cytol. **16**. 1—36.

— and S. PEDERSEN, 1963 a: The activation of microsomes from Ehrlich Ascites-Tumor cells by polyuridylic acid. Biochim. Biophys. Acta **72**, 421—431.

— — 1963 b: The activation of animal ribosomes by polyuridylic acid. Acta Chem. Scand. **17**, 865.

— A. VON DER DECKEN, E. ARRHENIUS, and S. MORGAN, 1961: Amino acid incorporation by liver microsomes and ribonucleoprotein particles. In: "Biological Structure and Function," Vol. 1, 221—237. Ed. T. W. GOODWIN and O. LINDBERG. Academic Press. New York and London.

HUNT, J. A., 1963: Terminal sequence studies on high-molecularweight ribonucleic acid. Biochem. J. **89**, 6 P.

HUPPERT, J., and J. PELMONT, 1962: Ultracentrifuge studies of RNA degradation. Arch. Biochem. Biophys. **98**, 214—223.

HURWITZ, J., and J. T. AUGUST, 1963: The role of DNA in RNA synthesis. In: "Progress in Nucleic Acid Research," Vol. 1, 59—92. Ed. J. N. DAVIDSON and W. E. COHN, Academic Press, London and New York.

— J. J. FURTH, M. ANDERS, P. J. ORTIZ, and J. T. AUGUST, 1961: The enzymatic incorporation of ribonucleotides into RNA and the role of DNA. Cold Spring Harbor Symp. Quant. Biol. **XXVI**, 91—100.

— — M. MALAMY, and M. ALEXANDER, 1962: The role of deoxyribonucleic acid in ribonucleic acid synthesis. III. The inhibition of the enzymatic synthesis of ribonucleic acid and deoxyribonucleic acid by actinomycin D and proflavin. Proc. Nat. Acad. Sci., U. S. A., **48**, 1222—1230.

HUXLEY, H. E., and G. ZUBAY, 1960: Electron microscope observations on the structure of microsomal particles from *Escherichia coli*. J. Molec. Biol. **2**. 10—18.

— — 1961: Preferential staining of nucleic acid-containing structures for electron microscopy. J. Biophys. Biochem. Cytol. **11**. 273—296.

HYDÉN, H., 1960: The neuron. In: "The Cell," Vol. 4, 215—324. Ed. J. BRACHET and A. E. MIRSKY, Academic Press, New York and London.

IMMERS, J., 1961: Comparative study of the localization of incorporated ^{14}C-labeled amino acids and $^{35}SO_4$ in the sea urchin ovary, egg and embryo. Exp. Cell Res. **24**, 356—378.

INOUYE, A., Y. SHINAGAWA, and S. MASUMURA, 1963: Sedimentation constant — molecular weight relation of ribosomes. Nature **199**, 1290—1291.

IRVIN, J. L., D. J. HOLBROOK, jr., J. H. EVANS, H. C. MCALLISTER, and E. P. STILES, 1963: Possible role of histones in regulation of nucleic acid synthesis. Exp. Cell Res. Suppl. **9**, 359—366.

ISHIHAMA, A., N. MIZUNO, M. TAKAI, E. OTAKA, and S. OSAWA, 1962: Molecular and metabolic properties of messenger RNA from normal and T 2 infected *Escherichia coli*. J. Molec. Biol. **5**, 251—264.

Ito, S., 1962: Light and electron microscopic study of membranous cytoplasmic organelles. In: "The Interpretation of Ultrastructure," 129—148. Ed. R. J. C. Harris, Academic Press, New York and London.

Iverson, R. M., 1964: The content and relative base ratios of ribonucleic acid in Amoeba. J. Cell Biol. **20**, 1—4.

Iwamura, T., 1962: Characterization of the turnover of chloroplast deoxyribonucleic acid in *Chlorella*. Biochim. Biophys. Acta **61**, 472—474.

Izawa, M., V. G. Allfrey, and A. E. Mirsky, 1963: The relationship between RNA synthesis and loop structure in lampbrush chromosomes. Proc. Nat. Acad. Sci., U. S. A., **49**, 544—551.

Jackson, R. J., A. J. Munro, and A. Korner, 1963: Assay of polysomes and ribosomes in particle preparations. Biochem. J. **89**, 11 P—12 P.

Jacob, F., and J. Monod, 1961 a: Genetic regulatory mechanisms in the synthesis of proteins. J. Molec. Biol. **3**, 318—356.

— — 1961 b: On the regulation of gene activity. Cold Spring Harbor Symp. Quant. Biol. **XXVI**, 193—211.

— — 1963: Genetic repression, allosteric inhibition, and cellular differentiation. In: "Cytodifferentiation and Macromolecular Synthesis," 30—64. Ed. M. Locke, Academic Press, New York and London.

Jacob, J., and J. L. Sirlin, 1963: Electron microscopy studies on salivary gland cells. I. The nucleus of *Bradysia mycorum* Frey (Sciaridae), with special reference to the nucleolus. J. Cell Biol. **17**, 153—165.

— — 1964: Electron microscope autoradiography of the nucleolus of insect salivary gland cells. Nature **202**, 622—623.

Jacobson, A. B., H. Swift, and L. Bogorad, 1963: Cytochemical studies concerning the occurence and distribution of RNA in plastids of *Zea mays*. J. Cell Biol. **17**, 557—570.

Jacobson, W., and M. Webb, 1951: The two types of nucleic acid during mitosis. J. Physiol. **112**, 1—3.

— — 1952: The two types of nucleoproteins during mitosis. Exp. Cell Res. **3**, 163—182.

Jansen, M. T., 1958: On the refractive index of histological tissue sections in visible and ultraviolet light. Exp. Cell Res. **15**, 239—242.

— 1961: A simple scanning cytophotometer. Histochemie **2**, 342—347.

Jobst, K., und W. Sandritter, 1961: Über die Beeinflussung der Farbbindung von Toluidinblau und Gallocyaninchromalaun mit Nukleoproteiden (Cytophotometrische Untersuchungen). Acta histochem. **11**, 276—283.

Jones, W., and M. E. Perkins, 1924/25: The occurence of plant nucleotides in animal tissue. J. Biol. Chem. **62**, 291—300.

Jonsson, N., and S. Lagerstedt, 1957: Demonstration of ribonuclease activity in sections from Carnoy fixed rat pancreas. Experientia **XIII**, 321—323.

— — 1958: Losses of nucleic acid derivates from fixed tissues during flattening of paraffin sections on water. Experientia **XIV**, 157—159.

Jordan, B. M., and J. R. Baker, 1955: A simple pyronine-methyl green technique. Quart. J. Micr. Sci. **96**, 177—179.

Jordanov, J., 1962: Über den Nachweis der extranukleolären Ribonukleinsäure der Kerne durch basische Farbstoffe. Ann. Histochim. **7**, 85—87.

Jorpes, E., 1928: Zur Analyse der Pankreasnucleinsäuren. Acta Med. Scand. **68**, 503—573.

Josten, J. J., and P. M. Allen, 1964: The mode of action of lincomycin. Biochem. Biophys. Res. Commun. **14**, 241—244.

Jukes, T. H., 1962: Relation between mutation and base sequences in the amino acid code. Proc. Nat. Acad. Sci., U. S. A., **48**, 1809—1815.

— 1963: Some recent advances in studies of the transcription of the genetic message. In: "Advances in Biological and Medical Physics," Vol. **9**, 1—42. Ed. J. H. Lawrence, J. W. Gofman and Th. L. Hayes, Academic Press, New York and London.

Kadaš, L., 1961: Die Möglichkeiten der Kombination von Methylgrün-Pyronin-Färbung zum Nachweis der Nukleinsäuren und Kohlehydrate. Zbl. allg. Path. path. Anat. **102**, 161—163.

Kahan, F. M., and J. Hurwitz, 1962: The role of deoxyribonucleic acid in ribonucleic acid synthesis. IV. The incorporation of pyrimidine and purine analogues into ribonucleic acid. J. Biol. Chem. **237**, 3778—3785.

KAHAN, E., F. M. KAHAN, and J. HURWITZ, 1963: The role of deoxyribonucleic acid in ribonucleic acid synthesis. VI. Specifitiy of action of actinomycin D. J. Biol. Chem. **238**, 2491—2497.

KALLENBACH, N. R., D. M. CROTHERS, and R. G. MORTIMER, 1963: Interpretation of the kinetics of helix formation. Biochem. Biophys. Res. Commun. **11**, 213—216.

KALNITZKY, G., J. P. HUMMEL, H. RESNICK, J. R. CARTER, L. B. BARNETT, and CH. DIERKS, 1959: The relation of structure to enzymatic activity in ribonuclease. Ann. N. Y. Acad. Sci. **81**, 542—569.

KAMAHORA, J., E. FURUSAWA, K. INAMORI, and T. MORI, 1953: Evaluation of the histological staining with basic and acid dyes as the cytochemical techniques for nucleic acids and proteins. Med. J. Osaka Univ. **4**, 223—233.

KARAKASHIAN, M. W., and J. W. HASTINGS, 1962: The inhibition of a biological clock by actinomycin D. Proc. Nat. Acad. Sci., U. S. A., **48**, 2130—2137.

KARASAKI, S., 1959: Electron microscopic studies on cytoplasmic structures of ectoderm cells of the Triturus embryo during the early phase of differentiation. Embryologia (Nagoya) **4**, 247—272.

KASTEN, F. H., and W. SANDRITTER, 1962: Crystal violet contamination of methyl green and purification of methyl green. A historical note. Stain Techn. **37**, 253—254.

KATZ, S., 1962: Reversible reaction of double-stranded polynucleotides and Hg^{++}: Separation of the strands. Nature **195**, 997—998.

— and F. V. SANTILLI, 1962: The reversible reaction of mercuric chloride and TMV-RNA. Fed. Proc. **21**, 376.

KAVANAU, J. L., 1954: Amino acid metabolism in the early development of the sea urchin *Paracentrotus lividus*. Exp. Cell Res. **7**, 530—557.

KAWAKAMI, J., S. IYEIRI, and A. MATSUMOTO, 1961: Embryonic inductions by microsomal fractions separated with sodium deoxycholate. Embryologia (Nagoya) **6**, 1—12.

KAY, E. R. M., 1953: A mixture of methylgreen and pyronin for cell fractionation studies. Stain Techn. **28**, 41—44.

KAZIRO, Y., A. GROSSMAN, and S. OCHOA, 1963: Identification of peptides synthesized by the cell-free *E. coli* system with polynucleotide messengers. Proc. Nat. Acad. Sci., U. S. A., **50**, 54—60.

KEEBLE, S. A., and R. F. JAY, 1962: Fluorescent staining for the differentiation of intracellular ribonucleic acid and deoxyribonucleic acid. Nature **193**, 695—696.

KELLER, P. J., and E. COHEN, 1963: Purification of bovine pancreatic ribosomes. Fed. Proc. **22**. 301.

— — and R. D. WADE, 1963: Bovine pancreatic ribosomes. I. Preparation and some properties. Biochemistry **2**, 315—321.

KELLEY, E. G., and E. G. MILLER, jr., 1935 a: Reactions of dyes with cell substances. I. Staining of isolated nuclear substances. J. Biol. Chem. **110**, 113—118.

— — 1935 b: Reactions of dyes with cell substances. II. The differential staining of nucleoprotein and mucin by thionine and similar dyes. J. Biol. Chem. **110**. 119—140.

KELLY, J. W., 1956: The metachromatic reaction. In: "Protoplasmatologia," Handb. d. Protoplasmaforsch., Bd. II D 2. Herausg. M. ALFERT, H. BAUER und C. V. HARDING, Springer-Verlag, Wien.

KENNEY, F. T., and F. J. KULL, 1963: Hydrocortisone-stimulated synthesis of nuclear RNA in enzyme induction. Proc. Nat. Acad. Sci., U. S. A., **50**, 493—499.

KEPES, A., 1963: Kinetics of induced enzyme synthesis. Determination of the mean life of galactosidase specific messenger RNA. Biochim. Biophys. Acta **76**, 293—309.

KERR, S. E., K. SERAIDAJNAN, and M. WARKON, 1949: Studies on RNA. III. On the composition of the ribonucleic acid of beef pancreas, with notes on the action of ribonuclease. J. Biol. Chem. **181**, 773—780.

KERSTEN, W., 1961: Interaction of actinomycin C with constituents of nucleic acids. Biochim. Biophys. Acta **47**, 610—611.

— und H. KERSTEN, 1962 a: Zur Wirkungsweise von Actinomycinen. II. Bildung von überschüssiger Desoxyribonucleinsäure in *Bacillus subtilis*. Z. Physiol. Chem. **327**, 234—242.

— — 1962 b: Zur Wirkungsweise von Actinomycinen, III. Bindung von Actinomycin C an Nucleinsäuren und Nucleotide. Z. Physiol. Chem. **330**, 21—30.

KESSEL, R. G., and H. W. BEAMS, 1963: Nucleolar extrusion in oocytes of Thyone briareus. Exp. Cell Res. **32**, 612—615.

Khesin, R. B., and M. F. Shemiakin, 1962: Some properties of information RNAs and their complexes with DNA. Biokhimiya **27**, 761—779 (russ. m. engl. Zusammenfassung).

Killander, D., and A. Zetterberg, 1965: Quantitative studies on interphase growth. I. Determination of DNA, RNA and mass content of age determined mouse fibroblasts *in vitro* and of intercellular variation in generation time. Exp. Cell Res. **38**, 272—284.

King, R. J., and E. M. Roe, 1953: Optical conditions for quantitative ultraviolet microspectroscopy. J. Roy. Micr. Soc. **73**, 82.

Kirby, K. S., 1956: A new method for the isolation of ribonucleic acids from mammalian tissue. Biochem. J. **64**, 405—408.

— 1962 a: Fractionation of nucleic acids in relation to cancer. In: "The Molecular Basis of Neoplasia," 59—75. University of Texas Press, Austin.

— 1962 b: Countercurrent distribution of ribonucleic acid. III. Biochim. Biophys. Acta **61**, 506—512.

— J. R. B. Hastings, and M. A. O'Sullivan, 1962: Countercurrent distribution of ribonucleic acids. IV. Biochim. Biophys. Acta **61**, 978—979.

Kirk, J. T. O., 1963: The deoxyribonucleic acid of broad bean chloroplasts. Biochim. Biophys. Acta **76**, 417—424.

— 1964 a: DNA-dependent RNA-synthesis in chloroplast preparations. Biochem. Biophys. Res. Commun. **14**, 393—397.

— 1964 b: Studies on RNA synthesis in chloroplast preparations. Biochem. Biophys. Res. Commun. **16**, 233—238.

Kisselev, N. A., L. P. Gavrilova, and A. S. Spirin, 1961: On configuration of high-polymer ribonucleic acid macromolecules as revealed by electron microscope. J. Molec. Biol. **3**, 778—783.

Kit, S., 1960: Base composition of the ribonucleic acids of normal tissue, tumors and tissue subfraction. Arch. Biophys. Biochem. **88**, 1—9.

Kjelgaard, N. O., and C. G. Kurland, 1963: The distribution of soluble and ribosomal RNA as a function of growth rate. J. Molec. Biol. **6**, 341—348.

Klamerth, O., 1957: Über das optische Verhalten von Desoxyribonucleinsäure-Histon-Kombinaten. Z. Naturforsch. **12 b**, 186—189.

Klein, F., and J. A. Szirmai, 1963: Quantitative studies on the interaction of azure A with deoxyribonucleic acid and deoxyribonucleoprotein. Biochim. Biophys. Acta **72**, 48—61.

Kleinfeld, R. G., and E. von Haam, 1961: RNA synthesis during mitosis in regenerating rat liver and the effect of colchicine arrest. J. Histochem. Cytochem. **9**, 633.

Klemperer, H. G., 1963 a: The incorporation of uridine 5′-phosphate into ribonucleic acid by an enzyme preparation from rat liver. Biochim. Biophys. Acta **72**, 403—415.

— 1963 b: Mn^{2+}-dependent incorporation of adenosine 5′-phosphate into ribonucleic acid by an enzyme from rat liver. Biochim. Biophys. Acta **72**, 416—420.

Klink, F., A. M. Nour, and K. F. Aepinus, 1963: Chromatographischer Nachweis verschiedener enzymatischer Faktoren für den Aminosäuretransfer. Biochim. Biophys. Acta **72**, 654—656.

Klotz, I., and J. M. Urquhart, 1949: The binding of organic ions by proteins. Comparison of native and of modified proteins. J. Amer. Chem. Soc. **71**, 1597—1603.

Köhler, A., 1904: Mikrophotographische Untersuchungen mit ultraviolettem Licht. Z. wiss. Mikr. **21**, 129—165 und 273—304.

— und M. von Rohr, 1904: Eine mikrophotographische Einrichtung für ultraviolettes Licht. Z. Instrumentenkunde **24**, 341—349.

Koenig, H., 1963: Intravital staining of lysosomes by basic dyes and metallic ions. J. Histochem. Cytochem. **11**, 120—121.

— and H. Stahlecker, 1952: Use of perchloric acid for nucleic acid histochemistry in mammalian nerve and liver cells. Proc. Soc. Exper. Biol. Med. **79**, 159—163.

— R. Koenig, J. Eisenberg, and D. Schildkraut, 1954: Studies of basic dye-nucleic acid interaction in fixed nervous tissue. J. Histochem. Cytochem. **2**, 448.

Konrad, C. G., 1963: Protein synthesis and RNA synthesis during mitosis in animal cells. J. Cell Biol. **19**, 267—277.

Konrad, M. W., and G. S. Stent, 1964: On "natural" DNA-RNA complexes in phage-infected *E. coli*. Proc. Nat. Acad. Sci., U. S. A., **51**, 647—653.

Kopac, M. J., and G. M. Mateyko, 1964: Nucleolar chromosomes: structures, interactions, and perspectives. Advances Cancer Res. **8**, 121—190.

KORDAN, H. A., and L. MORGENSTERN, 1963: Transfer of nucleolar material to the cytoplasm of citrus cells. Exp. Cell Res. **30**, 98—105.

KORNER, A., 1963: Growth hormone, polysomes and messenger ribonucleic acid. Biochem. J. **89**, 14 P—15 P.

— and A. J. MUNRO, 1963 a: Stimulation by rat liver ribonucleic acid of incorporation of amino-acid into rat liver ribosomes. Nature **199**, 489—490.

— — 1963 b: Actinomycin inhibition of *in vitro* protein synthesis in rat liver. Biochem. Biophys. Res. Commun. **11**, 235—238.

KORNFIELD, H. J., and A. A. WERDER, 1960: A differential nucleic acid fluorescent stain applied to cell culture systems. Cancer **13**, 458—461.

KORSON, R., 1951: A differential stain of nucleic acids. Stain Techn. **26**, 265—270.

KOSSEL, A., 1891: Über die chemische Zusammensetzung der Zelle. Arch. Anat. Physiol., 181—186.

KRAKOW, J. S., 1963: Ribonucleic acid polymerase of *Azotobacter vinelandii.* II. Effect of polyamines. Biochim. Biophys. Acta **72**, 566—571.

— and S. OCHOA, 1963: Ribonucleic acid polymerase of *Azotobacter vinelandii.* I. Priming by polyribonucleotides. Proc. Nat. Acad. Sci., U. S. A., **49**, 88—94.

KRAMER, H., and G. M. WINDRUM, 1955: The metachromatic staining reaction. J. Histochem. Cytochem. **3**, 227—237.

KRAUSE, M., and W. PLAUT, 1960: An effect of tritiated thymidine on the incorporation of thymidine into chromosomal deoxyribonucleic acid. Nature **188**, 511—512.

KROEGER, H., 1963 a: Experiments on the extranuclear control of gene activity in Dipteran polytene chromosomes. J. Cell. Comp. Physiol. Suppl. 1, Vol. **62**, 45—59.

— 1963 b: Chemical nature of the system controlling gene activities in insect cells. Nature **200**, 1234.

— J. JACOB, and J. L. SIRLIN, 1963: The movement of nuclear protein from the cytoplasm to the nucleus of salivary cells. Exp. Cell Res. **31**, 416—423.

KROGH, E., and L. EINARSON, 1954: Nucleic acid metabolism in nerve cells under different forms of activity and hyperactivity shown by the Gallocyanin chromalum method. Anatomiske Skrifter I, 67—79.

KROON, A. M., 1963: Inhibitors of mitochondrial protein synthesis. Biochim. Biophys Acta **76**, 165—176.

KRUG, H., 1962: Grundlagen und Methodik der photographischen Mikrospektrophotometrie. Acta Histochem. **14**, 42—58.

KRUH, J., J. C. DREYFUS, J. ROSA, et G. SCHAPIRA, 1962 a: Synthèse de l'hémoglobine par des systèmes acellulaires de réticulocytes. Biochim. Biophys. Acta **55**, 690—703.

— — and G. SCHAPIRA, 1962 b: Indirect evidence for a messenger ribonucleic acid active in the cell-free synthesis of hemoglobin. Biochem. J. **84**. 91 P.

KUFF, E. L., and R. F. ZEIGEL, 1960: Cytoplasmic ribonucleoprotein components of the Novikoff hepatoma. J. Biophys. Biochem. Cytol. **7**, 465—478.

— G. H. HOGEBOOM, and A. J. DALTON, 1956: Centrifugal, biochemical and electron microscopic analysis of cytoplasmic particulates in liver homogenates. J. Biophys. Biochem. Cytol. **2**, 33—54.

KUNITZ, M., 1940: Crystalline ribonuclease. J. Gen. Physiol. **24**, 15—32.

KURLAND, C. G., 1960: Molecular characterization of ribonucleic acid from *Escherichia coli* ribosomes. I. Isolation and molecular weight. J. Molec. Biol. **2**. 83—91.

— and O. MAALØE, 1962: Regulation of ribosomal and transfer RNA synthesis. J. Molec. Biol. **4**, 193—210.

KURNICK, N. B., 1950: Methyl green-pyronin. I. Basis of selective staining of nucleic acids. J. Gen. Physiol. **33**. 243—264.

— 1952 a: The basis for the specifity of methyl green staining. Exp. Cell Res. **3**. 649—651.

— 1952 b: Histological staining with methylgreen-pyronin. Stain Techn. **27**. 233—242.

— 1955 a: Histochemistry of nucleic acids. Intern. Rev. Cytol. **4**. 221—268.

— 1955 b: Pyronin Y in the methylgreen-pyronin histological stain. Stain Techn. **30**. 213—230.

— and M. FOSTER, 1950: Methyl green. III. Reaction with desoxyribonucleic acid. stoichiometry, and behaviour of the reaction product. J. Gen. Physiol. **34**. 147—159.

— and A. E. MIRSKY, 1950: Methyl green-pyronin. II. Stoichiometry of reaction with nucleic acids. J. Gen. Physiol. **33**, 265—274.

KUROSOMI, K., M. YAMAGISHI. and T. NAGAKAWA. 1958: Electron microscopic and cytochemical studies on the cytoplasmic RNA in sea-urchin eggs. Okajimas Folia Anatomica Japonica **30**. 369—387.

Kurozomi, T., K. Kurihara, Y. Hachimori, and K. Shibata, 1963: Interaction of methyl green with deoxyribonucleic acid as observed by a new method of using hydrogen peroxide. J. Biochem. Tokyo **53**, 135—142.

Kyogoku, Y., M. Tsuboi, T. Shimanouchi, and I. Watanabe, 1961: Infrared spectra of formamide-treated nucleic acids. J. Molec. Biol. **3**, 741—745.

LaCour, L. F., 1963: Ribose nucleic acid and the metaphase chromosome. Exp. Cell Res. **29**, 112—118.

Lagerkvist, U., and P. Berg ,1962: The enzymatic synthesis of amino acyl derivatives of ribonucleic acid. V. Nucleotide sequences adjacent to the pCpCpA groups. J. Molec. Biol. **5**, 139—158.

— and J. Waldenström, 1963: Species specifity of aminc acyl RNA synthetases from *E. coli* and yeast. Acta Chem. Scand. **17**, 867.

Lagerstedt, S., 1946: Gallocyanine staining as a specific method for production of protein inclusions in liver cells. Acta Anat. **2**, 392—400.

— 1948: The quantitative estimation of basophilia through gallocyanine chromalum staining. Acta Anat. **5**, 217—223.

— 1949: Cytological studies on the protein metabolism of the liver in rat. Acta Anat. **7**, Suppl. 9, 1—116.

— 1957: The effect of formaldehyde-fixation on the amount of ultraviolet absorbing substances released from tissue sections in the histochemical ribonuclease test. Z. Zellforsch. **45**, 472—482.

Lajtha, L. G., and R. Oliver, 1959: The application of autoradiography in the study of nucleic acid metabolism. Labor. Invest. **8**, 214—221.

Lallier, R., 1963: Effets de l'actinomycine D sur le développement normal et sur les modifications expérimentales de la morphogénèse de l'oeuf de l'oursin *Paracentrotus lividus*. Experientia **XIX**, 572—573.

Lamfrom, H., and E. R. Glowacki, 1962: Controlled dissociation of rabbit reticulocyte ribosomes and its effect on hemoglobin synthesis. J. Molec. Biol. **5**, 97—108.

— and R. F. Squires, 1962: Studies on transfer of amino acids to ribosomes. Biochim. Biophys. Acta **61**, 421—431.

Landman, O. E., and W. Burchard, 1962: The mechanism of action of streptomycin as revealed by normal and abnormal division in streptomycin-dependent *Salmonella*. Proc. Nat. Acad. Sci., U. S. A., **48**, 219—228.

Langridge, R., 1963: Ribosomes: A common structural feature. Science **140**, 1000.

— and K. C. Holmes, 1962: X-ray diffraction studies of concentrated gels of ribosomes from *E. coli*. J. Molec. Biol. **5**, 611—617.

— and P. J. Gomatos, 1963: The structure of RNA. Reovirus RNA and transfer RNA have similar three-dimensional structures, which differ from DNA. Science **141**, 694—698.

Lanni, F., 1962: Biological validity of amino codes deduced with synthetic ribonucleotide polymers. Proc. Nat. Acad. Sci., U. S. A., **48**, 1623—1630.

Lash, J. W., 1963: Tissue interaction and specific metabolic responses: Chondrogenic induction and differentiation. In: "Cytodifferentiation and Macromolecular Synthesis," 235—260. Ed. M. Locke, Academic Press, New York and London.

— F. A. Hommes, and F. Zilliken, 1962: Induction of cell differentiation. I. The *in vitro* induction of vertebral cartilage with a low-molecular weight tissue component. Biochim. Biophys. Acta **56**, 313—319.

Lauf, P., N. Seemayer, und W. Oehlert, 1962: Die Größe und der zeitliche Verlauf der RNS-Synthese in den Ehrlich-Ascites-Tumorzellen der weißen Maus. Z. Krebsforsch. **64**, 490—498.

Lawley, P. D., 1956: Interaction studies with DNA. III. The effect of changes in sodium ion concentration, pH and temperature on the ultra-violet absorption spectrum of sodium thymonucleate. Biochim. Biophys. Acta **21**, 481—488.

Leblond, C. P., and M. Amano, 1962: Synthetic processes in the cell nucleus. IV. Synthetic activity in the nucleolus as compared to that in the rest of the cell. J. Histochem. Cytochem. **10**, 162—174.

Lederberg, S., and J. M. Mitchison, 1962: Interaction of the ribosomes of *Schizosaccharomyces pombe* and *Escherichia coli*. Biochim. Biophys. Acta **55**, 104—109.

Leduc, E. H., and W. Bernhard, 1961: Ultrastructural cytochemistry. Enzyme and acid hydrolysis of nucleic acids and protein. J. Biophys. Biochem. Cytol. **10**, 437—455.

Lennox, B., 1956: A ribonuclease-gallocyanin stain for sexing skin biopsies. Stain Techn. **31**, 167—172.

LERNER, A. M., E. BELL, and J. E. DARNELL, jr., 1963: Ribosomal RNA in the developing chick embryo. Science **141**, 1187—1188.

LESLIE, I., 1955: The nucleic acid content of tissues and cells. In: "The Nucleic Acids," Vol. II, 1—50. Ed. E. CHARGAFF and J. N. DAVIDSON, Academic Press, New York.

— 1961: Biochemistry of heredity: A general hypothesis. Nature **189**, 260—268.

LESSLER, M. A., 1964: Nuclear-cytoplasmic interactions with ionizing radiation. Intern. Rev. Cytol. **16**, 155—172.

LEUCHTENBERGER, C., 1958: Quantitative determination of DNA in cells by Feulgen microspectrophotometry. In: "General Cytochemical Methods," Vol. **1**, 219—278. Ed. J. F. DANIELLI, Academic Press, New York and London.

LEVENBOOK, I., E. C. TRAVAGLINI, and J. SCHULTZ, 1958: Nucleic acids and their components as affected by the Y-chromosome of *Drosophila melanogaster*. Exp. Cell Res. **15**, 43—79.

LEVENE, P. A., 1909: Über Hefenukleinsäuren. Biochem. Z. **17**, 120—131.

— 1921: On the structure of thymus nucleic acid and on its possible bearing on the structure of plant nucleic acid. J. Biol. Chem. **48**, 119—125.

— and W. A. JACOBS, 1909: Über die Pentose in den Nukleinsäuren. II. Mitteilung. Chem. Ber. **42**, 3247—3251.

— and H. S. SIMMS, 1926: Nucleic acid structure as determined by electrometric titration data. J. Biol. Chem. **70**, 327—341.

— and L. W. BASS, 1931: Nucleic acids. Amer. Chem. Soc. Monograph Series. Chemical Catalog Company Inc. New York.

— L. A. MIKESKA, and T. MORI, 1930: On the carbohydrate of thymonucleic acid. J. Biol. Chem. **85**, 785—787.

LEVINTHAL, C., A. KEYNAN, and A. HIGA, 1962: Messenger RNA turnover and protein synthesis in *B. subtilis* inhibited by actinomycin D. Proc. Nat. Acad. Sci., U. S. A., **48**, 1631—1638.

LEVY, H. B., and R. K. LYNT, 1963: An acid-soluble ribonucleic acid from HeLa cells. Biochim. Biophys. Acta **72**, 529—533.

LEWIS, P. R., 1962: A convenient buffer system for controlled staining with basic dyes. Histochemie **2**, 423—426.

LIISBERG, M., 1955: Nucleic acids in relation to the Einarson gallocyaninchromalum technique. Anatomiske Skrifter II, 3—15.

LINDIGKEIT, R., und R. COUTELLE, 1962: Der Abbau ribosomaler Ribonukleinsäure aus *E. coli* in Untereinheiten. Acta Biol. Med. German. **8**, 79—87.

— und R. ECKEL, 1962: Die Reaktion von Formaldehyd mit ribosomaler RNA in Phosphatpuffer und in Mg^{++}-haltigen Lösungen. Acta Biol. Med. German. **8**, 581—597.

LINDSTRÖM, B., 1955: Roentgen absorption spectrophotometry in quantitative cytochemistry. Acta Radiologica, Suppl. **125**, Stockholm.

LINGREL, J. B., and H. BORSOOK, 1963: A comparison of amino acid incorporation into the hemoglobin and ribosomes of marrow erythroid cells and circulating reticulocytes of severely anemic rabbits. Biochemistry **2**, 309—314.

LINNARTZ-NIKLAS, A., K. HEMPEL, und W. MAURER, 1964: Autoradiographische Untersuchung über den Eiweiß- und RNS-Stoffwechsel tierischer Zellen während der Mitose. Z. Zellforsch. **62**, 443—453.

LINSER, H., und K. KAINDL, 1960: Isotope in der Landwirtschaft. Parey-Verlag, Hamburg, Berlin.

LIPMANN, F., 1963: Messenger ribonucleic acid. In: "Progress in Nucleic Acid Research," Vol. **1**, 135—161. Ed. J. N. DAVIDSON and W. E. COHN, Academic Press, New York and London.

LIPP, W. (Editor), 1954/61: Histochemische Methoden. Oldenbourg Verlag, München.

LISON, L., 1935: Études sur la métachromasie, colorants métachromatiques et substances chromotropes. Arch. Biol. (Liège) **46**, 599—668.

— 1953: Histochimie et Cytochimie Animales. Gauthier-Villars, Paris.

— and W. MUTSAARS, 1950: Metachromasy of nucleic acids. Quart. J. Micr. Sci. **91**, 309—313.

LITT, M., and V. M. INGRAM, 1964: Chemical studies on amino acid acceptor ribonucleic acids. II. Attempts of partial digestion of yeast amino acceptor ribonucleic acid with pancreatic ribonuclease. Biochemistry **3**, 560—564.

LITTAUER, U. Z., 1961: Biochemical activity and structural aspects of ribonucleic acids. In: "Protein Biosynthesis," 143—162. Ed. R. J. C. HARRIS, Academic Press, New York and London.

Littlefield, J. W., 1962: DNA synthesis in partially synchronized L cells. Exp. Cell Res. **26**, 318—326.
— E. B. Keller, J. Gros, and P. C. Zamecnik, 1955: Studies on cytoplasmic ribonucleoprotein particles from the liver of the rat. J. Biol. Chem. **217**, 111—123.
Lodin, Z., J. Hájek, J. Pilný, und J. Müller, 1962: Die Stöchiometrie der Gallocyaninreaktion. Konferenz d. Ges. path. Anat. Sektion d. Tschechoslowakischen Ärzteges., Bratislava 1961, ref. in: Zbl. allg. Pathol. path. Anat. **103**, 417.
Loening, U. E., 1962: Messenger ribonucleic acid in pea seedlings. Nature **195**, 467—469.
Loeser, C. N., and S. S. West, 1962: Cytochemical studies and quantitative television fluorescence and absorption spectroscopy. Ann. N. Y. Acad. Sci. **97**, 346—357.
Loftfield, R. B., 1963: The frequency of errors in protein biosynthesis. Biochem. J. **89**, 82—92.
— L. I. Hecht, and E. A. Eigner, 1963: The measurement of amino acid specifity of transfer ribonucleic acid. Biochim. Biophys. Acta **72**, 383—390.
Loring, H. S., 1944: The biochemistry of the nucleic acids, purines and pyrimidines. Ann. Rev. Biochem. **13**, 295—314.
— J. L. Fairley, and H. L. Seagran, 1952: The purine and pyrimidine composition of yeast ribonucleic acid. J. Biol. Chem. **197**, 823—830.
Love, R., and R. H. Liles, 1959: Differentiation of nucleoproteins by inactivation of protein-bound amino groups and staining with toluidine blue and ammonium molybdate. J. Histochem. Cytochem. **7**, 164—181.
— and R. G. Suskind, 1961: Further observations on the ribonucleoproteins of mitotically dividing mammalian cells. Exp. Cell Res. **22**, 193—207.
— and G. Rabotti, 1963: Studies on the cytochemistry of nucleoproteins. III. Demonstration of deoxyribonucleic-ribonucleic acid complexes in mammalian cells. J. Histochem. Cytochem. **11**, 603—612.
— and R. J. Walsh, 1963: Studies on the cytochemistry of nucleoproteins. II. Improved staining methods with toluidine blue and ammonium molybdate. J. Histochem. Cytochem. **11**, 188—196.
Lubin, M., and H. L. Ennis, 1963: The role of intracellular potassium in protein synthesis. Fed. Proc. **22**, 302.
Luborsky, S. W., and G. L. Cantoni, 1962: Studies on the soluble ribonucleic acid of rabbit liver. IV. Physical properties and structure. Biochim. Biophys. Acta **61**, 481—498.
Lumb, E. S., 1950: Cytochemical reactions of nucleic acids. Quart. Rev. Biol. **25**, 278.
Lyttleton, J. W., 1962: Isolation of ribosomes from spinach chloroplasts. Exp. Cell Res. **26**, 312—317.

Maaløe, O., and C. G. Kurland, 1963: The integration of protein and ribonucleic acid synthesis in bacteria. In: "Cell Growth and Cell Division," 93—111. Ed. R. J. C. Harris, Academic Press, New York and London.
Mach, B., E. Reich, and E. L. Tatum, 1963: Separation of the biosynthesis of the antibiotic polypeptide tyrocidine from protein biosynthesis. Proc. Nat. Acad. Sci., U. S. A., **50**, 175—181.
— and E. L. Tatum, 1963: Ribonucleic acid synthesis in protoplasts of *Escherichia coli*: inhibition by actinomycin D. Science **139**, 1051—1052.
Madison, J. T., and Sh. R. Dickman, 1963 a: Beef pancreas ribosomes: Isolation and properties. Biochemistry **2**, 321—326.
— — 1963 b: Beef pancreas ribosomes: Stability. Biochemistry **2**, 326—332.
— G. A. Everett, R. W. Holley, and A. Zamir, 1963: Structural studies on yeast amino acid-acceptor ribonucleic acid. Fed. Proc. **22**, 230.
Magasanik, B., 1955: Isolation and composition of the pentose nucleic acid and of the corresponding nucleoproteins. In: "The Nucleic Acids," Vol. I, 373—407. Ed. E. Chargaff and J. N. Davidson, Academic Press, New York and London.
— and E. Chargaff, 1951: Studies on the structure of RNA. Biochim. Biophys. Acta **7**, 396—412.
Magee, P. N., and V. M. Craddock, 1962: Metabolism of nucleic acids after administration of the carcinogen dimethylnitrosamine. Biochem. J. **85**, 17 P.
— and E. Farber, 1962: Toxic liver injury and carcinogenesis. Methylation of rat-liver nucleic acids by dimethylnitrosamine *in vivo*. Biochem. J. **83**, 114—124.
Mager, J., M. Benedict, and M. Artman, 1962: A common site of action for polyamines and streptomycin. Biochim. Biophys. Acta **62**, 202—204.

MAGGIO, R., PH. SIEKEVITZ, and G. E. PALADE, 1963 a: Studies on isolated nuclei. I. Isolation and chemical characterization of a nuclear fraction from guinea pig liver. J. Cell Biol. **18**, 267—291.

— — — 1963 b: Studies on isolated nuclei. II. Isolation and chemical characterization of nucleolar and nucleoplasmic subfractions. J. Cell Biol. **18**, 293—312.

MAGROT, T., und J. SOVA, 1962: Verhalten der Nucleolen in den Leberzellen. Naturwissenschaften **49**, 381—382.

MAJUMDAR, C., and D. P. BURMA, 1963: Soluble RNA-dependent, non-terminal incorporation of ribonucleotides from nucleoside triphosphates into RNA. Biochim. Biophys. Acta **76**, 480—482.

MAKAROV, P. V., 1961: Zytochemische Veränderungen der Gameten von *Parascaris equorum* im Befruchtungsprozeß. Biol. Zbl. **80**, 665—680.

— 1963: Quantitative study of frog oocytes in connection with some morphological and cytochemical problems. Arch. Anat. Histol. Embryol. (Leningrad) **XLIV**, 21—29 (russ. m. engl. Zusammenfassung).

MAKHIN'KO, V. I., and L. N. BLOK, 1961: The nucleotide composition of ribonucleic acid in the liver of the duck during embryogenesis. Biokhimiya **26**, 860—866 (russ. m. engl. Zusammenfassung).

MANDAL, R. K., 1962: Ribonucleic acid synthesis in a cell-free system from *Azotobacter vinelandii.* Biochim. Biophys. Acta **55**, 238—239.

MANDEL, L. R., and E. BOREK, 1963 a: The biosynthesis of methylated bases in ribonucleic acid. Biochemistry **2**, 555—560.

— — 1963 b: The nature of the RNA synthesized during condition of unbalanced growth in *E. coli* K_{12}W-6. Biochemistry **2**, 560—566.

MARCO, A. DI, and G. BORETTI, 1950/51: On the complexes formed by streptomycin and basic dyes with ribonucleic acid. Interference of salts. Enzymologia **14**, 141—152.

MARINOZZI, V., et W. BERNHARD, 1963: Présence dans le nucléole de deux types de ribonucléoprotéines morphologiquement distinctes. Exp. Cell Res. **32**, 595—598.

MARKERT, C. L., 1958: Chemical concepts of cellular differentiation. In: "The chemical basis of development," 3—16. Ed. W. D. MCELROY and B. GLASS, Johns Hopkins Press, Baltimore.

MARKHAM, R., and J. D. SMITH, 1951: Structure of ribonucleic acid. Nature **168**, 406—408.

— — 1952: Polynucleotides and end groups in ribonucleic acids. Biochem. J. **50**, XXXVIII—XXXIX.

MARKMAN, B., 1957: Studies on nuclear activity in the differentiation of the sea urchin embryo. Exp. Cell Res. **12**, 424—426.

— 1961 a: Regional differences in isotopic labelling of nucleic acid and protein in early sea urchin development. Exp. Cell Res. **23**, 118—129.

— 1961 b: Differences in isotopic labelling of nucleic acid and protein in early sea urchin development. Exp. Cell Res. **23**, 197—200.

— 1961 c: Differences in isotopic labelling of nucleic acid and protein in sea urchin embryos developing from animal and vegetal egg halves. Exp. Cell Res. **25**, 224—227.

MARKS, P. A., E. R. BURKA, and D. SCHLESSINGER, 1962 a: Protein synthesis in erythroid cells. I. Reticulocyte ribosomes active stimulating amino acid incorporation. Proc. Nat. Acad. Sci., U. S. A., **48**, 2163—2171.

— C. WILLSON, J. KRUH, and F. GROS, 1962 b: Unstable ribonucleic acid in mammalian blood cells. Biochem. Biophys. Res. Commun. **8**, 9—14.

— R. A. RIFKIND, and D. DANON, 1963: Polyribosomes and protein synthesis during reticulocyte maturation *in vitro.* Proc. Nat. Acad. Sci., U. S. A., **50**, 336—342.

MARQUARDT, H., 1962: Der Feinbau von Hefezellen im Elektronenmikroskop. II. Mitt. *Saccharomyces cerevisiae*-Stämme. Z. Naturforsch. **17 b**, 689—695.

MARRIAN, D. H., 1952: Ribonucleic acid and deoxyribonucleic acid during tissue regeneration. Biochem. J. **51**, I.

MARSHAK. A., and C. MARSHAK, 1953: Desoxyribonucleic acid in Arbacia eggs. Exp. Cell Res. **5**, 288—300.

— — 1955: Quantitative determination of DNA in Echinoderm germ cells. Exp. Cell Res. **8**, 126—146.

— — 1956: On the question of the DNA content of sea urchin eggs. Exp. Cell Res. **10**, 246—248.

MARTIN, P. G., 1961: Evidence for the continuity of nucleolar material in mitosis. Nature **190**, 1078—1079.

Martin, F., and J. Brachet, 1959: Autoradiographic studies on the incorporation of amino acids into spermatozoa. Exp. Cell Res. **17**, 399—404.

Martin, S. J., H. England, V. Turkington, and I. Leslie, 1963: Depolymerization of ribonucleic acid by enzymes in basic proteins from liver nuclei and ribosomes. Biochim. J. **89**, 327—334.

Massart, L., 1951: L'emploi des colorantes basiques en biologie. Bull. Soc. Chim. Biol. (Paris) **33**, 223—228.

— R. Coussens, et M. Silver, 1951: Métachromasie et structure des acides nucléiques. Bull. Soc. Chim. Biol. (Paris) **33**, 514—521.

Matsuhashi, M., und K. Kumagai, 1963: Metachromatische Reaktion der Oligophosphate. Z. Physiol. Chem. **333**, 140—142.

Matthaei, J. H., 1963: Zur experimentellen Analyse des Aminosäure-Codes. Nova Acta Leopoldina, neue Folge **26**, Nr. 164.

— and M. W. Nirenberg, 1961: Characteristic and stabilisation of DNase-sensitive protein synthesis in *E. coli* extracts. Proc. Nat. Acad. Sci., U. S. A., **47**, 1580—1588.

— O. W. Jones, R. G. Martin, and M. W. Nirenberg, 1962: Characteristics and composition of RNA coding units. Proc. Nat. Acad. Sci., U. S. A., **48**, 666—677.

Matthews, R. E. F., 1963: A possible role for minor bases in ribonucleic acid. Nature **197**, 796.

Maurer, W., und E. Primbsch, 1964: Größe der β-Selbstabsorption bei der H^3-Autoradiographie. Exp. Cell Res. **33**, 8—18.

Maxwell, E., 1962: Stimulation of amino acid incorporation into protein by natural and synthetic polyribonucleotides in a mammalian cell-free system. Proc. Nat. Acad. Sci., U. S. A., **48**, 1639—1643.

Mayersbach, H., 1956: Über die Spezifität der Färbung zum Nachweis der Ribonukleoproteide. Acta histochem. **3**, 128—137.

Mazia, D., 1961 a: Biochemistry of the dividing cell. Ann. Rev. Biochem. **30**, 669—688.

— 1961 b: The central problems of the biochemistry of cell division. In: "Biological structure and function," Vol. II, 475—496. Ed. T. W. Goodwin and O. Lindberg, Academic Press, New York and London.

— 1961 c: Mitosis and the physiology of cell division. In: "The Cell," Vol. III, 77—394. Ed. J. Brachet and A. E. Mirsky, Academic Press, New York and London.

— and H. I. Hirshfield, 1951: Nucleus-cytoplasm relationship in the action of ultraviolet radiation on *Amoeba proteus*. Exp. Cell Res. **2**, 58—72.

— and D. M. Prescott, 1954: Nuclear function and mitosis. Science **120**, 120—122.

McArdle, A. H., 1963: Nucleoproteins in regenerating rat liver. II. A study of the rapidly labeled ribonucleic acid. Biochim. Biophys. Acta **68**, 569—577.

— and E. H. Creaser, 1963: Nucleoproteins in regenerating rat liver. I. Incorporation of ^{32}P into the ribonucleic acid of liver during the early stages of regeneration. Biochim. Biophys. Acta **68**, 561—568.

McCarthy, B. J., 1962 a: Kinetic studies of ribonucleic acid synthesis. Biochem. J. **84**, 60 P.

— 1962 b: Kinetics of relationships in bacterial RNA synthesis. Biophys. Soc. Abs., 6th Ann. Mtg., Washington, D. C., Feb. 14—16.

— and R. J. Britten, 1962: The synthesis of ribosomes in *E. coli*. I. The incorporation of C^{14}-uracil into the metabolic pool and RNA. Biophys. J. **2**, 35—47.

— and E. T. Bolton, 1963: Fractionation of RNA molecules on columns of DNA in agar. Biophys. Soc. Abs., 7th Ann. Mtg., New York City, Feb. 18—20, Abs. MB 12.

— R. J. Britten, and R. B. Roberts, 1962: The synthesis of ribosomes in *E. coli*. III. Synthesis of ribosomal RNA. Biophys. J. **2**, 57—82.

McConkey, E. H., and J. W. Hopkins, 1964: The relationship of the nucleolus to the synthesis of ribosomal RNA in HeLa cells. Proc. Nat. Acad. Sci., U. S. A., **51**, 1197—1204.

McCully, K. S., and G. L. Cantoni, 1962 a: Non-random base sequence of s-RNA and a hypothesis for s-RNA biosynthesis. J. Molec. Biol. **5**, 80—89.

— — 1962 b: Studies on soluble ribonucleic acid of rabbit liver. VI. Frequencies of base sequences revealed by specific enzymatic hydrolysis. J. Biol. Chem. **237**, 3760—3769.

— — 1962 c: Studies on soluble ribonucleic acid (s-RNA) of rabbit liver. VII. A base sequence model of s-RNA. J. Molec. Biol. **5**, 497—505.

McDonald, M. R., 1949: A method for the preparation of "protease free" crystalline ribonuclease. J. Gen. Physiol. **32**, 39—42.

McDonald, M. R., 1949 b: Proteolytic contaminants of crystalline ribonuclease. J. Gen. Physiol. **32**, 33—37.
— and B. P. Kaufmann, 1954: The degradation by ribonuclease of substrates other than ribonucleic acid. J. Histochem. Cytochem. **2**, 387—394.
McKeehan, M. S., 1956: The relative nucleic acid content of lens and retina during lens induction in the chick. Amer. J. Anat. **99**, 131—136.
McLaughlin, C. S., and V. M. Ingram, 1963: Position of the amino acyl group in yeast amino acyl sRNA as studied by phosphorylation. Fed. Proc. **22**, 350.
McMaster-Kaye, R., 1960: The metabolic characteristics of nucleolar, chromosomal, and cytoplasmic ribonucleic acid of *Drosophila* salivary glands. J. Biophys. Biochem. Cytol. **8**, 365—378.
— 1962: Synthetic processes in the cell nucleus. III. The metabolism of nuclear ribonucleic acid in salivary glands of *Drosophila repleta*. J. Histochem. Cytochem. **10**, 154—161.
— and H. Taylor, 1958: Evidence of two metabolically distinct types of ribonucleic acid in chromatin and nucleoli. J. Biophys. Biochem. Cytol. **4**, 5—11.
McQuillen, K., 1961: Protein synthesis *in vivo:* The involvement of ribosomes in *Escherichia coli.* In: "Protein Biosynthesis," 263—290. Ed. R. J. C. Harris. Academic Press, New York and London.
Medvedev, Z. A., 1962: A hypothesis concerning the way of coding interaction between transfer RNA and messenger RNA at the later stages of protein synthesis. Nature **195**, 38—39.
Meek, E. S., 1963: Nucleolar size and total ribonucleic acid in ascites tumour cell. J. Pathol. Bacteriol. **85**, 327—330.
Mendelsohn, M. L., 1958 a: The two-wavelength method of microspectrophotometry. II. A set of tables to faciliate the calculations. J. Biophys. Biochem. Cytol. **4**, 415—424.
— 1958 b: Microspectrophotometry and the cytochemistry of nucleic acids. Doctor Thesis, Univ. Cambridge, England.
Merriam, R. W., 1961: On the fine structure and composition of the nuclear envelope. J. Biophys. Biochem. Cytol. **11**, 559—570.
Metzner, H., 1952: Cytochemische Untersuchungen über das Vorkommen von Nukleinsäuren in Chloroplasten. Biol. Zbl. **71**, 257—272.
Mezger-Freed, L., 1963: Evidence for synthesis of deoxyribonucleic acid in enucleated *Rana pipiens* eggs. J. Cell Biol. **18**, 471—475.
Michaelis, L., 1901: Zur Theorie des Färbeprozesses. Medicin. Woche, 69—70.
— 1947: The nature of the interaction of nucleic acid and nuclei with basic dyestuffs. Cold Spring Harbor Symp. Quant. Biol. **XII**, 131—142.
— 1950: Reversible polymerization and molecular aggregation. J. phys. colloid. Chem. **54**, 1—17.
— and S. Granick, 1945: Metachromasy of basic dyestuffs. J. Amer. Chem. Soc. **67**, 1212—1219.
Michelson, A. M., 1958: Hyperchromicity and nucleic acids. Nature **182**, 1502—1503.
— 1959: Polynucleotides. Part I. Synthesis and properties of some polyribonucleotides. J. Chem. Soc., 1371—1394.
— 1963: The chemistry of nucleosides and nucleotides. Academic Press, New York and London.
Midgley, J. E. M., 1962: The nucleotide base composition of ribonucleic acid from several microbial species. Biochim. Biophys. Acta **61**, 513—525.
— 1963: The kinetics of transfer ribonucleic acid synthesis in *Escherichia coli.* Biochim. Biophys. Acta **68**, 354—364.
Miescher, F., 1871: Über die chemische Zusammensetzung der Eiterzellen. Hoppe-Seylers Med.-chem. Unters. 4. Heft, 441—460.
— 1897: Die histochemischen und physiologischen Arbeiten. Verlag F. C. W. Vogel, Leipzig.
Millar, D. B. S., and R. F. Steiner, 1963: The helix coil transition of polyribouridylic acid. Fed. Proc. **22**, 583.
Mirsky, A. E., 1963: Austauschvorgänge zwischen Zellkern und Zellplasma. Naturwissenschaften **50**, 277—282.
— and H. Ris, 1951: The composition and structure of isolated chromosomes. J. Gen. Physiol. **34**, 475—492.
Mitlin, N., and Ch. F. Cohen, 1961: The composition of ribonucleic acid in the developing house fly ovary. J. econom. Entomol. **54**, 651—653.

Miura, K.-I., 1962: The nucleotide composition of ribonucleic acids of soluble and particle fractions in several species of bacteria. Biochim. Biophys. Acta **55**, 62—70.

Mizrahi, I. J., and P. Emmelot, 1963: Counteraction by sulphydryl compounds of the enzymic conversion of and the metabolic lesions produced by two carcinogenic N-nitrosodialkylamines in rat liver. Biochem. Pharmocol. **12**, 55—63.

Moberger, G., 1954: Malignant transformation of squamous epithelium. A cytochemical study with special reference to cytoplasmic nucleic acid and proteins. Acta Radiol. **112**, Suppl. 1—108.

Moe, H., and O. Behnke, 1962: Cytoplasmic bodies containing mitochondria, ribosomes and rough surfaced endoplasmatic membranes in the epithelium of the small intestine of newborn rats. J. Biophys. Biochem. Cytol. **13**, 168—171.

Möllendorff, W. von, 1924: III. Die Verteilung der basischen Farbstoffe im fixierten Präparat. Anat. Ergebnisse **XXV**, 24—66.

Monier, R., S. Naono, D. Hayes, F. Hayes, and F. Gros, 1962: Studies on the heterogenety of messenger RNA form *E. coli.* J. Molec. Biol. **5**, 311—324.

Monné, L., 1946: Struktur- und Funktionszusammenhang des Cytoplasmas. Experientia II, 153—157.

— and D. B. Slautterback, 1951: The disappearence of protoplasmic acidophilia upon deamination. Arch. Zool. **1**, 455—462.

Monroy, A., 1960: Incorporation of S^{35}-methionine in the microsomes and soluble proteins during the early development of the sea urchin egg. Experientia **16**, 114—115.

Montefoschi, S., e A. Magaldi, 1953: Comportamento degli acidi nucleinici nella ovogenesi di *Asellus aquaticus.* Pubbl. Staz. Zool. Napoli **24**, 167—187.

Montgomery, P. O. B., jr., 1963: Experimental approaches to nucleolar function. Exp. Cell Res. Suppl. **9**, 170—175.

— 1964: Flying spot microscopy. 2. Intern. Kongr. Histochem. Cytochem. Frankfurt/M., 85. Herausg. T. H. Schiebler, A. G. E. Pearse und H. H. Wolff, Springer-Verlag, Berlin, Göttingen, Heidelberg.

— and W. A. Bonner, 1959: Ultra-violet time lapse motion picture observations of mitosis in newt cells. Exp. Cell Res. **17**, 378—384.

— — 1963: Flying spot television microscopy. In: "Cinematography in Cell Biology," 73—92. Ed. G. G. Rose, Academic Press, New York and London.

— and I. L. Hundley, 1961: Ultraviolet microbeam irradiation of the nucleoli of living cells. Exp. Cell Res. **24**, 1—5.

— F. F. Roberts, and W. A. Bonner, 1956: The flying-spot monochromatic ultraviolet microscope. Nature **177**, 1172.

Moore, J. A., 1960: Nuclear transfer of embryonic cells of the amphibia. In: "New Approaches in Cell Biology," 1—14. Ed. P. M. B. Walker, Academic Press, New York and London.

Morgan, R. S., 1962: A new form of ribosome from yeast. J. Molec. Biol. **4**, 115—117.

— C. Greenspan, and B. Cunningham, 1963: Dissociation of yeast ribosomes by papain. Biochim. Biophys. Acta **68**, 642—644.

Morris, A. J., and R. S. Schweet, 1961: Release of soluble protein from reticulocyte ribosomes. Biochim. Biophys. Acta **47**, 415—416.

— R. Arlinghaus, S. Favelukes, and R. S. Schweet, 1963: Inhibition of hemoglobin synthesis by puromycin. Biochemistry **2**, 1084—1090.

Moses, M. J., 1952: Quantitative optical techniques in the study of nuclear chemistry. Exp. Cell Res. Suppl. **2**, 75—94.

— and J. H. Taylor, 1955: Desoxypentose nucleic acid synthesis during microsporogenesis in *Tradescantia.* Exp. Cell Res. **9**, 474—488.

Moskowitz, M., 1963: Differences in precipitability of nucleic acids with streptomycin and dihydrostreptomycin. Nature **200**, 335—337.

— and N. E. Kelker, 1963: Sensitivity of cultured mammalian cells to streptomycin and dihydrostreptomycin. Science **141**, 647—648.

Moustafa, E., 1963: Purification and properties of valine-activating enzyme from wheat germ. Biochim. Biophys. Acta **76**, 280—285.

Movat, H. Z., and N. V. P. Fernando, 1962 a: The fine structure of connective tissue. I. The fibroblast. Exp. Molec. Path. **1**, 509—534.

— — 1962 b: The fine structure of connective tissue. II. The plasma cell. Exp. Molec. Path. **1**, 535—553.

Moyer, R. C., and R. Storck, 1963: Characterization of ribosomes and RNA from *Aspergillus niger.* Bact. Proc. 121, Abs. P 106.

Mueller, G. C., 1963: Molecular events in replication of nuclei. Exp. Cell Res. Suppl. **9**, 144—149.

Müller, W., 1962: Bindung von Actinomycin und Actinomycin-Derivaten von Desoxyribonucleinsäure. Naturwissenschaften **49**, 156—157.

Munro, A. J., R. J. Jackson, and A. Korner, 1963: Amino acid incorporation with single ribosomes. Biochem. J. **89**, 12 P.

— and A. Korner, 1962: Demonstration of a rapidly labeled ribonucleic acid in the cytoplasm of rat liver. Biochem. J. **85**, 37 P.

— — 1964: Messenger ribonucleic acid of rat liver cytoplasm. Nature **201**, 1194—1197.

Murakami, S., 1963: Ribosomes in spinach chloroplasts. Exp. Cell Res. **32**, 398—400.

Murray, M., 1962: The significance of Gram's stain in mammalian tissue. J. Histochem. Cytochem. **10**, 36—38.

Myrbäck, K., und E. Jorpes, 1935: Die freie Diffusion von Nukleinsäuren und Mononukleotiden als Mittel zur Bestimmung ihrer Molekülgröße. Unter besonderer Berücksichtigung der Molekülgröße des Pentosenukleotids aus Pankreas nebst einer Bemerkung über die Molekülgröße der Co-Zymase. Z. Physiol. Chem. **237**, 159—164.

Nagatani, Y., 1960: Cytological studies on the affinity of the carcinogenic azo dyes for cytoplasmic components. Intern. Rev. Cytol. **10**, 243—306.

Naono, S., et F. Gros, 1960: Synthèse par *E. coli* d'une phosphatase modifiée en présence d'un analogue pyrimidique. C. R. Acad. Sci. (Paris) **250**, 3889—3891.

Naora, H., 1958: Microspectrophotometry in visible light range. In: „Hdb. d. Histochemie", Bd. I/1, 192—219. Herausg. W. Graumann und K. Neumann, Gustav Fischer, Stuttgart.

— G. Richter, and H. Naora, 1959: Further studies on the synthesis of RNA in enucleate *Acetabularia mediterranea*. Exp. Cell Res. **16**, 434—436.

— H. Naora, and J. Brachet, 1960: Studies on independent synthesis of cytoplasmic ribonucleic acids in *Acetabularia mediterranea*. J. Gen. Physiol. **43**, 1083—1102.

Nass, M. M. K., and S. Nass, 1963 a: Intramitochondrial fibers with DNA characteristics. I. Fixation and electron staining reactions. J. Cell Biol. **19**, 593—611.

Nass, S., and M. M. K. Nass, 1963 b: Intramitochondrial fibers with DNA characteristics. II. Enzymatic and other hydrolytic treatments. J. Cell Biol. **19**, 613—629.

Nathans, D., 1964: Puromycin inhibition of protein synthesis: incorporation of puromycin into peptide chains. Proc. Nat. Acad. Sci., U. S. A., **51**, 585—592.

— and F. Lipmann, 1961: Amino acid transfer from aminoacyl-ribonucleic acids to protein on ribosomes of *Escherichia coli*. Proc. Nat. Acad. Sci., U. S. A., **47**, 497—504.

— and A. Neidle, 1963: Structural requirements for puromycin inhibition of protein synthesis. Nature **197**, 1076—1077.

— G. von Ehrenstein, R. Monro, and F. Lipmann, 1962: Protein synthesis from aminoacyl-soluble ribonucleic acid. Fed. Proc. **21**, 127—133.

Neidhardt, F. C., and D. G. Fränkel, 1961: Metabolic regulation of RNA synthesis in bacteria. Cold Spring Harbor Symp. Quant. Biol. **XXVI**, 63—73.

Nemer, M., 1962: Interrelation of messenger polyribonucleotides and ribosomes in the sea urchin egg during embryonic development. Biochem. Biophys. Res. Commun. **8**, 511—515.

— 1963: Old and new RNA in the embryogenesis of the purple sea urchin. Proc. Nat. Acad. Sci., U. S. A., **50**, 230—235.

— and S. G. Bard, 1963: Polypeptide synthesis in sea urchin embryogenesis: An examination with synthetic polynucleotides. Science **140**, 664—666.

Nemeth, A. M., and G. de la Haba, 1962: The effect of puromycin on the developmental and adaptive formation of tryptophan pyrolase. J. Biol. Chem. **237**. 1190—1192.

Nerenberg, C., and R. Fischer, 1963: Purification of thionin, Azur B and methylene blue. Stain Techn. **38**, 75—84.

Neumann, K., 1958: Anwendung der Gefriertrocknung für histochemische Untersuchungen. In: „Handbuch der Histochemie", Bd. I/1, 1—77. Herausg. W. Graumann und K. Neumann, Gustav Fischer, Stuttgart.

Newton, A. A., and P. Wildy, 1959: Parasynchronous division of HeLa cells. Exp. Cell Res. **16**, 624—635.

Neyfakh, A. A., 1964: Radiation investigation of nucleo-cytoplasmic interrelations in morphogenesis and biochemical differentiation. Nature **201**. 880—884.

NIHEI, T., and G. L. CANTONI, 1962: Studies on rabbit-liver soluble RNA. VIII. Distribution of nucleotides in soluble RNA chains as revealed by hydrolysis with snake-venom phosphodiesterase. Biochim. Biophys. Acta **61**, 463—466.

NIKLAS, A., und W. MAURER, 1955: Autoradiographie. In: Hoppe-Seyler-Thierfelder, Handb. d. Physiologisch-chemischen Analyse, Bd. II, 10. Auflage, Springer-Verlag, Berlin, Göttingen, Heidelberg.

NILSSON, O., 1962: Electron microscopy of the human endometrial carcinoma. Cancer Res. **22**, 492—494.

NIRENBERG, M. W., 1963: The genetic code: II. Scientific American **208**, 80—94.

— and J. H. MATTHAEI, 1961: The dependence of cell-free protein synthesis in *E. coli* upon naturally occuring and synthetic polyribonucleotides. Proc. Nat. Acad. Sci., U. S. A., **47**, 1588—1601.

— — and O. W. JONES, 1962: An intermediate in the biosynthesis of polyphenylalanine directed by synthetic template RNA. Proc. Nat. Acad. Sci., U. S. A., **48**, 104—109.

— — — R. G. MARTIN, and S. H. BARONDES, 1963: Approximation of genetic code via cell-free protein synthesis directed by template RNA. Fed. Proc. **22**, 56—61.

NISHIMURA, S., and G. D. NOVELLI, 1963: Resistance of s-RNA to ribonucleases in the presence of Magnesium ion. Biochem. Biophys. Res. Commun. **11**, 161—165.

NISMAN, B., J. PELMONT, J. DEMAILLY, et A. YAPO, 1963: Effet de l'actinomycine D sur la synthèse induite de la β-galactosidase et la synthèse du RNA spécifique par une fraction subcellulaire d'*Escherichia coli* K 12. C. R. Acad. Sci. (Paris) **256**, 523—526.

NIU, M. C., 1963: The stability of the RNA induced cellular changes Fed. Proc. **22**, 354.

— C. C. CORDOVA, L. C. NIU, and C. L. RADBILL, 1962: RNA induced biosynthesis of specific enzymes. Proc. Nat. Acad. Sci., U. S. A., **48**, 1964—1969.

NOLL, H., TH. STAEHELIN, and F. O. WETTSTEIN, 1963: Ribosomal aggregates engaged in protein synthesis: Ergosome breakdown and messenger ribonucleic acid transport. Nature **198**, 632—638.

NOMURA, M., K. OKAMOTO, and K. ASANO, 1962: RNA metabolism in *Escherichia coli* infected with bacteriophage T 4. Inhibition of host ribosomal and soluble RNA synthesis by phage and effect of chloromycetin. J. Molec. Biol. **4**, 376—387.

NOVELLI, A., 1954: Affinity of sambocyanin for nucleic acids. Nature **173**, 691.

NOVIKOFF, A. B., J. RYAN, and E. PODBER, 1954: The effects of ribonuclease on the ribonucleic acid and enzyme activities of microsomes isolated from rat liver homogenates. J. Histochem. Cytochem. **2**, 401—406.

NURNBERGER, J. I., 1955: Ultraviolet microscopy and microspectroscopy. In: "Analytical Cytology," Chapter 4. Ed. R. C. MELLORS, MCGRAW-Hill, New York, Toronto and London.

NYGAARD, A. P., and B. D. HALL, 1963: A method for the detection of RNA-DNA complexes. Biochem. Biophys. Res. Commun. **12**, 98—104.

OBERLING, CH., and W. BERNHARD, 1961: The morphology of the cancer cell. In: "The Cell," Vol. V, 405—484. Ed. J. BRACHET and A. E. MIRSKY, Academic Press, New York and London.

OCHOA, S., 1963: Synthetic polynucleotides and the genetic code. Fed. Proc. **22**, 62—74.

OEHLERT, W., 1964: Histoautoradiographie. In: Biochemisches Taschenbuch. Herausg. H. M. RAUEN, 2. Aufl., 2. Teil, 512—521. Springer-Verlag, Berlin, Göttingen. Heidelberg, New York.

— R. LESCH, und P. DÖRMER, 1963: Autoradiographische Untersuchungen des DNS- und RNS-Stoffwechsels an menschlichem Exzisionsmaterial. Naturwissenschaften **50**, 713—714.

OGATA, K., H. NOHARA, K. ISHIKAWA, T. MORITA, and H. ASAOKA, 1961: The activation of isoleucine and leucine and their transfer to soluble ribonucleic acid (RNA) by the partially-purified enzyme fraction obtained from guinea-pig liver. In: "Protein Biosynthesis," 163—182. Ed. J. R. C. HARRIS, Academic Press, New York and London.

— I. WATANABE, T. MORITA, and H. SUGANO, 1962: Decrease in the incorporation activity of liver ribosomes and the release of ribonucleic acid as a result of ultrasonic treatment. Biochim. Biophys. Acta **55**, 264—267.

OGUR, M., and G. ROSEN, 1950: The nucleic acids of plant tissues. I. The extraction and estimation of deoxypentose nucleic acid and pentose nucleic acid. Arch. Biochem. **25**, 262—276.

OHTAKA, Y., and K. UCHIDA, 1963: The chemical structure and stability of yeast ribosomes. Biochim. Biophys. Acta **76**, 94—104.

OKAMOTO, T., and M. TAKANAMI, 1963: Interaction of ribosomes and natural polyribonucleotides. Biochim .Biophys. Acta **76**, 266—274.

OLSZEWSKA, M. J., et J. BRACHET, 1961: Incorporation de la DL-méthionine ^{35}S dans les fragments nucléés et anucléés d'*Acetabularia mediterranea*. Exp. Cell Res. **22**, 370—380.

ORAM, V., 1954: Nucleic acid in the cytoplasm of exocrine pancreas. Anatomiske Skrifter I, 83—96.

— 1955: The cytoplasmic basophilic substances of the exocrine pancreatic cells. Acta Anat. Suppl. **23**, Vol. XXV, 7—112.

ORD, M. J., and J. F. DANIELLI, 1956: The site of damage in Amoeba exposed to X-rays. Quart. J. Micr. Sci. **97**, 29—37.

ORNSTEIN, L., 1952: The distributional error in microspectrophotometry. Lab. Invest. **1**. 250—265.

OSAWA, S., and Y. HAYASHI, 1953: Ribonucleic acid and protein in the growing oocytes of *Triturus pyrrhogaster*. Science **118**, 84—86.

OSTROWSKI, K., J. KOMENDER, H. KOŠCIANEK, and K. KWARECKI, 1962 a: Quantitative investigations of the P and N loss in the rat liver when using various media in the "freeze substitution technique". Experientia **XVIII**, 142—144.

— — — — 1962 b: Quantitative studies on the influence of the temperature applied in freeze substitution on P, N and dry mass losses in fixed tissues. Experientia **XVIII**, 227—228.

OTAKA, E., H. MITSUI, and S. OSAWA, 1962 a: On the ribonucleic acid synthesized in a cell-free system of *Escherichia coli*. Proc. Nat. Acad. Sci., U. S. A., **48**, 425—430.

— S. OSAWA, Y. OOTA, A. ISHIHAMA, and H. MITSUI, 1962 b: Synthesis of ribonucleic acids in microbial cells. I. Ribosomal ribonucleic acid synthesis in growing bacterial cells. Biochim. Biophys. Acta **55**, 310—323.

PAIGEN, K., 1962: On the regulation of DNA transcription. J. Theoret. Biol. **3**, 268—282.

PAKKENBERG, H., 1962: Gallocyanin-chromalum staining: A quantitative evaluation. J. Histochem. Cytochem. **10**, 367.

PALADE, G. E., 1955 a: A small particulate component of cytoplasm. J. Biophys. Biochem. Cytol. **1**, 59—68.

— 1955 b: Studies on the endoplasmatic reticulum. II. Simple dispositions in cells *in situ*. J. Biophys. Biochem. Cytol. **1**, 567—582.

— 1956: The endoplasmatic reticulum. J. Biophys. Biochem. Cytol. **2**. Suppl. 85—97.

— and P. SIEKEVITZ, 1956 a: Liver microsomes. An integrated morphological and biochemical study. J. Biophys. Biochem. Cytol. **2**. 171—200.

— — 1956 b: Pancreatic microsomes. An integrated morphological and biochemical study. J. Biophys. Biochem. Cytol. **2**, 671—690.

PAPPENHEIM, A., 1899: Vergleichende Untersuchungen über die elementare Zusammensetzung des roten Knochenmarkes einiger Säugetiere. Virchows Arch. **157**, 19—76.

— 1901: Wie verhalten sich die Unna'schen Plasmazellen zu Lymphocyten? Virchows Arch. **166**, 424—485.

PARKS, H. F., 1962: Unusual formations of ergastoplasm in parotid acinous cells from mice. J. Biophys. Biochem. Cytol. **14**, 221—234.

PARTHIER, B., 1963: Mitochondria as important sites of protein synthesis in the cells of green leaves. Biochim. Biophys. Acta **72**, 503—505.

— 1964: Proteinsynthese in grünen Blättern. I. Die Proteinsynthese in verschiedenen subzellulären Fraktionen nach $^{14}CO_2$-Photosynthese. Z. Naturforsch. **19 b**, 235—248.

PATAU, K., 1952: Absorption microphotometry of irregular-shaped objects. Chromosoma **5**, 341—362.

PATTEE, H. H., V. E. COSSLETT, and A. ENGSTRÖM (Eds.), 1963: X-ray optics and X-ray microanalysis. Academic Press, New York and London.

PAUL, J., and M. G. STRUTHERS, 1963: Actinomycin D-resistant RNA synthesis in animal cells. Biochem. Biophys. Res. Commun. **11**, 135—139.

PAULING, L., 1960: The nature of the chemical bond. III. Edition. Cornell University Press, Ithaca, New York.

PEARSE, A. G. E., 1960: Histochemistry. Theoretical and applied. II. Edition. J. & A. Churchill Ltd., London.

PEDERSEN, S., A. M. WHITE, and T. HULTIN, 1963: Characteristics of activation of ribosomes from Ehrlich ascites tumour cells with polyuridylic acid. Biochem. Biophys. Res. Commun. **12**, 374—379.

PELLING, C., 1959: Chromosomal synthesis of ribonucleic acid as shown by the incorporation of uridine labeled with tritium. Nature **184**, 655—656.

— 1964: Ribonukleinsäure-Synthese der Riesenchromosomen. Autoradiographische Untersuchungen an *Chironomus tentans*. Chromosoma **15**, 71—122.

PENMAN, S., K. SCHERRER, Y. BECKER, and J. E. DARNELL, 1963: Polyribosomes in normal and poliovirus-infected HeLa cells and their relationship to messenger-RNA. Proc. Nat. Acad. Sci., U. S. A., **49**, 654—662.

PERLMANN, P., and W. S. MORGAN, 1961: Immunological studies of microsomal structure and function. In: "Biological Structure and Function," Vol. **1**, 209—219. Ed. T. W. GOODWIN and O. LINDBERG, Academic Press, New York and London.

PERRY, R. P., 1957: Changes in the ultraviolet absorption spectrum of parts of living cells following irradiation with an ultraviolet microbeam. Exp. Cell Res. **12**, 546—559.

— 1960: On the nucleolar and nuclear dependence of cytoplasmic RNA synthesis in HeLa cells. Exp. Cell Res. **20**, 216—220.

— 1962: The cellular sites of synthesis of ribosomal and 4 S RNA. Proc. Nat. Acad. Sci., U. S. A., **48**, 2179—2186.

— 1963: Selective effects of actinomycin D on the intracellular distribution of RNA synthesis in tissue culture cells. Exp. Cell Res. **29**, 400—406.

— M. ERRERA, A. HELL, and H. DÜRWALD, 1961 a: Kinetics of nucleoside incorporation into nuclear and cytoplasmic RNA. J. Biophys. Biochem. Cytol. **11**, 1—13.

— A. HELL, and M. ERRERA, 1961 b: The rôle of the nucleolus in ribonucleic acid- and protein synthesis. I. Incorporation of cytidine into normal and nucleolar inactivated HeLa cells. Biochim. Biophys. Acta **49**, 47—57.

PETERMANN, M. L., and M. G. HAMILTON, 1961: Physicocemical studies on ribonucleoproteins from mammalian cytoplasm. In: "Protein Biosynthesis," 233—258. Ed. R. J. C. HARRIS, Academic Press, New York and London.

— and A. PAVLOVEC, 1963 a: Ribonucleoprotein from a rat tumor, the Jensen sarcoma. III. Ribosomes purified without deoxycholate but with bentonite as ribonuclease inhibitor. J. Biol. Chem. **238**, 318-323.

— — 1963 b: Ribosomal RNA from rat liver cytoplasm. Biophys. Soc. Abs., 7th Ann. Mtg., New York City, Feb. 18—20, Abs. WA 11.

PFEIFFER, H. H., 1959: Neues vom Brachet-Test auf RNS. Acta Histochem. Suppl. II, 194—199.

PHILLIPS, D. M. P., 1962: The Histones. In: "Progress in Biophysics and biophysical Chemistry," **12**, 211—280. Ed. J. A. V. BUTLER, H. E. HUXLEY and R. E. ZIRKLE, Pergamon Press, New York, Oxford, London and Paris.

PINHEIRO, P., C. P. LEBLOND, and B. DROZ, 1963: Synthetic capacity of reticulocytes as shown by radioautography after incubation with labeled precursors of protein or RNA. Exp. Cell Res. **31**, 517—537.

PISCHINGER, A., 1926: Die Lage des isoelektrischen Punktes histologischer Elemente als Ursache ihrer verschiedenen Färbbarkeit. Z. Zellforsch. **3**, 169—197.

— 1927: Diffusibilität und Dispersität von Farbstoffen und ihre Beziehung zur Färbung bei verschiedenen H-Ionen-Konzentrationen. Z. Zellforsch. **5**, 347—385.

PLAUT, W., and R. C. RUSTAD, 1957: Cytoplasmic incorporation of a ribonucleic acid precursor in *Amoeba proteus*. J. Biophys. Biochem. Cytol. **3**, 625—629.

PLESNER, P., 1961: Changes in ribosome structure and function during synchronized cell division. Cold Spring Harbor Symp. Quant. Biol. **XXVI**, 159—162.

— 1963: Nucleotide metabolism and ribosomal activity during synchronized cell division. In: "Cell Growth and Cell Division," 77—91. Ed. R. J. C. HARRIS, Academic Press, New York and London.

POGO, A. O., B. G. T. POGO, V. C. LITTAU, V. G. ALLFREY, and A. E. MIRSKY, 1962: The purification and properties of ribosomes of the thymus nucleus. Biochim. Biophys. Acta **55**, 849—864.

POLLARD, E., 1963: Collision kinetics applied to phage synthesis, messenger RNA, and glucose metabolism. J. Theoret. Biol. **4**, 98—112.

POLLISTER, A. W., and H. RIS, 1947: Nucleoprotein determination in cytological preparations. Cold Spring Harbor Symp. Quant. Biol. **XII**, 147—157.

— and C. LEUCHTENBERGER, 1949: The nature of the specifity of methyl green for chromatin. Proc. Nat. Acad. Sci., U. S. A., **35**, 111—116.

Pollister, A. W., M. H. Flax, M. H. Himes, and C. Leuchtenberger, 1950: Experiments on the cytochemical demonstration of pentose nucleic acid. J. Nat. Cancer Inst. **10**, 1349.

— M. H. Himes, and L. Ornstein, 1951: Localization of substances in cells. Fed. Proc. **10**, 629—630.

— J. Post, J. G. Benton, and R. Breakstone, 1952: Resistance of ribonucleic acid to basic staining and ribonuclease in human liver. J. Nat. Cancer Inst. **12**, 242—243.

Pollmann, W., und G. Schramm, 1961: Säurehydrolyse von Ribonucleinsäure und Desoxyribonucleinsäure. Z. Naturforsch. **16 b**, 673—678.

Porter, K. R., 1953: Observations on a submicroscopic basophilic component of cytoplasm. J. Exper. Med. **97**, 727—750.

— 1954: Electron microscopy of basophilic components of cytoplasm. J. Histochem. Cytochem. **2**, 346—355.

— 1961 a: The endoplasmatic reticulum: Some current interpretations of its form and function. In: "Biological Structure and Function," Vol. **1**, 127—155. Ed. T. W. Goodwin and O. Lindberg, Academic Press, New York and London.

— 1961 b: The sarcoplasmic reticulum, its recent history and present status. J. Biophys. Biochem. Cytol. **10**, 219—226.

— and R. D. Machado, 1960: Studies on the endoplasmatic reticulum. VI. Its form and distribution during mitosis in cells of onion root tips. J. Biophys. Biochem. Cytol. **7**, 167—180.

Powers, M. M., and G. Clark, 1955: An evaluation of cresyl echt violet acetate as a Nissl stain. Stain Techn. **30**, 83—88.

Preiss, J., P. Berg, E. Ofengand, F. Bergmann, and M. Dieckmann, 1959: The chemical nature of the RNA-amino acid compound formed by amino acid-activating enzymes. Proc. Nat. Acad. Sci., U. S. A., **45**, 319—328.

Prescott. D. M., 1957: The nucleus and ribonucleic acid synthesis in *Amoeba*. Exp. Cell Res. **12**, 196—198.

— 1959: Nuclear synthesis of cytoplasmic ribonucleic acid in *Amoeba proteus*. J. Biophys. Biochem. Cytol. **6**, 203—206.

— 1960 a: The nuclear dependence of RNA synthesis in *Acanthamoeba*. Exp. Cell Res. **19**, 29—34.

— 1960 b: Relation between cell growth and cell division. IV. The synthesis of DNA, RNA and protein from division to division of *Tetrahymena*. Exp. Cell Res. **19**, 228—238.

— 1961 a: The growth-duplication cycle of the cell. Intern. Rev. Cytol. **11**, 255—282.

— 1961 b: RNA synthesis in the nucleus and RNA transfer to the cytoplasm in *Tetrahymena pyriformis*. In: "Biological Structure and Function," Vol. II. 527—536. Ed. T. W. Goodwin and O. Lindberg, Academic Press, New York and London.

— 1963: RNA and protein replacement in the nucleus during growth and the conservation of components in the chromosome. In: "Cell growth and Cell Division," 111—129. Ed. R. J. C. Harris, Academic Press, New York and London.

— and R. F. Kimball, 1961: Relation between RNA, DNA and protein synthesis in the replicating nucleus of Euplotes. Proc. Nat. Acad. Sci., U. S. A., **47**, 686—693.

— and M. A. Bender, 1962: Synthesis of RNA and protein during mitosis in mammalian tissue culture cells. Exp. Cell Res. **26**, 260—268.

— — 1963: Synthesis and behaviour of nuclear proteins during the cell life cycle. J. Cell. Comp. Physiol. **62**, 175—194.

— F. J. Bollum. and B. C. Kluss, 1962: Is DNA polymerase a cytoplasmic enzyme? J. Biophys. Biochem. Cytol. **13**, 172—174.

Price, T. D., H. A. Hinds, and R. S. Brown, 1963: Thymine ribonucleotides of soluble ribonucleic acid of rat liver. J. Biol. Chem. **238**, 311—317.

Protass, J. J., J. F. Speyer, and P. Lengyel, 1964: Amino acid code in *Alcaligenes faecalis*. Science **143**, 1174—1176.

Quastler, H., and G. Zubay, 1962: An RNA-protein code based on replacement data. II. Adjustment and extension. J. Theoret. Biol. **3**, 496—502.

Quattrone, P. D., 1959: Comparison of the nucleic acid contents in various tissues of mice. Lymph nodes and thymus of nonleukemic and leukemic AK mice and livers of normal C 3 H mice. Exp. Cell Res. **16**, 506—517.

Quay, W. B., 1957: Experimental cyanine red, a new stain for nucleic acids and acid mucopolysaccharides. Stain Techn. **32**, 175—182.

Rabinovitch, M., and W. Plaut, 1962a: Cytoplasmic DNA synthesis in *Amoeba proteus*. I. On the particulate nature of the DNA-containing elements. J. Cell Biol. **15**, 525—534.

— — 1962b: Cytoplasmic DNA synthesis in *Amoeba proteus*. II. On the behaviour and possible nature of the DNA-containing elements. J. Cell Biol. **15**, 535—540.

Rake, A. V., and A. F. Graham, 1962a: Biosynthesis of ribonucleic acid in mammalian cells. J. Cell. Comp. Physiol. **60**, 139—147.

— — 1962b: Turnover of ribonucleic acids in mammalian cells. Biochim. Biophys. Acta **55**, 267—269.

Ramamurty, P. S., 1963: Über die Herkunft der Ribonukleinsäure in den wachsenden Eizellen der Skorpionsfliege *Panorpa communis*. Naturwissenschaften **50**, 383—384.

Ranzi, S., G. Gavarosi, and P. Citterio, 1961: Cytodifferentiation induced by ribonucleoproteins. Experientia **XVII**, 395—396.

Rattenbury, J. A., 1952: Specific staining of nucleolar substances with acetocarmine. Stain Techn. **27**, 114—121.

Rauen, H. M., H. Kersten, und W. Kersten, 1960: Zur Wirkungsweise von *Actinomycinen*. Z. physiol. Chem. **321**, 139—147.

Raven, C. P., 1961: Oogenesis. Pergamon Press, New York.

Rebhun, L., 1956: Electron microscopy of basophilic structures of some invertebrate oocytes. II. Fine structure of the yolk nuclei. J. Biophys. Biochem. Cytol. **2**, 159—170.

Recondo, A.-M. de, C. Frayssinet, et J.-J. de Recondo, 1962: Incorporation de thymidine tritiée au niveau du cytoplasme de cellules hépatiques neoplasiques. Étude faite chez le rat albinos. C. R. Acad. Sci. (Paris) **255**, 3471—3473.

Reddi, K. K., 1961: Polyribonucleotide synthetase. Science **133**, 1367.

— and Y. V. Anjaneyalu, 1963: Studies on the formation of Tobacco mosaic virus ribonucleic acid. I. Nonparticipation of deoxyribonucleic acid. Biochim. Biophys. Acta **72**, 33—39.

Reich, E., 1964: Actinomycin: correlation of structure and function of its complexes with purines and DNA. Science **143**, 684—689.

— R. M. Franklin, A. J. Shatkin, and E. L. Tatum, 1962: Action of actinomycin D on animal cells and viruses. Proc. Nat. Acad. Sci., U. S. A., **48**, 1238—1245.

Reichard, P., 1955: Biosynthesis of purines and pyrimidines. In: "The Nucleic Acids," Vol. II, 277—308. Ed. E. Chargaff and J. N. Davidson, Academic Press, New York.

— and L. Rutberg, 1960: Formation of deoxycytidine-5′-phosphate from cytidine-5′-phosphate with enzymes from *Escherichia coli*. Biochim. Biophys. Acta **37**. 554—555.

Reid, E., and H. P. Morris, 1963: Uridine nucleotide and ribonucleic acid metabolism in the Morris 5123 hepatoma. Biochim. Biophys. Acta **68**, 647—650.

Reiner, B., J. A. Bain, and D. P. Groth, 1963: Isolation and properties of total nuclear ribonucleic acid of rat liver. J. Biol. Chem. **238**, 1085—1090.

Rendi, R., 1959: On the occurence of intramitochondrial ribonucleoprotein particles. Exp. Cell Res. **17**, 585—587.

Revel, J. P., 1962: The sarcoplasmic reticulum of the rat cricothyroid muscle. J. Biophys. Biochem. Cytol. **12**, 571—588.

Reynolds, R. C., and P. O'B. Montgomery, 1962: "Nucleolar caps" produced by the carcinogenic agent 4-nitroquinoline-N-oxide. Proc. Amer. Assoc. Cancer Res. **3**, 354.

Rho, J. H., and J. Bonner, 1961: The site of ribonucleic acid synthesis in the isolated nucleus. Proc. Nat. Acad. Sci., U. S. A., **47**, 1611—1619.

Rhodes, M. J. C., and E. W. Yemm, 1963: Development of chloroplasts and the synthesis of protein in leaves. Nature **200**, 1077—1080.

Rhodes, R. H., and H. C. Dalton, 1961: Development of cells in differentiating urodele pituitaries showing RNA and alkaline phosphatase characteristics associated with the beginning of secretion. J. Morph. (Philad.) **109**, 269—278.

Rice, W. E., and R. M. Bock, 1963: The problem of sequence determination in transfer RNA. J. Theoret. Biol. **4**, 260—267.

Rich, A., 1963: Polyribosomes. Scientific American **209**, 44—53.

— and J. D. Watson, 1954: Some relations between DNA and RNA. Proc. Nat. Acad. Sci., U. S. A., **40**, 759—764.

Rickenbacher, J., 1951: Die Nukleinsäuren in der Augenentwicklung der Amphibien. Rev. Suisse Zool. **58**, 456—462.

RIS, H., and W. PLAUT, 1962: Ultrastructure of DNA-containing areas in the chloroplast of *Chlamydomonas*. J. Biophys. Biochem. Cytol. **13**, 383—391.

RISEBROUGH, R. W., A. TISSIÈRES, and J. D. WATSON, 1962: Messenger-RNA attachment to active ribosomes. Proc. Nat. Acad. Sci., U. S. A., **48**, 430—436.

RITTER, C., H. S. DI STEFANO, and A. FARAH, 1961: A method for the cytophotometric estimation of ribonucleic acid. J. Histochem. Cytochem. **9**, 97—102.

ROBBINS, P. W., and B. M. KINSEY, 1963: The formation of RNA pseudouridine: a tracer experiment showing that the uridine to pseudouridine rearrangement is an intramolecular reaction. Fed. Proc. **22**, 229.

ROBBINS, E., and PH. I. MARCUS, 1964: Mitotically synchronized mammalian cells: A simple method for obtaining large populations. Science **144**, 1152—1153.

ROBERTIS, E. DE, 1954: The nucleo-cytoplasmic relationship and the basophilic substance (Ergastoplasm) of nerve cells (Electron microscope observations). J. Histochem. Cytochem. **2**, 341—345.

ROBERTS, J. J., and G. P. WARWICK, 1963: Azo dye liver carcinogenesis: Reaction of hydroxymethylaminoazobenzene with nucleic acids *in vitro*. Nature **197**, 87—88.

ROBERTS, R. B., 1962 a: Alternative codes and templates. Proc. Nat. Acad. Sci., U. S. A., **48**, 897—900.

— 1962 b: Further implications of the doublet code. Proc. Nat. Acad. Sci., U. S. A., **48**, 1244—1250.

— R. J. BRITTEN, and B. J. McCARTHY, 1963: Kinetic studies of RNA and ribosomes. In: "Molecular Genetics," 291—352. Ed. J. H. TAYLOR, Academic Press, New York and London.

ROBINSON, R. L., and P. BACSICH, 1958: Improving the staining qualities of toluidine blue. Stain Techn. **33**, 171—173.

ROMANINI, A., 1953: Sul significato istochimica dell colorazione degli acidi nucleici con la cromo gallocianina. Mikroskopie **8**, 374.

— e M. T. ROMANINI, 1953: Per un dosaggio istochimico subquantitativo dell' acido ribonucleico con la tecnica di Brachet. Mikroskopie **9**, 239.

ROODYN, D. B., P. J. REIS, and T. S. WORK, 1961: Protein synthesis in isolated mitochondria: Its relationship to oxydative phosphorylation and its bearing upon theories of mitochondrial replication. In: "Protein Biosynthesis," 37—48. Ed. R. J. C. HARRIS, Academic Press, New York and London.

ROSENKRANZ, H. S., and A. BENDICH, 1958: On the nature of the deoxyribonucleic acid-methyl green reaction. J. Biophys. Biochem. Cytol. **4**, 663—664.

ROTH, J. S., 1960 a: Studies on the function of intracellular ribonucleases. II. The interaction of ribonucleoprotein and enzymes. J. Biophys. Biochem. Cytol. **7**, 443—453.

— 1960 b: Studies on the function of intracellular ribonucleases. III. The relationship of the ribonuclease activity of rat liver microsomes to their biological activity. J. Biophys. Biochem. Cytol. **8**, 665—673.

— 1964: Biological information in a single strand of deoxyribonucleic acid. Nature **202**, 182—183.

RUCH, F., 1956: Birefrigence and dichroism of cells and tissues. In: "Physical Techniques in biological Research." Vol. III, 149—176. Ed. G. OSTER and A. W. POLLISTER, Academic Press, New York.

— 1960: Ein Mikrospektrograph für Absorptionsmessungen im ultravioletten Licht. Z. wiss. Mikr. **64**, 453—468.

RUDKIN, T., and S. L. CORLETTE, 1956: Refractive index matching in the UV using dark field photomicrography. J. Histochem. Cytochem. **4**, 438.

RUPPEL, H. G., 1964: Über Nucleinsäuren in Chloroplasten von *Allium porrum* und *Antirrhinum majus*. Biochim. Biophys. Acta **80**, 63—72.

RUSHIKY, G. W., 1962: Nucleotide sequence variations in amino acid-specific s-RNA preparation. Fed. Proc. **21**, 371.

RUSTAD, R. C., 1959: An interference microscopical and cytochemical analysis of local mass changes in the mitotic apparatus during mitosis. Exp. Cell Res. **16**, 575—583.

RUTHMANN, A., 1958: Basophilic lamellar systems in the crayfish spermatocyte. J. Biophys. Biochem. Cytol. **4**, 267—274.

RUTMAN, R. J., A. CANTORAW, and K. E. PASCHKIS, 1954: Studies in 2-acetylaminofluorene carcinogenesis. III. The utilization of uracil-2-C^{14} by preneoplastic rat liver and hepatoma. Cancer Res. **14**, 119—123.

RYCHLÍK, I., 1961: Inhibition by 6-azouridine diphosphate of the incorporation of amino acids into soluble ribonucleic acid (s-RNA). In: "Protein Biosynthesis," 381—384. Ed. R. J. C. HARRIS, Academic Press, New York and London.

SÄNGER, H. L., and C. A. KNIGHT, 1963: Action of actinomycin D on RNA synthesis in healthy and virus-infected tobacco leaves. Biochem. Biophys. Res. Commun. **13**, 455—461.

SÁEZ, F. A., 1954: Estudio microspectrofotometrico de la heterocromatina y eucromatina. Riv. Istochim. **1**, 487—502.

SAGER, R., 1962: Streptomycin as a mutagen for nonchromosomal genes. Proc. Nat. Acad. Sci., U. S. A., **48**, 2018—2026.

— and M. R. ISHIDA, 1963: Chloroplast DNA in *Chlamydomonas*. Proc. Nat. Acad. Sci., U. S. A., **50**, 725—730.

SAGIK, B. P., M. H. GREEN, M. HAYASHI, and S. SPIEGELMAN, 1962: Size distribution of "informational" RNA. Biophys. J. **2**, 409—421.

SANDERS, F. K., 1946: Cytochemical differentiation between the pentose and deoxypentose nucleic acid in tissue sections. Quart. J. Micr. Sci. **87**, 203.

SANDRITTER, W., 1952 a: Über den Nucleinsäurestoffwechsel in Plattenepithel- und kleinzelligen Bronchialcarcinomen. Frankf. Z. Path. **63**, 387—422.

— 1952 b: Über den Nucleinsäuregehalt in verschiedenen Tumoren. Frankf. Z. Path. **63**, 423—446.

— 1957: Das ultraviolette Absorptionsspektrum der Proteine: Mikrospektrophotometrische Methodik. Acta Histochem. **4**, 276—303.

— 1958: Ultraviolettmikrospektrophotometrie. In: „Handbuch der Histochemie", Bd. I/1, 220—338. Herausg. W. GRAUMANN und K. NEUMANN, Gustav Fischer, Stuttgart.

— 1960 a: Der Einfluß der Vorbehandlung des Untersuchungsmaterials für die UV-Photometrie. Acta Histochem. **9**, 180—182.

— 1960 b: Über Einschlußmedien für die Photometrie im sichtbaren und ultravioletten Licht. Acta Histochem. **9**, 192—194.

— 1964: Cytophotometrische Untersuchungen am Portiocarcinom und seinen Vorstufen. Verhandl. Dtsch. Ges. Path. 48 Tgg., 34—43. Gustav Fischer-Verlag, Stuttgart.

— und F. HÜBOTTER, 1954: Über die Bedeutung des Nucleolus in der Nebennierenrinde. Frankf. Z. Path. **65**, 219—229.

— und J. HARTLEIB, 1955: Quantitative Untersuchungen über den Nukleinsäureverlust des Gewebes bei Fixierung und Einbettung. Experientia **XI**, 313—317.

— und I. LANGE, 1964: Histochemie der Nukleinsäuren. In: „100 Jahre Histochemie in Deutschland", 15—21. Herausg. W. SANDRITTER, F. K. Schattauer-Verlag, Stuttgart.

— G. PILLAT, und E. THEISS, 1957: Zur Wirkung der Ribonuklease auf Leberzellen. Quantitative UV-mikrospektrophotometrische Untersuchungen. Exp. Cell Res. Suppl. **4**, 64—82.

— H. G. SCHIEMER, D. MÜLLER, und H. SCHRÖDER, 1958 a: Aufbau und Betrieb eines einfachen Mikrospektrophotometers (Cytophotometer) für sichtbares Licht. Z. wiss. Mikr. **63**, 453—476.

— D. MÜLLER, H. SCHÄFER, und H. G. SCHIEMER, 1958 b: Histochemie von Sputumzellen. II. Quantitative ultraviolett-mikrospektrophotometrische Nucleinsäurebestimmungen. Frankf. Z. Path. **68**, 710—727.

— W. MONDORF, H. G. SCHIEMER, und D. MÜLLER, 1959 a: Beschreibung eines Cytophotometers für sichtbares Licht. Mikroskopie **14**, 25—35.

— U. BECKER, D. MÜLLER, und E. F. PFEIFFER, 1959 b: Histochemische Untersuchungen zur Frage der Funktion der B-Zellen der Langerhans'schen Inseln nach Stimulierung mit D 860. Endokrinologie **37**, 193—217.

— H. G. SCHIEMER, H. KRAUS, und U. DÖRRIEN, 1960 a: Das Wachstum von Einzelzellen in der Gewebekultur. Interferenzmikroskopische Untersuchungen an HeLa-Zellen. J. Biophys. Biochem. Cytol. **7**, 579—582.

— — — — 1960 b: Interferenzmikroskopische Untersuchungen über das Wachstum von Einzelzellen (HeLa-Zellen) in der Gewebekultur. Frankf. Z. Path. **70**, 271—299.

— H. CRAMER, und W. MONDORF, 1960 c: Zur Krebsdiagnostik an vaginalen Zellausstrichen mittels cytophotometrischer Messungen. Arch. Gynäkol. **192**, 293—303.

— G. KIEFER, und W. RICK, 1963: Über die Stöchiometrie von Gallocyaninchromalaun mit Desoxyribonukleinsäure. Histochemie 3, 315—340.

SANTER, M., 1963: Ribosomal RNA on the surface of ribosomes. Science **141**, 1049—1050.

— and S. K. VERNON, 1962: Heterogenety of ribosomes of *Escherichia coli*. Bacteriol. Proc., 35.

SARGENT, J. R., and P. N. CAMPBELL, 1963: Sequential synthesis of serum albumin by the microsome fraction from rat liver. Biochem. J. **89**, 16 P.

SASAKI, N., 1961: Inductive abilities of nucleic acid and protein moiety of nucleoprotein of chick embryo extract. Kumamoto J. Sci. Ser. B, Sect. 2, **5**, 173—184.

SASSE, L., M. RABINOWITZ, and I. H. GOLDBERG, 1963: Synthesis of polypseudouridylic acid by polynucleotide phosphorylase. Biochim. Biophys. Acta **72**, 353—361.

SATO, K., and F. EGAMI, 1957: Studies on ribonucleases in Takadiastase I. J. Biochem. Tokyo **44**, 753—767.

SCHARFF, M. D., A. J. SHATKIN, and L. LEVINTOW, 1963: Association of newly formed viral protein with specific polyribosomes. Proc. Nat. Acad. Sci., U. S. A., **50**, 686—693.

SCHARFFENBERG, R. S., and R. E. BELTZ, (Eds.), 1962 ff.: The Nucleic Acids. An annotated bibliography of current literature. Special Bibliographies, Loma Linda and Pergamon Press, Oxford.

SCHATZ, G., E. HASTBRUNNER, und H. TUPPY, 1964: Deoxyribonucleic acid associated with yeast mitochondria. Biochem. Biophys. Res. Commun. **15**, 127—132.

SCHAUENSTEIN, E., und H. BAYZER, 1955: Über die quantitative Berücksichtigung der Tyndall-Absorption im UV-Absorptionsspektrum von Proteinen. J. Polymer Science **XVI**, 45—51.

SCHEIBE, G., 1938: Reversible Polymerisation als Ursache neuartiger Absorptionsbanden von Farbstoffen. Kolloid Z. **82**, 1—14.

— und V. ZANKER, 1958: Physikochemische Grundlagen der Metachromasie. Acta Histochem. Suppl. I, 6—37.

SCHERRER, K., and J. E. DARNELL, 1962: Sedimentation characteristics of rapidly labeled RNA from HeLa cells. Biochem. Biophys. Res. Commun. **7**, 486—490.

— H. LATHAM, and J. E. DARNELL, 1963: Demonstration of an unstable RNA and of a precursor to ribosomal RNA in HeLa cells. Proc. Nat. Acad. Sci., U. S. A., **49**, 240—248.

SCHIEMER, H. G., im Druck: Interferenzmikroskopie. In: „Handbuch der Histochemie". Herausg. W. GRAUMANN und K. NEUMANN, Gustav Fischer-Verlag, Stuttgart.

— W. ALT, und W. SANDRITTER, 1957: Zur Methodik der Trockengewichtsbestimmungen mit dem Bakerschen Interferenzmikroskop. Acta Histochem. **4**, 325—360.

SCHLENK, F., 1955: Biosynthesis of nucleosides and nucleotides. In: "The Nucleic Acids." Vol. II, 309—339. Ed. E. CHARGAFF and J. N. DAVIDSON, Academic Press, New York.

SCHLESSINGER, D., 1960: Hyperchromicity in ribosomes from *Escherichia coli*. J. Molec. Biol. **2**, 92—95.

SCHMIDT, G., R. CUBILES, and S. J. THANNHAUSER, 1947: The action of prostate phosphatase on yeast nucleic acid. Cold Spring Harbor Symp. Quant. Biol. **XII**, 161—168.

SCHNEIDER, J. H., and S. N. NAYFEH, 1962: The effect of deoxyribonuclease on the incorporation of precursors into nuclear ribonucleic acid in reconstituted rat-liver homogenates. Biochim. Biophys. Acta **61**, 387—394.

SCHNEIDER, W. C., 1947: Nucleic acids in normal and neoplastic tissues. Cold Spring Harbor Symp. Quant. Biol. **XII**, 169—178.

— and H. L. KLUG, 1956: The distribution of nucleic acids and other phosphorus containing compounds in normal and malignant tissues. Cancer Res. **6**, 691.

SCHOLTISSEK, C., 1962 a: An unstable ribonucleic acid in rat liver nuclei. Nature **194**, 353—355.

— 1962 b: End-turnover of rat-liver soluble RNA *in vivo*. Biochim. Biophys. Acta **61**, 499—505.

SCHOLTYSECK, E., 1954: Beobachtungen über den Austritt von ganzen Karyosomen ins Cytoplasma bei *Eimeria maxima*. Naturwissenschaften **41**, 40.

SCHRÖTTER, H., 1906: Beitrag zur Mikrophotographie mit ultraviolettem Licht nach Köhler. Virchows Arch. **183**, 343—370.

SCHUBERT, M., and D. HAMERMAN, 1956: Metachromasia; Chemical theory and histochemical use. J. Histochem. Cytochem. **4**, 159—189.

SCHÜMMELFEDER, N., K.-J. EBSCHNER, und E. KROGH, 1957: Die Grundlage der differenten Fluorochromierung von Ribo- und Desoxyribonukleinsäure mit Acridinorange. Naturwissenschaften **44**, 467—468.

— R. E. KROGH, und K.-J. EBSCHNER, 1958: Färbungsanalysen zur Acridinorange-Fluorochromierung. Histochemie **1**, 1—28.

SCHULMAN, H. M., and D. M. BONNER, 1962: A naturally occuring DNA-RNA complex from *Neurospora crassa*. Proc. Nat. Acad. Sci., U. S. A., **48**, 53—63.

SCHULTZE, B., und W. MAURER, 1963: Größe der RNS-Synthese in Nukleolus und Karyoplasma bei einigen Zellarten der Maus. Z. Zellforsch. **60**, 387—391.

SCHULTZE, B., W. OEHLERT, und W. MAURER, 1959: Autoradiographische Untersuchung zum Mechanismus der Eiweißneubildung in Ganglienzellen. Beitr. path. Anat. allg. Path. **120**, 58—84.

SCHUSTER, H., G. SCHRAMM, und W. ZILLIG, 1956: Die Struktur der Ribonucleinsäure aus Tabakmosaikvirus. Z. Naturforsch. **11 b**, 339—345.

SCHWARTZ, V., 1956: Nukleolenformwechsel und Zyklen der Ribonukleinsäure in der vegetativen Entwicklung von *Paramecium bursaria*. Biol. Zentralblatt **75**, 1—16.

SCHWEET, R., and J. BISHOP, 1963: Protein synthesis in relation to gene action. In: "Molecular Genetics," 353—404. Ed. J. H. TAYLOR, Academic Press, New York and London.

SCHWEIGER, H. G., und H. J. BREMER, 1961: Cytoplasmatische RNS-Synthese in kernlosen Acetabularien. Biochim. Biophys. Acta **51**, 50—59.

— und E. SCHWEIGER, 1963: Zur Wirkung von Actinomycin C auf *Acetabularia*. Naturwissenschaften **50**, 620.

— und S. BERGER, 1964: DNA-dependent RNA synthesis in chloroplasts of *Acetabularia*. Biochim. Biophys. Acta **87**, 533—535.

— H. J. BREMER, und E. SCHWEIGER, 1963 a: Der Ribonucleinsäure-Stoffwechsel in Erythrocyten. I. Freie Nucleotide und Phosphateinbau in kernhaltigen Erythrocyten. Z. Physiol. Chem. **332**, 17—26.

— E. SCHWEIGER, und H. J. BREMER, 1963 b: Der Ribonucleinsäure-Stoffwechsel in Erythrocyten. II. Freie Nucleotide und Phosphateinbau in Rattenreticulocyten. Z. Physiol. Chem. **332**, 27—37.

— — und I. VOLLERTSEN, 1963 c: Ribonucleinsäure-Abbau und Hämoglobinsynthese in Reticulocyten. Biochim. Biophys. Acta **76**, 482—484.

SCOTHORNE, R. J., 1953: Histochemical studies on human skin autografts. J. Anat. **87**. 22—29.

SCOTT, J. F., A. P. FRACCASTORO, and E. B. TAFT, 1956: Studies on histochemistry. I. Determination of nucleic acids in microgram amounts of tissue. J. Histochem. Cytochem. **4**, 1—10.

SEED, J., 1963: Studies of biochemistry and physiology of normal and tumour strain cells. Synthesis of ribonucleic acid, deoxyribonucleic acid and nuclear protein in normal and tumour strain cells. Nature **198**, 147—153.

SEED, R. W., and I. H. GOLDBERG, 1963: Biosynthesis of thyreoglobulin: relationship to RNA-template and precursor protein. Proc. Nat. Acad. Sci., U. S. A., **50**. 275—282.

SEIGEL, G. B., and L. G. WORLEY, 1951: The effects of vitamin B 12 deficiency on the cytoplasmic basophilia of rat tissues. Anat. Rec. **111**, 597—615.

SEKIGUCHI, M., and S. S. COHEN, 1963: The selective degradation of phage-induced ribonucleic acid by polynucleotide phosphorylase. J. Biol. Chem. **238**, 349—356.

SEMMEL, M., et J. HUPPERT, 1962: Influence du degré de polymérisation des acides ribonucléiques sur leur réaction avec les colorantes basiques. C. R. Acad. Sci. (Paris) **254**, 3746—3748.

— — 1963: Le role des liaisons H dans l'interaction du RNA et les colorants basiques *in vitro*. C. R. Acad. Sci. (Paris) **256**, 2649—2652.

SESHACHAR, B. R., and SH. BAGGA, 1963: A cytochemical study of oogenesis in the dragonfly *Pantala flavescens* (Fabricius). Growth **27**, 225—246.

SHATKIN, A. J., 1962: Actinomycin inhibition of ribonucleic acid synthesis and poliovirus infection of HeLa cells. Biochim. Biophys. Acta **61**, 310—313.

SHIMAMURA, T., and T. OTA, 1956: Cytochemical studies on the mitotic spindle and the phragmoblast of plant cells. Exp. Cell Res. **11**, 346—361.

SHUGAR, D., 1960: Photochemistry of nucleic acids and their constituents. In: "The Nucleic Acids," Vol. III, 39—104. Ed. E. CHARGAFF and J. N. DAVIDSON, Academic Press, New York and London.

SIBATANI, A., 1952 a: Differential staining of nucleic acids. I. Methyl green-pyronin. Cytologia **16**, 315—324.

— 1952 b: Differential staining of nucleic acids. II. Thionin and other metachromatic stains. Cytologia **16**, 325—334.

— 1952 c: Differential staining of nucleic acids. III. Additional remarks. Cytologia **17**, 317—321.

— 1963: Ribonucleic acids of cancer cell. Exp. Cell Res. Suppl. **9**, 289—329.

— and M. FUKUDA, 1954: Pentose nucleic acid (PNA) content, cytoplasmic basophilia, and premortal enlargement of mitochondria of mammalian liver cells. Cytologia **19**, 11—22.

SIBATANI, A., S. R. DE KLOET, V. G. ALLFREY, and A. E. MIRSKY, 1962: Isolation of a nuclear RNA fraction resembling DNA in its base composition. Proc. Nat. Acad. Sci., U. S. A., **48**, 471—477.

SIEGEL, M. R., and H. D. SISLER, 1963: Inhibition of protein synthesis *in vitro* by cyloheximidine. Nature **200**, 675—676.

SIEKEVITZ, PH., 1961: The effects of spermine on the ribonucleoprotein particles of guinea-pig pancreas. In: "Biological Structure and Function," Vol. **1**, 239—253. Ed. T. W. GOODWIN and O. LINDBERG, Academic Press, New York and London.

— and G. E. PALADE, 1962: Cytochemical study on the pancreas of the guinea pig. VII. Effects of spermine on ribosomes. J. Biophys. Biochem. Cytol. **13**, 217—232.

SINGER, M., 1952: Factors which control the staining of tissue sections with acid and basic dyes. Intern. Rev. Cytol. **1**, 211—255.

— 1954: The staining of basophilic components. J. Histochem. Cytochem. **2**, 322—332.

SINGER, M. F., L. A. HEPPEL, and R. J. HILMOE, 1960: Oligonucleotides as primers for polynucleotide phosphorylase. J. Biol. Chem. **235**, 738—750.

— L. A. HEPPEL, G. W. RUSHIKY, and H. A. SOBER, 1962: Spectral properties of adenine oligoribonucleotides. Biochim. Biophys. Acta **61**, 474—477.

— O. W. JONES, and M. W. NIRENBERG, 1963: The effect of secondary structure on the template activity of polyribonucleotides. Proc. Nat. Acad. Sci., U. S. A., **49**, 392—399.

SINGH, U. N., and R. KOPPELMANN, 1963: Relationship between nuclear and cytoplasmic ribonucleic acid. Nature **198**, 181—183.

SINSHEIMER, R. L., 1954: The action of pancreatic desoxyribonuclease. I. Isolation of mono- and dinucleotides. J. Biol. Chem. **208**, 445—459.

— and J. F. KORNER, 1952: A purification of venom phosphodiesterase. J. Biol. Chem. **198**, 293—296.

— B. STARMAN, C. NAGLER, and S. GUTHRIE, 1962: The process of infection with bacteriophage ØX 174. I. Evidence for a "Replicative Form." J. Molec. Biol. **4**, 142—160.

SIRLIN, J. L., 1959: The differentiation of amphibian blastopore nuclei as judged by the behaviour of their RNA and protein. Exp. Cell Res. **18**, 598—600.

— 1960: Cell sites of RNA and protein synthesis in the salivary gland of Smittia (Chironomidae). Exp. Cell Res. **19**, 177—180.

— 1962 a: The nucleolus. In: "Progress in Biophysics and biophysical Chemistry." Vol. **12**, 27—66. Ed. J. A. V. BUTLER, H. E. HUXLEY and R. E. ZIRKLE. Pergamon Press, New York, Oxford, London and Paris.

— 1962 b: Macromolecular synthesis in polytene nuclei isolated in chemically defined media. Biochem. J. **85**, 26 P.

— 1963: The intracellular transfer of genetic information. Intern. Rev. Cytol. **15**, 35—96.

— and J. JACOB, 1962: Function, development and evolution of the nucleolus. Nature **195**, 114—117.

— and N. A. SCHOR, 1962 a: Macromolecular synthesis in isolated polytene nuclei. Exp. Cell Res. **27**, 165—167.

— — 1962 b: Further observations on isolated polytene nuclei. Exp. Cell Res. **27**, 363—366.

— K.-I. KATO, and K. W. JONES, 1961: Synthesis of ribonucleic acid in the nucleolus. Biochim. Biophys. Acta **48**, 421—423.

— J. JACOB, and K.-J. KATO, 1962: The relation of messenger to nucleolar RNA. Exp. Cell Res. **27**, 355—359.

— J. JACOB, and C. J. TANDLER, 1963 a: Transfer of (^{14}C-methyl) methionine to nucleolar ribonucleic acid. Biochem. J. **87**, 37 P.

— — — 1963 b: Transfer of the methyl group of methionine to nucleolar ribonucleic acid. Biochem. J. **89**, 447—452.

— C. J. TANDLER, and J. JACOB, 1963 c: The relationship between the nucleolus organizer and nucleolar RNA. Exp. Cell Res. **31**, 611—614.

SISKEN, J. E., 1959: The synthesis of nucleic acids and proteins in the nuclei of *Tradescantia* root tips. Exp. Cell Res. **16**, 602—614.

SJÖSTRAND, F. S., 1956: The ultrastructure of cells as revealed by the electron microscope. Intern. Rev. Cytol. **5**, 455—533.

ŠKODA, J., 1961: Application of anomalous nucleotides to the study of the biosynthesis of nucleic acids and proteins. In: "Protein Biosynthesis," 183—194. Ed. R. J. C. HARRIS, Academic Press, New York and London.

SMELLIE, R. M. S., 1963: The biosynthesis of ribonucleic acid in animal systems. In: "Progress in Nucleic Acid Research," Vol. I, 27—58. Ed. J. N. DAVIDSON and W. E. COHN, Academic Press, New York and London.

SMETANA, K., W. J. STEELE, and H. BUSCH, 1963: A nuclear ribonucleoprotein network. Exp. Cell Res. **31**, 198—201.

SMITH, C. J., and E. HERBERT, 1963: Isolation of oligonucleotides from the acceptor end of amino acid specific s-RNA. Fed. Proc. **22**, 230.

SMITH, C. L., 1964: Microbeam and partial cell irradiation. Intern. Rev. Cytol. **16**, 133—153.

SMITH, E. L., 1962 a: Nucleotide base coding and amino acid replacements in proteins. I. Proc. Nat. Acad. Sci., U. S. A., **48**, 677—684.

— 1962 b: Nucleotide base coding and amino acid replacement in proteins. II. Proc. Nat. Acad. Sci., U. S. A., **48**, 859—864.

SMITH, K. C., and H. S. KAPLAN, 1961: A chromatographic comparison of the nucleic acids from isologous newborn, adult and neoplastic thymus. Cancer Res. **21**, 1148—1153.

SMITH, S. W., 1959: "Reticular" and "areticular" Nissl bodies in sympathetic neurons of a lizard. J. Biophys. Biochem. Cytol. **6**, 77—84.

SOTELO, J. R., and K. R. PORTER, 1959: An electron microscope study of the rat ovum. J. Biophys. Biochem. Cytol. **5**, 327—341.

SPAHR, P. H. F., 1962: Amino acid composition of ribosomes from *Escherichia coli.* J. Molec. Biol. **4**, 395—407.

— and A. TISSIÈRES, 1959: Nucleotide composition of ribonucleoprotein particles from *Escherichia coli.* J. Molec. Biol. **1**, 237—239.

SPECHT, W., 1961: Zur Spezifität der Methylgrün-Pyronin-Färbung. Acta Histochem. Suppl. II, 200—206.

SPENCER, M., W. FULLER, M. H. F. WILKINS, and G. L. BROWN, 1962: Determination of the helical configuration of ribonucleic acid molecules by x-ray-diffraction study of crystalline amino-acid-transfer ribonucleic acid. Nature **194**, 1014—1020.

SPEYER, J. F., P. LENGYEL, and C. BASILIO, 1962: Ribosomal localization of streptomycin sensitivity. Proc. Nat. Acad. Sci., U. S. A., **48**, 684—686.

SPIEGELMAN, S., 1961: The relation of informational RNA to DNA. Cold Spring Harbor Symp. Quant. Biol. **XXVI**, 75—90.

— 1963: Information transfer from the genome. Fed. Proc. **22**, 36—54.

— 1964: Hybrid nucleic acids. Scientific American **210**, 48—56.

SPIEKERMANN, R., 1957: Cytochemische Untersuchungen zum Nachweis von Nukleinsäuren im Protoplasma. Protoplasma **XLVIII**, 303—324.

SPIRIN, A. S., 1960: On macromolecular structure of native highpolymer ribonucleic acid in solution. J. Molec. Biol. **2**, 436—446.

— 1963: Some problems concerning the macromolecular structure of ribonucleic acids. In: "Progress in Nucleic Acid Research," Vol. **1**, 301—345. Ed. J. N. DAVIDSON and W. E. COHN, Academic Press, New York and London.

SPITNIK-ELSON, P., 1962: Fractionation of the protein of *Escherichia coli* ribosomes. Biochim. Biophys. Acta **61**, 624—625.

SPORN, M. B., and W. DINGMAN, 1963: The fractionation and characterization of nuclear ribonucleic acid from rat liver. Biochim. Biophys. Acta **68**, 387—400.

SPOTTS, C. R., and R. Y. STANIER, 1961: Mechanism of streptomycin action on bacteria: A unitary hypothesis. Nature **192**, 633—637.

SRINIVASAN, P. R., 1962 a: Kinetics of incorporation of 5-methylcytosine in HeLa cells. Biochim. Biophys. Acta **55**, 553—556.

— 1962 b: On the nature of the ribonucleic acids migrating from the nucleus to the cytoplasm in HeLa cells. Biochim. Biophys. Acta **61**, 526—529.

STAEHELIN, M., 1963: Column chromatography of oligonucleotides from amino acid transfer ribonucleic acid. Biochem. J. **89**, 2 P.

— H.-G. ZACHAU, and M. SCHWEIGER, 1962: Nucleotide sequences in purified soluble-ribonucleic acid fraction. Biochem. J. **84**, 107 P.

STAEHELIN, TH., F. O. WETTSTEIN and H. NOLL, 1963: Breakdown of rat-liver ergosomes *in vivo* after actinomycin inhibition of messenger RNA synthesis. Science **140**, 180—183.

— F. O. WETTSTEIN, H. OURA, and H. NOLL, 1964: Determination of the coding ratio based on molecular weight of messenger ribonucleic acid associated with ergosomes of different aggregate size. Nature **201**, 264—270.

Starr, J. L., and D. A. Goldthwait, 1963: The incorporation of nucleotides into amino acid transfer ribonucleic acid. I. The partial purification and properties of an enzyme catalyzing the incorporation of adenylic acid into the terminal position. J. Biol. Chem. **238**, 682—689.

Stedman, E., and E. Stedman, 1947: The chemical nature and functions of the components of cell nuclei. Cold Spring Harbor Symp. Quant. Biol. **XII**, 224—236.

— — 1950: Cell specifity of histones. Nature **166**, 780—781.

— — 1951: The basic proteins of cell nuclei. Phil. Trans. Roy. Soc. London, Ser. B, **235**, 565—595.

Stefano, H. S. di, 1952: Perchloric acid extraction of ribose nucleic acid from cytological preparations. Science **115**, 316—317.

Steiner, R. F., and R. F. Beers, jr., 1961: Polynucleotides. Natural and synthetic nucleic acids. Elsevier Publishing Company, Amsterdam, London, New York and Princeton.

Steinert, M., 1951: La synthèse de l'acide ribonucléique au cours du développement embryonnaire des Batraciens. Bull. Soc. Chim. Biol. **33**, 549—554.

Stenram, U., 1953: The specifity of the gallocyanin-chromalum stain for nucleic acids as studied by the ribonuclease technique. Exp. Cell Res. **4**, 383—389.

— 1954: A specific staining for nucleic acids with toluidine blue. Acta Anat. **20**, 36—39.

— 1958: Interferometric determinations of the ribose nucleic acid concentration in liver nucleoli of protein-fed and protein-deprived rats. Exp. Cell Res. **15**, 174—183.

Stent, G. S., and S. Brenner, 1961: A genetic locus for the regulation of ribonucleic acid synthesis. Proc. Nat. Acad. Sci., U. S. A., **47**, 2005—2014.

Stenzel, K. H., W. D. Phillips, D. D. Thompson, and A. L. Rubin, 1964: Functional ribosomes in antibody-producing cells. Proc. Nat. Acad. Sci., U. S. A., **51**, 636—642.

Stephenson, M. L., and P. C. Zamecnik, 1962: Isolation of valyl-RNA of a high degree of purity. Biochem. Biophys. Res. Commun. **7**, 91—94.

Steudel, H., und S. Osato, 1923: Chemische Untersuchungen über Kernfärbung. Z. physiol. Chem. **124**, 227—235.

Stich, H. F., 1951: Trypaflavin und Ribonucleinsäure. Untersucht an Mäusegeweben, *Condylostoma* spec. und *Acetabularia mediterranea*. Naturwissenschaften **38**, 435—436.

— 1952: Verhalten von RNA, Polysacchariden und basischen Eiweißen während der Mitose. Verh. Dtsch. Zool. Ges. Wilhelmshaven, 1951, 256—259, Leipzig.

— 1953: Der Nachweis und das Verhalten von Metaphosphaten in normalen, verdunkelten und Trypaflavin-behandelten Acetabularien. Z. Naturforsch. **8 b**, 36—45.

— and J. McIntyre, 1958: X-ray absorption studies on the nuclear protein and RNA content during the development of the mitotic apparatus. Exp. Cell Res. **14**, 635—638.

Stier, A., und W. Specht, 1963: Chromatographische Prüfung von Xanthenfarbstoffen für die histologische Färbung nach Unna-Pappenheim. Naturwissenschaften **50**, 549.

Stockx, J., 1963: The influence of strong solutions of urea and polyalcohols on the spectroscopic behaviour of ribonucleic acid and nucleotides. Biochim. Biophys. Acta **68**, 535—546.

Stöcker, E., 1962 a: Autoradiographische Untersuchungen zur Deutung der funktionellen Kernschwellung am exokrinen Pankreas. Z. Zellforsch. **57**, 47—62.

— 1962 b: Autoradiographische Untersuchungen zur Ribonukleinsäure- und Eiweiß-Synthese im nuklearen Funktionsformwechsel der exokrinen Pankreaszelle. Z. Zellforsch. **57**, 145—171.

— 1963: Autoradiographische Untersuchungen zur Aminosäure-Inkorporation im Nukleolus. Z. Zellforsch. **58**, 790—797.

Storck, R., 1963: Characterization of ribosomes from *Neurospora crassa*. Biophys. J. **3**, 1—10.

Stowell, R. E., 1949: Alterations in nucleic acids during hepatome formation in rat fed p-dimethylaminoazobenzene. Cancer **2**, 121—131.

— 1963: The relationship of nucleolar mass to protein synthesis. Exp. Cell Res. Suppl. **9**, 164—169.

Strehler, B. L., I. R. Konigsberg, and J. E. T. Kelley, 1963: Ploidy of myotube nuclei developing *in vitro* as determined with a recording double beam microspectrophotometer. Exp. Cell Res. **32**, 232—241.

STRELZOFF, E., 1963: Effect of actinomycin D and base analogous on DNA dependent RNA polymerase. Fed. Proc. **22**, 462.
— and F. J. RYAN, 1962: The necessary involvement of both complementary strands of DNA in the specification of messenger RNA. Biochem. Biophys. Res. Commun. **7**, 471—476.
STRUDEL, G., 1962: Induction de cartilage *in vitro* par l'extrait de tube nerveux et de chorde de l'embryon de poulet. Develop. Biol. **4**, 67—86.
SUEOKA, N., and T. YAMANE, 1962: Fractionation of amino acyl-acceptor RNA on a methylated albumin column. Proc. Nat. Acad. Sci., U. S. A., **48**, 1454—1461.
SUGINO, Y., N. SUGINO, R. OKAZAKI, and T. OKAZAKI, 1957: Deoxyribosidic compounds of sea urchin eggs. Biochim. Biophys. Acta **26**, 453—454.
SUIT, J. C., 1962: Metabolic activity of *Escherichia coli* "membrane" RNA. Bacteriol. Proc., P 34.
— 1963: Localization of deoxyribonucleic acid-like ribonucleic acid in a "membrane" fraction of *Escherichia coli*. Biochim. Biophys. Acta **72**, 488—490.
SULKIN, N. H., 1950: The use of perchloric acid for the histochemical demonstration of ribonucleic acid in vertebrate tissue. J. Nat. Cancer Inst. **10**, 1346.
— and A. KUNTZ, 1950: Histochemical determination of ribose nucleic acid in vertebrate tissues following extraction with perchloric acid. Proc. Soc. Exper. Biol. Med. **73**, 413—415.
SVENSSON, L., H. G. BOMAN, K. G. ERIKSSON, and K. KJELLIN, 1963: Transfer of methyl groups from methionine to soluble RNA from *E. coli*. Acta Chem. Scand. **17**, 868—869.
SWIFT, H., 1953: Quantitative aspects of nuclear nucleoproteins. Intern. Rev. Cytol. **2**, 1—76.
— 1955: Cytochemical techniques for nucleic acids. In: "The Nucleic Acids," Vol. II, 51—92. Ed. E. CHARGAFF and J. N. DAVIDSON, Academic Press, New York and London.
— 1958: Cytoplasmic particulates and basophilia. In: "The Chemical Basis of Development," 174—213. Ed. W. D. MCELROY and B. GLASS, Johns Hopkins Press, Baltimore.
— 1962 a: Nucleic acids and cell morphology in dipteran salivary glands. In: "The Molecular Control of Cellular Activity," 73—125. Ed. J. M. ALLEN, McGraw-Hill, New York, Toronto, London.
— 1962 b: Nucleoprotein localization in electron micrographs: Metal binding and radioautography. In: "The Interpretation of Ultrastructure," Vol. I, 213—232. Ed. R. J. C. HARRIS, Academic Press, New York and London.
— and E. RASCH, 1956: Microphotometry with visible light. In: "Physical Techniques in biological Research." Vol. III, 353—400. Ed. G. OSTER and A. POLLISTER, Academic Press, New York.
— L. REBHUN, E. RASCH, and J. WOODARD, 1956: Cellular mechanism in differentiation and growth. 14th Growth Symposium, 45—59. Ed. D. RUDNICK, Princeton University Press, Princeton.
SYLVÉN, B., 1951: On the advantage of freeze-vacuum dehydration of tissues in morphological and cytochemical research. Acta Un. Int. Canc. **7**, 708.
— 1954: Metachromatic dye-substrate interactions. Quart. J. Micr. Sci. **95**, 327—358.
SZE, L. C., 1953: Changes in the amount of desoxyribonucleic acid in the development of *Rana pipiens*. J. Exper. Zool. **122**, 577—601.
SZER, W., M. SWIERKOWSKI, and D. SHUGAR, 1963: Secondary structure of poly-uridylic and polyribothymidylic acids, their N-methylated analogues, and their 1 : 1 complexes with poly-A. Acta Biochim. Polon. **10**, 87—106.
SZIRMAI, J. A., and E. A. BALAZS, 1958: Metachromasia and the quantitative determination of dyebinding. Acta Histochem. Suppl. I, 56—79.
— and F. KLEIN, 1960: Metachromasia and dyebinding of DNA and nucleoprotein. J. Histochem. Cytochem. **8**, 328—329.
— and P. C. VAN DER LINDE, 1963: Studies on the dyebinding and metachromasia of thymus nuclei. Z. Zellforsch. **3**, 233—248.

TADA, M., M. SCHWEIGER, und H. G. ZACHAU, 1962: Gegenstromverteilung der löslichen Ribonucleinsäure. Z. physiol. Chem. **328**, 85—93.
TAFT, E. B., 1951 a: The specifity of the methylgreen-pyronin stain for nucleic acids. Exp. Cell Res. **2**, 312—326.
— 1951 b: The problem of a standardized technic for the methylgreen-pyronin stain. Stain Techn. **26**, 205—212.

Takagi, Y., J. Hecht, and R. Potter, 1956: Nucleic acid metabolism in regenerating rat liver. II. Studies on growing rats. Cancer Res. **16**, 994—998.

Takai, M., N. Kondo, and S. Osawa, 1962 a: Ribonucleic acid having deoxyribonucleic acid-type nucleotide composition in *Escherichia coli.* Biochim. Biophys. Acta **55**, 416—418.

— Y. Oota, and S. Osawa, 1962 b: Isolation and some properties of 25 S ribosomes from *Escherichia coli.* Biochim. Biophys. Acta **55**, 202—205.

Takanami, M., 1962 a: Transfer of amino acids from soluble ribonucleic acids to ribosome. II. Transfer of soluble ribonucleic acid to ribosome. Biochim. Biophys. Acta **55**, 132—138.

— 1962 b: Transfer of amino acids from soluble ribonucleic acids to ribosome. III. Further studies on the interaction between ribosomes and soluble ribonucleic acid. Biochim. Biophys. Acta **61**, 432—444.

— and K.-I. Miura, 1963: Transfer of amino acids from soluble ribonucleic acids to ribosome. IV. Interaction of ribosome and chemically modified soluble ribonucleic acid. Biochim. Biophys. Acta **72**, 237—242.

— T. Okamoto, and I. Watanabe, 1961: Effect of urea and heat treatments on the activity of soluble ribonucleic acid. J. Molec. Biol. **3**, 476—479.

Takata, K., 1952: Ribonucleic acid and lens regeneration. Experientia **VIII**, 217—218.

Tamaoki, T., and G. C. Mueller, 1962: Synthesis of nuclear and cytoplasmic RNA of HeLa cells and the effect of actinomycin D. Biochem. Biophys. Res. Commun. **9**, 451—454.

— — 1963: Effect of puromycin on RNA synthesis in HeLa cells. Biochem. Biophys. Res. Commun. **11**, 404—410.

Tandler, C. J., 1959: The silver-reducing property of the nucleolus and the formation of prenucleolar material during mitosis. Exp. Cell Res. **17**, 560—564.

Tashiro, Y., H. Shimidzu, S. Honde, and A. Inouye, 1960: Studies on the ribonucleoprotein particles. VII. Effect of various hydrogen bond forming agents on the microsomal ribonucleoprotein particles. J. Biochem. (Tokyo) **47**, 185.

Tata, J. R., 1963: Inhibition of the biological action of thyroid hormones by actinomycin D and puromycin. Nature **197**, 1167—1168.

Tavlitzki, J., 1962: Problèmes de codage dans la spécification des protéines par les acides nucléiques. Les faits et leur interprétations. Bull. Soc. Chim. Biol. **44**, 697—723.

Taylor, E. W., 1963: Relation of protein synthesis to the division cycle in mammalian cell cultures. J. Cell Biol. **19**, 1—18.

Taylor, J. H., 1960 a: Nucleic acid synthesis in relation to the cell division cycle. Ann. N. Y. Acad. Sci. **90**, 409—421.

— 1960 b: Autoradiography with tritium-labelled substances. Advanc. Biol. Med. Phys. **7**, 107—130.

Taylor, K. B., 1960: Chromatographic separation and isolation of metachromatic thiazine dyes. J. Histochem. Cytochem. **8**, 248—257.

— 1961: The influence of molecular structure of thiazine and oxazine dyes on their metachromatic properties. Stain Techn. **36**, 73—84.

Tener, G. M., R. V. Tomlinson, and D. Bell, 1963: An approach for determining nucleotide sequences of nucleic acids. Fed. Proc. **22**, 350.

Tepper, H. B., and E. M. Gifford, jr., 1962: Detection of ribonucleic acid with pyronin. Stain Techn. **37**, 52—53.

Terasima, T., and L. J. Tolmach, 1963: X-ray sensitivity and DNA synthesis in synchronous populations of HeLa cells. Science **140**, 490—492.

Terner, J. Y., and G. Clark, 1960 a: Gallocyanin-chrom alum: I. Technique and specifity. Stain Techn. **35**, 167—177.

— — 1960 b: Gallocyanin-chrom alum: II. Histochemistry and specifity. Stain Techn. **35**, 305—311.

Terra, N. de, 1960: The effect of enucleation on restoration of the interphase rate of ^{32}P uptake after cell division of *Stentor coeruleus.* Exp. Cell Res. **21**, 34—40.

Tewari, H. B., and G. H. Bourne, 1962 a: Some new aspects of the nucleo-cytoplasmic relationship in neurons of rat. J. Histochem. Cytochem. **10**, 767—768.

— — 1962 b: The histochemistry of the nucleus and nucleolus with reference to nucleo-cytoplasmic relations in the spinal ganglion neuron of the rat. Acta Histochem. **13**, 323—350.

Thomas, O. L., 1961: The Golgi apparatus of the dorsal root ganglion cell. A correlated light and electron microscopic study. Cellule **61**, 293—312.

Thomas, R., 1952: La composition del'acide ribonucléique de levure et le problème de la spécifité des acides nucléiques. Biochim. Biophys. Acta **8**, 71—75.
— 1953: Structure secondaire et dénaturation des acides nucléiques. Bull. Soc. Chim. Biol. **35**, 609—614.
Thorell, B., 1947: The relation of nucleic acids to the formation and differentiation of cellular proteins. Cold Spring Harbor Symp. Quant. Biol. **XII**, 247—255.
— and F. Ruch, 1951: Molecular orientation and light absorption. Nature **167**, 815.
Tiedemann, H., 1963: Biochemische Untersuchungen über die Induktionsstoffe und die Determination der ersten Organanlagen bei Amphibien. In: „Induktion und Morphogenese". 13. Coll. Ges. Physiol. Chem., 1962, 177—204, Springer-Verlag, Berlin, Göttingen, Heidelberg.
— K. Kesselring, U. Becker und H. Tiedemann, 1962: Über die Induktionsfähigkeit von Microsomen- und Zellkernfraktionen aus Embryonen und Leber von Hühnern. Develop. Biol. **4**, 214—241.
Timasheff, S. N., J. Witz, and V. Luzzati, 1961: The structure of high molecular weight ribonucleic acid in solution. A small-angle x-ray scattering study. Biophys. J. **1**, 525—537.
Tissières, A., 1959: Some properties of soluble ribonucleic acid from *Escherichia coli*. J. Molec. Biol. **1**, 365—374.
— and J. D. Watson, 1962: Breakdown of messenger RNA during *in vitro* amino acid incorporation into proteins. Proc. Nat. Acad. Sci., U. S. A., **48**, 1061—1069.
— S. Bourgeois, and F. Gros, 1963: Inhibition of RNA polymerase by RNA. J. Molec. Biol. **7**, 100—103.
Tocchini-Valentini, G. P., M. Stodolski, A. Aurisicchio, M. Sarnat, F. Graziosi, S. B. Weiss, and E. P. Geiduschek, 1963: On the assymetry of RNA synthesis *in vitro*. Proc. Nat. Acad. Sci., U. S. A., **50**, 935—942.
Tocco, G., A. Orengo, and E. Scarano, 1963: Ribonucleic acids in the early development of the sea urchin. I. Quantitative variations and ^{32}P orthophosphate incorporation studies of the RNA of subcellular fractions. Exp. Cell Res. **31**, 52—60.
Toivonen, S., 1953: Bone-marrow of the guinea-pig as mesodermal inductor in implantation experiments with embryos of *Triturus*. J. Embryol. Exper. Morph. **1**, 97—104.
Tomita, K.-I., and A. Rich, 1964: X-ray diffraction investigations of complementary RNA. Nature **201**, 1160—1163.
Trader, C. D., J. S. Wortham, and E. Frieden, 1963: Hemoglobin: Molecular changes during Anuran metamorphosis. Science **139**, 918—919.
Trakatellis, A. C., A. E. Axelrod, and M. Montjar, 1964: Actinomycin D and messenger-RNA turnover. Nature **203**, 1134—1136.
Trapp, L., 1960: UV-Achromate. Acta Histochem. **9**, 126—127.
Trevan, D. J., and A. Sharrock, 1951: A methyl green-pyronin-orange G stain for formaline-fixed tissues. J. Path. Bact. **63**, 326—328.
Ts'o, P. O. P., 1962: The ribosomes-ribonucleoprotein particles. Ann. Rev. Plant Physiol. **13**, 45—80.
— and C. S. Sato, 1959 a: Synthesis of ribonucleic acid in plants. I. Distribution of ribonucleic acid and of protein among subcellular components of pea epicotyles. Exp. Cell Res. **17**, 227—236.
— — 1959 b: Synthesis of ribonucleic acid in plants. II. Phosphate ^{32}P incorporation into the ribonucleic acid of the pea epicotyles. Exp. Cell Res. **17**, 237—245.
— J. Bonner, and H. Dintzis, 1958: On the similarity of amino acid composition of microsomal nucleoprotein particles. Arch. Biochem. Biophys. **76**, 225—234.
Tsugita, A., and H. Fraenkel-Conrat, 1963: Contributions from TMV studies to the problem of genetic information transfer and coding. In: "Molecular Genetics," Part. I, 477—520. Ed. J. H. Taylor, Academic Press, New York and London.
— — M. W. Nirenberg, and J. H. Matthaei, 1962: Demonstration of the messenger role of viral RNA. Proc. Nat. Acad. Sci. U. S. A. **48**, 847—853.
Turchini, J., 1947: Étude comparative de réactions nucléales. Acta Anat. **IV**, 276—281.
— et L. Khau van Kien, 1951: Remarques sur la détection et la localisation des acides nucléiques et de leurs dérivés au niveau des cellules acineuses de pancréas. C. R. Assoc. Anat. **63**, 501—505.
— P. Castel, et L. Khau van Kien, 1948: De la détection des acides nucléiques cellulaires d'une nouvelle réaction nucléale. C. R. Assoc. Anat. **34**e Réun. Paris, 456—460.

Unna, P., 1902: Über eine Modifikation der Pappenheim'schen Färbung auf Granuloplasma und deren Anwendungsgebiet. Münchn. Med. Wschr. **49**, 1865—1866.

— 1921: Chromolyse, Sauerstofforte und Reduktionsorte. Urban und Schwarzenberg, Berlin und Wien.

Upton, A. C., 1963: The nucleus of the cancer cell: effects of ionizing radiation. Exp. Cell Res. Suppl. **9**, 538—558.

Vahs, W., 1962: Quantitative cytochemische Untersuchungen über die Veränderungen des Ribonucleoproteid-Status im heterogenen Induktor und im Reaktionssystem des *Triturus*-Embryos während der Induktions- und frühen Differenzierungsphase. Roux's Arch. Entwicklungsmechanik **153**, 504—550.

Vakaet, L., 1950: Distribution of nucleic acids during the rapid growth of the egg of *Lebistes reticulatus*. Bull. Sci. Acad. Roy. Belg. **36**, 941.

Valentine, R. C., 1958: Quantitative electron staining of virus particles. J. Roy. Micr. Soc. **78**, 26—29.

— and N. D. Zinder, 1963: Stimulation of histidine incorporation into protein by Coliphage f 2 RNA. Bacteriol. Proc. 112, Abs. P 72.

Vaughan, M., and D. Steinberg, 1959: The specifity of protein biosynthesis. Advances Protein Chem. **14**, 115—173.

Vazquez, D., 1962: Studies on the mode of action of streptomycin. Biochim. Biophys. Acta **61**, 849—851.

— 1963: Antibiotics which affect protein synthesis: The uptake of ^{14}C-chloramphenicol by bacteria. Biochem. Biophys. Res. Commun. **12**, 409—413.

Vendrely, C., et R. Vendrely, 1959: Localisation de l'acide ribonucléique dans les differents tissus et organes de Vertébrés. In: Hdb. Histochem. Bd. **III/2**, 84—243. Herausg. W. Graumann und K. Neumann, Gustav Fischer-Verlag, Stuttgart.

Venkataraman, P. R., 1962: RNA-dependent polyribonucleotide synthesis. Fed. Proc. **21**, 385.

— and H. R. Mahler, 1963: Incorporation of adenylic acid into ribonucleic acid and synthetic polynucleotides. J. Biol. Chem. **238**, 1058—1067.

Venugopalan, V. K., 1961: Localization of ribo- and deoxyribonucleic acid in fish oocytes. Z. Zellforsch. **55**, 617—621.

Vercauteren, R., 1950: The structure of desoxyribose nucleic acid in relation to the cytochemical significance of the methylgreen-pyronin staining. Enzymologia **14**, 134—140.

Verwoerd, D. W., and W. Zillig, 1963: A specific partial hydrolysis procedure for soluble RNA. Biochim. Biophys. Acta **68**, 484—486.

Vignais, P., 1953 a: Structure de l'acide ribonucléique. I. Fractionnement des acides ribonucléiques par l'acide acètique. Application à l'étude de l'action enzymatique de la ribonucléase. Ann. Inst. Pasteur **85**, 64—70.

— 1953 b: Structure de l'acide ribonucléique. II. Mode d'action de la ribonucléase influence de ses conditions sur le remaniement possible des liaisons internucléotidiques de l'acide ribonucléique. Ann. Inst. Pasteur **85**, 230—238.

— 1953 c: Structure de l'acide ribonucléique. III. Quelques faits en faveur de liaisons de type secondaire dans l'ARN. Ann. Inst. Pasteur **85**, 348—355.

Vincent, W. S., 1964: Interphase growth of the nucleolus. 2. Intern. Kongr. Histochem. Cytochem. 103—104. Herausg. T. H. Schiebler, A. G. E. Pearse und H. H. Wolff. Springer-Verlag, Berlin, Göttingen, Heidelberg.

— and E. Baltus, 1960: The ribonucleic acids of nucleoli. In: "The Cell Nucleus," 18—22. Ed. J. S. Mitchell, Butterworths, London.

Volkin, E., 1962: Synthesis and function of the DNA-like RNA. Fed. Proc. **21**, 112—119.

— and W. E. Cohn, 1952: Enzymatic degradation products of ribonucleic acid. Fed. Proc. **11**, 303.

— — 1953: The structure of ribonucleic acids. J. Biol. Chem. **205**, 767—782.

— and L. Astrachan, 1956: Phosphorus incorporation in *Escherichia coli* ribonucleic acid after infection with Bacteriophage T 2. Virology **2**, 149—161.

Wacker, A., 1963: Molecular mechanisms of radiation effects. In: "Progress in Nucleic Acid Research," Vol. **1**, 369—399. Ed. J. N. Davidson and W. E. Cohn, Academic Press, New York and London.

— D. Jacherts, und B. Jacherts, 1962: Wirkung von UV-Licht bei der Polyphenylalanin-Biosynthese. Angew. Chem. **75**, 653.

Wacker, W. E. C., and B. L. Vallee, 1959: Nucleic acids and metals. J. Biol. Chem. **234**, 3257—3262.

Waddington, C. H., and M. M. Perry, 1963: Helical arrangement of ribosomes of differentiating muscle cells. Exp. Cell Res. **30**, 599—600.

Wade, H. E., and H. K. Robinson, 1963: Absence of ribonucleases from the ribosomes of *Pseudomonas fluorescens*. Nature **200**, 661—663.

Wahba, A. J., C. Basilio, J. F. Speyer, P. Lengyel, R. S. Miller, and S. Ochoa, 1962: Synthetic polynucleotides and the amino acid code. VI. Proc. Nat. Acad. Sci., U. S. A., **48**, 1683—1686.

— R. S. Gardner, C. Basilio, R. S. Miller, J. F. Speyer, and P. Lengyel, 1963 a: Synthetic polynucleotides and the amino acid code. VIII. Proc. Nat. Acad. Sci., U. S. A., **49**, 116—122.

— R. S. Miller, C. Basilio, R. S. Gardner, P. Lengyel, and J. F. Speyer, 1963 b: Synthetic polynucleotides and the amino acid code. IX. Proc. Nat. Acad. Sci., U. S. A., **49**, 880—885.

Wainwright, S. D., and E. S. McFarlane, 1962: Partial purification of the "messenger RNA" of *Neurospora crassa* controlling formation of tryptophan synthetase enzyme. Biochem. Biophys. Res. Commun. **9**, 529—533.

Wakisaka, G., H. Uchino, T. Nakamura, H. Sotobayashi, S. Schirakawa, A. Adachi, and M. Sakurai, 1963: Selective inhibition of biosynthesis of ribonucleic acid in mammalian cells by chromomycin A_3. Nature **198**, 385—386.

Walker, P. M. B., 1954: The mitotic index and interphase processes. J. Exper. Biol. **31**, 8—15.

— 1956: Ultraviolet absorption techniques. In: "Physical Techniques in Biological Research," Vol. **III**, 402—487. Ed. G. Oster and A. Pollister, Academic Press, New York and London.

— 1958: Ultraviolet microspectrophotometry. In: "General cytochemical Methods," Vol. **1**, 163—217. Ed. J. F. Danielli, Academic Press, New York and London.

— and H. B. Yates, 1952: Ultra-violet absorption of living cell nuclei during growth and division. Symp. Soc. Exper. Biol. **VI**, 265—276.

Wallace, H., 1962: Cytological and biochemical studies of anucleolate *Xenopus* larvae. Quart. J. Micr. Sci. **103**, 25—35.

— and P. O. P. Ts'o, 1961: Nucleotide composition of various ribosomes. Biochem. Biophys. Res. Commun. **5**, 125—129.

Waller, J.-P., and J. I. Harris, 1961: Studies on the composition of the protein from *Escherichia coli* ribosomes. Proc. Nat. Acad. Sci., U. S. A., **47**, 18—23.

Walton, K. W., and C. R. Ricketts, 1954: Investigation of the histochemical basis of metachromasia. Brit. J. Exper. Path. **35**, 227—240.

Wang, T.-Y., 1962: The chemical composition of nuclear ribosomes of calf thymus. Arch. Biochem. Biophys. **97**, 387—392.

— 1963 a: Molecular weight and hyperchromism of nuclear ribosomal ribonucleic acid. Biochim. Biophys. Acta **72**, 335—338.

— 1963 b: Physico-chemical and metabolic properties of nuclear ribosomes. Exp. Cell Res. Suppl. **9**, 213—219.

Wannemacher, R. W., jr., J. B. Allison, D. Chu, and M. L. Crossley, 1962: Influence of age and N,N-diethylene-N-phenethylphosphoramide (PEDP) upon nucleic acid and ribonuclease activity in tumor tissue. Proc. Soc. Exper. Biol. Med. **111**, 708—710.

Warner, J. R., A. Rich, and C. E. Hall, 1962: Electron microscopic studies of ribosomal clusters synthesizing hemoglobin. Science **138**, 1399—1403.

— M. J. Madden, and J. E. Darnell, 1963 a: The interaction of poliovirus RNA with *Escherichia coli* ribosomes. Virology **19**, 393—399.

— P. M. Knopf, and A. Rich, 1963 b: A multiple ribosomal structure in protein synthesis. Proc. Nat. Acad. Sci., U. S. A., **49**, 122—129.

Warner, R. C., 1957: Studies on polynucleotides synthesized by polynucleotide phosphorylase. III. Interaction and ultraviolet absorption. J. Biol. Chem. **229**, 711—724.

— H. H. Samuels, M. T. Abbott, and J. S. Krakow, 1963: Ribonucleic acid polymerase of *Azotobacter vinelandii*. II. Formation of DNA-RNA hybrids with single-stranded DNA as primer. Proc. Nat. Acad. Sci., U. S. A., **49**, 533—538.

Watson, J. D., 1960: Ribosomes in *E. coli*. Abstracts Div. Biol. Chem. Soc., New York Meeting Sept. 1960, 60, zit. n. J. Bonner, 1961.

— 1963: Involvement of RNA in the synthesis of proteins. Science **140**, 17—26.

— and F. H. C. Crick, 1953: A structure for deoxyribose nucleic acid. Nature **171**, 737—738.

WATSON, M. L., 1955: The nuclear envelope. Its structure and relation to cytoplasmic membranes. J. Biophys. Biochem. Cytol. **1**, 257—270.
— 1958: Staining of tissue sections for electron microscopy with heavy metals. J. Biophys. Biochem. Cytol. **4**, 475—478.
— 1959: Further observations on the nuclear envelope of the animal cell. J. Biophys. Biochem. Cytol. **6**, 147—156.
— and W. G. ALDRIDGE, 1961: Methods for the use of indium as an electron stain for nucleic acids. J. Biophys. Biochem. Cytol. **11**, 257—272.
— — 1964: Selective electron staining of nucleic acids. J. Histochem. Cytochem. **12**, 96—103.
WEBSTER, G., and J. B. LINGREL, 1961: Protein synthesis by isolated ribosomes. In: "Protein Biosynthesis," 301—318. Ed. R. J. C. HARRIS, Academic Press, New York and London.
— and S. L. WHITMAN, 1962: Guanosine triphosphate degradation during amino acid transfer form ribonucleic acid to ribosomal protein. Biochim. Biophys. Acta **61**, 316—317.
— — and R. L. HEINTZ, 1962: Cytoplasmic formation of ribosomes. Plant Physiol. **37**, Suppl. XX, Proc. Ann. Mtg. Soc. Plant. Physiol., Corvallis, Aug. 27—30.
WEGMANN, R., 1957: Spectrographie dans l'infra rouge. VIII. Les acides desoxyribo- et ribonucléiques du noyau. Acta Histochem. **4**, 132—140.
WEINSTEIN, I. B., R. SAGER, and J. R. FRESCO, 1963: "Coding potential" of synthetic polynucleotides in non-bacterial systems. Fed. Proc. **22**, 644.
WEISBLUM, B., S. BENZER, and R. HOLLEY, 1962: A physical basis for degeneracy in the amino acid code. Proc. Nat. Acad. Sci., U. S. A., **48**, 1449—1454.
WEISGERBER, A. S., 1962: Induction of altered globin synthesis in human immature erythrocytes incubated with ribonucleoprotein. Proc. Nat. Acad. Sci., U. S. A., **48**, 68—80.
— S. ARMENTROUT, and S. WOLFE, 1963: Protein synthesis by reticulocyte ribosomes. I. Inhibition of polyuridylic-acid induced ribosomal protein synthesis by chloramphenicol. Proc. Nat. Acad. Sci., U. S. A., **50**, 86—93.
WEISS, J. M., 1953: The ergastoplasm. Its fine structure and relation to protein synthesis as studied with the electron microscope in the pancreas of the swiss albino mouse. J. Exper. Med. **98**, 607—618.
WEISS, S. B., 1960: Enzymatic incorporation of ribonucleoside triphosphates into the interpolynucleotide linkages of ribonucleic acid. Proc. Nat. Acad. Sci., U. S. A., **46**, 1020—1030.
— 1962: Biosynthesis of ribonucleoproteides. Fed. Proc. **21**, 120—126.
— and T. NAKAMOTO, 1961 a: Net synthesis of ribonucleic acid with a microbial enzyme requiring deoxyribonucleic acid and four ribonucleoside triphosphates. J. Biol. Chem. **236**, PC 18—20.
— — 1961 b: On the participation of DNA in RNA biosynthesis. Proc. Nat. Acad. Sci., U. S. A., **47**, 694—700.
— — 1961 c: The enzymatic synthesis of RNA: Nearest neighbor base sequencies. Proc. Nat. Acad. Sci., U. S. A., **47**, 1400—1405.
WEISSENFELS, N., 1964: Struktur und Verhalten der Nukleolen von Hühnerherzmyoblasten in Gewebekultur während des Interphasewachstums und der Mitose. Z. Zellforsch. **62**, 667—700.
WEISSMANN, CH., and P. BORST, 1963: Double-stranded ribonucleic acid formation *in vitro* by MS 2 Phage-induced RNA synthetase. Science **142**, 1188—1191.
— — R. H. BURDON, M. A. BILLETER, and S. OCHOA, 1964: Replication of viral RNA. III. Double-stranded replicative form of MS 2 phage RNA. Proc. Nat. Acad. Sci., U. S. A., **51**, 682—690.
WEISSMAN, N., W. H. CARNES, P. S. RUBIN, and J. FISHER, 1952: Metachromasy of toluidine blue induced by nucleic acids. J. Amer. Chem. Soc. **74**, 1423—1426.
WENDEROTH, H., 1953: Cytochemische Untersuchungen von Blutzellen mittels Perchlorsäure. Acta Hämatol. **9**, 47—50.
WERZ, G., 1962: Zur Frage der Elimination von Ribosenucleinsäure und Protein aus dem Zellkern von *Acetabularia mediterranea*. Planta **57**, 636—655.
— 1963 a: Anwendungsmöglichkeiten des Leitz-UV-Mikrospektrographen in der Fernsehmikroskopie bei Untersuchungen an rasch ablaufenden zellulären Vorgängen. Leitz Mittlg. II, 178—181.
— 1963 b: Das Fernsehmikroskop und seine Anwendung für qualitative und quantitative Untersuchungen in der Zellforschung. Z. wiss. Mikr. **65**, 265—278.

WERZ, G., 1963 c: Untersuchungen zur Frage der Elimination von Kern-Ribonucleinsäure in das Cytoplasma bei *Gasteria verrucosa* und anderen Zellen. Planta **59**, 338—345.

WETLAUFER, D. B., 1962: Ultraviolet spectra of proteins and amino acids. In: "Advances in Protein Chemistry," Vol. **17**, 303—390. Ed. C. B. ANFINSEN, jr., M. L. ANSON, K. BAILEY, and J. T. EDSALL, Academic Press, New York and London.

WETTSTEIN, F., TH. STAEHELIN. and H. NOLL, 1962: Preparation and biological activity of stable rat liver ribosomes. Fed. Proc. **21**, 414.

— — — 1963: Ribosomal aggregate engaged in protein synthesis: Characterization of the ergosome. Nature **197**, 430—435.

WHALEY, W. G., H. H. MOLLENHAUER, and J. E. KEPHART, 1959: The endoplasmatic reticulum and the Golgi structures in maize root cells. J. Biophys. Biochem. Cytol. **5**, 501—506.

WHEELER, G. P., and J. A. ALEXANDER, 1961: Searches for exploitable biochemical differences between normal and cancer cells. VII. Anabolism and catabolism of purines by minced tissues. Cancer Res. **21**, 399—406.

— and L. L. BENNETT, 1962: Studies related to the mode of action of actinomycin D. Biochem. Pharmacol. **11**, 353—370.

WHITE, A. M., S. PEDERSEN, and T. HULTIN, 1963: Activation of single ribosomes from Ascites tumour cells by polyuridylic acid. Biochem. J. **89**, 12 P—13 P.

WHITE, F. H., and C. B. ANFINSEN, 1959: Some relationship of structure to function in ribonuclease. In: "Enzymes of polynucleotide metabolism." Ann. N. Y. Acad. Sci. **81**, 515—523.

WHITFIELD, P. R., R. MARKHAM, L. A. HEPPEL, R. MARKHAM, and R. J. HILMOE, 1953: Natural configuration of the purine nucleotides in ribonucleic acids. Nature **171**, 1151.

WIESMEYER, H., K. KJELLIN, and H. G. BOMAN, 1962: Counter-current distribution of bacterial soluble RNA in an aqueous phase system. Biochim. Biophys. Acta **61**, 625—627.

WILKINS, M. H. F., 1961: Molecular configuration of nucleic acids. In: "Biological Structure and Function," Vol. **1**, 13—32. Ed. T. W. GOODWIN and O. LINDBERG, Academic Press, New York and London.

— 1963: Molecular configuration of nucleic acids. From extensive diffraction data and molecular model building a more detailed picture is emerging. Science **140**, 941—950.

WILLIAMSON, M. B., and W. GUSCHLBAUER, 1963: Metabolism of nucleic acids during regeneration of wound tissue. II. The rate of formation of RNA. Arch. Biochem. Biophys. **100**, 245—250.

WILLIAMSON, R., and A. P. MATHIAS, 1963: Stability of ribosomal aggregates isolated from rabbit reticulocytes. Biochem. J. **89**, 13 P—14 P.

— — H. E. HUXLEY, and S. PAGE, 1963: Electron microscopy of reticulocytes and reticulocyte ribosomes. Biochem. J. **89**, 13 P.

WILT, F. H., 1963: The synthesis of ribonucleic acid in sea urchin embryos. Biochem. Biophys. Res. Commun. **11**, 447—451.

— and T. HULTIN, 1962: Stimulation of phenylalanine incorporation by polyuridylic acid in homogenates of sea urchin eggs. Biochem. Biophys. Res. Commun. **9**, 313—317.

WIMBER, D. E., and H. QUASTLER, 1963: A ^{14}C- and ^{3}H-thymidine double labelling technique in the study of cell proliferation in *Tradescantia* root tips. Exp. Cell Res. **30**, 8—22.

WINDLE, W. F., R. RHINES, and J. RANKIN, 1943: A Nissl method using buffered solutions of thionin. Stain Techn. **18**, 77—86.

WINKELMANN, R. K., and R. W. SCHMIT, 1959: Action of ribonuclease on nerve axoplasm as demonstrated by silver staining. Nature **184**, 553.

WINTERSBERGER, E., 1964: DNA-abhängige RNA-Synthese in Rattenleber-Mitochondrien. Z. physiol. Chem. **336**, 285—288.

WISCHNITZER, S., 1960: The ultrastructure of the nucleus and nucleocytoplasmic relations. Intern. Rev. Cytol. **10**, 137—162.

WITTMANN, H. G., 1961: Ansätze zur Entschlüsselung des genetischen Codes. Naturwissenschaften **48**, 729—734.

— 1962: Proteinuntersuchungen an Mutanten des Tabakmosaikvirus als Beitrag zum Problem des genetischen Codes. Z. Vererbungslehre **93**, 491—530.

— 1963: Übertragung der genetischen Information. Naturwissenschaften **50**, 76—88.

Woese, C. R., 1962: Nature of the biological code. Nature **194**, 1114—1115.
— S. Naono, R. Soffer, and F. Gros, 1963: Studies on the breakdown of messenger RNA. Biochem. Biophys. Res. Commun. **11**. 435—440.
Wohlfarth-Bottermann, K. E., 1963: Grundelemente der Zellstruktur. Naturwissenschaften **50**, 237—249.
Wolberg, W. H., and R. R. Brown, 1962: Autoradiographic studies of "*in vitro*" incorporation of uridine and thymidine by human tumor tissues. Cancer Res. **22**, 1113—1119.
Wolfe, A. D., and F. E. Hahn, 1963: Biosynthesis of RNA in bacteria exposed to streptomycin. Fed. Proc. **22**, 462.
Woll, E., 1956: Zur Abgabe von Nucleolusstoffen an das Cytoplasma. Planta **47**, 299—302.
Wollgiehn, R., and K. Mothes, 1963: Über DNS in den Chloroplasten von *Nicotiana rustica*. Naturwissenschaften **50**, 95—96.
Wolman, M., 1955: Problems of fixation in cytology, histology and histochemistry. Intern. Rev. Cytol. **IV**, 79—102.
Wolstenholme, D. R., and W. Plaut, 1964: Cytoplasmic DNA synthesis in *Amoeba proteus*. III. Further studies on the nature of the DNA-containing elements. J. Cell Biol. **22**, 505—513.
Wong, K. K., and K. Moldave, 1960: Enzymatic participation of enzyme-bound amino acyl adenylates in amino acid incorporation into protein. J. Biol. Chem. **235**, 694—699.
— A. Meister, and K. Moldave, 1959: Enzymatic formation of ribonucleic acid-amino acid from synthetic aminoacyl-adenylate and ribonucleic acid. Biochim. Biophys. Acta **36**, 531—533.
Wood, W. B., and P. Berg, 1962: The effect of enzymatically synthesized ribonucleic acid on amino acid incorporation by a soluble protein-ribosome system from *Escherichia coli*. Proc. Nat. Acad. Sci., U. S. A., **48**, 94—104.
Woodard, J., E. Rasch, and H. Swift, 1961 a: Nucleic acid and protein metabolism during the mitotic cycle in *Vicia faba*. J. Biophys. Biochem. Cytol. **9**, 445—462.
— B. Gelber, and H. Swift, 1961 b: Nucleoprotein changes during the mitotic cycle in *Paramaecium aurelia*. Exp. Cell Res. **23**, 258—264.
Woods, Ph. S., 1959: RNA in nuclear-cytoplasmic interaction. In: "Structure and Function of Genetic Elements." Brookhaven Symp. Biol. **12**, 153—174.
— and J. H. Taylor, 1959: Studies of ribonucleic acid metabolism with tritium-labeled cytidine. Lab. Invest. **8**, 309—318.

Yamada, T., 1958: Embryonic induction. In: "The chemical Basis of Development." Ed. W. D. McElroy and B. Glass, Johns Hopkins Press, Baltimore.
— 1962: The inductive phenomenon as a tool for understanding the basic mechanism of differentiation. J. Cell. Comp. Physiol. **60**, Suppl. 1, 49—64.
— and S. Karasaki, 1962: Roles of protein and RNA in determining the specific cellular differentiation. Fed. Proc. **21**, 163.
Yamagishi, H., 1962: Interaction between nucleic acids and berberine sulfate. J. Cell Biol. **15**, 589—592.
Yamane, T., and N. Davidson, 1962 a: On the complexing of deoxyribonucleic acid by silver. Biochim. Biophys. Acta **55**, 609—621.
— — 1962 b: Note on the spectra of the mercury (II) and silver (I) complexes of some polyribonucleotides and ribonucleic acid. Biochim. Biophys. Acta **55**, 780—782.
— and N. Sueoka, 1963 a: Species specifity of amino acid acceptor RNA and amino acid activating enzymes. Fed. Proc. **22**, 640.
— — 1963 b: Conservation of specifity between amino acid acceptor RNA and amino acyl-sRNA synthetase. Proc. Nat. Acad. Sci., U. S. A., **50**, 1093—1100.
Yankofsky, S. A., and S. Spiegelman, 1962 a: The identification of the ribosomal RNA cistron by sequence complementarity. I. Specifity of complex formation. Proc. Nat. Acad. Sci., U. S. A., **48**, 1069—1078.
— — 1962 b: The identification of the ribosomal RNA cistron by sequence complementarity. II. Saturation of and competitive interaction at the RNA cistron. Proc. Nat. Acad. Sci., U. S. A., **48**, 1466—1472.
— — 1963 a: Distinct cistrons for the two ribosomal RNA components. Proc. Nat. Acad. Sci., U. S. A., **49**, 538—544.
— — 1963 b: Distinct cistrons for 16 S and 23 S ribosomal RNA. Bacteriol. Proc., 120, Abs. P 104.

YANOFSKY, CH., 1963: Genetic control of protein structure. In: "Cytodifferentiation and Macromolecular Synthesis," 15—29. Ed. M. LOCKE, Academic Press, New York and London.

— U. HENNING, D. HELINSKI, and B. CARLTON, 1963: Mutational alteration of protein structure. Fed. Proc. **22**, 75—79.

— B. CARLTON, J. R. GUEST, D. HELINSKI, and U. HENNING, 1964: On the colinearity of gene structure and protein structure. Proc. Nat. Acad. Sci., U. S. A., **51**, 266—272.

YARMOLINSKY, M. B., and G. L. DE LA HABA, 1959: Inhibition by puromycin of amino acid incorporation into protein. Proc. Nat. Acad. Sci., U. S. A., **45**, 1721—1729.

YCAS, M., 1962: The coding hypothesis. Intern. Rev. Cytol. **13**, 1—34.

— and W. S. VINCENT, 1960: A ribonucleic acid fraction from yeast related in composition to deoxyribonucleic acid. Proc. Nat. Acad. Sci., U. S. A., **46**, 804—811.

YEE, R. B., S. PAN, and H. M. GEZON, 1962: Effect of chloramphenicol on protein and nucleic acid synthesis by *Shigella flexneri*. J. Gen. Microbiol. **27**, 521—527.

YIN, F. H., and R. M. BOCK, 1960: Physical and chemical studies on the proteins of yeast ribosomes. Fed. Proc. **19**, 137.

YU, C. T., and P. C. ZAMECNIK, 1963 a: Effect of bromination on the amino acid-accepting activities of transfer ribonucleic acids. Biochim. Biophys. Acta **76**, 209—222.

— — 1963 b: On the aminoacyl-RNA synthetase recognition sites of yeast and *E. coli* transfer RNA. Biochem. Biophys. Res. Commun. **12**, 457—463.

ZACHAU, H. G., 1963 a: Aspekte der Nukleinsäure-Biochemie. In: „Funktionelle und morphologische Organisation der Zelle." 40—52. Wiss. Konferenz d. Ges. Dtsch. Naturforsch. u. Ärzte, Springer-Verlag, Berlin, Göttingen, Heidelberg.

— 1963 b: Zur Chemie und Biochemie der löslichen Ribonucleinsäure. Nova Acta Leopoldina, neue Folge, **26**, Nr. **164**.

— G. ACS, and F. LIPMANN, 1958: Isolation of adenosine amino acid esters from a ribonuclease digest of soluble liver ribonucleic acid. Proc. Nat. Acad. Sci., U. S. A., **44**, 885—889.

ZAHN, G., 1962: Die Wechselwirkung zwischen Streptomycin und verschiedenen Metallionen. Ein Beitrag zum Wirkungsmechanismus des Streptomycins in der höheren Pflanze. Naturwissenschaften **49**, 139.

ZAIZEVA, G. N., N. K. SYONG, and A. N. BELOZERSKY, 1963: Metabolism of nucleic acids and of nucleotides in the course of synchronous development of *Azotobacter vinelandii*. Biokhimiya **28**, 172—185 (russ. m. engl. Zusammenfassung).

ZALAN, G., 1962: Staining nervous tissue with phloxine and gallocyanine in sequence. Stain Techn. **37**, 49—50.

ZALOKAR, M., 1960 a: Sites of ribonucleic acid and protein synthesis in *Drosophila*. Exp. Cell Res. **19**, 184—186.

— 1960 b: Sites of protein and ribonucleic acid synthesis in the cell. Exp. Cell Res. **19**, 559—576.

ZAMECNIK, P. C., M. L. STEPHENSON, and L. I. HECHT, 1958: Intermediate reactions in amino acid incorporation. Proc. Nat. Acad. Sci., U. S. A., **44**, 73—78.

— — and C.-T. YU, 1961: Studies on preparation, fractionation and degradation of soluble ribonucleic acid. In: "Protein Biosynthesis," 125—132. Ed. R. J. C. HARRIS, Academic Press, New York and London.

ZAMENHOF, S., and E. CHARGAFF, 1949: Evidence of the existence of a core in deoxyribonucleic acid. J. Biol. Chem. **178**, 531—532.

ZEIGER, K., 1930: Der Einfluß von Fixationsmitteln auf die Färbbarkeit histologischer Elemente. Versuche mit hochdispersen Farbstoffen. Z. Zellforsch. **10**, 481—510.

— 1938: Physikochemische Grundlagen der histologischen Methodik. Th. Steinkopf, Dresden und Leipzig.

ZETTERBERG, A., 1964: Kinetics of protein synthesis during the interphase of mouse fibroblasts *in vitro*. 2. Intern. Kongr. Histochem. Cytochem., 215. Herausg. T. H. SCHIEBLER, A. G. E. PEARSE und H. H. WOLFF, Springer-Verlag, Berlin, Göttingen, Heidelberg.

ZEUTHEN, E., 1961: Cell division and protein synthesis. In: "Biological Structure and Function," Vol. **II**, 537—548. Ed. T. W. GOODWIN and O. LINDBERG, Academic Press, New York and London.

ZILLIG, W., W. KRONE, und M. ALBERS, 1959: Untersuchungen zur Biosynthese der Proteine. III. Beitrag zur Kenntnis der Zusammensetzung und Struktur der Ribosomen. Z. Physiol. Chem. **317**, 131—143.

ZILLIKEN, F., 1963: Der chondrogene Faktor aus Hühnerembryonen. In: „Induktion und Morphogenese", 13. Coll. Ges. Physiol. Chem. Mosbach, 1962, 144—170. Springer-Verlag, Berlin, Göttingen, Heidelberg.
ZIMMERMANN, A. M., 1960: Physico-chemical analysis of the isolated mitotic apparatus. Exp. Cell Res. **20**, 529—547.
ZIMMERMANN, E. F., 1963: Polysomal site of protein synthesis in HeLa cells. Biochem. Biophys. Res. Commun. **11**, 301—306.
ZIMMERMANN, E., M. ZOLLER, und F. TURBA, 1963: Induktion der Synthese artfremden Serumalbumins in Mäuse-Asciteszellen durch nucleolare Ribonucleinsäure aus Leberzellkernen. Biochem. Zschr. **339**, 53—61.
ZOBEL, C. R., and M. BEER, 1961: Electron stains. I. Chemical studies on the interaction of DNA with uranyl salts. J. Biophys. Biochem. Cytol. **10**, 333—346.
ZUBAY, G., 1962: A theory on the mechanism of messenger-RNA synthesis. Proc. Nat. Acad. Sci., U. S. A., **48**, 456—461.
— 1963: Molecular model for protein synthesis. Science **140**, 1092—1095.
— and M. H. F. WILKINS, 1960: X-ray diffraction studies on the structure of ribosomes from *Escherichia coli*. J. Molec. Biol. **2**, 105—112.
— and H. QUASTLER, 1962: An RNA-protein code based on replacement data. Proc. Nat. Acad. Sci., U. S. A., **48**, 461—471.
— and R. MARCIELLO, 1963: A chemical method for studying the detailed secondary structure of RNA. Biochem. Biophys. Res. Commun. **11**, 79—82.

Nach Beendigung des Manuskriptes erschienene Publikationen

(Nach Kapiteln geordnet; siehe Inhaltsverzeichnis)

2.1.2.

CHAMBERS, R. W., and V. KURKOV, 1964: The chemistry of pseudo-uridine. III. The structure of the A isomers. Biochemistry **3**, 326—328.
DEFILIPPES, F. M., 1964: Nucleotides: Separation from an alkaline hydrolysate of RNA by thin-layer electrophoresis. Science **144**, 1350—1351.
GASSEN, H. G., und H. WITZEL, 1965: α-Cytidylsäure aus Hefenucleinsäure. Biochim. Biophys. Acta **95**, 244—250.
HALL, R. H., 1964 a: On the 2'-O-methylribonucleoside content of ribonucleic acids. Biochemistry **3**, 876—880.
— 1964 b: A general procedure for the isolation of "minor" nucleosides from ribonucleic acid hydrolysates. Biochemistry **4**, 661—670.
KURIKI, Y., 1964: Study of 5-ribosyluridine in yeast cells. Biochim. Biophys. Acta **80**, 361—372.

2.2.1.1.

ARONSON, A. I., and M. A. HOLOWCZYK, 1965: Composition of bacterial ribosomal RNA. Biochim. Biophys. Acta **95**, 217—231.
BELL, D., R. V. TOMLINSON, and G. M. TENER, 1964: Chemical studies on mixed soluble ribonucleic acids from yeast. Biochemistry **3**, 317—326.
CANTONI, G. L., H. ISHIKURA, H. H. RICHARDS, and K. TANAKA, 1963: Studies on soluble ribonucleic acid. XI. A model for the base sequence of serine s-RNA. Cold Spring Harb. Symp. Quant. Biol. **XXVIII**, 123—132.
DARNELL, J. E., S. PENMAN, K. SCHERRER, and Y. BECKER, 1963: A description of various classes of RNA from HeLa cells. Cold Spring Harb. Symp. Quant. Biol. **XXVIII**, 211—214.
GUSCHLBAUER, W., E. G. RICHARDS, K. BEURLING, A. Adams, and J. R. FRESCO, 1965: Determination of nucleotide composition of polyribonucleotides by spectrophotometric analysis. Biochemistry **4**, 964—975.
HOLLEY, R. W., J. T. MADISON, and A. ZAMIR, 1964: A new method for sequence determination of large oligonucleotides. Biochem. Biophys. Res. Commun. **17**, 389—394.
HUNT, J. A., 1964: Terminal sequence differences between the two components of rabbit reticulocyte ribosomal ribonucleic acid. Biochem. J. **92**, 14 P—15 P.
— 1965: Terminal sequence studies of high-molecular weight ribonucleic acid. The reaction of periodate-oxidized ribonucleosides, 5'-ribonucleotides and ribonucleic acid with isoniazid. Biochem. J. **95**, 541—551.

LEE, S., D. MCMULLEN, G. L. BROWN, and A. R. STOKES, 1965: Methods for automatic nucleotide-sequence analysis. Multicomponent spectrophotometric analysis of mixtures of nucleic acid components by a least-squares procedure. Biochem. J. **94**, 314—322.

MOUDRIANAKIS, E. N., and M. BEER, 1964: A selective reagent for the study of base sequence in nucleic acids. Nature **204**, 685—686.

RUSHIZKY, G. W., and H. A. SOBER, 1964: Chromatography of tri- and tetranucleotides from pancreatic ribonuclease digests of ribonucleic acid. Biochem. Biophys. Res. Commun. **14**, 276—279.

TRIM, A. R., J. E. BAKER, and A. B. LEAH, 1964: The isolation and composition of ribonucleic acids from leaves. Biochem. J. **93**, 14—26.

2.2.1.2.

BIELKA, H., I. JUNGHAHN, und I. SCHNEIDERS, 1964: Untersuchungen zur Struktur ribosomaler RNS aus Normal- und Tumorgeweben. Z. Naturforsch. **19 b**, 1121—1126.

BRAHMS, J., and W. F. H. M. MOMMAERTS, 1964: A study of conformation of nucleic acids in solution by means of circular dichroism. J. Molec. Biol. **10**, 73—88.

CROTHERS, D. M., and B. H. ZIMM, 1964: Theory of the melting transition of synthetic polynucleotides: Evaluation of the stacking free energy. J. Molec. Biol. **9**, 1—9.

FASMAN, G. D., C. LINDBLOW, and L. GROSSMAN, 1964: The helical conformations of polycytidylic acid: Studies on the forces involved. Biochemistry **3**, 1015—1021.

FRESCO, J. R., L. C. KLOTZ, and E. G. RICHARDS, 1963: A new spectroscopic approach to the determination of helical secondary structure in ribonucleic acid. Cold Spring Harb. Symp. Quant. Biol. **XXVIII**, 83—90.

HASELKORN, R., 1964: Actinomycin D as a probe for nucleic acid secondary structure. Science **143**, 682—684.

INMAN, R. B., and R. L. BALDWIN, 1964: Helix-random coil transitions in DNA-homopolymer pairs. J. Molec. Biol. **8**, 452—469.

MILES, H. T., and J. FRAZIER, 1964 a: Infrared study of helix strandedness in the poly A-poly U-system. Biochem. Biophys. Res. Commun. **14**, 21—28.

— — 1964 b: A strand disproportionation reaction in a helical polynucleotide system. Biochem. Biophys. Res. Commun. **14**, 129—136.

SAMEJIMA, T., and J. T. YANG, 1964: Optical rotatory dispersion of DNA and RNA. Biochemistry **3**, 613—616.

VENNER, H., und CH. ZIMMER, 1964: Effekte von Schwermetallionen auf den Helix-Knäuel-Übergang der Desoxyribonucleinsäure. Naturwissenschaften **51**, 173.

YAMAGAMI, S., Y. KAWAKITA, and S. NAKA, 1965: Some physical, chemical and biochemical properties of ribosomal RNA from guinea pig brain cortex. J. Neurochem. **12**, 607—612.

2.2.2.1.

APGAR, J., G. A. EVERETT, and R. W. HOLLEY, 1965: Isolation of large oligonucleotide fragments from the alanine RNA. Proc. Nat. Acad. Sci. (U. S. A.) **53**, 546—548.

ARMSTRONG, A., H. HAGOPIAN, V. M. INGRAM, I. SJÖQUIST, and J. SJÖQUIST, 1964: Chemical studies on amino acid acceptor ribonucleic acids. III. The degradation of purified alanine- and valine-specific yeast s-RNA's by pancreatic ribonuclease. Biochemistry **3**, 1194—1202.

BAGULEY, B. C., P. L. BERGQUIST, and R. K. RALPH, 1965: Fractionation of amino acid acceptor ribonucleic acids on diethylaminoethyl-cellulose columns. Biochim. Biophys. Acta **95**, 510—512.

BANK, A., S. GEE, A. MEHLER, and A. PETERKOFSKY, 1964: Differences in the methylated base composition of valyl and leucyl soluble ribonucleic acids of *Escherichia coli*. Biochemistry **3**, 1406—1411.

BERGQUIST, P. L., 1965: Nucleotide sequences adjacent to the amino acid-acceptor end of five seryl s-RNA's from brewers yeast. Biochim. Biophys. Acta **103**, 347—349.

DOCTOR, B. P., and G. J. MCCORMICK, 1965: Fractionation of oligonucleotides of yeast soluble ribonucleic acids by countercurrent distribution. Biochemistry **4**, 49—53.

DÜTTING, D., und H. G. ZACHAU, 1964: Spaltung einer serinspezifischen transfer-Ribonukleinsäure-Fraktion mit T_1-Ribonuclease. Biochim. Biophys. Acta **91**, 573—583.

HERBERT, E., CH. J. SMITH, and C. W. WILSON, 1964: Determination of nucleotide sequences in s-RNA. III. Isolation of oligonucleotides from the acceptor end of amino acid-specific acceptor chains of soluble ribonucleic acid. J. Molec. Biol. **9**, 376—394.

HOLLEY, R. W., J. APGAR, G. A. EVERETT, J. T. MADISON, S. H. MERRILL, and A. ZAMIR, 1963: Chemistry of amino acid-specific ribonucleic acids. Cold Spring Harb. Symp. Quant. Biol. **XXVIII**, 117—122.

— — — — M. MARQUISEE, and S. H. MERRILL, 1965: Structure of a ribonucleic acid. Science **147**, 1462—1465.

KELLER, E. B., 1964: The hydrolysis of "soluble" ribonucleic acid by snake venom phosphodiesterase. Biochem. Biophys. Res. Commun. **17**, 412—415.

MCLAUGHLIN, C. S., and V. M. INGRAM, 1965: Sequence variation at the 5′-terminal region in yeast s-RNA. Biochim. Biophys. Acta **103**, 344—346.

MELCHERS, F., und H. G. ZACHAU, 1964: Spaltung von löslicher Ribonucleinsäure und serinspezifischen transfer-Ribonucleinsäure-Fraktionen mit Pankreas-Ribonuclease. Biochim. Biophys. Acta **91**, 559—572.

MIURA, K., 1964: Adenylic acid arrangement in transfer RNA of yeast. J. Molec. Biol. **8**, 371—376.

RICHARDS, E. G., and W. B. GRATZER, 1964: An investigation of soluble ribonucleic acid by zone electrophoresis. Nature **204**, 878—879.

STAEHELIN, M., 1964: Base sequences in s-RNA. J. Molec. Biol. **8**, 470—478.

TRENTALANCE, A., and F. AMALDI, 1965: Nucleotide composition of soluble ribonucleic acid of *Streptomyces fradiae*. Nature **206**, 530—531.

ZAMIR, A., R. W. HOLLEY, and M. MARQUISEE, 1965: Evidence for the occurence of a common pentanucleotide sequence in the structures of transfer ribonucleic acids. J. Biol. Chem. **240**, 1267—1273.

ZUBAY, G., and M. TAKANAMI, 1964: Observations on the configuration of nucleotides near the 3′-hydroxy end of adapter RNA. Biochem. Biophys. Res. Commun. **15**, 207—213.

2.2.2.2.

CHERAYIL, J. D., and R. M. BOCK, 1965: A column chromatographic procedure for the fractionation of s-RNA. Biochemistry **4**, 1174—1183.

GREENMAN, D. L., F. T. KENNEY, and W. D. WICKS, 1964: On equating low molecular weight RNA with transfer RNA. Biochem. Biophys. Res. Commun. **17**, 449—453.

INGRAM, V. M., and J. A. SJÖQUIST, 1963: Studies on the structure of purified alanine and valine transfer RNA from yeast. Cold Spring Harb. Symp. Quant. Biol. **XXVIII**, 133—138.

LAMBORG, M. R., and P. C. ZAMECNIK, 1965: Optical rotatory dispersion of *E. coli* s-RNA in the far ultraviolet region. Biochem. Biophys. Res. Commun. **20**, 328—333.

PENSWICK, J. R., and R. W. HOLLEY, 1965: Specific cleavage of the yeast alanine RNA into two large fragments. Proc. Nat. Acad. Sci. (U. S. A.) **53**, 543—546.

SPENCER, M., 1963: X-ray diffraction studies of the secondary structure of RNA. Cold Spring Harb. Symp. Quant. Biol. **XXVIII**, 77—82.

2.2.3.1.

BAUTZ, E. K. F., and L. HEDING, 1964: Studies on the primary structure of the messenger RNA from phage T 4. Frequencies of the mono-, di-, and tetranucleotides obtained from a digest with pancreatic ribonuclease. Biochemistry **3**, 1010—1014.

BREMER, H., and M. W. KONRAD, 1964: A complex of enzymatically synthesized RNA and template DNA. Proc. Nat. Acad. Sci. (U. S. A.) **51**, 801—808.

LOENING, U. E., 1965: Synthesis of messenger ribonucleic acid in excised pea-seedling root segments. Separation of the messenger from microsomes by electrophoresis. Biochem. J. **97**, 125—133.

2.2.3.2.

BARBER, R., and A. S. JONES, 1964: Fractionation of ribonucleic acids. Nature **203**, 45—48.

BOLTON, E. T., and B. J. MCCARTHY, 1964: Fractionation of complementary RNA. J. Molec. Biol. **8**, 201—209.

BRAWERMAN, G., N. BIEZUNSKI, and J. EISENSTADT, 1965: Sedimentation characteristics of template RNA from rabbit reticulocytes and rat liver. Biochim. Biophys. Acta **103**, 201—210.

DIGIRALOMO, A., E. C. HENSHAW, and H. H. HIATT, 1964: Messenger ribonucleic acid in rat liver nuclei and cytoplasm. J. Molec. Biol. **8**, 479—488.

KIDSON, CH., and K. S. KIRBY, 1964: Patterns of messenger RNA synthesis in mammalian tissues: Analysis by counter-current distribution. J. Molec. Biol. **10**, 187—198.

SAMARINA, O. P., M. I. LERMAN, V. D. TUMANIAN, L. N. ANANIEVA, and G. P. GEORGIEV, 1965: The properties of chromosomal informational RNA. Biokhimiya **30**, 880—893.

YOSHIKAWA, M., T. FUKUDA, and Y. KAWADE, 1964: Separation of rapidly labeled RNA of animal cells into DNA-type and ribosomal RNA-type components. Biochem. Biophys. Res. Commun. **15**, 22—26.

YOSHIKAWA-FUKUDA, M., T. FUKUDA, and Y. KAWADE, 1965: Characterization of rapidly labeled ribonucleic acid of animal cells in culture. Biochim. Biophys. Acta **103**, 383—398.

3.1.1.

BABINET, C., A. ROLLER, J. M. DUBERT, M. N. THANG, and M. GRUNBERG-MANAGO, 1965: Metal ions requirement of polynucleotide phosphorylase. Biochem. Biophys. Res. Commun. **19**, 95—101.

WILLIAMS, F. R., T. GODEFROY, E. MERY, J. YON, et M. GRUNBERG-MANAGO, 1964: Détermination du vrai substrat de la polynucléotide phosphorylase dans la polymérisation de l'ADP. Biochim. Biophys. Acta **80**, 349—360.

3.1.2.

ARMSTRONG, R. L., and J. A. BOEZI, 1965: Studies of *Escherichia coli* ribonucleic acid-deoxyribonucleic acid complex. Biochim. Biophys. Acta **103**, 60—69.

ATTARDI, G., S. NAONO, J. ROUVIÈRE, F. JACOB, and F. GROS, 1963: Production of messenger RNA and regulation of protein synthesis. Cold Spring Harb. Symp. Quant. Biol. **XXVIII**, 363—372.

BRESLER, S. E., R. A. KRENEVA, V. V. KUSHEV, and M. I. MOSEVITSKII, 1964: The mechanism of messenger-RNA replication in bacteria. J. Molec. Biol. **8**, 79—88.

CHAMBERLIN, M., and P. BERG, 1963: Studies on DNA directed RNA polymerase; formation of DNA-RNA complexes with single stranded ØX 174 DNA as template. Cold Spring Harb. Symp. Quant. Biol. **XXVIII**, 67—76.

— — 1964a: Mechanism of RNA polymerase action: Formation of DNA-RNA hybrids with single-stranded templates. J. Molec. Biol. **8**, 297—313.

— — 1964b: Mechanism of RNA polymerase action: Characterization of the DNA-dependent synthesis of polyadenylic acid. J. Molec. Biol. **8**, 708—726.

CHERRY, J. H., 1964: Association of rapidly metabolized DNA and RNA. Science **146**, 1066—1069.

COLVILL, A. J. E., L. C. KANNER, G. P. TOCCHINI-VALENTINI, M. T. SARNAT, and E. P. GEIDUSCHEK, 1965: Asymmetric RNA synthesis *in vitro:* Heterologous DNA-enzyme systems; *E. coli* RNA polymerase. Proc. Nat. Acad. Sci. (U. S. A.) **53**, 1140—1147.

EASON, R., and R. M. S. SMELLIE, 1965: Observations on the biosynthesis of polyribonucleotides *in vitro.* Biochem. J. **94**, 7 P.

ELSON, D., 1965: Metabolism of nucleic acids (macromolecular DNA and RNA). Ann. Rev. Biochem. **34**, 449—486.

FUCHS, E., W. ZILLIG, P. H. HOFSCHNEIDER, and A. PREUSS, 1964: Preparation and properties of RNA-polymerase particles. J. Molec. Biol. **10**, 546—550.

FURTH, J. J., and P. LOH, 1964: Thermal inactivation of the primer in DNA-dependent synthesis of RNA in animal tissue. Science **145**, 161—162.

HAGEN, U., and K. KECK, 1965: Ultraviolet light inactivation of the priming ability of DNA in the RNA polymerase system. Biochim. Biophys. Acta **95**, 418—425.

HURWITZ, J., A. EVANS, C. BABINET, and A. SKALKA, 1963: On the copying of DNA in the RNA polymerase reaction. Cold Spring Harb. Symp. Quant. Biol. **XXVIII**, 59—66.

JONES, K. W., and D. E. S. TRUMAN, 1964: A hypothesis for deoxyribonucleic acid transcription and messenger ribonucleic acid synthesis *in vivo.* Nature **202**, 1264—1267.

MAITRA, U., and J. HURWITZ, 1965: The role of DNA in RNA synthesis. IX. Nucleoside triphosphate termini in RNA polymerase products. Proc. Nat. Acad. Sci. (U. S. A.) **54**, 815—821.

MAJUMDAR, C., and D. P. BURMA, 1965: DNA-dependent incorporation of guanylate residues into polynucleotide material. Biochim. Biophys. Acta **95**, 684—686.

MARTIN, R. G., 1963: The one operon — one messenger theory of transcription. Cold Spring Harb. Symp. Quant. Biol. **XXVIII**, 357—362.

McCarthy, J., and E. T. Bolton, 1964: Interaction of complementary RNA and DNA. J. Molec. Biol. **8**, 184—200.

— and B. H. Hoyer, 1964: Identity of DNA and diversity of messenger RNA molecules in normal mouse tissues. Proc. Nat. Acad. Sci. (U. S. A.) **52**, 915—922.

McFarlane, F. S., and M. J. Fraser, 1964: Mammalian DNA-RNA hybrids. Biochem. Biophys. Res. Commun. **15**, 351—357.

Moyer, R. H., R. A. Smith, J. Semal, and Y. T. Kim, 1964: Isolation and analysis of RNA formed by cell-free extracts from tobacco leaves. Biochim. Biophys. Acta **91**, 217—222.

Nygaard, A. P., and B. D. Hall, 1964: Formation and properties of RNA-DNA complexes. J. Molec. Biol. **9**, 125—142.

Opara-Kubinska, Z., H. Kubinski, and W. Szybalski, 1964: Interaction between denatured DNA, polyribonucleotides and ribosomal RNA: attempts at preparative separation of the complementary DNA strands. Proc. Nat. Acad. Sci. (U. S. A.) **52**, 923—930.

Perry, R. P., P. R. Srinivasan, and D. E. Kelley, 1964: Hybridization of rapidly labeled nuclear ribonucleic acids. Science **145**, 504—507.

Ramuz, M., J. Doly, P. Mandel, and P. Chambon, 1965: A soluble DNA-dependent RNA polymerase in nuclei of non-dividing animal cells. Biochem. Biophys. Res. Commun. **19**, 114—120.

Reid, E., A. B. A. El-Aaser, M. K. Turner, and G. Siebert, 1964: Enzymes of ribonucleic acid and ribonucleotide metabolism in rat-liver nuclei. Z. physiol. Chem. **339**, 135—149.

Richter, G., and H. Senger, 1965: Isolation of a DNA-RNA complex from *Chlorella* cells. Biochim. Biophys. Acta **95**, 362—364.

Shigeura, H. T., and G. E. Boxer, 1964: Incorporation of 3′-deoxyadenosine-5′-triphosphate into RNA by RNA polymerase from *Micrococcus lysodeikticus*. Biochem. Biophys. Res. Commun. **17**, 758—763.

Widnell, C. C., 1965: Characterization of the product of the RNA polymerase from isolated rat-liver nuclei. Biochem. J. **95**, 42 P—43 P.

Wood, W. B., and P. Berg, 1963: Studies on the "messenger" activity of RNA synthesized with RNA polymerase. Cold Spring Harb. Symp. Quant. Biol. **XXVIII**, 237—246.

— — 1964: Influence of DNA secondary structure on DNA-dependent polypeptide synthesis. J. Molec. Biol. **9**, 452—471.

3.1.3.

Haruna, I., and S. Spiegelman, 1965: Specific template requirements of RNA replicases. Proc. Nat. Acad. Sci. (U. S. A.) **54**, 579—586.

Klemperer, H. G., 1965: The incorporation of adenylate into polyadenylate and oligoribonucleosides by an enzyme from rat liver. Biochim. Biophys. Acta **95**, 251—261.

Levintow, L., 1965: The biochemistry of virus replication. Ann. Rev. Biochem. **34**, 487—526.

Mans, R. J., and G. D. Novelli, 1964: Ribonucleotide incorporation by a soluble enzyme from maize. Biochim. Biophys. Acta **91**, 186—188.

Ortiz, P. J., J. T. August, M. Watanabe, A. M. Kaye, and J. Hurwitz, 1965: Ribonucleic acid-dependent ribonucleotide incorporation. II. Inhibition of polyriboadenylate polymerase activity following bacteriophage infection. J. Biol. Chem. **240**, 423—431.

Semal, J., D. Spencer, Y. T. Kim, and S. G. Wildman, 1964: Properties of a ribonucleic acid synthesizing system in cell-free extracts of tobacco leaves. Biochim. Biophys. Acta **91**, 205—216.

Smellie, R. M. S., 1965: Ribonucleic acid-dependent synthesis of ribonucleic acid. Biochem. J. **94**, 2 P.

Spiegelman, S., I. Haruna, I. B. Holland, G. Beaudreau, and D. Mills, 1965: The synthesis of self-propagating and infectious nucleic acid with a purified enzyme. Proc. Nat. Acad. Sci. (U. S. A.) **54**, 919—926.

3.1.4.1.

Attardi, G., P. Huang, and S. Kabat, 1965: Recognition of ribosomal RNA sites in DNA. II. The HeLa cell system. Proc. Nat. Acad. Sci. (U. S. A.) **54**, 185—192.

Dubnau, D., I. Smith, and J. Marmur, 1965: Gene conservation in *Bacillus* species. II. The location of genes concerned with the synthesis of ribosomal components and soluble RNA. Proc. Nat. Acad. Sci. (U. S. A.) **54**, 724—730.

HURWITZ, J., M. ANDERS, M. GOLD, and I. SMITH, 1965: The enzymatic methylation of ribonucleic acid and deoxyribonucleic acid. VII. The methylation of ribosomal ribonucleic acid. J. Biol. Chem. **240**, 1256—1266.

LEBOY, PH. S., E. C. COX, and J. G. FLAKS, 1964: The chromosomal site specifying a ribosomal protein in *Escherichia coli*. Proc. Nat. Acad. Sci. (U. S. A.) **52**, 1367—1374.

LOENING, U. E., 1965: The synthesis of messenger and ribosomal RNA in pea seedlings as detected by electrophoresis. Proc. Roy. Soc. **162 B**, 121—136.

OISHI, M., and N. SUEOKA, 1965: Location of genetic loci of ribosomal RNA on *Bacillus subtilis* chromosome. Proc. Nat. Acad. Sci. (U. S. A.) **54**, 483—490.

SPIEGELMAN, S., and R. H. DOI, 1963: Replication and translation of RNA genomes. Cold Spring Harb. Symp. Quant. Biol. **XXVIII**, 109—116.

SZÉKELY, M., Ö. GAÁL, and B. LOVAS, 1964: Heterogenous labelling of the cytoplasmic ribonucleic acids of pigeon pancreas. Acta Physiol. Acad. Sci. Hung. **XXIV**, 269—278.

VERMEULEN, C. W., and K. C. ATWOOD, 1965: The proportion of DNA complementary to ribosomal RNA in *Drosophila melanogaster*. Biochem. Biophys. Res. Commun. **19**, 221—226.

3.1.4.2.

BOREK, E., 1963: The methylation of transfer RNA: mechanism and function. Cold Spring Harb. Symp. Quant. Biol. **XXVIII**, 139—148.

BROWN, G. M., and G. ATTARDI, 1965: Methylation of nucleic acids in HeLa cells. Biochem. Biophys. Res. Commun. **20**, 298—302.

COMB, D. G., and S. KATZ, 1964: Studies on the biosynthesis and methylation of transfer RNA. J. Molec. Biol. **8**, 790—800.

GOLD, M., and J. HURWITZ, 1963: Enzymatic methylation of the nucleic acids. Cold Spring Harb. Symp. Quant. Biol. **XXVIII**, 149—156.

GORDON, J., H. G. BOMAN, and L. A. ISAKSSON, 1964: *In vivo* inhibition of RNA methylation in the presence of chloramphenicol. J. Molec. Biol. **9**, 831—833.

GRIFFIN, B. E., W. J. HASLAM, and C. B. REESE, 1964: Synthesis and properties of some methylated polyadenylic acids. J. Molec. Biol. **10**, 353—356.

LITTAUER, U. Z., K. MUENCH, and P. BERG, 1963: Studies on methylated bases in transfer RNA. Cold Spring Harb. Symp. Quant. Biol. **XXVIII**, 157—160.

LUDLUM, D. B., R. C. WARNER, and A. J. WAHBA, 1964: Alkylation of synthetic polynucleotides. Science **145**, 397—399.

REVEL, M., and H. H. HIATT, 1964: Synthesis of transfer RNA in rat liver. Relative resistance to actinomycin. Biochem. Biophys. Res. Commun. **17**, 730—736.

SRINIVASAN, P. R., and E. BOREK, 1964 a: Enzymatic alteration of nucleic acid structure. Science **145**, 548—553.

— — 1964 b: Species variation of the RNA methylases. Biochemistry **3**, 616—619.

TROPP, B. E., J. H. LAW, and J. M. HAYES, 1964: Studies on the mechanism of biological methylation of nucleic acids. Biochemistry **3**, 1837—1840.

3.1.4.3.

AEPINUS, K. F., 1965: Die Bedeutung der basischen Proteine für die Stabilisierung der Messenger-Ribonucleinsäure. Biochem. Z. **341**, 139—148.

LEVINTHAL, C., D. P. FAN, A. HIGA, and R. A. ZIMMERMAN, 1963: The decay and protection of messenger RNA in bacteria. Cold Spring Harb. Symp. Quant. Biol. **XXVIII**, 183—190.

LOENING, U. E., 1965: "Pulse-labelled" and "Chase-labelled" messenger ribonucleic acid. Biochem. J. **94**, 11 P.

PATEL, G., and T. Y. WANG, 1965: Isolation of an active complex of DNA-RNA-protein. Life Sciences **4**, 1481—1486.

RUDNER, R., E. REJMAN, and E. CHARGAFF, 1965: Genetic implications of period pulsations of the rate of synthesis and the composition of rapidly labeled bacterial RNA. Proc. Nat. Acad. Sci. (U. S. A.) **54**, 904—911.

SPIEGELMAN, S., and M. HAYASHI, 1963: The present status of the transfer of genetic information and its control. Cold Spring Harb. Symp. Quant. Biol. **XXVIII**, 161—182.

3.1.5.

ALLFREY, V. G., and A. E. MIRSKY, 1964: Role of histones in nuclear function. In: "Nucleohistones," Ed. J. BONNER and P. Ts'o, 267—288, Holden-Day, Inc., San Francisco, London, Amsterdam.

— R. FAULKNER, and A. E. MIRSKY, 1964: Acetylation and methylation of histones and their possible role in the regulation of RNA synthesis. Proc. Nat. Acad. Sci. (U. S. A.) **51**, 786—794.

BERLOWITZ, L., 1965: Analysis of histone *in situ* in developmentally inactivated chromatin. Proc. Nat. Acad. Sci. (U. S. A.) **54**, 476—480.

BILLEN, D., and L. S. HNILICA, 1964: Inhibition of DNA synthesis by histones. In: "Nucleohistones," Ed. J. BONNER and P. Ts'o, 289—297, Holden-Day, Inc., San Francisco, London, Amsterdam.

BLAZSEK, V. A., and F. GYERGYAY, 1965: A note on inhibition of the Ehrlich ascites tumor growth with histones. Exp. Cell Res. **38**, 424—425.

BONNER, J., and R.-CH. C. HUANG, 1964: Role of histones in chromosomal RNA synthesis. In: "Nucleohistones," Ed. J. BONNER and P. Ts'o, 251—261, Holden-Day, Inc., San Francisco, London and Amsterdam.

BUTLER, J. A. V., and E. W. JOHNS, 1964: Interaction between histones and nucleic acids. Biochem. J. **91**, 15 C—16 C.

HOLOUBEK, V., 1965: Repressed chromatin from virus infected and from differentiated cells. Experientia **21**, 437—438.

HUANG, R.-CH. C., and J. BONNER, 1964: Role of histones in protein synthesis. In: "Nucleohistones," Ed. J. BONNER and P. Ts'o, 262—266, Holden-Day, Inc., San Francisco, London, Amsterdam.

— — and K. MURRAY, 1964: Physical and biological properties of soluble nucleohistones. J. Molec. Biol. **8**, 54—64.

LIAU, M. C., L. S. HNILICA, and R. B. HURLBERT, 1965: Regulation of RNA synthesis in isolated nucleoli by histones and nucleolar proteins. Proc. Nat. Acad. Sci. (U. S. A.) **53**, 626—633.

LINDSAY, D. T., 1964: Histones from developing tissues of the chicken: heterogeneity. Science **144**, 420—422.

MURRAY, K., 1965: The basic proteins of cell nuclei. Ann. Rev. Biochem. **34**, 209—246.

NEIDLE, A., and H. WAELSCH, 1964: Histones: Species and tissue specifity. Science **145**, 1059—1061.

PHILLIPS, D. M. P., and E. W. JOHNS, 1965: A fractionation of the histones of group F 2 a from calf thymus. Biochem. J. **94**, 127—130.

ROTH, J. S., 1965: Histones in development, growth and cancer. Nature **207**, 599—600.

SAMARINA, O. P., I. S. ASSRIAN, and G. P. GEORGIEV, 1965: Isolation of nuclear nucleoproteins containing informational ribonucleic acid. Dokl. Akad. Nauk SSSR **163**, 1510—1513.

SONNENBERG, B. P., and G. ZUBAY, 1965: Nucleohistone as a primer for RNA synthesis. Proc. Nat. Acad. Sci. (U. S. A.) **54**, 415—419.

ZUBAY, G., and M. H. F. WILKINS, 1964: A note on reversible dissociation of deoxyribonucleohistone. J. Molec. Biol. **9**, 246—249.

3.2.1.

BREUER, CH. B., M. C. DAVIES, and J. R. FLORINI, 1964: Amino acid incorporation into protein by cell-free preparations from rat skeletal muscle. II. Preparation and properties of muscle ribosomes and polysomes. Biochemistry **3**, 1713—1719.

CAMMACK, K. A., and H. E. WADE, 1965: The sedimentation behaviour of ribonuclease-active and -inactive ribosomes from bacteria. Biochem. J. **96**, 671—680.

DASS, C. M. S., and S. T. BAYLEY, 1965: A structural study of rat liver ribosomes. J. Cell Biol. **25**, 9—22.

HENSHAW, E. C., 1964: Subunits of rat liver ribosomes. J. Molec. Biol. **9**, 610—612.

HOWELL, R. R., J. N. LOEB, and G. M. TOMKINS, 1964: Characterization of ribosomal aggregates isolated from liver. Proc. Nat. Acad. Sci. (U. S. A.) **52**, 1241—1248.

HSIAO, T. C., 1964: Characteristics of ribosomes isolated from roots of *Zea mays*. Biochim. Biophys. Acta **91**, 598—605.

MANGIANTINI, M. T., G. TECCE, G. TOSCHI, and A. TRENTALANCE, 1965: A study of ribosomes and of ribonucleic acid from a thermophilic organism. Biochim. Biophys. Acta **103**, 252—274.

MOYER, R. C., and R. STORCK, 1964: Properties of ribosomes and RNA from *Aspergillus niger*. Arch. Biochem. Biophys. **104**, 193—201.

MURTHY, M. R. V., and D. A. RAPPOPORT, 1965: Biochemistry of the developing rat brain. VI. Preparation and properties of ribosomes. Biochim. Biophys. Acta **95**, 132—145.

PETERMANN, M. L., 1964: The physical and chemical properties of ribosomes. Elsevier Publishing Company, Amsterdam.

SILMAN, N., M. ARTMAN, and H. ENGELBERG, 1965: Effect of magnesium and spermine on the aggregation of bacterial and mammalian ribosomes. Biochim. Biophys. Acta **103**, 231—240.

WADE, H. E., S. LOVETT, and H. K. ROBINSON, 1964: The autodegradation of ^{32}P-labelled ribosomes from *Escherichia coli*. Biochem. J. **93**, 121—128.

3.2.2.1.

BACHVAROFF, R., and PH. R. B. MCMASTER, 1964: Separation of microsomal RNA into five bands during agar electrophoresis. Science **143**, 1177—1179.

BONDY, S. C., and H. WAELSCH, 1965: Nuclear RNA polymerase in brain and liver. J. Neurochem. **12**, 751—756.

KIRBY, K. S., 1965: Isolation and characterization of ribosomal ribonucleic acid. Biochem. J. **96**, 266—269.

MIDGLEY, J. E. M., 1965: Effects of different extraction procedures on the molecular characteristics of bacterial ribosomal ribonucleic acid. Biochim. Biophys. Acta **95**, 232—243.

MONTAGNIER, L., and A. D. BELLAMY, 1964: 18-S and 30-S fractions from the RNA of Krebs-2 ascites cells with differing base composition. Biochim. Biophys. Acta **80**, 157—160.

POLLARD, C. J., 1964: The specifity of ribosomal ribonucleic acid of plants. Biochem. Biophys. Res. Commun. **17**, 171—176.

3.2.2.2.

COHN, P., 1965: A ribosomal protein fraction from rat liver with a high lysine content. Biochem. J. **97**, 12 C.

ENNIS, H. L., and M. LUBIN, 1965: Selective synthesis of ribosomal protein during recovery from unbalanced growth. Biochim. Biophys. Acta **95**, 624—633.

KESSEN, G., und F. AMELUNXEN, 1964: Die Ribosomen von *Pisum sativum*. I. Aminosäureanalyse des Strukturproteins der Ribosomen nach ihrer Gelfiltration durch Sephadex. Z. Naturforsch. **19 b**, 346—352.

MATHIAS, A. P., and R. WILLIAMSON, 1964: Studies on the protein of rabbit reticulocyte ribosomes. J. Molec. Biol. **9**, 498—502.

SPITNIK-ELSON, P., 1964: Fractionation of the ribosomal protein of *Escherichia coli* by ion-exchange chromatography on carboxymethyl cellulose. Biochim. Biophys. Acta **80**, 594—600.

WALLER, J. P., 1964: Fractionation of the ribosomal protein from *Escherichia coli*. J. Molec. Biol. **10**, 319—336.

WANG, T.-Y., 1964: Properties of nuclear ribosomal protein from calf thymus. Biochim. Biophys. Acta **87**, 141—151.

WORK, T. S., 1964: Electrophoretic separation of the proteins of ribosome subunits and of encephalomyocarditis virus. J. Molec. Biol. **10**, 544—545.

3.2.2.3.

ANDERSON, J. H., and C. E. CARTER, 1965: Acid-soluble ribosomal ribonuclease of *Escherichia coli*. Biochemistry **4**, 1102—1108.

CHUDINOVA, I. A., G. D. KRECHETOVA, and V. S. SHAPOT, 1965: Some properties of the nucleases isolated from rat liver ribosomes. Biokhimiya **30**, 759—764.

HESS, E. L., and R. HORN, 1964: Destruction by RNase of 30 S and 50 S ribosomes from *Streptococcus pyogenes*. J. Molec. Biol. **10**, 541—543.

KASHKET, S., and W. S. BECK, 1965: The relative ribonuclease-resistance of vitamin B_{12} binding ribosomes, a specific class within the ribosome population. Biochem. Z. **342**, 449—458.

LANZANI, G. A., and E. GALANTE, 1964: Peroxidase activities from wheat embryo ribosomes. Arch. Biochem. Biophys. **106**, 20—24.

STAVY, L., M. FELDMAN, and D. ELSON, 1964: On ribonuclease activity in reticulocyte ribosomes. Biochim. Biophys. Acta **91**, 606—611.

Traub, A., E. Kaufman, and Y. Ginzburg-Tiez, 1964: Studies on nuclear ribosomes. I. Association of DPN-pyrophosphorylase with nuclear ribosomes in normal and neoplastic tissues. Exp. Cell Res. **34**, 371—383.

Warren, R. L., 1964: The estimation of magnesium in preparations of liver microsomes. Biochem. J. **92**, 234—235.

3.2.3.

Bayley, S. T., 1964: Physical studies on ribosomes from pea seedlings. J. Molec. Biol. **8**, 231—238.

— and D. J. Kushner, 1964: The ribosomes of the extremely halophilic bacterium *Halobacterium cutirubrum*. J. Molec. Biol. **9**, 654—669.

3.2.4.

Ennis, H. L., and M. Lubin, 1965: Pre-ribosomal particles formed in potassium-depleted cells. Biochim. Biophys. Acta **95**, 605—623.

Flamm, W. G., and M. L. Birnstiel, 1964: The nuclear synthesis of ribosomes in cell cultures. Biochim. Biophys. Acta **87**, 101—110.

Georgiev, G. P., and M. I. Lerman, 1964: Separation and some properties of distinct classes of newly-formed ribonucleic acid from animal cells. Biochim. Biophys. Acta **91**, 678—680.

Kono, M., E. Otaka, and S. Osawa, 1964: Changes in sedimentation properties of ribosomal ribonucleic acids during the course of ribosome formation in *Escherichia coli*. Biochim. Biophys. Acta **91**, 612—618.

Lindigkeit, R., and W. Handschack, 1965: Some properties of ribonucleic acid obtained from ribosomal precursors of *Escherichia coli*. Biochim. Biophys. Acta **103**, 241—251.

Meselson, M., M. Nomura, S. Brenner, C. Davern, and D. Schlessinger, 1964: Conservation of ribosomes during bacterial growth. J. Molec. Biol. **9**, 696—711.

Roberts, R. B., 1965: The synthesis of ribosomal protein. J. Theoret. Biol. **8**, 49—53.

Spirin, A. S., 1963: *In vitro* formation of ribosome-like particles from CM particles and protein. Cold Spring Harb. Symp. Quant. Biol. **XXVIII**, 267—268.

Sypherd, P. S., 1965: Formation of ribosomes from precursor ribonucleoprotein particles. J. Bacteriol. **90**, 411—424.

Turnock, G., and D. G. Wild, 1965: The synthesis of ribosomes by a mutant of *Escherichia coli*. Biochem. J. **95**, 597—607.

3.3.2.

Bennett, Th. P., J. Goldstein, and F. Lipmann, 1965: Coding and charging specifities of sRNA's isolated by countercurrent distribution. Proc. Nat. Acad. Sci. (U. S. A.) **53**, 385—392.

Bergquist, P. L., and J. M. Robertson, 1965: Heterogeneity of serin-acceptor ribonucleic acid. Biochim. Biophys. Acta **95**, 357—359.

Cannon, M., and H. R. V. Arnstein, 1965: The relationship between protein synthesis and soluble ribonucleic acid end-group instability in *Escherichia coli*. Biochem. J. **94**, 8 P.

Carbon, J. A., 1964: The amino acid recognition and ribosome combining sites of *E. coli* transfer RNA. Biochem. Biophys. Res. Commun. **15**, 1—7.

— 1965: The effects of nitrous acid on the activity of *Escherichia coli* transfer ribonucleic acid. Biochim. Biophys. Acta **95**, 550—560.

— L. Hung, and D. S. Jones, 1965: A reversible oxidative inactivation of specific transfer RNA species. Proc. Nat. Acad. Sci. (U. S. A.) **53**, 979—986.

Deutscher, M., 1965: The effect of polynucleotides on aminoacyl-RNA synthetases. I. Inhibition by synthetic polynucleotides. Biochem. Biophys. Res. Commun. **19**, 283—288.

Ermokhina, T. N., M. A. Stambolova, G. N. Zaitseva, and A. N. Beloserskii, 1965: Species-specifity of soluble RNA and aminoacyl-RNA synthetases in certain plants. Dokl. Akad. Nauk SSSR **164**, 688—691.

Feldmann, H., and H. G. Zachau, 1964: Chemical evidence for the 3′-linkage of amino acids to s-RNA. Biochem. Biophys. Res. Commun. **15**, 13—17.

Hayashi, H., and K.-I. Miura, 1964: Inhibition of amino acyl RNA synthetase by polynucleotides. J. Molec. Biol. **10**, 345—348.

Jacobson, K. B., S. Nishimura, W. E. Barnett, R. J. Mans, P. Cammarano, and G. D. Novelli, 1964: On the lack of a uniform specifity of aminoacyl ribonucleic acid synthetases from different organisms. Biochim. Biophys. Acta **91**, 305—312.

Karau, W., und H. G. Zachau, 1964: Isolierung von serinspezifischen Transfer-ribonucleinsäure-Fraktionen. Biochim. Biophys. Acta **91**, 549—558.

Lagerkvist, U., and J. Waldenström, 1964: Structure and function of transfer RNA. I. Species specifity of transfer RNA from *E. coli* and yeast. J. Molec. Biol. **8**, 28—37.

Lamborg, M. R., and P. C. Zamecnik, 1964: Anomalous rotatory dispersion of soluble ribonucleic acid and its relation to amino acid synthetase recognition. Biochemistry **4**, 63—70.

Levin, D. H., 1965: Amino acid acceptor and transfer functions of sRNA containing 8-azaguanine. Biochem. Biophys. Res. Commun. **19**, 654—660.

Marcker, K., and F. Sanger, 1964: N-formyl-methionyl-sRNA. J. Molec. Biol. **8**, 835—840.

McCorquodale, D. J., 1964: The separation and partial purification of aminoacyl-RNA synthetases from *Escherichia coli*. Biochim. Biophys. Acta **91**, 541—548.

McLaughlin, C. S., and V. M. Ingram, 1964: Aminoacyl position in aminoacyl sRNA. Science **145**, 942—943.

Melchers, F., und H. G. Zachau, 1965: Chromatographie von seryl-RNA und cysteinyl-RNA an Säulen aus methyliertem Albumin auf Kieselgur. Biochim. Biophys. Acta **95**, 380—387.

Moustafa, E., 1964: Purification and properties of lysyl- and methionyl-soluble ribonucleic acid synthetases from wheat germ. Biochim. Biophys. Acta **91**, 421—426.

Nishimura, S., and G. D. Novelli, 1964: Amino acid acceptor activity of enzymically altered soluble RNA from *Escherichia coli*. Biochim. Biophys. Acta **80**, 574—586.

Norton, S. J., 1964: Purification and properties of the prolyl RNA synthetase of *Escherichia coli*. Arch. Biochem. Biophys. **106**, 147—152.

Peterkofsky, A., 1964: A role for methylated bases in the amino acid acceptor function of soluble ribonucleic acid. Proc. Nat. Acad. Sci. (U. S. A.) **52**, 1233—1238.

Sarin, P. S., and P. C. Zamecnik, 1965: Modification of amino acid acceptance and transfer capacity of s-RNA in the presence of organic solvents. Biochem. Biophys. Res. Commun. **19**, 198—203.

Simon, S., U. Z. Littauer, and E. Katchalski, 1964: Preparation and isolation of specific transfer ribonucleic acid-polypeptides. Biochim. Biophys. Acta **80**, 169—172.

Smith, Ch. J., E. Herbert, and C. W. Wilson, 1964: Valine oligonucleotide complexes produced by T_1-ribonuclease from valine-acceptor ribonucleic acid. Biochim. Biophys. Acta **87**, 341—343.

Sonnenbichler, J., H. Feldmann, und H. G. Zachau, 1965: Kernmagnetische Resonanzmessungen an Aminoacyladenosin aus Aminoacyl-s-RNA und an Modellsubstanzen. Z. physiol. Chem. **341**, 249—254.

Weil, J.-H., N. Befort, B. Rether, and J.-P. Ebel, 1964: Effects of chemical modifications on the biological properties of s-RNA. Biochem. Biophys. Res. Commun. **15**, 447—452.

Weinstein, I. B., and D. Grünberger, 1965: Coding properties of sRNA containing 8-azaguanine. Biochem. Biophys. Res. Commun. **19**, 647—653.

Wolfenden, R., D. H. Rammler, and F. Lipmann, 1964: On the site of esterification of amino acids to soluble RNA. Biochemistry **3**, 329—338.

Yu, Ch.-T., and P. C. Zamecnik, 1964: Effect of bromination on the biological activities of transfer RNA of *Escherichia coli*. Science **144**, 856—859.

3.3.3.1.

Aach, H. G., G. Funatsu, M. W. Nirenberg, and H. Fraenkel-Conrat, 1964: Further attempts to characterize products of TMV-RNA directed protein synthesis. Biochemistry **3**, 1362—1366.

Arnstein, H. R. V., R. A. Cox, and J. A. Hunt, 1964: The function of high-molecular-weight ribonucleic acid from rabbit reticulocytes in hemoglobin biosynthesis. Biochem. J. **92**, 648—661.

Artman, M., and H. Engelberg, 1964: Degradation of rapidly-turned over ribonucleic acid to acid-soluble compounds by *Escherichia coli* ribosomes. Biochim. Biophys. Acta **80**, 517—520.

Bloom, S., B. Goldberg, and H. Green, 1965: The lifetime of messenger RNA for collagen and cell protein synthesis in an established mammalian cell line. Biochem. Biophys. Res. Commun. **19**, 317—321.

BRANSOME, E. D., Jr., and E. CHARGAFF, 1964: Synthesis of ribonucleic acids in the adrenal cortex: Early effects of adrenocorticotropic hormones. Biochim. Biophys. Acta **91**, 180—182.

COX, R. A., and H. R. V. ARNSTEIN, 1964: Some properties of ribonucleic acid having messenger activity isolated from rabbit reticulocytes. Biochem. J. **93**, 33 C—35 C.

DRACH, J. C., and J. B. LINGREL, 1964: Messenger ribonucleic acid in rabbit reticulocyte ribosomes. Biochim. Biophys. Acta **91**, 680—683.

FAN, D. P., A. HIGA, and C. LEVINTHAL, 1964: Messenger RNA decay and protection. J. Molec. Biol. **8**, 210—222.

HALLINAN, T., A. FLECK, and H. N. MUNRO, 1964: Turnover of ribonucleic acid in subfractions of rat-liver microsomes. Biochem. J. **90**, 32 P.

HARRIS, H., and L. D. SABATH, 1964: Induced enzyme synthesis in the absence of concomitant ribonucleic acid synthesis. Nature **202**, 1078—1080.

HASELKORN, R., and V. A. FRIED, 1964: Cell-free protein synthesis: Messenger competition for ribosomes. Proc. Nat. Acad. Sci. (U. S. A.) **51**, 1001—1007.

JONES, O. W., E. E. TOWNSEND, H. A. SOBER, and L. A. HEPPEL, 1964: Effect of chain length on the template activity of polyribonucleotides. Biochemistry **3**, 238—246.

MANCHESTER, K. L., 1964: The rate of turnover of messenger ribonucleic acid in rat diaphragm muscle. Biochem. J. **90**, 5 C—7 C.

MARBAIX, G., and A. BURNY, 1964: Separation of messenger RNA of reticulocyte polyribosomes. Biochem. Biophys. Res. Commun. **16**, 522—527.

MARCUS, L., R. BRETTHAUER, H. HALVORSON, and R. BOCK, 1965: Polysomes from yeast: Distribution of messenger RNA and capacity to support protein synthesis *in vitro*. Science **147**, 615—617.

MILLAR, D. B. S., R. CUKIER, and M. NIRENBERG, 1965: Interaction of *Escherichia coli* ribosomal ribonucleic acid with synthetic polynucleotides. Sedimentation properties and thermal stability as measured by fluorescence polarization. Biochemistry **4**, 976—985.

NAKADA, D., and D. P. FAN, 1964: Protection of β-galactosidase messenger RNA from decay during anaerobiosis of *Escherichia coli*. J. Molec. Biol. **8**, 223—230.

PETROVIĆ, S., A. BEĆAREVIĆ, and J. PETROVIĆ, 1965: The isolation and stability of rapidly-labelled ribonucleic acids from rat-liver microsomes. Biochim. Biophys. Acta **95**, 518—521.

REEDER, R., and E. BELL, 1965: Short- and long-lived messenger RNA in embryonic chick lens. Science **150**, 71—72.

REVEL, M., and H. H. HIATT, 1964: The stability of liver messenger RNA. Proc. Nat. Acad. Sci. (U. S. A.) **51**, 810—818.

SCHWEIGER, H.-G., 1964: Proteinsynthese und Ribonucleinsäure in kernlosen Reticulocyten. Naturwissenschaften **51**, 521—533.

— E. SCHWEIGER, und I. VOLLERTSEN, 1964: Der Ribonucleinsäure-Stoffwechsel in Erythrocyten. III. Mitteilung: Ribonucleinsäure-Abbau in Rattenreticulocyten. Z. Naturforsch. **19 b**, 248—255.

TAKANAMI, M., and G. ZUBAY, 1964: An estimate of the size of the ribosomal site for messenger RNA binding. Proc. Nat. Acad. Sci. (U. S. A.) **51**, 834—839.

3.3.3.2.

BONT, W. S., G. REZELMAN, and H. BLOEMENDAL, 1965: Stabilizing effect of the supernatant fraction on the structure of polyribosomes from rat liver. Biochem. J. **95**, 15 C—17 C.

BURKA, E. R., and P. A. MARKS, 1964: Protein synthesis in erythroid cells. II. Polysome function in intact reticulocytes. J. Molec. Biol. **9**, 439—451.

DANON, D., T. ZEHAVI-WILLNER, and G. R. BERMAN, 1965: Alterations in polyribosomes of reticulocytes maturing *in vivo*. Proc. Nat. Acad. Sci. (U. S. A.) **54**, 873—879.

EARL, D. C. N., and A. KORNER, 1965: The isolation and properties of cardiac ribosomes and polysomes. Biochem. J. **94**, 721—734.

FRANKLIN, T. J., and A. GODFREY, 1964: Unusual polysomal aggregates in rat-liver preparations. Biochem. J. **93**, 19 C—20 C.

HILL, M., A. MILLER-FAURÈS, and M. ERRERA, 1964: Studies on rapidly labelled ribonucleic acid in HeLa cells. Biochim. Biophys. Acta **80**, 39—51.

HULTIN, T., 1964: Factors influencing polyribosome formation *in vivo*. Exp. Cell Res. **34**, 608—611.

HUMPHREYS, T., S. PENMAN, and E. BELL, 1964: The appearence of stable polysomes during the development of chick down feathers. Biochem. Biophys. Res. Commun. **17**, 618—623.

MANNER, G., and B. S. GOULD, 1965: Ribosomal aggregates in gamma-globulin synthesis in the rat. Nature **205**, 670—671.

MARCUS, A., and J. FEELEY, 1965: Protein synthesis in imbibed seeds. II. Polysome formation during inbibition. J. Biol. Chem. **240**, 1675—1680.

MARKS, P. A., E. R. BURKA, R. RIFKIND, and D. DANON, 1963: Polyribosomes active in reticulocyte protein synthesis. Cold Spring Harb. Symp. Quant. Biol. **XXVIII**, 223—226.

MATHIAS, A. P., B. WILLIAMSON, H. E. HUXLEY, and S. PAGE, 1964: Occurence and function of polysomes in rabbit reticulocytes. J. Molec. Biol. **9**, 154—167.

MUNRO, A. J., R. J. JACKSON, and A. KORNER, 1964: Studies on the nature of polysomes. Biochem. J. **92**, 289—299.

RABINOVITZ, M., and H. S. WAXMAN, 1965: Dependence of polyribosome structure in reticulocytes on iron; implication on the tape theory of hemoglobin synthesis. Nature **206**, 897—900.

RICH, A., J. R. WARNER, and H. M. GOODMAN, 1963: The structure and function of polyribosomes. Cold Spring Harb. Symp. Quant. Biol. **XXVIII**, 269—286.

RIFKIND, R. A., D. DANON, and P. A. MARKS, 1964: Alterations in polyribosomes during erythroid cell maturation. J. Cell Biol. **22**, 599—611.

— L. LUZZATTO, and P. A. MARKS, 1964: Size of polyribosomes in intact reticulocytes. Proc. Nat. Acad. Sci. (U. S. A.) **52**, 1227—1232.

WEBB, TH. E., G. BLOBEL, and V. R. POTTER, 1965: Polyribosomes in rat tissues. II. The polysome distribution in the minimal deviation hepatomas. Cancer Res. **25**, 1219—1224.

WILSON, S. H., and M. B. HOAGLAND, 1965: Studies on the physiology of rat liver polyribosomes: Quantitation and intracellular distribution of ribosomes. Proc. Nat. Acad. Sci. (U. S. A.) **54**, 600—607.

3.3.3.3.

BENNETT, T. P., J. GOLDSTEIN, and F. LIPMANN, 1963: Formation of peptide bonds. II. Coding properties of leucyl-s-RNA. Cold Spring Harb. Symp. Quant. Biol. **XXVIII**, 233—236.

CANNING, L., and A. C. GRIFFIN, 1965: Specifity in the transfer of aminoacyl-s-ribonucleic acid to microbial, liver and tumor ribosomes. Biochim. Biophys. Acta **103**, 522—525.

CARLSEN, E. N., G. J. TRELLE, and O. A. SCHJEIDE, 1964: Transfer ribonucleic acid. Nature **202**, 984—986.

ENGLANDER, S. W., and J. J. ENGLANDER, 1965: Hydrogen exchange studies of sRNA. Proc. Nat. Acad. Sci. (U. S. A.) **53**, 370—378.

GASIOR, E., and K. MOLDAVE, 1965: Gel filtration studies with enzymes that catalyze amino acid incorporation from aminoacyl s-RNA into ribosomal protein. Biochim. Biophys. Acta **95**, 679—681.

KAJI, A., and H. KAJI, 1964 a: Specific interaction of s-RNA with polysomes: Inhibition by LiCl. Biochim. Biophys. Acta **87**, 519—522.

KAJI, H., and A. KAJI, 1964 b: Specific binding of sRNA with the template-ribosome complex. Proc. Nat. Acad. Sci. (U. S. A.) **52**, 1541—1547.

— — 1965: Specific binding of sRNA to ribosomes: Effect of streptomycin. Proc. Nat. Acad. Sci. (U. S. A.) **54**, 213—218.

PESTKA, S., R. MARSHALL, and M. NIRENBERG, 1965: RNA codewords and protein synthesis. V. Effect of streptomycin on the formation of ribosome-sRNA complexes. Proc. Nat. Acad. Sci. (U. S. A.) **53**, 639—646.

TAKANAMI, M., 1964: The effect of ribonuclease digests of aminoacyl-sRNA on a protein synthesis system. Proc. Nat. Acad. Sci. (U. S. A.) **52**, 1271—1276.

THACH, R. E., and T. A. SUNDARARAJAN, 1965: The binding of aminoacyl-sRNA's to ribosomes stimulated by block oligonucleotides. Proc. Nat. Acad. Sci. (U. S. A.) **53**, 1021—1028.

YAMANE, T., T. Y. CHENG, and N. SUEOKA, 1963: Species specifity of amino acid transfer-RNA and amino acyl-T-RNA synthetase. Cold Spring Harb. Symp. Quant. Biol. **XXVIII**, 569—578.

3.3.3.4.

BAGDASARIAN, M., 1965: Low-molecular weight peptides synthesized in ribosomal preparations as possible precursors of proteins. Acta Biochim. Polonica **12**, 265—270.

ENGLANDER, S. W., and L. A. PAGE, 1965: Interpretation of data on sequential labeling of growing polypeptides. Biochem. Biophys. Res. Commun. **19**, 565—570.

HERZFELD, F., und A. GIERER, 1965: Zur Bindung der wachsenden Peptidketten des Hämoglobins an Ribosomen von Kaninchenreticulocyten. Z. Naturforsch. **20** b, 813—814.

LUCK, D. N., and J. M. BARRY, 1964: The order in time in which amino acids are incorporated into pancreatic ribonuclease. J. Molec. Biol. **9**, 186—192.

NAKAMOTO, T., T. W. CONWAY, J. E. ALLENDE, G. J. SPYRIDES, and F. LIPMANN, 1963: Formation of peptide bonds. I. Peptide formation from aminoacyl-sRNA. Cold Spring Harb. Symp. Quant. Biol. **XXVIII**, 227—232.

PHILIPPS, G. R., 1965: Haemoglobin synthesis and polysomes in intact reticulocytes. Nature **205**, 567—570.

SANGER, F., M. S. BRETSCHER, and E. J. HOCQUARD, 1964: A study of the products from a polynucleotide-directed cell-free protein synthesizing system. J. Molec. Biol. **8**, 38—45.

3.3.4.

BILLEN, D., T. LAPTHISOPHON, E. W. FRAMPTON, and M. R. SHEAK, 1965: RNA components and ribonuclease activity of hemic tissues. Texas Report Biol. Med. **23**, 579—588.

BISHOP, J. O., 1964: Stability of a synthetic polyribosome complex in a cell-free system. Nature **202**, 86—88.

BISWAS, S., and B. B. BISWAS, 1965: Effect of polyribonucleotides on amino acid incorporation by chloroplast ribosomes. Experientia **XXI**, 251—253.

BOARDMAN, N. K., R. I. B. FRANCKI, and S. G. WILDMAN, 1965: Protein synthesis by cell-free extracts from tobacco leaves. II. Association of activity with chloroplast ribosomes. Biochemistry **4**, 872—876.

BRAWERMAN, G., and J. M. EISENSTADT, 1964: Template and ribosomal ribonucleic acids associated with the chloroplasts and the cytoplasm of *Euglena gracilis*. J. Molec. Biol. **10**, 403—411.

BURNY, A., et H. CHANTRENNE, 1964: Incorporation de ^{32}P dans les acides ribonucléiques de réticulocytes de lapin. Biochim. Biophys. Acta **80**, 31—38.

CAMPBELL, P. N., and E. LOWE, 1964: The separation and recovery of bound and free ribosomes from liver. Biochem. J. **92**, 31 P.

— C. COOPER, and M. HICKS, 1964: Studies on the role of the morphological constituents of the microsome fraction from rat liver in protein synthesis. Biochem. J. **92**, 225—234.

CLARK, M. F., 1964: Polyribosomes from chloroplasts. Biochim. Biophys. Acta **91**, 671—674.

— R. E. F. MATTHEWS, and R. K. RALPH, 1964: Ribosomes and polyribosomes in *Brassica pekinensis*. Biochim. Biophys. Acta **91**, 289—304.

DURE, L., and L. WATERS, 1965: Long-lived messenger RNA: Evidence from cotton seed germination. Science **147**, 410—412.

EIKENBERRY, E. F., and A. RICH, 1965: The direction of reading messenger RNA during protein synthesis. Proc. Nat. Acad. Sci. (U. S. A.) **53**, 668—676.

EISENSTADT, J. M., and G. BRAWERMAN, 1964: The protein-synthesizing system from the cytoplasm and the chloroplasts of *Euglena gracilis*. J. Molec. Biol. **10**. 392—402.

ELSON, D., 1964: The ribosomal transfer RNA: Identification, isolation, location and properties. Biochim. Biophys. Acta **80**, 379—390.

FREEMAN, K. B., 1965: Protein synthesis in mitochondria. 4. Preparation and properties of mitochondria from Krebs II mouse ascites-tumour cells. Biochem. J. **94**, 494—501.

GAZZINELLI, G., and S. R. DICKMAN, 1964: Incorporation of valine-H 3 into protein by beef pancreas ribosomes. Arch. Biochem. Biophys. **105**, 640—641.

GERST, I., and S. N. LEVINE, 1965: Kinetics of protein synthesis by polyribosomes. J. Theoret. Biol. **9**, 16—36.

GILBERT, W., 1963: Protein synthesis in *E. coli*. Cold Spring Harb. Symp. Quant. Biol. **XXVIII**, 287—298.

HALLBERG, P. A., and J. G. HAUGE, 1965: The involvement of membranes in protein synthesis in *Bacterium anitratum*. Biochim. Biophys. Acta **95**, 80—85.

HARDESTY, B., R. ARLINGHAUS, J. SCHAEFFER, and R. SCHWEET, 1963: Hemoglobin and polyphenylalanine synthesis with reticulocyte ribosomes. Cold Spring Harb. Symp. Quant. Biol. **XXVIII**, 215—222.

KROON, A. M., 1964: Protein synthesis in mitochondria. II. A comparison of mitochondria from liver and heart with special reference to the role of oxidative phosphorylation. Biochim. Biophys. Acta **91**, 145—154.

MCCARTHY, B. L., and J. J. HOLLAND, 1965: Denatured DNA as a direct template for *in vitro* protein synthesis. Proc. Nat. Acad. Sci. (U. S. A.) **54**, 880—886.

MOLDAVE, K., 1965: Nucleic acids and protein biosynthesis. Ann. Rev. Biochem. **34**, 419—448.

MORAIS, R., and G. DE LAMIRANDE, 1965: Autodegradation of ribonucleic acid of rat-liver microsomes. Biochim. Biophys. Acta **95**, 40—47.

MORRIS, A. J., 1964: Terminal stages in the biosynthesis of haemoglobin. The release of protein from reticulocyte ribosomes. Biochem. J. **91**, 611—620.

MOULÉ, Y., et G. DELHUMEAU DE ONGAY, 1964: Relation métaboliques entre les ribosomes libres et liés de foie de rat. Biochim. Biophys. Acta **91**, 113—121.

MURTHY, M. R. V., and D. A. RAPPOPORT, 1965: Biochemistry of the developing rat brain. V. Cell-free incorporation of L-I-^{14}C-leucine into microsomal protein. Biochim. Biophys. Acta **95**, 121—131.

NIELSEN, L., and A. ABRAMS, 1964: Rapidly labelled ribosomal RNA associated with membrane ghosts of *Streptococcus faecalis*. Biochem. Biophys. Res. Commun. **17**, 680—684.

OLSZEWSKA, M. J., et E. MIKULSKA, 1964: Étude autoradiographique de l'incorporation de la thymidine-^{3}H, de l'uridine-^{3}H et de la phénylalanine-^{3}H dans les chloroplasts de *Clivia miniata* et *Bilbergia sp.* Experientia **XX**, 267—268.

PELLING, C., und C. SCHOLTISSEK, 1964: Die Funktion der Ribonucleinsäuren im Organismus. Angew. Chemie **76**, 881—888.

SISSAKIAN, N. M., I. I. FILIPPOVICH, E. N. SVETAILO, and K. A. ALIYEV, 1965: On the protein-synthesizing system of chloroplasts. Biochim. Biophys. Acta **95**, 474—485.

SUZUKI, K., S. R. KOREY, and R. D. TERRY, 1964: Studies in protein synthesis in brain microsomal system. J. Neurochem. **11**, 403—412.

WADE, H. E., and H. K. ROBINSON, 1965: The distribution of ribosomal ribonucleic acid among subcellular fractions from bacteria and the adverse effect of the membrane fraction on the stability of ribosomes. Biochem. J. **96**, 753—765.

WARNER, J. R., and A. RICH, 1964 a: The number of soluble RNA molecules on reticulocyte polyribosomes. Proc. Nat. Acad. Sci. (U. S. A.) **51**, 1134—1141.

— — 1964 b: The number of growing polypeptide chains on reticulocyte polyribosomes. J. Molec. Biol. **10**, 202—211.

WINTERSBERGER, E., 1965: Proteinsynthese in isolierten Hefe-Mitochondrien. Biochem. Z. **341**, 409—419.

WOLFE, S. M., and A. S. WEISBERGER, 1965: Protein synthesis by reticulocyte ribosomes. II. The effects of magnesium ion and chloramphenicol on induced protein synthesis. Proc. Nat. Acad. Sci. (U. S. A.) **53**, 991—998.

ZIMMERMANN, E., und F. TURBA, 1964: Induktion der Biosynthese strukturdifferenter Hämoglobine durch Ribonukleinsäurefraktionen artfremder Reticulocyten. Biochem. Z. **339**, 469—481.

3.3.5.

BERNFIELD, M. R., and M. NIRENBERG, 1965: The nucleotide sequences of multiple codewords for phenylalanine, serine, leucine and proline. Science **147**, 479—484.

BRENNER, S., A. O. W. STRETTON, and S. KAPLAN, 1965: Genetic code: The "nonsense" triplets for chain termination and their suppression. Nature **206**, 994—998.

BRIMACOMBE, R., J. TRUPIN, M. NIRENBERG, P. LEDER, M. BERNFIELD, and T. JAOUNI, 1965: RNA codewords and protein synthesis. VIII. Nucleotide sequences of synonym codons for arginine, valine, cysteine, and alanine. Proc. Nat. Acad. Sci. (U. S. A.) **54**, 954—959.

ERHAN, S., L. G. NORTHRUP, and F. R. LEACH, 1965: A method potentially useful for establishing base sequences in codewords. Proc. Nat. Acad. Sci. (U. S. A.) **53**, 646—652.

FRAENKEL-CONRAT, H., 1964: The genetic code of virus. Scientific American **211**, 46—54.

GRUNBERG-MANAGO, M., and A. M. MICHELSON, 1964: Polynucleotide analogues. II. Stimulation of amino acid incorporation by polynucleotide analogues. Biochim. Biophys. Acta **80**, 431—440.

HINEGARDNER, R. T., and J. ENGELBERG, 1964: Universality in the genetic code. Science **144**, 1030—1031.

HOROWITZ, N. H., and R. L. METZENBERG, 1965: Biochemical aspects of genetics. Ann. Rev. Biochem. **34**, 527—564.

HOYER, B. H., B. J. MCCARTHY, and E. T. BOLTON, 1964: A molecular approach in the systematics of higher organisms. DNA interactions provide a basis for detecting common polynucleotide sequences among diverse organisms. Science **144**, 959—967.

Jukes, T. H., 1965: Coding triplets and their possible evolutionary implications. Biochem. Biophys. Res. Commun. **19**, 391—396.

Leder, Ph., and M. Nirenberg, 1964: RNA codewords and protein synthesis. III. On the nucleotide sequence of a cysteine and a leucine RNA codeword. Proc. Nat. Acad. Sci. (U. S. A.) **52**, 1521—1529.

Master, R. W. P., 1965: Possible synthesis of polyribonucleotides of known base-triplet sequences. Nature **205**, 93.

Mehrotra, B. D., and H. G. Khorana, 1965: Studies on polynucleotides. XL. Synthetic deoxyribopolynucleotides as templates for ribonucleic acid polymerase: the influence of temperature on template function. J. Biol. Chem. **240**, 1750—1753.

Michelson, A. M., and M. Grunberg-Manago, 1964: Polynucleotide analogues. V. "Nonsense" bases. Biochim. Biophys. Acta **91**, 92—104.

Nirenberg, M., and Ph. Leder, 1964: RNA codewords and protein synthesis. The effect of trinucleotides upon the binding of sRNA to ribosomes. Science **145**, 1399—1407.

— O. W. Jones, Ph. Leder, B. F. C. Clark, W. S. Sly, and S. Pestka, 1963: On the coding of genetic information. Cold Spring Harb. Symp. Quant. Biol. **XXVIII**, 549—558.

— Ph. Leder, M. Bernfield, R. Brimacombe, J. Trupin, F. Rottmann, and C. O'Neal, 1965: RNA codewords and protein synthesis. VII. On the general nature of the RNA code. Proc. Nat. Acad. Sci. (U. S. A.) **53**, 1161—1168.

Ochoa, S., 1964: Chemical basis of heredity, the genetic code. Experientia **XX**, 57—68.

Osgood, E. E., 1965: An ordered triplet code for messenger ribonucleic acid with no two triplets coding for the same amino acid. Nature **206**, 471—473.

Penniston, J. T., M. Steward, and M. D. Tucker, 1964: Inactivation of transfer RNA with formaldehyde. — A test of the triplet pairing model. Biochem. Biophys. Res. Commun. **15**, 358—366.

Shaeffer, J., G. Favelukes, and R. Schweet, 1964: Stimulation of amino acid incorporation in a *Escherichia coli* cell-free system by reticulocyte RNA. Biochim. Biophys. Acta **80**, 247—255.

So, A. G., and E. W. Davie, 1964: The effects of organic solvents on protein biosynthesis and their influence on the amino acid code. Biochemistry **3**, 1165—1169.

Speyer, J. F., P. Lengyel, C. Basilio, A. J. Wahba, R. S. Gardner, and S. Ochoa, 1963: Synthetic polynucleotides and the amino acid code. Cold Spring Harb. Symp. Quant. Biol. **XXVIII**, 559—568.

Szer, W., and S. Ochoa, 1964: Complexing ability and coding properties of synthetic polynucleotides. J. Molec. Biol. **8**, 823—834.

Trupin, J. S., F. M. Rottman, R. L. C. Brimacombe, Ph. Leder, M. R. Bernfield, and M. W. Nirenberg, 1965: RNA codewords and protein synthesis. VI. On the nucleotide sequences of degenerate codeword sets for isoleucine, tyrosine, asparagine and lysine. Proc. Nat. Acad. Sci. (U. S. A.) **53**, 807—811.

Weigert, M. G., and A. Garen, 1965: Base composition of nonsens codons in *E. coli*. Nature **206**, 992—994.

Weinstein, I. B., 1963: Comparative studies on the genetic code. Cold Spring Harb. Symp. Quant. Biol. **XXVIII**, 579—580.

Weisblum, B., F. Gonano, G. v. Ehrenstein, and S. Benzer, 1965: A demonstration of coding degeneracy for leucine in the synthesis of protein. Proc. Nat. Acad. Sci. (U. S. A.) **53**, 328—334.

Woese, C. R., 1965: Order in the genetic code. Proc. Nat. Acad. Sci. (U. S. A.) **54**, 71—74.

3.3.6.1.

Amos, H., 1964: Effect of actinomycin D and chloramphenicol on protein synthesis in chick fibroblasts. Biochim. Biophys. Acta **80**, 269—278.

Cavalieri, L. F., and R. G. Nemchin, 1964: The mode of interaction of actinomycin D with deoxyribonucleic acid. Biochim. Biophys. Acta **87**, 641—652.

Chantrenne, H., 1965: On the use of actinomycin for observing the turnover of ribonucleic acid. Biochim. Biophys. Acta **95**, 351—353.

Eakin, R. M., 1964: Actinomycin D inhibition of cell differentiation in the amphibian sucker. Z. Zellforsch. **63**, 81—96.

Fenwick, M. L., 1964: The rate of rapidly labelled ribonucleic acid in the presence of actinomycin in normal and virus-infected animal cells. Biochim. Biophys. Acta **87**, 388—396.

Gelboin, H. V., and M. Klein, 1964: Skin tumorigenesis by 7,12-dimethylbenz(a)-anthracene: Inhibition by actinomycin D. Science **145**, 1321—1322.

Guttes, E., and S. Guttes, 1964: Prophase-like chromosome condensation induced by actinomycin D in the slime mold, *Physarum polycephalum*. Experientia **XX**, 269—271.

Honig, G. R., and M. Rabinovitz, 1965: Actinomycin D: Inhibition of protein synthesis unrelated to effect on template RNA synthesis. Science **149**, 1504—1505.

Kennell, D., 1964: Persistence of messenger RNA activity in *Bacillus megaterium* treated with actinomycin. J. Molec. Biol. **9**, 789—800.

Klenow, H., and S. Frederiksen, 1964: Differential inhibition of RNA synthesis by actinomycin. Biochem. Biophys. Res. Commun. **17**, 206—210.

Liersch, M., und G. Hartmann, 1964: Die Bindung von Proflavin und Actinomycin an Desoxyribonucleinsäure. I. Der Einfluß der Ionenstärke und des pH sowie die Wirkung von Harnstoff auf die Bindung. Biochem. Z. **340**, 390—399.

Martin, R. B., 1964: 2-Amino-1,4-naphthoquinone as a model compound for actinomycin. Biochim. Biophys. Acta **91**, 642—644.

Oda, A., and M. Chiga, 1965: Effect of actinomycin D on the hepatic cells of partially hepatectomized rats: An electron microscopic study. Lab. Invest. **14**, 1419—1427.

Popović, D. A., 1965: Rapidly labelled synthesis of ribonucleic acid in Ehrlich ascites C-2 tumour cells treated with actinomycin D. Nature **208**, 49—50.

Reporter, M. C., and J. D. Ebert, 1965: A mitochondrial factor which prevents the effects of actinomycin A on myogenesis. Developmental Biol. **12**, 154—163.

Revel, M., and H. H. Hiatt, 1964: Actinomycin D: An effect on rat liver homogenates unrelated to its action on RNA synthesis. Science **146**, 1311—1313.

Rosen, F., P. N. Raina, R. J. Milholland, and C. A. Nichol, 1964: Induction of several adaptive enzymes by actinomycin D. Science **146**, 661—663.

Semmel, M., et J. Huppert, 1965: Interaction *in vitro* entre l'actinomycine D et le RNA ribosomal. Biochim. Biophys. Acta **103**, 702—704.

Spector, A., and J. H. Kinoshita, 1965: The effect of actinomycin D and puromycin upon RNA and protein metabolism in calf lens. Biochim. Biophys. Acta **95**, 561—568.

Zhdanov, V. M., 1965: Sterische Wirkungen von Actinomycin D. Z. Naturforsch. **20 b**, 716.

3.3.6.2.

McGeachin, R. L., B. A. Potter, and A. C. Lindsey, 1964: Puromycin inhibition of amylase synthesis in the perfused rat liver. Arch. Biochem. Biophys. **104**, 314—317.

Nakada, D., 1965: Ribosome formation by puromycin-treated *Bacillus subtilis*. Biochim. Biophys. Acta **103**, 455—465.

Sells, B. H., 1964: RNA synthesis and ribosome production in puromycin-treated cells. Biochim. Biophys. Acta **80**, 230—241.

— 1965: Puromycin: Effect on messenger RNA synthesis and β-galactosidase formation in *Escherichia coli* 15 T. Science **148**, 371—373.

Traut, R. R., and R. E. Monro, 1964: The puromycin reaction and its relation to protein synthesis. J. Molec. Biol. **10**, 63—72.

3.3.6.3.

Dubin, D. T., and A. T. Elkort, 1965: A direct demonstration of the metabolic turnover of chloramphenicol RNA. Biochim. Biophys. Acta **103**, 355—358.

Jacob, S. T., and P. M. Bhargava, 1965: Effect of chlormaphenicol on ribonucleic acid synthesis in liver cells in suspension. Biochem. J. **97**, 67—73.

Jacobson, B. S., R. J. Salmon, and L. L. Lansky, 1964: Antimitotic effects of chloramphenicol and other inhibitory agents in *Chlamydomonas*. Exp. Cell Res. **36**, 1—13.

Thang, M. N., 1965: Role du chloramphénicol dans la synthèse de l'ARN en présence des analogues d'acides aminés. Bull. Soc. Chim. Biol. **47**, 573—584.

Vazquez, D., 1964: The binding of chloramphenicol by ribosomes from *Bacillus megaterium*. Biochem. Biophys. Res. Commun. **15**, 464—468.

Weisgerber, A. S., S. Wolfe, and St. Armentrout, 1964: Inhibition of protein synthesis in mammalian cell-free systems by chloramphenicol. J. Exper. Med. **120**, 161—181.

Wolfe, A. D., and F. E. Hahn, 1965: Mode of action of chloramphenicol. IX. Effects of chloramphenicol upon a ribosomal amino acid polymerization system and its binding to bacterial ribosome. Biochim. Biophys. Acta **95**, 146—155.

3.3.6.4.

BROWNSTEIN, B. L., 1964: Streptomycin and the biosynthesis of functional RNA and protein. Proc. Nat. Acad. Sci. (U. S. A.) **52**, 1045—1053.

DAVIES, J. E., 1964: Studies on the ribosomes of streptomycin-sensitive and resistant strain of *Escherichia coli*. Proc. Nat. Acad. Sci. (U. S. A.) **51**, 659—664.

— W. GILBERT, and L. GORINI, 1964: Streptomycin, suppression, and the code. Proc. Nat. Acad. Sci. (U. S. A.) **51**, 883—890.

DUBIN, D. T., 1964: Some effects of streptomycin on RNA metabolism in *Escherichia coli*. J. Molec. Biol. **8**, 749—767.

ENGELBERG, H., and M. ARTMAN, 1964: Studies on streptomycin-dependent bacteria: Effect of streptomycin on protein synthesis by streptomycin-sensitive, streptomycin-resistant and streptomycin-dependent mutants of *Escherichia coli*. Biochim. Biophys. Acta **80**, 256—268.

HERZOG, A., 1964: An effect of streptomycin on the dissociation of *Escherichia coli* 70 S ribosomes. Biochem. Biophys. Res. Commun. **15**, 172—176.

KNIPPENBERG, P. H. VAN, H. VELDSTRA, and L. BOSCH, 1964: Stimulation and inhibition of polypeptide synthesis by streptomycin. Biochim. Biophys. Acta **80**, 526—530.

— J. C. VAN RAVENSWAAY CLAASEN, M. GRIJM-VOS, H. VELDSTRA, and L. BOSCH, 1965: Stimulation and inhibition of polypeptide synthesis by streptomycin in ribosomal systems of *Escherichia coli* programmed with various messengers. Biochim. Biophys. Acta **95**, 461—473.

MOSKOWITZ, M., and N. KELKER, 1965: Amino-acid control of streptomycin action on mammalian cells. Nature **205**, 476—477.

SAWADA, F., and K. SUZUKI, 1964: Streptomycin-sensitive and resistant ribosomes of *Diplococcus pneumoniae*. Biochim. Biophys. Acta **80**, 160—163.

WHITE, J. R., and H. L. WHITE, 1964: Streptomycin antibiotics: Synergism by puromycin. Science **146**, 772—774.

3.3.6.5.

BLUM, J. J., 1965: Inhibition of growth of *Euglena* and of *Astasia* by primycin and prevention of the effect by polynucleotides. Arch. Biochem. Biophys. **111**, 635—645.

ENNIS, H. L., and M. LUBIN, 1964: Cycloheximide: Aspects of inhibition of protein synthesis in mammalian cells. Science **146**, 1474—1476.

GORSKI, J., and S. M. C. AXMANN, 1964: Cycloheximide (Actidione) inhibition of protein synthesis and the uterine response to estrogen. Arch. Biochem. Biophys. **105**, 517—520.

HARTMANN, G., H. GOLLER, W. KOSCHEL, W. KERSTEN, und H. KERSTEN, 1964: Hemmung der DNA-abhängigen RNA- und DNA-Synthese durch Antibiotica. Biochem. Z. **341**, 126—128.

HIEROWSKI, M., 1965: Inhibition of protein synthesis by chlortetracycline in the *E. coli in vitro* system. Proc. Nat. Acad. Sci. (U. S. A.) **53**, 594—599.

HOLMES, I. A., and D. G. WILD, 1965 a: Synthesis of ribonucleic acid during inhibition of *Escherichia coli* by chlortetracycline. Biochem. J. **94**, 8 P.

— — 1965 b: The synthesis of ribonucleic acid during inhibition of *Escherichia coli* by chlortetracycline. Biochem. J. **97**, 277—283.

KAZIRO, Y., and M. KAMIYAMA, 1965: Inhibition of RNA polymerase reaction by chromomycin A_3. Biochem. Biophys. Res. Commun. **19**, 433—437.

— M. TANAKA, and N. SHIMAZONO, 1964: Mode of action of pyocin: Inactivation of ribosomes in supporting poly U directed incorporation of phenylalanine. Biochem. Biophys. Res. Commun. **17**, 624—629.

KLOET, S. R., DE, 1965: Accumulation of RNA with a DNA-like base composition in *Saccharomyces carlsbergiensis* in the presence of cycloheximide. Biochem. Biophys. Res. Commun. **19**, 582—586.

LEBLOVA, S., 1965: Einfluß des Isothiocyanats auf die Proteinsynthese. Naturwissenschaften **52**, 430.

SCHOLTISSEK, CH., 1965: Synthesis of an abnormal ribonucleic acid in the presence of proflavine. Biochim. Biophys. Acta **103**, 146—159.

— and R. ROTT, 1964: Binding of proflavine to deoxyribonucleic acid and ribonucleic acid and its biological significance. Nature **204**, 39—43.

SIMON, E. J., and D. VAN PRAAG, 1964: Selective inhibition of synthesis of ribosomal RNA in *E. coli* by levorphanol. Proc. Nat. Acad. Sci. (U. S. A.) **51**, 1151—1158.

SMITH-KIELLAND, I., 1964 a: Effect of mitomycin C on the synthesis of messenger RNA in *Escherichia coli*. Biochim. Biophys. Acta **91**, 360—362.

— 1964 b: The effect of mitomycin C on ribonucleic acid synthesis in growing cultures of *Escherichia coli*. Biochem. J. **92**, 26 P—27 P.

SUZUKI, H., and W. W. KILGORE, 1964: Mitomycin C: Effect on ribosomes of *Escherichia coli*. Science **146**, 1585—1587.

TUBBS, R. K., W. E. DITMARS, and Q. VAN WINKLE, 1964: Heterogeneity of the interaction of DNA with acriflavine. J. Molec. Biol. **9**, 545—557.

WOLFE, A. D., and F. E. HAHN, 1964: Erythromycin: Mode of action. Science **143**, 1445—1446.

4.1.

ECHLIN, P., 1965: An apparent helical arrangement of ribosomes in developing pollen mother cells of *Ipomoea purpurea* (L.) Roth. J. Cell Biol. **24**, 150—153.

MOULÉ, Y., 1964: Endoplasmic reticulum and microsomes in rat liver. In: "Cellular membranes in development," Ed. M. LOCKE, 97—133, Academic Press, New York and London.

PERL, W., 1964: Correction of polyribosome distributions as observed in cell sections by electron microscopy. J. Cell Biol. **22**, 613—621.

WINCKELMANS, D., M. HILL, and M. ERRERA, 1964: Ribosomes from HeLa cells. Biochim. Biophys. Acta **80**, 52—62.

4.2.

BACHMANN, L., und M. M. SALPETER, 1964: Zur Autoradiographie im elektronenmikroskopischen Bereich. Naturwissenschaften **51**, 237—238.

FROMME, H. G., 1964: Ein Beitrag zur Methodik der elektronenmikroskopischen Autoradiographie. Z. Naturforsch. **19 b**, 852—854.

HALL, C. E., 1964: Selected applications of the electron microscope in studies on biological macromolecules. In: "Modern Developments in Electron Microscopy," Ed. B. M. SIEGEL, 395—416, Academic Press, New York and London.

MOUDRIANAKIS, E. N., and M. BEER, 1965 a: Determination of base sequence in nucleic acids with the electron microscope. II. The reaction of a guanine-selective marker with the mononucleotides. Biochim. Biophys. Acta **95**, 23—39.

— — 1965 b: Base sequence determination in nucleic acids with the electron microscope. III. Chemistry and microscopy of guanine-labeled DNA. Proc. Nat. Acad. Sci. (U. S. A.) **53**, 564—571.

ZOBEL, C. R., and M. BEER, 1965: The use of heavy metal salts as electron stains. Internat. Rev. Cytol. **18**, 363—400.

5.3.

HINRICHSEN, K., 1965: Färbungsmethoden für Nukleinsäuren. Acta Histochem. Suppl. **VI**, 299—308.

KAY, R. E., E. R. WALWICK, and C. K. GIFFORD, 1964 a: Spectral changes in a cationic dye due to interaction with macromolecules. I. Behaviour of dye alone in solution and the effect of added macromolecules. J. Phys. Chem. **68**, 1896—1906.

— — — 1964 b: Spectral changes in a cationic dye due to interaction with macromolecules. II. Effects of environment and macromolecule structure. J. Phys. Chem. **68**, 1907—1916.

KLEINWÄCHTER, V., and J. KOUDELKA, 1964: Thermal denaturation of deoxyribonucleic acid-acridine orange complex. Biochim. Biophys. Acta **91**, 539—540.

KOUDELKA, J., V. KLEINWÄCHTER, and G. BLAŽIČEK, 1964: Influence of Hg (II) on the metachromatic complexes of deoxyribonucleic acid with acridine orange. Biochim. Biophys. Acta **91**, 337—340.

LEWIN, S., 1964: Reactions of nucleic acids and their components. Part III. The interaction of adenine and uracil with formaldehyde. J. Chem. Soc. **1964**, 792—809.

LOVE, R., G. R. STUDZINSKI, A. M. CLARK, and E. R. TRESSAN, 1965: Studies on the cytochemistry of nucleoproteins. IV. Characterization of a granular form of ribonucleoprotein in the cytoplasm. J. Nat. Cancer Inst. **35**, 55—66.

MARCIELLO, R., and G. ZUBAY, 1964: Quantitative studies on the rate of reaction of adapter RNA with formaldehyde. Biochem. Biophys. Res. Commun. **14**, 272—275.

MURGATROYD, L. B., 1963: Some salient points in the preparation of a new methyl green pyronin-stain and its use in cytology and histology. Mikroskopie **18**, 285—287.

PAOLILLO, D. J., jr., 1964 a: Acridine orange fluorescence in shoot tips of *Ephedra*. Acta Histochem. **18**, 276—282.

— 1964 b: On the selectivity of certain pyronins for ribonucleic acid in shoot tips of *Ephedra*. Acta Histochem. **18**, 283—294.

SASTRY, K. S., and M. P. GORDON, 1964: The effect of metal ions on the binding of acridine orange to tobacco mosaic virus ribonucleic acid. Biochim. Biophys. Acta **91**, 406—415.

SCHMIDT, H., 1964: Spektrophotometrische Untersuchungen mit dem metachromatischen Farbstoff Kresylechtviolett. Acta Histochem. **17**, 138—158.

SEMMEL, M., and J. HUPPERT, 1964: The interaction of basic dyes with ribonucleic acid. Arch. Biochem. Biophys. **108**, 158—168.

SINGER, B., 1964: Studies of complexes of ribonucleic acid from tobacco mosaic virus with Ag^+, Hg^{2+}, Ca^{2+} and Fe^{3+}. Biochim. Biophys. Acta **80**, 137—144.

5.6.2.

KASTEN, F. H., 1965: Loss of RNA and protein, and changes in DNA during a 30-hour cold perchloric acid extraction of cultured cells. Stain Technol. **40**, 127—135.

5.7.2.

CASPERSSON, T., G. LOMAKKA, and R. RIGLER, jr., 1965: Registrierender Fluoreszenzmikrospektrograph zur Bestimmung der Primär- und Sekundärfluoreszenz verschiedener Zellsubstanzen. Acta Histochem. Suppl. **VI**, 123—126.

GARCIA, A. M., 1965: A one-wavelength, two-area method in microspectrophotometry for pure amplitude objects. J. Histochem. Cytochem. **13**, 161—167.

GERSCH, M., J. TAPPERT, H. MEUSINGER, und J. DRAWERT, 1964: Über ein einfaches, im Eigenbau konstruiertes Zytophotometer, das den Anforderungen nach hoher Meßgenauigkeit entspricht. Acta Histochem. **18**, 137—142.

KELLY, J. W., W. A. CLABAUGH, and H. K. HAWKINS, 1964: Photographic cytophotometry with a dual-microscope. II. Microscope assembly and film-dye extractions. J. Histochem. Cytochem. **12**, 600—607.

KOMENDER, J., H. KOSCIANEK-MALCZEWSKA, and K. OSTROWSKI, 1965: Quantitative investigation on the possible losses of nucleic acid from “freeze-substituted” tissue in the course of histological procedure. Experientia **XXI**, 249—251.

RIGLER, R., jr., 1965: Mikroabsorptions- und Emissionsmessungen an Akridinorange-Nukleinsäure-Komplexen. Acta Histochem. Suppl. **VI**, 127—134.

RUCH, F., 1965: Fluoreszenzphotometrie. Acta Histochem. Suppl. **VI**, 117—121.

SANDRITTER, W., und G. KIEFER (Herausgeber), 1965: Methoden und Ergebnisse der Zytophotometrie und Interferenzmikroskopie. Acta Histochem. Suppl. **VI**.

TONKELAAR, E. M. DEN, and P. VAN DUIJN, 1964: Photographic colorimetry as a quantitative cytochemical method. I. Principles and practice of the method. Histochemie **4**, 1—9.

WEST, S. S., 1965: Fluorescence microspectroscopy of mouse leukocytes supravitally stained with acridine orange. Acta Histochem. Suppl. **VI**, 135—136.

5.8.

OLSZEWSKA, M. J., 1964: Double autoradiographie des noyaux en interphase. Exp. Cell Res. **33**, 571—574.

6.1.1.

BANNASCH, P., und W. THOENES, 1965: Zum Problem der nucleolären Stoffabgabe. Elektronenmikroskopische Untersuchungen am Pankreas der weißen Maus. Z. Zellforsch. **67**, 674—692.

CAMERON, I. L., and G. E. ERNEST, jr., 1965: Nucleolar and biochemical changes during unbalanced growth of *Tetrahymena pyrifdrmis*. J. Cell Biol. **26**, 845—856.

JONES, K. W., and T. R. ELSDALE, 1964: The effects of actinomycin D on the ultrastructure of the nucleolus of the amphibian embryonic cell. J. Cell Biol. **21**, 245—252.

MAGROT, T., F. FAKAN, und O. BEDNÁŘ, 1964: Beobachtung der Extrusion der Nucleolarsubstanz. Naturwissenschaften **51**, 465.

STENRAM, U., 1965: Electron-microscopic study on liver cells of rats treated with actinomycin D. Z. Zellforsch. **65**, 211—219.

STUDZINSKI, G. P., and R. LOVE, 1964: Effects of puromycin on the nucleoproteins of the HeLa cell. J. Cell Biol. **22**, 493—503.

6.1.2.1.

CUMMINS, J. E., and W. PLAUT, 1964: The distribution of ^{32}P in ribonucleic acid from nucleate and anucleate half cells of *Amoeba proteus*. Biochim. Biophys. Acta **80**, 19—30.

6.1.3.

BIER, K. H., 1964: Gerichteter Ribonukleinsäuretransport durch das Cytoplasma. Naturwissenschaften **51**, 418.

— 1965: Über den Transport zelleigener Makromoleküle durch die Kernmembran. I. RNS-Synthese und RNS-Transport unter Sauerstoffmangel und bei herabgesetzter Temperatur. Chromosoma **16**, 58—69.

GINZBURG-TIETZ, Y., E. KAUFMAN, and A. TRAUB, 1964: Studies on nuclear ribosomes. II. Transfer of ribosomes from nucleus to cytoplasm in the early stage of virus infection. Exp. Cell Res. **34**, 384—395.

SCHJEIDE, O. A., R. G. MCCANDLESS, and R. MUNN, 1965: Nuclear-cytoplasmic interactions. Nature **205**, 156—158.

TERSKIKH, V. V., M. I. LERMAN, and G. P. GEORGIEV, 1965: The mutual relation between synthesis and transport of RNA in the cell. Dokl. Akad. Nauk SSSR **164**, 208—211.

ZETSCHE, K., 1964: Hemmung der Synthese morphogenetischer Substanzen im Zellkern von *Acetabularia mediterranea* durch Actinomycin D. Z. Naturforsch. **19 b**, 751—759.

6.1.4.

BEERMANN, W., and U. CLEVER, 1964: Chromosome puffs. Scientific American **210**, 50—58.

BERENDES, H. D., F. M. A. VAN BREUGEL, and TH. K. H. HOLT, 1965: Experimental puffs in salivary gland chromosomes of *Drosophila hydei*. Chromosoma **16**, 35—46.

CLEVER, U., 1963: Genaktivitäten in den Riesenchromosomen von *Chironomus tentans* und ihre Beziehungen zur Entwicklung. IV. Das Verhalten der Puffs in der Larvenhäutung. Chromosoma **14**, 651—675.

— 1964: Genaktivitäten und ihre Kontrolle in der tierischen Entwicklung. Naturwissenschaften **51**, 449—459.

FUJITA, S., 1965: Chromosomal organization as a genetic basis of cytodifferentiation in multicellular organisms. Nature **206**, 742—744.

HESS, O., 1964: Strukturdifferenzierungen im Y-Chromosom von *Drosophila hydei* und ihre Beziehung zu Genaktivitäten. Verh. Dtsch. Zool. Ges. 1964. 156—163.

— 1965: Struktur-Differenzierungen im Y-Chromosom von *Drosophila hydei* und ihre Beziehungen zu Gen-Aktivitäten. III. Sequenz und Lokalisation der Schleifenbildungsorte. Chromosoma **16**, 222—248.

KLEVECZ, R. R., and T. C. HSU, 1964: The differential capacity for RNA synthesis among chromosomes: A cytological approach. Proc. Nat. Acad. Sci. (U. S. A.) **52**, 811—817.

KROEGER, H., 1964: Zellphysiologische Mechanismen bei der Regulation von Genaktivitäten in den Riesenchromosomen von *Chironomus thummi*. Chromosoma **15**, 36—70.

LAUFER, H., and Y. NAKASE, 1965: Salivary gland secretion and its relation to chromosomal puffing in the dipteran, *Chironomus thummi*. Proc. Nat. Acad. Sci. (U. S. A.) **53**, 511—516.

LITTAU, V. C., V. G. ALLFREY, J. H. FRENSTER, and A. E. MIRSKY, 1964: Active and inactive regions of nuclear chromatin as revealed by electron microscope autoradiography. Proc. Nat. Acad. Sci. (U. S. A.) **52**, 93—100.

MEYER, G. F., 1963: Die Funktionsstrukturen des Y-Chromosoms in den Spermatocytenkernen von *Drosophila hydei, D. neohydei, D. replata* und einigen anderen *Drosophila*-Arten. Chromosoma **14**, 207—255.

— und O. HESS, 1965: Struktur-Differenzierungen im Y-Chromosom von *Drosophila hydei* und ihre Beziehungen zu Gen-Aktivitäten. II. Effekt der RNS-Synthese-Hemmung durch Actinomycin. Chromosoma **16**, 249—270.

RITOSSA, F. M., 1964: Behaviour of RNA and DNA synthesis at the puff level in salivary gland chromosomes of *Drosophila*. Exp. Cell Res. **36**, 515—523.

— and R. C. VAN BORSTEL, 1964: Chromosome puffs in *Drosophila* induced by ribonuclease. Science **145**, 513—514.

— J. F. PULITZER, H. SWIFT, and R. C. VAN BORSTEL, 1965: On the action of ribonuclease in salivary gland cells of *Drosophila*. Chromosoma **16**, 144—151.

ROBERT, M., und H. KROEGER, 1965: Lokalisation zusätzlicher RNS-Synthese in Trypsin-behandelten Riesenchromosomen von *Chironomus thummi*. Experientia **XXI**, 326—327.

STEVENS, B. J., 1964: The effect of actinomycin D on nucleolar and nuclear fine structure in the salivary gland cell of *Chironomus thummi*. J. Ultrastructure Res. **11**, 329—353.

6.1.5.

AMANO, M., C. P. LEBLOND, and N. J. NADLER, 1965: Radioautographic analysis of nuclear RNA in mouse cells revealing three pools with different turnover times. Exp. Cell Res. **38**, 314—340.

HARRIS, H., 1964: Breakdown of nuclear ribonucleic acid in the presence of actinomycin D. Nature **202**, 1301—1303.

KIMBALL, R. F., and D. M. PRESCOTT, 1964: RNA and protein synthesis in amacronucleate *Paramecium aurelia*. J. Cell Biol. **21**, 496—497.

MONESI, V., and M. CRIPPA, 1964: Ribonucleic acid transfer from nucleus to cytoplasm during interphase and mitosis in mouse somatic cells cultured *in vitro*. Z. Zellforsch. **62**, 807—821.

SRINIVASAN, P. R., M. BRUNFAUT, and M. ERRERA, 1964: The role of sulfhydryl groups in RNA metabolism. Exp. Cell Res. **34**, 61—70.

6.1.6.

BIRNSTIEL, M. L., M. I. H. CHIPCHASE, and W. G. FLAMM, 1964: On the chemistry and organization of nucleolar proteins. Biochim. Biophys. Acta **87**, 111—122.

— J. L. SIRLIN, and J. JACOB, 1965: The nucleolus: a site of transfer ribonucleic acid synthesis. Biochem. J. **94**, 10 P—11 P.

DAS, N. K., P. LUYKX, and M. ALFERT, 1965: The nucleolus and RNA metabolism in *Urechis* eggs. Developmental Biol. **12**, 72—78.

GRANBOULAN, N., et PH. GRANBOULAN, 1964: Cytochimie ultrastructural du nucléole. I. Mise en évidence de chromatine à l'intérieur du nucléole. Exp. Cell Res. **34**, 71—87.

— — 1965: Cytochimie ultrastructurale du nucléole. II. Étude des sites de synthèse du RNA dans le nucléole et le noyau. Exp. Cell Res. **38**, 604—619.

HANCOCK, R. L., 1964: Nucleolar organizers of blastocyst nuclei. Growth **28**, 251—256.

HERICH, R., 1965 a: The nucleolus structure. I. Structure of the interphase nucleolus. Cytologia **29**, 353—358.

— 1965 b: The action of X-rays on nucleolar structures. Naturwissenschaften **52**, 457.

HYDE, B. B., K. SANKARANARAYANAN, and M. L. BIRNSTIEL, 1965: Observations on fine structure in pea nucleoli *in situ* and isolated. J. Ultrastructure Res. **12**, 652—667.

JACOB, J., and J. L. SIRLIN, 1964: Electron microscope studies on salivary gland cells. IV. The nucleus of *Smittia parthenogenetica* (*Chironomidae*) with special reference to the nucleolus and the effects of actinomycin thereon. J. Ultrastructure Res. **11**, 315—328.

JAIN, H. K., 1964: Chromosomal control of nucleolar synthesis. Experientia **XX**, 156—157.

KALNINS, V. I., H. F. STICH, and S. A. BENCOSME, 1964 a: Fine structure of the nucleolar organizer of salivary gland chromosomes of *Chironomids*. J. Ultrastructure Res. **11**, 282—291.

— — — 1964 b: Fine structure of nucleoli and RNA-containing chromosome regions in salivary gland chromosomes of *Chironomids* and their interrelationship. Canadian J. Zool. **42**, 1147—1155.

KOULISH, S., and R. G. KLEINFELD, 1964: The role of the nucleolus. I. Tritiated cytidine activity in liver parenchymal cells of thioacetamide-treated rats. J. Cell Biol. **23**, 39—51.

LACOUR, L. F., 1964: Behaviour of nucleoli in isolated nuclei. Exp. Cell Res. **34**, 239—242.

— and J. W. C. CRAWLEY, 1965: The site of rapidly labelled ribonucleic acid in nucleoli. Chromosoma **16**, 124—132.

MACRAE, E. K., 1964: Organized structures in the nucleolus. J. Cell Biol. **23**, 195—200.

MARINOZZI, V., 1964: Cytochimie ultrastructurale du nucléole-RNA et protéines intranucléolaires. J. Ultrastructure Res. **10**, 433—456.

MCLEISH, J., 1964: Deoxyribonucleic acid in plant nucleoli. Nature **204**, 36—39.

MURAMATSU, M., J. L. HODNETT, and H. BUSCH, 1964: Studies on the "independence" of nucleolar ribonucleic acid synthesis. Biochim. Biophys. Acta **91**, 592—597.

RITOSSA, F. M., and S. SPIEGELMAN, 1965: Localization of DNA complementary to ribosomal RNA in the nucleolus organizer region of *Drosophila melanogaster*. Proc. Nat. Acad. Sci. (U. S. A.) **53**, 737—745.

RO, T. S., and H. BUSCH, 1964: *In vitro* labeling of RNA in isolated nucleoli of the Walker tumor and liver. Cancer Res. **24**, 1630—1633.

— M. MURAMATSU, and H. BUSCH, 1964: Labeling of RNA of isolated nucleoli with UTP-14 C. Biochem. Biophys. Res. Commun. **14**, 149—155.

Sankaranarayanan, K., and B. B. Hyde, 1965: Ultrastructural studies of the nuclear body in peas with characteristics of both chromatin and nucleoli. J. Ultrastructure Res. **12**, 748—756.

Schoefl, G. I., 1964: The effect of actinomycin D on the fine structure of the nucleolus. J. Ultrastructure Res. **10**, 224—243.

Scott, D., and H. J. Evans, 1964: Influence of the nucleolus on DNA synthesis and mitosis in *Vicia faba*. Exp. Cell Res. **36**, 145—159.

Shimizu, N., and S. Ishi, 1965: Electron-microscopic observations on nucleolar extrusion in nerve cells of the rat hypothalamus. Z. Zellforsch. **67**, 367—372.

Sirlin, J. L., and J. Jacob, 1964: Sequential and reversible inhibition of synthesis of ribonucleic acid in the nucleolus and chromosomes: Effect of benzamide and substituted benzimidazoles on dipteran salivary glands. Nature **204**, 545—547.

Steele, W. J., N. Okamura, and H. Busch, 1965: Effects of thioacetamide on the composition and biosynthesis of nucleolar and nuclear ribonucleic acid in rat liver. J. Biol. Chem. **240**, 1742—1749.

Stenram, U., 1964: Radioautographic RNA and protein labelling and the nucleolar volume in rats following administration of moderate doses of actinomycin D. Exp. Cell Res. **36**, 242—255.

Studzinski, G. P., 1964: Nucleolus-like inclusions in the cytoplasm of HeLa cells treated with puromycin. Nature **203**, 883—884.

Tandler, C. J., and J. L. Sirlin, 1964: Differential uptake of orthophosphate and ribonucleosides into nucleolar ribonucleic acid. Biochim. Biophys. Acta **80**, 315—324.

Tsukuda, K., and I. Lieberman, 1964: Metabolism of nucleolar ribonucleic acid after partial hepatectomy. J. Biol. Chem. **239**, 1564—1568.

Villalobos, J. G., jr., W. J. Steele, and H. Busch, 1964: Effects of thioacetamide on labeling of ribonucleic acid of isolated nucleoli *in vitro*. Biochim. Biophys. Acta **91**, 233—238.

— — — 1965: Ribonuclease activity of isolated nucleoli of livers of thioacetamide-treated rats. Biochim. Biophys. Acta **103**, 195—200.

Wessing, A., 1965: Der Nucleolus und seine Beziehungen zu den Ribosomen des Cytoplasmas. Eine Untersuchung an den Malpighischen Gefäßen von *Drosophila melanogaster*. Z. Zellforsch. **65**, 445—480.

6.2.1.

Davidson, D., 1964: RNA synthesis in roots of *Vicia faba*. Exp. Cell Res. **35**, 317—325.

Lucas, J. M., A. H. W. M. Schuurs, and M. V. Simpson, 1964: A cell-free amino acid-incorporating system from *Saccharomyces cerevisiae*. Variation in ribosomal activity and in RNA synthesis during logarithmic growth. Biochemistry **3**, 959—967.

Mittermayer, C., R. Braun, and H. P. Rusch, 1964: RNA synthesis in the mitotic cycle of *Physarum polycephalum*. Biochim. Biophys. Acta **91**, 399—405.

Nilova, V. K., and K. M. Sukhanova, 1964: Synthesis of nucleic acids in *Opalina ranarum* Ehrbg. Nature **204**, 459—460.

Seed, J., 1964: The relationship between DNA, RNA, and protein in normal embryonic cell nuclei and spontaneous tumour cell nuclei. J. Cell Biol. **20**, 17—23.

— 1965: Deoxyribonucleic acid and ribonucleic acid synthesis in cell cultures. In: "Cells and tissues in culture: Methods biology and physiology," Ed. E. N. Willmer, Vol. I, 317—352, Academic Press, London and New York.

Watts, J. W., 1964: Turnover of nucleic acids in a multiplying animal cell. I. Incorporation studies. Biochem. J. **93**, 297—312.

Zetterberg, A., and D. Killander, 1965: Quantitative cytochemical studies on interphase growth. II. Derivation of synthesis curves from the distribution of DNA, RNA and mass value of individual mouse fibroblasts *in vitro*. Exp. Cell Res. **39**, 22—32.

6.2.3.

Hsu, T. C., F. E. Arrighi, R. R. Klevecz, and B. R. Brinkley, 1965: The nucleoli in mitotic divisions of mammalian cells *in vitro*. J. Cell Biol. **26**, 539—554.

Kishimoto, S., and I. Lieberman, 1964: Synthesis of RNA and protein required for the mitosis of mammalian cells Exp. Cell Res. **36**, 92—101.

Lazarus, L. H., M. R. Levy, and O. H. Scherbaum, 1964: Inhibition of synchronized cell division in *Tetrahymena* by actinomycin D. Exp. Cell Res. **36**, 672—676.

Mangan, J., T. Miki-Nomura, and P. R. Gross, 1965: Protein synthesis and the mitotic apparatus. Science **147**, 1575—1578.

Mita, T., 1965: Effects of actinomycin D on the RNA synthesis and the synchronous cell division of *Tetrahymena pyriformis*. Biochim. Biophys. Acta **103**, 182—185.

Mittermayer, C., R. Braun, and H. P. Rusch, 1965: The effect of actinomycin D on the timing of mitosis in *Physarum polycephalum*. Exp. Cell Res. **38**, 33—41.

Monesi, V., 1964: Ribonucleic acid synthesis during mitosis and meiosis in the mouse testis. J. Cell Biol. **22**, 521—532.

6.2.4.

Belman, S., T. Huang, E. Levine, and W. Troll, 1964: The effect of chemical modification of DNA on its priming activity with RNA polymerase. Biochem. Biophys. Res. Commun. **14**, 463—467.

Craddock, V. M., and P. N. Magee, 1965: Methylation of liver DNA in the intact animal by the carcinogen dimethylnitrosamine during carcinogenesis. Biochim. Biophys. Acta **95**, 677—678.

Giovanella, B. C., L. E. McKinney, and Ch. Heidelberger, 1964: On the reported solubilization of carcinogenic hydrocarbons in aqueous solutions of DNA. J. Molec. Biol. **8**, 20—27.

Grundmann, E., und W. Fechler, 1965: RNS-Gehalt und Volumen der Nucleolen in der Rattenleber während der experimentellen Carcinogenese durch Diäthylnitrosamin. Z. Krebsforsch. **67**, 80—92.

Hawtrey, A. O., and L. D. Nourse, 1964: The effect of 3′-methyl-4-dimethylaminoazobenzene on protein synthesis and DNA-dependent RNA-polymerase activity in rat-liver nuclei. Biochim. Biophys. Acta **80**, 530—532.

Junghahn, I., und H. Bielka, 1965: Untersuchungen zur Struktur ribosomaler RNA aus Normal- und Tumorgewebe. II. Denaturierung durch Harnstoff. Naturwissenschaften **52**, 62.

Loeb, L. A., and H. V. Gelboin, 1964: Methylcholanthrene-induced changes in rat liver nuclear RNA. Proc. Nat. Acad. Sci. (U. S. A.) **52**, 1219—1226.

Martin, Ch. M., 1964: Interaction of hydrocarbon carcinogens with viruses and nucleic acids *in vivo* and *in vitro*. Progr. Exper. Tumor Res. **5**, 134—156.

6.3.1.

Das. C. C., B. P. Kaufmann, and H. Gay, 1964: Autoradiographic evidence of synthesis of an arginine-rich histone during spermiogenesis in *Drosophila melanogaster*. Nature **204**, 1008—1009.

Das, N. K., E. P. Siegel, and M. Alfert, 1965: Synthetic activities during spermatogenesis in the locust. J. Cell Biol. **25**, 387—395.

Maillet, P.-L., et J. Gouranton, 1965: Sur l'expulsion de l'acide ribonucléique nucléaire par les spermatides de *Philaenus spumarius* L. (*Homoptera, Cercopidae*). C. R. Acad. Sci. (Paris) **261**, 1417—1419.

Monesi, V., 1964: Autoradiographic evidence of a nuclear histone synthesis during mouse spermiogenesis in the absence of detectable quantities of nuclear ribonucleic acid. Exp. Cell Res. **36**, 683—688.

— 1965: Synthetic activities during spermatogenesis in the mouse. RNA and protein. Exp. Cell Res. **39**, 197—224.

Muckenthaler, F. A., 1964: Autoradiographic study of nucleic acid synthesis during spermatogenesis in the grasshopper, *Melanoplus differentialis*. Exp. Cell Res. **35**. 531—547.

6.3.2.

Baltus, E., J. Quertier, A. Ficq, and J. Brachet, 1965: Biochemical studies of nucleate and anucleate fragments isolated from sea-urchin eggs. A comparison between fertilization and parthenogenetic activation. Biochim. Biophys. Acta **95**, 408—417.

Beams, H. W., 1964: Cellular membranes in oogenesis. In: "Cellular Membranes in Development," Ed. M. Locke, 175—219, Academic Press, New York and London.

Ficq, A., 1964: Effets de l'actinomycine D et de la puromycine sur la métabolisme de l'oocyte en croissance. Étude autoradiographique. Exp. Cell Res. **34**, 581—594.

Guraya, S. S., 1965: A comparative histochemical study of fish (*Channa maruleus*) and amphibian (*Bufo stomaticus*) oogenesis. Z. Zellforsch. **65**, 662—700.

Kessel, R. G., 1964: Electron microscope studies on oocytes of an echinoderm, *Thyone briareus*, with special reference to the origin and structure of the annulate lamellae. J. Ultrastructure Res. **10**. 498—514.

WHALEY, W. G., J. E. KEPHART, and H. H. MOLLENHAUER, 1964: The dynamics of cytoplasmic membranes during development. In: "Cellular Membranes in Development," Ed. M. LOCKE, 135—173, Academic Press, New York and London.

6.3.3.

BRISTOW, D. A., and E. M. DEUCHAR, 1964: Changes in nucleic acid concentration during the development of *Xenopus* embryos. Exp. Cell Res. **35**, 580—589.

BROWN, D. D., and E. LITTNA, 1964: RNA synthesis during the development of *Xenopus laevis*, the south african toad. J. Molec. Biol. **8**, 669—687.

BURNY, A., G. MARBAIX, J. QUERTIER, and J. BRACHET, 1965: Demonstration of functional polyribosomes in nucleate and enucleate fragments of sea-urchin eggs following parthenogenetic activation. Biochim. Biophys. Acta **103**, 526—528.

CHEN, P. S., and F. BALTZER, 1964: Further morphological and biochemical studies on normal and hybrid embryos of sea urchins. Experientia **XX**, 236—240.

COMB, D. G., and R. BROWN, 1964: Preliminary studies on the degradation and synthesis of RNA components during sea urchin development. Exp. Cell Res. **34**, 360—370.

COWDEN, R. R., and H. E. LEHMAN, 1963: A cytochemical study of differentiation in early echinoid development. Growth **27**, 185—197.

CZIHAK, G., 1965: Evidences for inductive properties of the micromere-RNA in sea-urchin embryos. Naturwissenschaften **52**, 141—142.

DECROLY, M., and M. CAPE, 1965: A study of ribosomes during embryonic development of *Xenopus laevis*. Biochim. Biophys. Acta **103**, 601—609.

— — 1964: Studies on the synthesis of ribonucleic acids in embryonic stages of *Xenopus laevis*. Biochim. Biophys. Acta **87**, 34—39.

FLICKINGER, R. A., S. J. COWARD, M. MIYAGI, C. MOSER, and E. ROLLINS, 1965: The ability of DNA and chromatin of developing frog embryos to prime for RNA polymerase-dependent RNA synthesis. Proc. Nat. Acad. Sci. (U. S. A.) **53**, 783—790.

GIUDICE, G., and S. HÖRSTADIUS ,1965: Effect of actinomycin D on the segregation of animal and vegetal potentialities in the sea urchin egg. Exp. Cell Res. **39**, 117—120.

GLIŠIN, V. R., and M. V. GLIŠIN, 1964: Ribonucleic acid metabolism following fertilization in sea urchin egg. Proc. Nat. Acad. Sci. (U. S. A.) **52**, 1548—1553.

GROSS, P. R., and G. H. COUSINEAU, 1964: Macromolecule synthesis and the influence of actinomycin on early development. Exp. Cell Res. **33**, 368—395.

KOHNE, D., 1965: The isolation of ribosomes from eggs and embryos of *Rana pipiens*. Exp. Cell Res. **38**, 211—213.

MAGGIO, R., M. L. VITTORELLI, A. M. RINALDI, and A. MONROY, 1964: *In vitro* incorporation of amino acids into proteins stimulated by RNA from unfertilized sea urchin eggs. Biochem. Biophys. Res. Commun. **15**, 436—441.

MARIANO, E. E., and A. SCHRAM-DOUMONT, 1965: Rapidly-labelled ribonucleic acid in *Xenopus laevis* embryonic cells. Biochim. Biophys. Acta **103**, 610—622.

MONROY, A., R. MAGGIO, and A. M. RINALDI, 1965: Experimentally induced activation of the ribosomes of the unfertilized sea urchin eggs. Proc. Nat. Acad. Sci. (U. S. A.) **54**, 107—110.

NEMER, M., and A. A. INFANTE, 1965: Messenger RNA in early sea-urchin embryos: size classes. Science **150**, 217—220.

OLSSON, T., 1965: Changes in metabolism of ribonucleic acid during the early embryonic development of the sea urchin. Nature **206**, 843—844.

SCOTT, R. B., and E. BELL, 1964: Protein synthesis during development: Control through messenger RNA. Science **145**, 711—714.

SHIOKAWA, K., and K. YAMANA, 1965: Demonstration of "polyphosphate" and its possible role in RNA synthesis during early development of *Rana japonica* embryos. Exp. Cell Res. **38**, 180—186.

SPIRIN, A. S., and M. NEMER, 1965: Messenger RNA in early sea-urchin embryos: Cytoplasmic particles. Science **150**, 214—216.

6.3.4.

AMBELLAN, E., 1964: Changes in nucleic acids distribution during neuraltube formation in amphibian embryos. Biochim. Biophys. Acta **80**, 8—18.

BALDWIN, H. H., and H. P. RUSCH, 1965: The chemistry of differentiation in lower organisms. Ann. Rev. Biochem. **34**, 565—609.

BARTH, R. H., P. P. BUNYARD, and T. H. HAMILTON, 1964: RNA metabolism in pupae of the oak silkworm, *Antheraea pernyi:* The effects of diapause, development, and injury. Proc. Nat. Acad. Sci. (U. S. A.) **52**, 1572—1580.

Berry, S. J., A. Krishnakumaran, and H. A. Schneiderman, 1964: Control of synthesis of RNA and protein in diapausing and injured *Cecropia* pupae. Science **146**, 938—940.

Brown, E. G., 1965: Changes in the free nucleotide and nucleoside pattern of pea seeds in relation to germination. Biochem. J. **95**, 509—514.

Brown, G. N., and A. W. Naylor, 1965: Quantitative studies on nucleic acids in contrasting zones of tissue differentiation in germinating *Mimosa* seedlings. Botanical Gazette **126**, 167—174.

Caldarera, C. M., B. Barbiroli, and G. Moruzzi, 1965: Polyamines and nucleic acids during development of the chick embryo. Biochem. J. **97**, 84—88.

Chowdhury, J. R., and R. K. Neogy, 1964: Rate of uptake of ^{32}P in the nucleic acids of organelles of developing chick embryos. Naturwissenschaften **51**, 485.

Collier, J. R., 1965: Ribonucleic acid of the *Ilyanassa* embryo. Science **147**, 150—151.

Coward, S. J., and R. A. Flickinger, 1965: Axial patterns of protein and nucleic acid synthesis in intact and regenerating *Planaria*. Growth **29**, 151—164.

Doi, R. H., and R. T. Igarashi, 1964: Genetic transcription during morphogenesis. Proc. Nat. Acad. Sci. (U. S. A.) **52**, 755—762.

Flickinger, R. A., and Ch. Moser, 1965: Hemin synthesis in the developing frog embryo and its stimulation by frog liver RNA. Developmental Biol. **12**, 117—130.

Fraser, R. C., 1964: Autoradiographic analysis of DNA and RNA synthesis in the red blood cells of the developing chick embryo. Exp. Cell Res. **33**, 473—480.

Grobstein, C., 1964: Cytodifferentiation and its control. Science **143**, 643—650.

Karasaki, S., 1965: Electron microscopic examination of the sites of nuclear RNA synthesis during amphibian embryogenesis. J. Cell Biol. **26**, 937—958.

Lang, C. A., H. Y. Lau, and D. J. Jefferson, 1965: Protein and nucleic acid changes during growth and aging in the mosquito. Biochem. J. **95**, 372—377.

Morrill, G. A., and A. B. Kostellow, 1965: Phospholipid and nucleic acid gradients in the developing amphibian embryo. J. Cell Biol. **25**, 21—29.

Nakazawa, S., and N. Tanno, 1965: Concentration gradients of RNA in fern protonema in relation to m-RNA. Naturwissenschaften **52**, 457.

Pietsch, P., 1964: Time-dependent inhibition of myogenesis by actinomycin D. Nature **203**, 1177.

Scott, R. B., and E. Bell, 1965: Messenger RNA utilization during development of chick embryo lens. Science **147**, 405—407.

Waddington, C. H., and E. Perkowska, 1965: Synthesis of ribonucleic acid by different regions of the early amphibian embryo. Nature **207**. 1244—1245.

Wyatt, G. R., and B. Linzen, 1965: The metabolism of ribonucleic acid in *Cecropia* silkmoth pupae in diapause, during development and after injury. Biochim. Biophys. Acta **103**, 588—600.

7.

Bell, P. R., and K. Mühlethaler, 1964: Evidence for the presence of deoxyribonucleic acid in the organelles of the egg cells of *Pteridium aquilinum*. J. Molec. Biol. **8**, 853—862.

Brachet, J., 1965: Émission de particules Feulgen positives dans le cytoplasm au cours de la maturation *in vitro* de l'oocyte de crapaud. C. R. Acad. Sci. (Paris) **261**, 1092—1094.

— and A. Ficq, 1965: Binding sites of ^{14}C-actinomycin in amphibian oocytes and an autoradiography technique for the detection of cytoplasmic DNA. Exp. Cell Res. **38**, 153—159.

Branton, D., and F. Ruch, 1964: The localization of deoxyribonucleic acid and ultraviolet absorptive granules in *Vicia faba* root tips. Exp. Cell Res. **36**, 285—296.

Brawerman, G., and J. M. Eisenstadt, 1964: Deoxyribonucleic acid from the chloroplasts of *Euglena gracilis*. Biochim. Biophys. Acta **91**, 477—485.

Budd, G. C., and G. M. Mills, 1965: Labelled cytoplasmic organelles in *Allium cepa Var. "White Lisbon"* after administration of tritiated thymidine. Nature **205**, 524—525.

Dawid, I. B., 1965: Deoxyribonucleic acid in amphibian eggs. J. Molec. Biol. **12**, 581—599.

Edelman, M., C. A. Cowan, H. T. Epstein, and J. A. Schiff, 1964: Studies of chloroplast development in *Euglena*. VIII. Chloroplast-associated DNA. Proc. Nat. Acad. Sci. (U. S. A.) **52**, 1214—1219.

Gahan, P. B., and J. Chayen, 1965: Cytoplasmic deoxyribonucleic acid. Internat. Rev. Cytol. **18**, 223—248.

Gibor, A., and S. Granick, 1964: Plastids and mitochondria: Inheritable systems. Science **145**, 890—897.

Goffeau, A., and J. Brachet, 1965: Deoxyribonucleic acid-dependent incorporation of amino acid into the proteins of chloroplasts isolated from anucleate *Acetabularia* fragments. Biochim. Biophys. Acta **95**, 302—313.

Kalf, G. F., 1964: Deoxyribonucleic acid in mitochondria and its role in protein synthesis. Biochemistry **3**, 1702—1706.

Kislev, N., H. Swift, and L. Bogorad, 1965: Nucleic acids of chloroplasts and mitochondria in swiss chard. J. Cell Biol. **25**, 327—344.

Nass, M. M. K., S. Nass, and B. A. Afzelius, 1965: The general occurence of mitochondrial DNA. Exp. Cell Res. **37**, 516—539.

Nass, S., M. M. K. Nass, and U. Hennix, 1965: Deoxyribonucleic acid in isolated rat-liver mitochondria. Biochim. Biophys. Acta **95**, 426—435.

Pollard, C. J., 1964: The deoxyribonucleic acid content of purified spinach chloroplasts. Arch. Biochem. Biophys. **105**, 114—119.

Randall, J., and C. Disbrey, 1965: Evidence for the presence of DNA at basal body sites in *Tetrahymena pyriformis.* Proc. Roy. Soc. **162 B**, 473—491.

Ray, D. S., and P. C. Hanawalt, 1964: Properties of the satellite DNA associated with the chloroplasts of *Euglena gracilis.* J. Molec. Biol. **9**, 812—824.

Thomas, A., 1965 a: Évolution morphologique de l'acide désoxyribonucleiques dans les mitochondries de cellules infectées par un virus (sous-lignée BHK 21/13 et souches cancéreuses H 54). C. R. Acad. Sci. (Paris) **260**, 7054—7057.

— 1965 b: L'acide désoxyribonucléiques dans les mitochondries en dégénérescense myélinique (infection virale et cancer). C. R. Acad. Sci. (Paris) **261**, 267—270.

Wintersberger, E., und H. Tuppy, 1965: DNA-abhängige RNA-Synthese in isolierten Hefe-Mitochondrien. Biochem. Z. **341**, 399—408.

Wollgiehn, R., und K. Mothes, 1964: Über die Incorporation von ^{3}H-Thymidin in die Chloroplasten-DNA in *Nicotiana rustica.* Exp. Cell Res. **35**, 52—57.

8.

Frank, W., 1965: Untersuchungen zur Stoffwechselregulation der Leberzelle. I. Hemmung der RNS-Synthese durch Cytoplasmafaktoren. Z. Naturforsch. **20 b**, 479—481.

Frenster, J. H., 1965: Nuclear polyanions as de-repressors of synthesis of ribonucleic acid. Nature **206**, 680—683.

Gros, F., 1964: Regulation of messenger-ribonucleic acid synthesis. Biochem. J. **90**, 21 P.

Huang, R.-Ch. C., and J. Bonner, 1965: Histone-bound RNA, a component of native nucleohistone. Proc. Nat. Acad. Sci. (U. S. A.) **54**, 960—966.

Koch, A. L., 1965: Kinetic evidence for a nucleic acid which regulates RNA biosynthesis. Nature **205**, 800—802.

Sekeris, C. E., und N. Lang, 1965: Bindung von (3 H) Cortison an Histone aus Rattenleber. Z. Physiol. Chem. **340**, 92—94.

— — und P. Karlson, 1965: Zum Wirkungsmechanismus der Hormone. V. Der Einfluß von Ecdyson auf den RNA-Stoffwechsel in der Epidermis der Schmeißfliege *Calliphora erythrocephala.* Z. Physiol. Chem. **341**, 36—43.

— P. P. Dukes, und W. Schmid, 1965: Wirkung von Ecdyson auf Epidermiszellkerne von *Calliphora*-Larven *in vitro.* Z. Physiol. Chem. **341**, 152—155.

Stent, G. S., 1964: The Operon: On its third anniversary. Modulation of transfer RNA species can provide a workable model of an operator-less operon. Science **144**, 816—820.

Wang, T.-Y., 1965: Role of the residual nucleoprotein complex and acidic proteins of the cell nucleus in protein synthesis. Proc. Nat. Acad. Sci. (U. S. A.) **54**, 800—807.

Fortsetzung der 4. Umschlagseite